废旧塑料
污染控制及资源化利用

FEIJIU SULIAO
WURAN KONGZHI JI ZIYUANHUA LIYONG

刘明华　李小娟　刘以凡　等编著

化学工业出版社

·北京·

内容简介

本书共 14 章，系统介绍了废旧塑料污染途径、控制及治理，以及塑料资源再生利用机理及方法：首先总结和阐述了塑料的产生、危害以及国内外污染、再利用现状；然后介绍了废旧塑料的分类、鉴别、前期处理和成型加工等的方法及工艺设备；再后论述了废旧塑料的污染途径和控制措施以及回收利用技术；最后详细阐述了各种通用塑料（聚烯烃、聚苯乙烯、聚氯乙烯等）、工程塑料、热固性塑料、泡沫塑料、透明塑料、微塑料等的污染控制及资源化利用。

本书具有较强的技术应用性、可操作性和针对性，可供从事废旧塑料回收、处理处置、绿色替代材料研发等的工程技术人员、研究人员及生产和经营管理人员参考，也可供高等学校环境科学与工程、资源循环科学与工程、材料工程及相关专业师生参阅。

图书在版编目（CIP）数据

废旧塑料污染控制及资源化利用 / 刘明华等编著
. 一北京：化学工业出版社，2022.8
ISBN 978-7-122-41278-2

Ⅰ . ①废… Ⅱ . ①刘… Ⅲ . ①塑料垃圾−污染防治②塑料垃圾−废物综合利用 Ⅳ . ①X783.205

中国版本图书馆 CIP 数据核字（2022）第067961号

责任编辑：刘兴春 刘 婧
责任校对：王 静
装帧设计：刘丽华

出版发行：化学工业出版社
　　　　　（北京市东城区青年湖南街13号　邮政编码100011）
印　　装：北京机工印刷厂有限公司
787mm×1092mm　1/16　印张21½　字数471千字
2022年11月北京第1版第1次印刷

购书咨询：010-64518888
售后服务：010-64518899
网　　址：http://www.cip.com.cn
凡购买本书，如有缺损质量问题，本社销售中心负责调换。

定　　价：138.00元　　　　　　　　版权所有　违者必究

前　言

塑料制品自20世纪问世以来，其具有成本低、质量轻、防水、耐腐蚀、高绝缘等优良的特性而广泛应用于各个领域。但由于塑料制品易破损、易老化、难降解，因此废弃物中废旧塑料的含量只增不减，所造成的"白色污染"日趋严重，对此我国已于2020年1月19日发布《关于进一步加强塑料污染治理的意见》，其充分展示了我国将废旧塑料的污染治理纳入整个碳达峰、碳中和格局的努力与决心。

废旧塑料常规处理方法有填埋、焚烧、生物降解、光降解和再生利用。其中，填埋法和焚烧法应用广但处理不当易造成二次污染；生物降解和光降解的效率低，降解不彻底，因此再生利用这一处理方法便尤为重要。废旧塑料蕴含着重要的再生资源，在当今资源紧缺的大环境下，各国对废旧塑料资源的再生利用都非常重视，投入大量人力、物力乃至立法，开发各种废旧塑料再生利用的关键技术。

有关废旧塑料污染控制和资源化利用虽然经历了长久的研究及发展历史，但深入、完整、系统地介绍该方面知识的书籍尚不多见。因此，为了推动废旧塑料的污染控制及资源循环利用，我们通过查阅历年来的相关研究成果并结合多年的科研成果和教学经验等编著了此书。

本书系统介绍了废旧塑料污染途径、控制及治理，以及塑料资源再生利用机理及方法。全书共分14章：首先对国内外废旧塑料的污染及再生现状做了详细的对比，并总结了解决塑料污染的技术方法和国内外治理政策；接着总结和阐述了塑料的分类、鉴别分选、清洗、破碎、造粒、成型加工等的方法及工艺设备；然后论述了废旧塑料的污染控制和再生利用技术；随后详细阐述了各种通用塑料(聚烯烃、聚苯乙烯、聚氯乙烯等)、工程塑料、热固性塑料、泡沫塑料、透明塑料等的污染现状和再生利用技术；最后详细介绍了近些年国内外学者热议的微塑料，包括其来源、危害、分离采集、赋存现状及污染控制措施等。本书具有较强的技术应用性和针对性，可供从事废旧塑料回收、处理处置、绿色替代材料研发工作等的工程技术人员、研究人员、生产和经营管理人员参考，也可供高等学校环境科学与工程、资源循环科学与工程、材料工程及相关专业师生参阅。

本书主要由刘明华、李小娟、刘以凡编著；另外，黄文婷、刘耀华、杨宇川、邹雯琦、周祎澈、陈茗香、周郁欣、汪蔚霖、翁鑫、翁许骋等参与了该书的部分编著工作。全书最后由刘明华统稿并定稿。

限于编著者水平和编著时间，书中疏漏和不足之处在所难免，恳请广大读者和同仁不吝指正。

编著者

2022年1月

目　录

第1章

废旧塑料的产生及其危害

1.1
塑料工业的发展

塑料是一个时代的产物。塑料的发现与发展得益于化学科学与工程的发展，尤其得益于有机高分子科学技术的发展。塑料的出现令人兴奋，它的优良性能和广泛用途促使人们大力发展塑料工业[1]。从不断开发新品种、连续扩大生产规模、广泛扩展应用范围，直至如今塑料产品琳琅满目，塑料废弃物铺天盖地，以至达到地球环境难以承受而出现"塑料公害"。塑料的发展是科学技术发展的必然结果，而白色污染则源于人们经济发展战略的失误。因此可以说，塑料的发展史是人类盲目发展经济而引起资源与环境危机的典型范例[2]。

随着石油化工的不断发展，高分子合成材料越来越广泛地应用于工业、农业、电子、国防、建筑以及日常生活等各个领域[3]。2019年世界合成树脂年产量已超过1.4亿吨，我国合成树脂产量逐年增长，2019年产量达到7556.4万吨[4]。中国塑料制品随着国外市场需求的变化不断地调整与优化，有关数据显示，我国塑料制品总产值占我国GDP的4.26%，在轻工业中排名第三位。塑料制品产业快速发展，塑料制品总产量2019年全国初级形态塑料产量为9574.1万吨，环比增长11.87%。2020年中国初级形态塑料（包括树脂、塑料和不可硫化热塑性弹性体）产量约为10194.7万吨，其消费比例包装占23%，电器占12.5%，建筑占8.5%，农业占8%，鞋类占5.2%，交通占4.2%，机械零件、医疗器械、玩具文体、家具均占3.5%，中国塑料制品总产量居世界第二位，消耗量居世界第一[5]。中国塑料制品近几年出口增长迅速，2018年全年中国塑料制品出口量为1312万吨，出口额达到434.52亿美元。近几年来中国塑料机械工业的年增长率都在30%左右，利润率增长也远高于工业总产值的增长，是中国机械行业中增长最快的产业之一。2019年中国塑料加工专用设备38.05万台，比上年增加9.5万台；2020年1～10月中国塑料加工专用设备产量25.33万台，中国成为世界塑料机械制造大国。目前中国塑料工业无论是原材料的生产、塑料制品的加工、塑料机械的制造，还是塑料的应用都形成了一套较完整体系，并具备了一批国际先进水平的现代化企业[6-8]。

1.1.1　塑料的成分

我们通常所用的塑料并不是一种纯物质，它是由许多材料配制而成的。其中高分子聚合物（或称合成树脂）是塑料的主要成分；此外，为了改进塑料的性能，还要在聚合物中添加各种助剂，如填料、增塑剂、润滑剂、稳定剂、着色剂等[9]。

（1）合成树脂

合成树脂是塑料最主要的成分，它能够黏结其他成分的材料，赋予塑料可塑性和流动性，含量一般为 40% ~ 100%。由于含量大，而且树脂的性质常常决定了塑料的性质，所以人们常把树脂看成是塑料的同义词，例如将聚氯乙烯树脂与聚氯乙烯塑料、酚醛树脂与酚醛塑料混为一谈。其实树脂与塑料是两个不同的概念，树脂是一种未加工的原始聚合物，它不仅用于制造塑料，而且还是涂料、胶黏剂以及合成纤维的原料。而塑料除了极少一部分含100%的树脂外，绝大多数的塑料，除了主要组分树脂外，还需要加入其他物质[10, 11]。

（2）填料

填料又叫填充剂，它是用于提高塑料的强度和耐热性能，减少树脂用量并降低成本的重要而非必要的成分[12]。填料的种类多，按化学性能可分为有机填料和无机填料两大类，前者如木粉、碎布、纸张和各种织物纤维等，后者如玻璃纤维、硅藻土、石棉、炭黑等；按形状可分为粉状、纤维状和片状。如果需提高塑料的抗拉强度，可加入各种高强度、耐高温和高模量的纤维及其织物作为填料；如果需要提高强度和耐磨性，可加入一些高硬度的氧化物或碳化物，如氧化铅、氧化硅、氧化钛、碳化硅等。

（3）增塑剂

增塑剂是指能增加塑料的可加工性、延展性和膨胀性的物质，一般能与树脂相溶，是无毒、无臭，不易挥发，对光、热稳定的高沸点有机化合物。常用的增塑剂是液态或低熔点固体有机物，主要有甲酸酯类、磷酸酯类和氯化石蜡等[13]。例如，在生产聚氯乙烯塑料时，若加入较多的增塑剂便可得到软质聚氯乙烯塑料，若不加或少加增塑剂（用量<10%），则得硬质聚氯乙烯塑料。

（4）稳定剂

凡能阻缓塑料制品变质，延长使用寿命的物质称为稳定剂，主要可分为热稳定剂、光稳定剂、抗氧化剂三大类，常用的有硬脂酸盐、环氧树脂等[14]。

（5）着色剂

着色剂可使塑料制品具有各种鲜艳、美观的颜色。常用的着色剂分为无机颜料和有机染料[15]。无机颜料的着色能力、透明性、鲜艳性较差，但耐光性、耐热性、化学稳定性较好，不易褪色；有机染料色彩鲜艳、颜色齐全，着色能力、透明性好，刚好与无机颜料性能相反。

（6）润滑剂

润滑剂是为防止塑料在成型过程中黏模，减少塑料对模具的摩擦，改善塑料的流动性，提高塑件表面的光泽度而加入的添加剂，常用的有硬脂酸及其钙镁盐等。

除了上述助剂外，塑料中还可加入阻燃剂、发泡剂、防腐剂、抗静电剂等，以满足不同的工艺和使用性能要求[16]。在实际的应用过程中，并非所有的塑料都要加入全部的添加剂，根据品种和需求有选择地加入几种添加剂即可。

1.1.2　塑料的特性

（1）可塑性

所谓塑料的可塑性就是可以通过加热的方法先使固体塑料软化，然后将其放入模具中，让它冷却后又重新凝固成一定形状的固体。塑料的这种性质也有一定的缺陷，即遇热时容易软化变形，有的塑料甚至用温度较高的水烫一下就会变形，所以塑料制品一般不宜接触沸水[16]。

（2）弹性

部分塑料也像合成纤维一样具有一定的弹性。当它受到外力拉伸时，卷曲的分子链就会被拉直，但一旦拉力撤销后它又会恢复到原来的状态，这使得塑料制品具有弹性，例如聚乙烯和聚氯乙烯的薄膜制品。

（3）耐腐蚀性

塑料既不像金属那样在潮湿的空气中会生锈，也不像木材那样在潮湿的环境中会腐烂或被微生物侵蚀，另外塑料耐酸碱的腐蚀。因此，塑料常常被用作化工厂的输水和输液管道、建筑物的门窗等。

（4）绝缘性

塑料的分子链是原子以共价键结合起来的，分子既不能电离也不能传递电子，所以塑料具有良好的绝缘性，可用来制造电线的包皮、电插座、电器的外壳等。

（5）其他特性

塑料除了具有以上几个主要的特性外，还具有透光和防护，减震和消声等优良性能，拓宽了其应用领域。

1.2
废旧塑料的来源

废旧塑料从树脂合成、成型加工到消费使用均有产生，涉及的范围很广，所以其来源也很复杂。一般把合成、加工时产生的塑料废料叫消费前塑料废料或工业生产塑料废料

（preconsumer or industrial plastics waste）[17]；而把消费使用后的塑料废弃物称为消费后塑料废料（postconsumer plastics）。消费前塑料废料产生的量相对较少，易于回收且回收价值大，所以一般其回收工作由生产工厂自己即可完成。我们通常所说的废旧塑料，主要是指消费后塑料，这也是本书的重点。

1.2.1　树脂生产中产生的废料

在树脂生产中产生的废料包括以下 3 个方面：
① 聚合过程中反应釜内壁上刮削下来的贴附料（俗称"锅巴"）以及不合格反应料；
② 配混过程中挤出机的清机废料以及不合格配混料；
③ 运输、贮存过程中的落地料等。
废料的多少取决于聚合反应的复杂性，制造工序的多少，生产设备及操作的熟练程度等，在各类树脂生产中聚乙烯产生的废料最少，聚氯乙烯产生的废料最多[18]。

1.2.2　成型加工过程中产生的废料

在塑料的各种成型加工中会产生数量不等的废品和边角料。例如，注射成型中的流道冷料、浇口冷固料、清机废料等；挤出成型中的清机废料、修边料和最终产品上的截断料等；吹塑过程中的吹塑机上的截坯口，设备中的冷固料和清机废料以及中空容器的飞边等；压延加工中从混炼机、压延机上掉落的废料、修边料和废制品等；以及滚塑加工中模具分型线上的溢料、去除的边缝料和废品等[19]。

成型加工中所产生的废料量取决于加工工艺、模具和设备等。一般来说，这种废料品种明确，填料量清楚，污染程度小，性能接近于原始料，预处理工作量小，再生利用率比较高，通常可作为回头料掺入到新料中，对制品的性能和质量影响较小。

1.2.3　配混和再生加工过程中产生的废料

在配混和再生加工过程中产生的废料仅占所有废旧塑料极小的一部分，它们是在配混设备清机时的废料和不正常运行情况下出的次品，其中大部分为可回收性废旧塑料。

1.2.4　二次加工中产生的废料

二次加工通常是将从成型加工厂购买来的塑料半成品经转印、封口、热成型、机械加工等工序制成成品，这里产生的废料往往要比成型加工厂产生的废料更加难以处理。例如，经印刷、电镀等处理后的废品，要将其印刷层、电镀层去除的难度和成本均很大，而直接粉碎或造粒得到的回收料，其价值则要低得多。经热成型、机械切削加工而产生的废边、废粒，回收再生就比较容易，而且回收料的价值也比较高。

1.2.5　消费后的塑料废料

这类废旧塑料来源广，使用情况复杂，必须经过处理才能回收再用。主要包括：
① 化学工业中使用过的袋、桶等；
② 纺织工业中的容器、废人造纤维丝等；
③ 家电行业中的包装材料、泡沫防震垫等；
④ 建筑行业中的建材、管材等；
⑤ 罐装工业中的收缩膜、拉伸膜等；
⑥ 食品加工中的周转箱、蛋托等；
⑦ 农业中的地膜、大棚膜、化肥袋等；
⑧ 渔业中的渔网、浮球等；
⑨ 报废车辆上拆卸下来的保险杠、燃油箱、蓄电池箱等。

1.2.6　城市生活垃圾中的废旧塑料

这类废旧塑料也属于消费后塑料，由于其数量大，再生利用困难，已对环境构成严重威胁，是今后回收工作的重点，所以将其单独归类。城市生活垃圾中的废旧塑料占 2%~4%，其中大部分是一次性的包装材料[20]。它们基本上是聚乙烯、聚丙烯、聚苯乙烯、聚氯乙烯、聚对苯二甲酸二醇酯等，在这些废旧塑料中聚烯烃约占 70%。

生活垃圾中的废旧塑料制品种类很多，它们包括各种包装制品，如瓶类、膜类、罐类等；日用制品，如桶、盆、杯、盘等；玩具饰物，娱乐用品，服装鞋类，捆扎绳，打包带，编织袋，卫生保健用品等。

1.3
废旧塑料的危害

废旧塑料的危害主要是由散落在农田、市区、风景旅游区、水利设施和道路两侧的废旧塑料，对大气环境、人体健康、土壤水质、资源消耗等方面造成的负面影响[21]。

1.3.1　对生物体的毒害性

塑料的主体，也就是高分子聚合物，通常是安全无毒的，但几乎所有的塑料制品都添加了一定组分的添加剂，用以改善塑料制品的可塑性和机械强度，从而满足塑料制品的使用性能。例如，在聚氯乙烯（polyvinyl chloride, PVC）中，添加邻苯二甲酸酯（pathalic acid esters, PAEs）的量达到 35%～50%，随着时间的推移，PAEs 可由塑料迁移到外环境[22]。PAEs 的产量从 1975 年的 180 万吨增加到了 2011 年的 800 万吨，其中至少有 100 万吨是由中国生产的。研究发现，PAEs 在大气、生物、食品、水体和土壤等介质中容易残留，水解和光解速率缓慢，属于难降解有机污染物。而且 PAEs 具有一般毒性和特殊毒性（如致畸性、致突变性或具有致癌活性），在人体和动物体内发挥着类雌性激素的作用，干扰内分泌，尤以造成人体生殖功能异常，男性精子数量的减少[23]。

1.3.1.1 对动物的危害

据有关资料显示，塑料废弃物对海洋生物造成的危害是石油溢漏危害性的 4 倍，每年仅丢弃的渔具塑料就在 15 万吨以上，各种塑料废品总量近千万吨。废旧塑料对动物的危害主要表现在误食划伤食道，造成胃部溃疡等疾患；有毒的塑料添加剂，如抗氧剂三丁基锡，由于生物富集，会使动物降低食欲，降低类固醇激素水平，导致繁殖率降低，甚至死亡。据估计，每年至少有数百万只海洋动物因误食塑料导致丧生。目前已知至少有 50 种海鸟喜爱吞食塑料球，因为将其误认为鱼卵或鱼的幼虫，海龟也把一些塑料制品当成水母吞食，而海狗喜欢在废塑料渔网中嬉戏玩耍，常被缠绕至死。在陆地，一些反刍类动物（如牛、羊等）和鸟类吞食草地上的塑料薄膜碎片，其容易在肠胃累积，造成肠梗阻乃至死亡的事例已屡见不鲜，有报道称在北京市的一只死亡奶牛的胃中清出 13kg 塑料薄膜。

1.3.1.2 对人体的危害

塑料废弃物的焚烧会产生有害气体，如聚氯乙烯燃烧产生氯化氢气体（HCl），ABS、丙烯腈、聚氨酯燃烧产生氰化物，聚碳酸酯燃烧产生光气等有害气体[24]。其中氯化物燃烧产生的二噁英等有毒气体不仅能使兽类和鸟类出现畸形和死亡，而且对人体的伤害也是极为严重的，主要表现为肝功能紊乱、生殖系统异常和神经受损，并使癌症的发病率上升等。1992 年丹麦研究人员首先发现，现代人类精子数目在过去 50 年间下降了 50% 以上，在 20 世纪 40 年代男性的平均精子量是 6.0×10^7 个/mL，而现在只有 2.0×10^7 个/mL，减少了 2/3；睾丸癌患病率也增加了 1 倍多[25]。塑料燃烧产生的一些二氧化物还具有"复制"雌激素的功能，使男子体内的雌激素成倍增加[26]。

1.3.2 对土壤和大气环境的危害

① 废旧塑料混在土壤中，会影响作物吸收养分和水分，导致作物减产。地膜覆盖技术可以有效增加农作物产量并提高产品质量，大大提高了土地资源的利用率。我国目前已成为农田基本建设覆盖面积最大的国家。但是由于目前我国使用的地膜大多是以聚氯乙烯等为原料的难降解高分子化合物，其制品在自然条件下难以分解。据推算，土壤中的残膜碎

片可存在 200 ~ 400 年之久，从而破坏土壤原来良好的理化性状，阻碍肥料的均匀分布，影响植物根系生长，从而导致农作物减产。有研究显示，在每公顷土地有残膜 58.5kg 时，农作物减产幅度为：玉米 11% ~ 23%，大豆 5.5% ~ 9.0%，蔬菜 14.6% ~ 59.2%[22]。

② 混入生活垃圾的废旧塑料在卫生填埋及堆肥处理时无法分解，人工分选后其黏附杂质较多而无法再生利用，因此，有效治理难度大。塑料密度小，体积大，能很快填满填埋场地，降低填埋场处理垃圾的能力，而且填埋场地基松软，细菌、病毒等有害物质很容易下渗，污染地下水环境[27]。

③ 废旧塑料焚烧产生二噁英等有害气体，不仅会污染大气环境，也会破坏臭氧层。在生产一次性发泡塑料餐具的过程中，由于使用了发泡剂，严重破坏了大气臭氧层。

1.3.3　浪费大量不可再生资源

合成塑料的原料主要是煤、石油和天然气等不可再生资源。据估计在 10 年内 50% ~ 60%塑料制品将转化为废弃塑料，如果没有采取积极的治理和回收措施，将对日益紧缺的不可再生资源造成巨大的浪费[22]。

1.3.4　视觉污染

塑料废弃物散落在城市旅游区、水体、树上和道路两侧，破坏了城市整体美感，影响市容市貌，尤其在垃圾站和垃圾场周围这种现象更为严重。

1.4
国内外废旧塑料污染现状

塑料制品给人们的生活带来便捷的同时，废旧塑料造成的污染也日渐成为困扰人类的难题。

1.4.1　国外废旧塑料污染现状

1.4.1.1　海洋环境中的塑料污染

浩瀚的海洋孕育了无穷的生命，是地球文明的摇篮。然而人类发明的不可降解塑料所产生的"白色污染"却成为海洋之殇，无数海洋生物因此濒临灭绝，海洋生态环境正日益受到危害。

全球的各大海洋几乎都存在塑料污染问题，在海洋垃圾中有 60% ~ 90%是塑料垃坂[28]。世界环境日网站公布的数据表明：每年约有180亿磅（约800万吨）塑料垃圾以各种方式被倾倒入海，约10亿个海洋生物因食用了塑料垃圾而失去生命[29]。第七十三届联合国大会主席María Fernanda Espinosa指出：预计到2050年，海洋中的塑料垃圾数量将超过鱼类，目前在食盐和淡水中均已发现微塑料的存在。初级微塑料主要来源于陆地上的生产生活，大约98%来源于陆地，仅有2%来源于海上的活动[30]。海洋中的次级微塑料污染问题大部分来源于塑料垃圾的处理不当，包括塑料瓶、塑料吸管、塑料购物袋、海洋中的渔船、运输船舶以及油井等倾倒塑料垃圾，废旧渔网的丢失或者遗弃等。

全球海洋塑料污染问题带来的危害是巨大的。由于全球海洋的连通性，海洋塑料垃圾随着洋流在全球范围内流动，导致全球海洋生态的污染问题。因为塑料不能实现自然性降解，塑料污染一旦形成后，在很长一段时间内都会对其所在地的生态造成危害。漂浮在海面上的塑料垃圾还可能造成船只以及海洋生物的缠绕，被海洋生物误食吞咽下去的海洋塑料无法消化，对海洋生物来说是致命性的，成为海洋生物的"新型杀手"。另外，海洋微塑料也越来越多地聚集到海洋生物的体内，影响其健康生长，并且最终可能会通过食物链进入人体中。除此之外，有研究表明，海洋塑料污染问题也会破坏海洋植物的生存，而这些海洋植物为地球提供了大约10%的氧气，因此海洋塑料污染问题甚至可能导致地球上的生命"窒息"而死。

据科学家估算，塑料在海洋环境中将存在450年[31]，甚至更久。印度尼西亚巴厘岛库塔海滩和金巴兰海滩是闻名遐迩的度假天堂，然而每年12月至次年3月，季风和暴雨就会将海洋垃圾送上岸，到处都是海里冲上来的瓶子、口袋及塑料制品，成吨的垃圾堆得比沙滩椅还要高。据当地环境部门工作人员表示，垃圾的涌入看起来永无止境，他们有时花一天时间清理了30t垃圾，第2天回到海滩却发现垃圾已经增多到60t[32]。即便在拥有"世界上最后一片净土"美誉的新西兰，对于渔民而言，鱼和塑料垃圾一起被打捞上来也屡见不鲜，近年来日益严重的近海环境塑料污染让这里美丽的海岸线蒙上了一层挥之不去的阴霾。除海洋动物外，人类也成了牺牲品，据美国CNN调查，全球约有1/2以上人口体内都能找到直径小于5mm的不规则塑料颗粒[33]，即塑料微粒。这些微塑料是无法被人体消化和分解的。当人类在享受美味的海鲜时，当初被扔掉的那些塑料垃圾转换了一种形式而回到了人类的体内！

1.4.1.2　陆地环境中的塑料污染

由于先前塑料再生利用技术的不成熟和人类环保意识的缺乏，人类生产生活中产生的塑料垃圾大部分是被填埋处理或随意丢弃在自然环境中。埋在垃圾填埋场的塑料需要上百年的时间才能降解。而丢弃在自然环境中的塑料，在阳光的紫外线辐射下会使颗粒变脆，分解成更小的碎片。表面上看是光降解了一部分塑料，降低了塑料污染，但实际上这些碎片形成了微塑料，将造成更大的环境问题。

与海洋环境相比，土壤中微塑料污染形势更加严峻，2016年的研究显示土壤中存在的微塑料是海洋中微塑料的4倍以上[34]，并且据估计每年进入土壤环境中的微塑料已经超过

43万吨[35]。土壤中微塑料的主要来源是农业生产中塑料大棚的使用、生活污水的排放以及工业生产中产生的废气沉降。微塑料会改变土壤的理化性质、结构和功能，对微生物群落造成影响，例如PE和PVC能抑制土壤中二乙酸荧光素水解酶活性，刺激脲酶和磷酸酶活性，降低细菌群落丰富度和多样性[36]。除此之外，微塑料具有较大的比表面积和强大的吸附能力，可以作为重金属、有机物、抗生素等的载体[37]，通过层层营养级进入动植物，引起动物肠道菌群失调和炎症，并最终进入人体，危害人类健康。

1.4.2 国内废旧塑料污染现状

2019年我国塑料废弃量约为6300万吨，其中，一次性塑料产品如塑料袋、农膜、饮料瓶，年废弃量超过2000万吨，是造成"白色污染"的主要来源[38]。另外，家电、汽车等其中的塑料制品也随着相关产品进入淘汰期而成为废弃塑料的重要来源。

1.4.2.1 塑料包装

塑料包装具有力学性能优异、质轻、耐腐蚀性突出、阻隔性能高、透明性好、着色性强、加工性能好、成本相对较低等特点，可以加工成薄膜、中空容器、箱（食品周转箱等）、泡沫、带（胶带、捆扎绳等）等，广泛用于食品包装、药品包装、工业品包装、服装包装、快递包装等，涉及国民经济和社会生活的方方面面。

中国是全球第二包装大国和塑料包装需求最大的亚太国家，同时也是塑料包装制造大国。近年来，我国居民的消费升级，我国塑料包装行业呈稳定增长态势，塑料包装在包装产业总产值中的比例已超过30%[39]，在包装产品结构占比中仅次于纸包装，排名第二。尤其是在食品包装材料中，塑料包装材料用量已超过食品包装材料总量的50%，居各种包装材料之首。

随着快递业的发展，我国由快递包装产生的塑料废弃物越来越多。2018年我国快递行业消耗的塑料类包装材料中塑料薄膜袋（包括填充薄膜）694.3kt，编织袋54.7kt，珠光袋111kt，泡沫箱11kt，胶带80.7kt。但在快递塑料包装材料中，只有2%得到再生利用，形势不容乐观。据悉我国塑料包装废弃物将近5000kt/a[40]被填埋，且包装废弃物的产生量逐年增加，因此在大力提倡塑料包装材料源头减量的同时应构建科学的管理体系，加大塑料包装废弃物的分类、收集与回收利用工作。

1.4.2.2 农用地膜

地膜是继种子、农药、化肥之后的第四大农业生产资料。地膜覆盖技术在降低耗水量、提高各种作物水分利用效率、提高作物产量、促进节水农业经济发展等方面发挥了重要作用。相较于欧美发达国家，我国农用地膜应用虽然起步晚，但发展迅速，地膜使用面积和应用范围逐渐扩大，已经成为地膜覆盖栽种大国，其中应用面积较大的有玉米、棉花、蔬菜和薯类等。现如今我国是最大的农膜消费国，每年农膜用量达260多万吨，其中地膜用量约为145万吨[41]。

传统地膜的主要成分来自不可降解塑料的石油基产品聚乙烯（PE）。PE膜成本低、机械性能好，可确保整个种植过程的操作与安装的简易性、功能性，在世界范围内得到广泛应用。由于长期重使用、轻回收，当前我国覆膜农田土壤均有不同程度的地膜残留，当季农膜回收率不足2/3；局部地区地膜残留污染严重，亩均残膜量达4~20kg。残膜现场焚烧、倾倒、掩埋或堆放处理不仅破坏景观，且破坏农田土壤结构，降低土壤渗透性，阻碍农作物根系生长，影响水分和养分吸收，导致农作物减产；被动物误食，会导致动物死亡；占用土地，污染环境。地膜使用后应正确地收集、处理或循环利用[42]。

目前中国农田地膜残留的处理方式主要有填埋、焚烧和回收再利用等，其中农田地膜残留回收再利用方式主要有三类：一是回收、分离筛选、清洗、再加工形成塑料再生颗粒，再进行资源化利用，如再生塑料加工形成滴灌带、育秧盘等；二是回收、打捆、垃圾焚烧发电能源化利用；三是回收、粗选后加工形成特制塑料制品利用，如木塑材料、井盖等[43]。缺少残膜回收网点和再利用企业的地区，残膜的不当处理也是环境污染的重要来源之一，农户通常会将残膜就地翻耕或与秸秆一起集中归置到田头，由于缺少有效的回收处理手段，导致残膜被长期堆积在田间地头，或随风吹散影响村容村貌，或被焚烧造成环境污染。

1.4.2.3　汽车塑料

汽车作为一种复杂的机械产品，包含几千个零部件，所需的材料多达几百种。随着汽车的轻量化及减量化设计逐步成为发展趋势，越来越多的轻质材料在汽车中得到应用。塑料具有质量轻、性能优异、尺寸稳定、设计自由度大等特点，成为汽车领域应用最为广泛的轻质材料。利用塑料部件来取代价格较贵的有色金属、合金材料等部件，既有利于减轻车身自重、降低油耗及烃类化合物排放，又能节省资源并降低汽车制造成本，具有显著的生态效益、社会效益及经济效益。因此，塑料制品在汽车领域中凭借经济性及实用性优势，发展及应用均越来越迅速。

汽车行业是支持我国国民经济发展的最重要产业之一，2020年中国汽车制造企业数量为15686个，中国汽车年产量为2462.49万辆，其中汽车塑料用量达80~100kg/辆，约占汽车自重的8%[44]。据统计，汽车中常用的塑料品种主要包括聚丙烯（PP）、聚酰胺（PA）、丙烯腈-丁二烯-苯乙烯共聚物（ABS）、聚甲醛（POM）、聚甲基丙烯酸甲酯（PMMA）、聚氨酯（PU）、聚苯醚（PPO）、聚乙烯（PE）等，通常用的都是它们的改性复合材料或合金材料[45]。随着汽车报废量的逐年增加，废旧汽车塑料的产生量也越来越多，如何更高效地处理这些废塑料成为热点及难点问题。由于车用塑料均采用品质上乘、性能优良的材料加工而成，具有较高的再生利用价值，废旧塑料如得不到妥善处理，不仅会造成环境污染，也会造成巨大的资源浪费。因此，结合废旧汽车塑料老化后的结构及性能影响，对其进行回收利用，特别是高值化回收利用，非常具有现实意义。

1.5
国内外废旧塑料再生利用概况

废弃塑料的再生利用是变废为宝和解决生态环境污染的重要途径。废旧塑料的再生利用作为一项节约能源、保护环境的措施而受到世界各国的重视。废旧塑料再生利用技术主要包括分类回收、制取单体原材料、生产清洁燃油和用于发电等。一些新的废弃塑料再生利用技术已持续开发成功并推广到应用领域[46]。

据 Wrap 公司的研究表明，塑料再生利用对减少二氧化碳气体排放有重要作用。生命循环分析表明，与填埋和焚烧相比，再生利用 1t 塑料可避免产生 1.5 ~ 2t CO_2[47]。

1.5.1 国外废旧塑料再生利用概况

1.5.1.1 美国

美国是世界塑料生产大国。据统计，美国在 2016 年全年生产了 4200 万吨的塑料垃圾。美国早在 20 世纪 60 年代就已开展了对废旧塑料再生利用研究，目前，再生利用废旧塑料包装制品占 50%、建筑材料占 18%、消费品占 11%、汽车配件占 5%、电子电气制品占 3%；按塑料原料品种分，所占比例分别为聚烯烃类占 61%、聚氯乙烯占 13%、聚苯乙烯占 10%、聚酯类占 11%、其他占 5%。美国在 20 世纪末废旧塑料回收率达 35% 以上。其中，燃烧废旧塑料回收能源由 20 世纪 80 年代的 3% 增至 18%，废旧制品的掩埋率从 96% 下降到 37%[48]。

据 PWP 工业公司测算，基于年处理能力 8000 万磅 PETE 塑料瓶，新的循环再生利用装置可减排二氧化碳 6.0 万吨、减少填埋地 22.63 万立方米和节能 7.8 亿千瓦时。2009 年 6 月，PWP 工业公司已在西弗吉尼亚州 Davisville 投产了 80000ft^2（1ft=0.3048m）的消费后塑料循环再生利用中心，这是北美自行运营公司投运的第一批再生利用中心之一。计划中的第二个中心，PWP 工业公司将与可口可乐 Atlanta 塑料循环再生利用公司一起，将 PETE 塑料瓶转化成食品和医药管理局（FDA）认可的食品级适用材料。

1.5.1.2 欧洲

根据欧洲塑料协会（Plastics Europe）发布的《塑料——2019 年事实与数据》报告统计，2018 年全球塑料产量达 3.6 亿吨；其中，欧洲的塑料产量为 6180 万吨，与 2017 年的 6440 万吨相比有所下降。据欧洲塑料协会统计，2018 年欧洲从事塑料工业的企业共有 6 万家，提供了 160 万个就业岗位，年营业收入超 3600 亿欧元。欧洲本土的塑料加工商对塑料需求量为 5120 万吨，按地域分布划分，德国塑料加工商的需求量最大，为 24.6%；其次分别为意大利（13.9%）、法国（9.4%）、西班牙（7.6%）、英国（7.3%）、波兰（6.8%）、比利时和卢森堡（4.6%）、荷兰（4.3%），其他欧洲国家地区共占21.5%。按终端应用领域划分，欧洲包装行业对塑料的需求量最大，占39.9%；其次为建筑行业，占19.8%。

欧洲塑料协会指出，自2006年以来，欧洲用于回收的塑料垃圾数量翻了1番。欧洲塑料工业正在加速推进向更加循环和资源高效的塑料经济转型。2018年欧洲共收集了2910万吨废塑料，其中32.5%的废塑料进行了回收再生、42.6%的废塑料进行了能源转换、24.9%的废塑料进行了填埋处理。瑞士、奥地利和荷兰三国实现了废塑料零填埋。欧洲塑料协会还特别指出，自2016年以来，用于回收的消费后塑料包装增长了92%。具体而言，2018年欧洲共收集了1780万吨消费后塑料包装，其中42%用于回收、39.5%用于能源转换、18.5%用于填埋处理。超过1/2以上的国家的消费后塑料包装回收率在40%以上[37]。

对于废旧塑料的再生利用在欧各大企业纷纷做出表率，例如：可口可乐公司、德国KHS GmbH公司在印尼投资2100万美元建设环保塑料瓶工厂，每小时产能约18.8万瓶；2018年宝洁公司在英国正式推出32万个由再生塑料（90%）和海洋塑料（10%）制成的塑料包装瓶，计划在欧洲市场销售10亿瓶由25%再生塑料制成的洗发水瓶，约消耗2600t再生塑料；联合利华承诺2015~2025年期间将再生塑料袋的使用量提高25%，到2025年确保其所有塑料包装均能进行降解，实现100%回收利用。

1.5.1.3 其他国家

日本是塑料生产第二大国，而且能源短缺，所以对废旧塑料的再生利用一直持积极态度。据日本"废弃塑料管理协会"统计，日本1020万吨废弃塑料中有52%（530万吨）再生利用，其中包括2%用作化工原料、3%用作再熔化固体燃料、20%用作发电燃料、13%用于焚烧炉热能利用[29]。日本在混合废旧塑料的开发应用方面也处于世界领先地位。三菱石油化学株式会社研制的REVERZER设备可以将含有非塑料成分（如废纸）达2%的混合热塑性废旧塑料制成栅栓、排水管、电缆盘、货架等各种再生制品。

据巴西PVC协会称，尽管与欧洲国家相比，巴西缺少政府介入，但巴西的塑料回收率很高，巴西的塑料回收率已从1998年的9.5%提高到2006年的17%，而欧洲的塑料回收率约为15%[49]。

1.5.2 国内废旧塑料回收概况

废旧塑料回收利用是促使实现经济效益和环境效益的双丰收的有效手段，近年来中国废旧塑料回收行业也蓬勃发展，2019年中国废旧塑料回收量达1890万吨，较2018年增加了60万吨，同比增长3.28%。生活源废旧塑料作为我国废旧塑料回收的主要来源，回收率有所下降，边角料、下脚料等工业源废旧塑料可基本实现全部回收，回收率可达90%[50]。

由于塑料具有耐腐蚀、不易分解特性，尤其是一次性塑料包装废弃物、地膜被人们随意丢弃而造成视觉污染，即所谓的"白色污染"，以及废旧塑料对环境造成潜在危害，已成为社会各界普遍关注的问题之一。废旧塑料的这一特性以及在垃圾中质量轻、体积大，决定了其不宜填埋，但它是热值很高的大分子材料，再生利用符合我国可持续发展的基本国策。正确处理好经济发展与环境的关系，合理利用自然资源是 21 世纪提出的迫切要求。随着我国塑料工业的不断发展，废旧塑料再生利用越来越成为我国资源再生和环境保护事业的一个重要方面。

2015 年以来，废旧塑料交易场所已遍布全国，广东、浙江、江苏、山东、河北、辽宁等塑料加工业相对发达的省份形成了一批规模较大的废旧塑料回收交易集散地和加工聚集区，交易数额巨大，呈现蓬勃发展之势，为农村提供了一条就业、致富的门路。再生利用技术发展基本成熟，人力资源丰富，从事废旧塑料回收加工的人员积极性高，市场需求大且稳定，如果加强管理，对该行业产业实施减免税的扶持政策，废旧塑料的再生利用将有十分广阔的前景[51]。我国废旧塑料再生利用机械设备的研制开发上已经取得了重大成效，目前我国已经制造出各类回收生产设备、塑料破碎机、回收造粒机组、切粒设备，而且趋于简单、适用，自动化程度提高，成本不断降低。但是在一些地方由于设备简陋和对塑料了解甚少，存在资源浪费和对环境的二次污染，所以，对废旧塑料再生利用的综合治理成为一个迫切的问题，需要政府有关部门结合当地实际情况合理规划、正确指导，达到综合治理的目的。

1.6
解决废旧塑料污染的措施

随着塑料应用领域的拓宽和使用量的急剧增加，废旧塑料污染即"白色污染"问题已经越来越为社会所关注。各国纷纷投入大量的人力物力解决这一问题，并取得了初步的成效。目前，解决白色污染的措施主要集中在两个方面：一是从技术方面进行开发研究，以期获得不可降解塑料制品的可替代产品和对废旧塑料制品的综合回收再利用；二是从宣传法律和经济政策方面进行调控，利用法律法规的强制力和市场经济的杠杆作用把废旧塑料对环境的危害降到最低点。下面将从技术研发和政策调控两个方面分别进行阐述。

1.6.1 技术研发现状

1.6.1.1 寻求塑料替代品

（1）可降解塑料制品

一般来说，塑料除了热降解外，在自然环境中的光降解和生物降解都比较慢。为了解决这一问题，世界各国投入了大量的研发力量开发和应用可降解塑料。可降解塑料是指制品的各项性能可满足使用要求，在保存期内性能不变，而使用后在自然环境条件下能降解成对环境无害的物质，从而有利于保护环境[52]。塑料的降解主要是高分子化学键断裂所引起，降解的方式和程度与环境条件有关，主要有水解降解、氧化降解、微生物降解和机械降解。但从实际应用角度，一般是运用光降解、光-生物双降解和生物降解等方式。

1）光降解塑料

光降解塑料的降解原理是用光化学方法将高分子链破坏，使塑料失去其物理强度并脆化，经自然剥蚀细脆化后变为粉末，进入土壤，在微生物作用下重新进入生物循环。此类产品的生产技术比较成熟，但完全降解的时间很长，且不容易完全降解。

2）光-生物双降解塑料

光-生物双降解塑料是利用光降解机理和生物降解机理相结合的方法制得的一类可降解塑料。此类制品的主要母体是发泡聚苯乙烯，在母体中加入一些促进其降解的淀粉、光敏剂、生物降解剂等，使其在使用时具有与一次性发泡聚苯乙烯餐具相同的功能。产品使用后，在自然条件下，其化学结构能够降解为水、二氧化碳和其他物质[22]。此类产品只能在自然环境中降解为细小颗粒，并不能完全降解，从而对环境造成更严重的二次污染。

3）生物降解

① 部分生物降解塑料。这类制品是将淀粉、纤维素、微生物聚酯等掺入聚乙烯、聚丙烯中制成塑料。这种塑料中的淀粉、纤维素等易在自然条件下分解从而把聚合物瓦解成微小片段，使其结构完整性受到破坏，从而减轻环境污染，然而形成的微小片段极有可能造成二次污染[22]。此类产品实际上对治理"白色污染"的意义不大，由于无法彻底降解，形成的塑料碎片会造成土壤板结、沙化，作物减产，回收处理更加困难，所以此类产品对环境危害更为严重。

② 完全生物降解塑料

I. 天然高分子生物降解塑料。是利用生物可降解的天然高分子如生物质基材制造的塑料。目前，美国、日本已从甲壳质开发了一系列可降解制品，用于外科缝线、人造皮肤、缓释药膜材料、固定酶载体、分离膜材料和絮凝剂等。但是这种材料的力学性能、防水耐热性都存在不足[53]。

A. 植物纤维类制品。这类制品的生产工艺较为成熟，其优点是降解率高，在生产、使用和销毁的过程中对环境不构成污染；然而其缺点也很明显，例如用于做一次性餐盒时，壳体的质量大、耐积压程度不够、潮湿环境下容易霉变、耐水耐油时间短、产品之间易粘连。

B. 淀粉类制品。这类制品是以淀粉为主要原料，制成各种形状的餐饮具，在自然条件下就可以生物降解；其缺点是加工复杂，产品质地极脆，易吸潮，不宜长期存放。

天然淀粉是刚性颗粒结构，含有大量的羟基极性基团，分子链之间具有较强的氢键作用，淀粉不具有热塑性，因此难以对淀粉进行成型加工。近年来，人们通过对淀粉加入增塑剂、改性接枝等方法对淀粉进行增塑改性，从而使淀粉具有一定的热塑性。科研人员还尝试了多种方法优化淀粉基塑料的耐水性和力学等性能。Fringant 等[22]将淀粉三醋酸酯在二氯甲烷（methylene dichloride）中形成的溶液作为淀粉塑料的涂饰剂涂饰在制品表面，从而增强了制品的耐水性。

II. 合成高分子型生物降解塑料。是指利用化学方法合成制造的生物降解塑料。这类产品具有较大的灵活性，可通过研究合成与天然高分子生物降解塑料结构相似的或合成具有敏感降解官能团的塑料[22]。

A. 二氧化碳基聚合物制品。二氧化碳基聚合物是一类完全降解塑料，在制造、使用、废弃直到再生循环利用的过程中对环境友好，不会造成污染。中国科学院广州化学有限公司建立了 500 L 中试规模聚合反应的示范生产装置，完成了间歇聚合工艺，该项目目前已经通过专家验收，标志着我国二氧化碳基聚合物研发水平和生产能力已跻身世界前列。但在工艺方面仍存在诸如拓宽产品使用温度范围、产品低温增韧高温增强的问题还未完全解决，大规模产业化需要进一步的研究开发，同时也需要政府企业的大力投入。

B. 脂肪族聚酯聚合物。主要产品有聚乳酸（PLA）和聚己内酯（PCL）。PLA 是一种生物发酵制品，具有良好的生物降解性。以糖蜜、淀粉等原料发酵可制成乳酸，再通过共聚改性等化学手段可合成性能优异的热塑性材料，产品用于包装、农膜以及医用材料等领域。PCL 是由己内酯在催化剂作用下聚合而成的一种高度结晶的热塑性树脂，可以被脂肪酶水解为小分子，再被微生物降解。它可用于传统技术进行加工，制成薄膜和其他包装材料。PCL 在泥土中一年会降解 95%，而在空气中比较稳定。PCL 还具有优良的药物通用性，可用于体内植入材料和药物的缓释胶囊。美国 UCC 公司已进行了批量生产，并将 PCL 应用于制造外科用品、黏结剂和颜料分散剂等产品。

C. 微生物合成。利用微生物发酵生产的生物可降解塑料，可被多种微生物完全降解，具有广泛的开发应用前景。目前该类制品的研究重点主要是生物合成聚羟基脂肪酸酯（PHA）。PHA 是某些微生物处于逆境状态下（如缺氧、碳、镁等）合成的一种储藏类聚酯，如聚羟基丁酸酯（PHB）、聚羟基戊酸酯（PHV）及 3-羟基丁酸酯和 3-羟基戊酸酯的共聚物（PHBV）等都属于此类研究的方向。该类材料不仅具有高分子化合物的基本特性，还具有良好的生物降解性和生物相容性，可用作各类包装材料以及医用高分子领域，特别是用于合成药物与昆虫信息素。

4）可降解塑料发展小结与分析

随着人们对环境保护的重视及对可降解塑料的深入研究，近年来，可降解塑料得到了较快的发展，但其仍存在一些问题。问题主要有：a.现阶段可降解塑料生产工艺和加工设备还尚未像通用塑料那样成熟、通用，造成其生产成本与售价高昂，大规模广泛应用受到限制；b.可降解塑料虽在环保方面具有优势，但因其力学性能、加工性能和使用稳定性等方面大多存在固定缺陷，改性工艺尚不成熟，机制中存在着不可避免的劣势；c.生物降解过程影响因素众多，微生物、空气、土壤、环境温度和湿度、酸碱度等状况复杂多变，因此使用后降解过程不可控，降解周期不明确；d.可降解塑料生产工业化时间较通用塑料晚，现虽已有国际标准和行业标准，但各标准使用条件不尽相同，市场较为混乱。

可降解塑料的普及和应用是解决白色污染问题的根本途径。从长远来看，随着科技的发展，生产成本的降低和成品质量性能的完善，可降解塑料必将取代不可降解塑料，从而从根本上解决白色污染问题。但由于目前可降解塑料发展所面临的各种科学技术上的难题以及市场竞争的劣势，为了遏制、减少白色污染，同时减少不可再生能源的消耗，目前必须同时着眼于废旧塑料的回收再利用。

（2）纸浆模塑

包装贯穿着从原料、采购、生产、销售到使用的整个供应链体系，与人类生活息息相关。塑料制品，尤其是发泡聚苯乙烯（EPS），具有价格低、包装性能良好等优点，广泛应用在包装领域，但其缺点也日渐显现，如会对环境造成严重的破坏，已成为"白色污染"。据统计，全球各工业领域制造的塑料垃圾中47%为包装行业所产生[54]。

纸浆模塑（纸塑）制品是以一次纤维或二次纤维为主要原料，并用特殊的模具使纤维脱水成型，再经干燥和整型而得到的一种包装材料。纸塑制品具有原料廉价易得，生产过程无污染，制品抗震、缓冲、透气、防静电性能好，可回收，易降解等优点，从而在电子产品、日化用品、生鲜等的包装领域具有广阔的应用前景[55]。在广泛实施禁塑限塑的新形势下，纸浆模塑制品由于其优异的环保和可降解性能，将成为"限塑令"后的主要替代品。

1）纸浆模塑制品的生产工艺流程

纸塑制品一般经过浆料的配制、成型、干燥、整型以及后加工等工艺制备得到。纸塑制品的基本生产工艺流程见图 1-1。

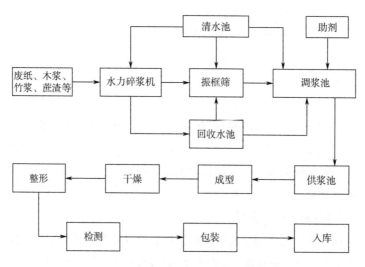

图 1-1　纸塑制品的生产工艺流程

纸塑制品的生产工艺原理十分简单，部分工序所用生产设备也大多与普通造纸厂无异，在原料处理和制浆过程中可以直接使用一般造纸设备。而纸塑制品的重点工艺流程是产品的成型和定型，这两个流程对产品的性能和表观质量有决定作用。其中成型工艺是将原料纸浆利用真空吸附到模具上，在这个过程中纸浆中的植物纤维等固体成分会均匀分布在模具表面，而部分水分会在真空吸附作用下通过模具滤网被挤压过滤，降低半成品的含水率，真空度等加工工艺参数决定了半成品的含水率。定型工艺则是让纸塑制品的结构和形状更加精确，并且确保产品在干燥过程中的变形得到控制，因此需要控制干燥过程中温度范围、持续时间以及升温、降温速度等。最后，根据产品的不同用途需要对产品做进一步的整形处理，以满足对产品外观的特殊需要。

2）纸浆模塑制品生产创新技术的研究现状

① 采用双吸法成型和二次吸滤成型工艺制作有特殊要求的纸浆模塑制品。传统的纸浆模塑成型一般采用单吸成型方法，它在制作一些有特殊要求的纸浆模塑制品时显得力不从心，采用上下双吸成型方法可制作出缓冲性能更好、承载能力更大的纸浆模塑制品，例如采用双吸法成型可制作重型承载纸浆模塑托盘，综合承载能力可达到3t。双层纸浆模塑制品的生产采用二次吸滤成型工艺，先向成型模具中注入一定量的面层浆料，进行第一次真空吸滤成型；当面层纸浆已经基本成型后，再继续注入一定量的底层浆料，并进行第二次真空吸滤成型，从而制成双层纸浆模塑制品湿坯，再进行干燥和热压整型。

② 利用稻麦草发泡技术制作纸浆模塑制品。我国大片区域的稻麦草资源丰富，也可作为纸浆模塑的原料，根据纸浆模塑产品使用场景的需要，将稻麦草发泡技术与纸浆模塑生产技术相结合，可以制作出结构疏松的纸浆模塑制品，可用于加热榻榻米、水稻育秧板和草坪育苗移植板材等材料。

③ 采用湿法挤压复合法制作双层双色纸浆模塑制品。双层双色纸浆模塑制品可以采用内外层二次成型干燥后再复合的结构，而采用分别成型再挤压复合法制作双层双色纸模制品工艺，则大大简化了生产工艺过程，制品内外层牢牢地结合成为一体，提高了双层双色纸浆模塑制品的强度和耐用性。

④ 管状纸浆模塑制品开发与应用。采用一种创新的纸浆模塑生产工艺可以制造在铸造作业中使用的纸质浇道管，代替传统的陶瓷浇道管。纸质浇道管具有特殊的耐高温、抗压等性能，原料采用不需脱墨的废纸，加入一定量的无机黏结剂、有机黏结剂、增强剂等助剂，通过特制的模具成型，再经过干燥、整形等工序制成纸质浇道管。纸质浇道管的模塑生产不仅实现了废纸资源再利用，而且在使用过程中其对生产的铸件无影响，是典型的环保可再利用产品，使用后的废弃物能自然降解。也有连续生产的纸浆模塑制管机，可利用特定模具生产连续状的纸浆模塑管状制品，在纸浆模塑管状制品成型脱水的同时进行转移，湿纸管坯在移动的同时利用专用的烘干设备进行烘干，然后按要求规格进行切断和捆包，形成纸浆模塑管状制品，产品在食品、工业产品、农用器具等方面用途广泛。

⑤ 内部缓冲和纸盒襟片结构一体化纸模设计。传统纸浆模塑工业包装制品一般是作为缓冲衬垫材料使用的，某些新款的纸浆模塑制品将内部缓冲衬垫和纸盒襟片结构设计成一体，在某些应用场合可以代替折叠纸盒纸箱，这种设计将内部缓冲衬垫和外部包装盒设计成一体，减少了外包纸箱纸盒的使用，可大幅降低包装成本。

3）纸塑制品的发展趋势

纸塑制品在我国已经发展30多年，取得了很大的进步，特别是一次性环保餐具和环保包装制品均已得到广泛的应用，但是纸塑制品在我国的发展还存在很多的局限性。

① 纸塑制品发展多年，使用率不高，其中一个重要原因在于模具的成本过高。国外纸塑厂商在设计模具时会考虑如何使其具有好的通用性，从而增大模具的利用率，降低成本。例如常用的楞状衬板、护角、隔板等，因为生产数量多、批量大，从而导致这些模具的利

用率高，大大降低了其成本，这是国内厂商很少考虑的地方。由此，模具的设计和制备是一个重点发展的方向。

② 由于对浆料配制的研究不够，导致生产的纸塑制品物理性能欠佳，不能满足实际需求。很多厂家生产纸塑制品放弃使用二次纤维，直接使用原生浆（木浆、竹浆、蔗渣浆等）来提高产品质量，这样既增加成本又不环保，因此应加强纸塑制品原料的研发，增加废纸箱、废书纸等二次纤维的使用，做到真正意义上的环保。

③ 由于工业产品用的纸塑制品结构复杂，对其还没有有效的后处理（覆膜、涂布、覆油、印刷等）方式，导致工业产品用纸塑制品常出现染色不均匀、易掉色、掉毛、形式单一等现象，严重影响了其应用。未来可以通过增加有效的后处理工艺改善这一现状，使其应用更广泛。

④ 纸塑餐具是当前普遍认可能替代一次性发泡塑料的产品，为保证纸塑餐具的使用性能，达到一次性可降解餐具的标准要求，纸塑餐具在生产过程中加入一定量的防水剂、防油剂、固化剂、干强剂、湿强剂等化工产品作为添加剂。而目前安全无毒且对环境友好的防水防油剂研究还存在不足，未来需多加强此方面的研究，助力纸塑餐具进一步替代一次性发泡餐具。

4）纸塑制品小结与分析

随着我国国民经济健康快速发展，与世界各国的经济往来也日益频繁和紧密，并且随着"限塑令"的强力实施，纸浆模塑这一新兴的绿色环保产业必将显示出强大的生命力和广阔的市场前景。纸塑制品作为一种绿色环保型包装材料，在我国 ICT 包装、一次性餐具等领域已得到广泛的应用，但医用、重型物包装以及奢侈品包装等市场还有待开发。由于纸浆模塑产业在我国目前存在的一些局限性，例如模具的设计与制备、原料的选择、浆料的配比、制品的后处理以及防水防油添加剂的研发等，严重制约了其发展。因此，还需要政府、厂商、研究机构等的共同努力，使纸浆模塑行业得到健康高速的发展。

1.6.1.2　废旧塑料的回收再利用

目前，填埋和焚烧是处理废旧塑料通常采用的方式，但是这两种方式都容易对环境造成严重的污染，而采取净化处理的设备设施又价格昂贵。废旧塑料的回收再生利用符合固体废弃物处理的减量化、无害化和资源化原则，可节约资源，缓解国内塑料原料供需矛盾。数据表明，70%～80%的通用塑料在 10 年内转化为废旧塑料，其中有 50%的塑料将在 2 年内转化为废旧塑料。目前，欧洲塑料平均回收率在 45%以上，德国甚至达到 60%，而我国的塑料回收率仅在 20%左右。将废旧塑料回收加工，循环生产，能减少对石油等原料的消耗，降低塑料成品价格，具有强大的市场潜力。再生塑料主要是指消费后可循环利用的塑料，因其使用寿命结束后经过回收、集中、分类、处理后获得再生价值，实现循环利用。它的主要过程包括以下内容。

（1）塑料的鉴别分离

对废旧塑料进行处理的前提是对塑料进行分离分选。在我国，造成废旧塑料回收率低的重要原因是垃圾分类收集程度很低。由于不同的废旧塑料的熔点、软化点相差较大，为使废旧塑料得到更好的再生利用，最好分类处理单一品种。对废旧塑料的传统鉴别技术有外观鉴别法、燃烧鉴别法、溶解鉴别法和密度鉴别法等。而利用先进的设备仪器，又发展出了近代鉴别技术，包括热分析鉴别法、中红外线（MIR）光谱鉴别法、近红外线（NIR）光谱鉴别法、激光发射光谱分析（LIESA）鉴别法和 X 射线荧光（XRF）鉴别法等[56]。

而对于废旧塑料分离技术，以前采用人工分选法，效率低，成本高。目前，开发了多种分离分选的方法，可分为仪器识别与分离技术、水力旋分技术、溶剂分离技术、浮选分离技术、静电分离技术和熔融分离技术。

（2）再生技术

1）熔融再生技术

熔融再生是通过切断、粉碎、加热熔化等工序对废旧塑料进行加工的循环利用技术，是目前处理废旧塑料的重要途径[57]。

2）化学循环利用技术

自 20 世纪 90 年代以来，世界各国，尤其是西方工业发达国家在废旧塑料的循环利用方面获得了迅速的发展，其中化学循环利用是近期研究开发的热点领域之一。它是指在热和化学试剂的作用下高分子发生降解反应，形成了低分子量的产物，产物可进一步利用。目前，化学循环的主要方法有热裂解和气化等技术。

① 热裂解是指塑料在无氧、高温（>700℃）条件下进行裂解，产品一般分为化工原料（如乙烯、丙烯、苯乙烯等）和燃料（如汽油、柴油、焦油等）。制取化工原料是在反应塔中加热废旧塑料，在沸腾床中达到分解温度，一般不产生二次污染，但技术要求高，成本也高。Bonnans-Plaisance C 报道了采用间歇式反应器，将废旧塑料放进外热式热降解反应器内，升温后，废旧塑料在一定温度下裂解，生成小分子的气态烃，并通过冷凝器收集。

目前，大量的研究工作集中在裂解油化技术。通常采用热裂解和催化裂解。日本富士循环公司开发了将废旧塑料转化为汽油、煤油和柴油的技术，采用 ZSM-5 催化剂，通过 2 台反应器进行转化反应将塑料裂解为燃料。每千克塑料可生成 0.5L 汽油、0.5L 煤油和柴油[58]。美国 Amoco 公司开发了将废旧塑料在炼油厂中转变为基本化学品。经预处理的废旧塑料溶解于热的精炼油中，在高温催化裂化催化剂作用下分解为轻产品。由聚乙烯回收得 LPG、脂肪族燃料，由聚丙烯回收得脂肪族燃料，由聚苯乙烯（PS）回收得芳香族燃料[22]。

通过裂解，将废旧塑料制为化工原料和燃料，是资源回收和避免二次污染的重要途径。美国、日本、德国都有相关的大规模工厂。我国在北京、西安等地也建有小规模的废旧塑料油化厂，但是目前尚存在许多待解决的问题，如废塑料导热性差，塑料受热产生高黏度融化物，不利于输送；废旧塑料中含有 PVC 导致 HCl 气体产生，腐蚀设备，并使催化剂活性降低；生产中的油渣目前还没有较好的处理办法等，仍需要进一步吸收现有成果，攻克技术难点。

② 气化是将废旧塑料在高温（>1500℃）下裂解成 CO、CO_2、H_2，用于合成甲醇、尿素等工业产品。这种技术的优点在于能将城市垃圾混合处理，无需分离塑料，但操作

温度非常高。德国 Espag 公司的 Schwaize Pumpe 炼油厂每年将 1700t 废旧塑料加工成城市煤气。RWE 公司每年将 22 万吨褐煤、10 万吨塑料垃圾和城镇石油加工厂生产的石油矿泥进行气化[59]。德国的 Hoechst 公司采用高温 Winkler 工艺将混合塑料气化,再转化成水煤气作为合成醇类的原料。另外,目前也有人采用超临界油化法对废旧塑料进行油化处理。

3)二次加工利用技术

对废旧塑料进行二次加工,可制成复合材料、木塑材料、建筑材料等多种性能优良的材料。

(3)废旧塑料再生利用小结

目前,世界各国陆续开发出了废旧塑料再生利用技术,有些技术甚至已经达到工业化的规模。但是,对废旧塑料的大规模分类回收和分离,以便为废旧塑料的再利用提供优质的原料是目前废旧塑料高效再利用的难点。总的来说,对废旧塑料的分类回收不仅要依靠技术的进步,更需要各国及地方政府的政策支持和对经济杠杆的运用。

1.6.2 政策及综合治理

早在 2000 年 4 月 23 日,国家经贸委就发出《关于立即停止生产一次性发泡塑料餐具的紧急通知》,要求所有生产企业立即停止生产一次性发泡塑料餐具。2001 年又先后三次以通知、紧急通知等形式要求各地政府和有关部门加强执法力度,立即停止生产和使用发泡塑料餐具[22]。原北京市环保局对治理"白色污染"确定了"再生利用为主,替代为辅,区别对待,综合治理"的技术路线,并要求在北京市生产、经销一次性塑料餐具的单位或个人必须负责再生利用废弃的塑料餐具,也可以委托其他单位代以再生利用;此举在北京市取得了一定的实效。但时至今日,由于国民经济的快速发展,塑料的使用也逐年快速增长,而白色污染问题依然严重,情况仍在加剧。

1.6.2.1 国内外限塑政策

成本低、使用方便、容易加工制造、质轻、物理化学性质稳定,塑料曾经被认为是人类有史以来创造出的"最成功"的材料之一。使用量巨大,而又随意丢弃,塑料垃圾因此大量产生,其治理现已成全球性难题。近几年,多个国家出台了限塑禁塑政策,从生产源头上入手强化监管,同时积极推广替代产品。

1.6.2.1.1 国外限塑政策

(1)欧盟及欧洲国家

欧盟 2015 年就发布了限塑指令,目标是在 2019 年年底欧盟国家的民众每年每人消耗不超过 90 个塑料袋,而到 2025 年这个数字减少到 40 个。指令发布后,各个成员国都踏上了"限塑之路"。2018 年,欧盟议会又通过了一项关于控制塑料废弃物的法令。根据法令,自 2021 年起,欧盟将全面禁止成员国使用饮管、餐具和棉花棒等 10 种一次性塑料制品,这些用品将由纸、秸秆或可重复使用的硬塑料替代。塑料瓶将根据现有的回收模式单独收集；到2025年，要求成员国的一次性塑料瓶回收率达到90%。同时，法案还要求制造商必须对其塑料产品和包装的情况承担更多责任。

在欧洲，对于限塑，各国采取的手段可概括为两种：一种是征税收费；另一种是彻底禁止使用。最早对塑料袋收税的是丹麦。1993年，丹麦就开始对塑料袋生产商征税，同时还允许零售商对塑料袋收费，这一规定直接导致了当时丹麦的塑料袋使用量下降了60%。法国、爱尔兰、保加利亚、比利时等国均采取收税方式。在德国、葡萄牙、匈牙利、荷兰等国，零售商则是向顾客收取塑料袋的费用。而意大利更为严厉，2011年政府宣布，除了可生物降解或可分解的塑料袋，其他塑料袋均禁止使用。

（2）韩国

韩国早在2010年10月就开始实行"再生计量收费垃圾袋销售"制度，规定超市不得免费提供一次性塑料袋。韩国5家大型连锁超市与韩国环境部签署了相关协议，积极推动用环保容器替代一次性塑料袋。2018年8月起，韩国环境部禁止咖啡店使用一次性塑料杯，2019年，限制范围扩大至超市和烘焙店，韩国2000家大型超市和1.1万家面积超过165m² 的超市全面禁用一次性塑料袋，违规商家将被处以最高300万韩元的罚款。

（3）日本

从塑料回收来看，日本塑料回收率较高，日本塑料回收率接近60%。从限制塑料使用来看，2018年，日本政府公布了一项开始解决一次性塑料的提案——"禁塑令"，目标是到2030年将日本每年940万吨的塑料垃圾减少25%；该提议的一个关键部分是要求企业对塑料袋收费。日本环境部塑料废弃物战略主管称，日本的政策原计划于2020年出台，新法令的实施将不会晚于东京奥运会，塑料袋收费价格等事宜将由商家自行决定。但是到目前为止，这些提案还没有针对限制吸管或杯子等其他一次性塑料垃圾的具体措施。

1.6.2.1.2 国内限塑政策

（1）国家性政策

针对塑料污染带来的环境问题，2007年至今我国颁布了不同程度的限塑令。为了限制和减少塑料袋的使用，2007年12月31日，我国发布了《国务院办公厅关于限制生产销售使用塑料购物袋的通知》，明确规定从2008年6月1日起，在全国范围内禁止生产、销售、使用厚度小于0.025mm的塑料购物袋；自2008年6月1日起，在所有超市、商场、集贸市场等商品零售场所实行塑料购物袋有偿使用制度，一律不得免费提供塑料购物袋。

至2020年，2008年的"限塑令"已执行十多年，从执行情况来看效果差强人意。随着外卖餐饮和快递行业的迅速发展，2008年"限塑令"已沦为一种摆设。因此2020年1月19日，国家发展改革委、生态环境部推进新版"限塑令"，发布《关于进一步加强塑料污染治理的意见》，明确阶段性目标任务：2020年年底，率先在部分地区、部分区域禁止、限制部分塑料制品的生产、销售和使用；至2022年年底，一次性塑料制品消费量明显减少，替代产品得到推广，塑料废弃物资源化能源化利用比例大幅提升；在塑料污染问题突出领域和电商、快递、外卖等新兴领域，形成一批可复制、可推广的塑料减量和绿色物流模式；

至2025年年底，塑料制品生产、流通、消费和回收处置等环节的管理制度基本建立，多元共治体系基本形成，替代产品开发应用水平进一步提升，重点城市塑料垃圾填埋量大幅降低，塑料污染得到有效控制。

2020年7月10日，国家发展改革委等九部门联合印发《关于扎实推进塑料污染治理工作的通知》（以下简称《通知》），细化分解新版"限塑令"的任务，层层压实责任，协同推进工作。《通知》中规定2021年1月1日起全国禁止生产和销售一次性塑料棉签、一次性发泡塑料餐具、有意添加塑料微珠的淋洗类化妆品和牙膏牙粉。全国禁止生产销售厚度小于0.025mm的超薄塑料购物袋，禁止生产和销售厚度小于0.01mm的聚乙烯农用地膜；2021年1月1日起，在直辖市、省会城市、计划单列市城市建成区的商场超市、药店、书店等场所，餐饮打包外卖服务，各类展会活动中禁止使用不可降解塑料购物袋。连卷袋、保鲜袋、垃圾袋暂不禁止；2021年1月1日起，在地级以上城市建成区、景区景点的餐饮堂食服务中禁止使用不可降解一次性塑料刀勺；禁止使用不可降解一次性塑料吸管，其中牛奶、饮料等食品外包装自带的吸管暂不禁止。

（2）地方性政策

截至2020年12月5日，我国已有31个省市及自治区出台了禁/限塑相关政策和实施方案，明确表示将逐步禁止一次性不可降解塑料制品的使用。

1）海南省

早在中央12号文件发布前海南省就提前开启了禁塑准备工作，禁塑先行先试，走在了全国前列。为确保禁塑政策落地有声，海南省没有简单地"一刀切"，将环境治理成本转嫁给社会，而是在借鉴其他地方经验的基础上探索了一条"可循环、易回收、可降解"的禁塑路径，构建起了"法规+标准+名录+替代产品+可追溯体系"全流程闭环管理体系，为全国禁塑积累了宝贵经验。

2020年初海南省发布了国内第一部禁塑地方法规《海南经济特区禁止一次性不可降解塑料制品规定》，为生产、监管、流通、使用各领域监管提供了法律依据；出台《海南省2021年禁塑联合执法行动方案》，对生产、销售、储存和使用禁止目录内塑料制品的行为做出了规定。

此外，海南省于2020年3月和2021年8月先后发布两批《海南省禁止生产销售使用一次性不可降解塑料制品名录》（简称名录），以此实行名录管理，以负面清单形式明确禁止生产销售和使用的一次性不可降解塑料制品种类。目前名录将四大类17小类的一次性不可降解制品纳入禁塑范围，在地方标准的配合下，既做到了监督执法准确到位，又做到了替代品市场规范化，对于技术和产业的发展也起到带动作用。

最后，建立禁塑工作管理信息平台，提升流通环节的执法效率，实现全生物降解塑料制品流通信息的可追溯。凡是在海南省生产或销售可降解材料的企业都必须在平台登记注册，所有销售的全生物降解塑料替代品都应申请监管码，与替代品识别标准一起印在产品上。通过手机和执法终端扫描监管码，产品的规格、认证试验等信息都清楚标明，监管过程中若发现存在不符合质检指标的问题，轻则整改，重则取消产品备案。"禁塑令"实施以来，海南省17家制品企业销售1万余吨全生物降解塑料替代品，加上内地向海南省的供应量，海南省市场销售的全生物降解塑料制品在2万吨以上。

2）北京市

2020年12月25日，《北京市塑料污染治理行动计划（2020—2025年）》（简称"限塑10条"）正式发布。"限塑10条"从10个方面提出了北京市治理塑料污染的具体要求，聚焦餐饮、外卖平台、批发零售、电商快递、住宿会展、农业生产六大重点行业强化减塑力度。

① 餐饮业：到2020年年底，全市餐饮行业禁止使用不可降解一次性塑料吸管、咖啡搅拌棒；鼓励餐饮企业使用符合性能和食品安全要求的秸秆覆膜餐盒替代一次性塑料餐盒，使用可重复利用的购物袋替代不可降解塑料袋。

② 外卖：2021年年底前，北京市鼓励外卖平台在点单环节设置"无需餐具"等选项，并给予积分等形式的奖励。鼓励外卖平台加大宣传力度，并通过发放平台"专属绿色优惠券"等措施引导消费者选择。

③ 批发零售：2020年年底，建成区的商场、超市、药店、书店等零售业门店（含配送服务）禁止使用不可降解塑料袋。鼓励探索逐步实施对塑料连卷袋明码标价并在商品价外单独收取塑料连卷袋价款。

④ 电商快递：到2025年年底，全市邮政快递网点禁止使用不可降解塑料胶带。

⑤ 住宿会展：不得主动提供六类一次性用品，可通过设置自助购买机、提供续充型洗洁剂等方式提供相关服务。

⑥ 农业生产：在全市农村地区推广使用0.014mm（含）以上地膜，推进废旧农膜和农药、肥料包装废弃物回收处置工作，妥善处理废弃育苗盘和节水灌溉材料等农业塑料废弃物。

3）上海市

上海市作为国内垃圾分类最早的试点城市，在"禁塑"方面的响应也十分迅速。2020年7月发布《上海市关于进一步加强塑料污染治理的实施方案（征求意见稿）》，计划于2020年率先在餐饮、宾馆、酒店、邮政快递等重点领域禁止和限制部分塑料制品的生产、销售和使用，基本实现塑料废弃物零填埋；2022年，全面实现塑料废弃物零填埋。

此外，上海市更是查处了全国首例违规"限塑"案。某食品公司经营的一家面包店在前台免费向消费者提供一次性塑料吸管。根据产品标签，该吸管的材质标称为PP（即聚丙烯），属于不可降解的塑料制品。经统计，该店中共有3包上述塑料吸管，共计300支。该面包店违法使用不可降解塑料制品的行为，违反了《中华人民共和国固体废物污染环境防治法》相关规定，执法人员对当事人进行普法教育，责令其改正违法行为，并处罚款1万元[60]。

4）福建省

2020年9月，福建省发改委和福建省生态环境厅两部门印发《福建省关于进一步加强塑料污染治理实施方案》（以下简称《方案》），要求即日起禁止生产和销售厚度小于0.025mm的超薄塑料购物袋、厚度小于0.01mm的聚乙烯农用地膜，禁止以医疗废物为原料制造塑料制品，全面禁止废塑料进口。《方案》要求，按照循序渐进、分时分段原则，到2020年福州、厦门等重要城市率先禁止、限制部分塑料制品的生产、销售。

特别是福建省发改委提出结合福建海洋大省的地理特点，大力发展海洋生态环境保护工作，创新形成"岸上管、流域拦、海面清"海漂塑料垃圾综合治理机制。福建省委省政府将海漂塑料垃圾等综合治理工作列入2021年度"为民办实事"项目，设立了1.3亿元的省级专项资金。沿海六市一区细化制定实施方案，明确治理目标和重点任务，组织对全省海岸带、13个主要海湾以及主要江河入海口，集中开展存量海漂塑料垃圾攻坚整治。

1.6.2.2　问题

（1）技术投入不足

目前，取代不可降解塑料的材料和废旧塑料的回收再生技术仍未能够得到广泛的市场应用，由于在技术的产业化方面还存在相当多的问题，需要进一步加大研发投入。

（2）缺少全国性法规

防治白色污染不能只靠企业或个人的自觉性，应有强制性措施，约束人们的行为。我国虽然出台了相关的政策规定，但是在我国现行的法律、法规中目前还没有一部专门防治"白色污染"和包装废弃物的法律文件。

（3）缺少相关经济政策，促进技术转化和环保产业发展

我国杭州、武汉等城市颁布了有关政策、法规，禁止销售、使用不可降解的一次性餐具，并对违反者予以罚款等措施。从实际执行效果来看，往往存在"重罚轻管"的问题：一方面只注重罚款，缺乏对造成环境污染的责任追究；另一方面只注重末端治理，忽略了包装产品整个生命周期的全过程监管。在市场经济条件下，仅靠行政命令，不考虑经济杠杆的调节作用，操作起来是很困难的。

（4）管理工作与环保宣传

在治理白色污染的管理方面，目前一方面思想上不统一，相当多的地区对白色污染的危害性认识不足，防治白色污染问题还没有提上议事日程；另一方面是管理力度不够，配套设施不健全，没有设置分类垃圾箱等。

城市居民的环保观念在近几年有所提高，但废旧塑料包装物乱丢乱弃的行为仍随处可见。媒体缺乏对居民日常行为的引导教育，而塑料包装的生产经营者也缺乏对废旧塑料再生利用的内在动力。

1.6.2.3　治理对策

（1）立足循环经济，加大研发投入

21世纪是发展循环经济的时代，世界上许多国家都正在建立循环经济体系。我国的人均资源占有量在世界上处于很低的水平，发展循环经济，促进我国人口、资源、环境与社会经济的可持续发展是一项十分艰巨和长期的任务。所以，我们必须以立足循环经济为原则，以宣传教育为先导，以强化管理为核心，加大技术投入，以推广回收再生技术为主，

并且重视可降解塑料的研究与开发，实现资源的循环利用[61]。

（2）制定适当的政策法规，运用经济杠杆

制定适当的经济政策，建立在市场经济条件下消除白色污染的良性运作机制。体现"污染者付费"的原则，要求产生废物者自行回收再生利用，不能自行再生利用的企业或个人要交纳回收处理费，用于对再生利用者的补偿，并对塑料包装物的使用采取享用的征税制度，以经济杠杆减少塑料包装物的使用量。放开市场，鼓励所有有条件的社会机构与个人参与塑料的回收，参与市场竞争。放开价格，在回收行业某一段时间废品回收指导价格的指导下，由废品销售者和回收者按行情和个人意愿决定销、购价格。运用经济手段，鼓励和促进废旧塑料包装物的"减量化、资源化、无害化"。对所有参加回收工作的社会机构和个人进行资格认定和注册登记，严防无证经营废品回收。建立跨部门的覆盖全回收领域的规则，促使回收业进入有序、公平竞争的轨道[62]。

（3）加强宣传教育

统一思想，强化管理。尽快制定颁布国家防治白色污染的有关法规，明确生产者、销售者和消费者对于再生利用废旧塑料包装物的义务和责任。对塑料包装物的生产经营和消费等环节，分别制定具体的控制措施和引导政策，控制不易再生利用的废旧塑料包装物的产生量。加强对白色污染危害性的宣传，提高公民的环境意识和道德修养，引导和教育市民从自身做起，自觉减少塑料袋使用以及分类丢弃。

（4）其他对策

伴随着我国塑料工业的快速发展，塑料材料的使用对环境带来的负面影响日益加剧。在废旧塑料的数量、种类急剧增加的今天，我们应从充分利用地球上有限资源的角度大力做好废旧塑料回收及再生利用的工作，努力做到塑料工业与环境保护协调发展。然而，塑料回收再利用市场的发展表明，废旧塑料再生利用不单纯是技术性和经济性问题，一方面需要研究废旧有机高分子材料再生利用技术，提出现行废旧塑料再生工艺的改进方法，在解决处理技术的基础上，借鉴国外先进经验，研究推广适合我国国情的废旧塑料再生技术，以提高产品性能和质量；另一方面需要建立起全社会、全方位科学合理的综合回收处理体系，需要政府有关部门和行业协会有效配合，并制定相关条例加以保证。培育一些对行业发展有示范作用的规模化企业和规范的加工交易市场应当成为工作重点，特别是要注意回收过程的集中化和处置过程的规范化。

参考文献

[1] 杨伟才. 我国塑料工业现状及发展趋势[J]. 工程塑料应用，2007，35（5）：5-8.

[2] 丁言. 我国塑料工业现状及发展[J]. 当代石油石化，2002，10（1）：15-18.

[3] 王国建. 高分子合成新技术[M]. 北京：化学工业出版社，2004.

[4] 杨桂英. 2015年合成树脂市场回顾及2016年展望[J]. 当代石油石化，2016（4）：28-33.

[5] 高靖，刘建超. 塑料产量的影响因素分析和模拟预测[J]. 橡塑技术与装备，2021，47（18）：40-45.

[6] 刘忠田. 塑料管材发展前景宽阔[J]. 橡塑机械时代，2012：22-23.

[7] 马占峰，姜宛君. 中国塑料加工工业（2020）[J]. 中国塑料，2021，35（5）：119-125.

［8］邓旭，刘韧，王瑞锋. 中国塑料再生行业现状及认证前景分析［J］. 质量与认证，2014（11）：47-49.

［9］杨俊秋. 浅谈塑料制品现状与发展前景［J］. 技术与市场，2007（3）：85-86.

［10］陈乐怡. 合成树脂工业的发展趋势［J］. 塑料，2001，30（1）：7.

［11］刘志武，蔡志强，张永涛. 中国石化合成树脂技术进展［J］. 合成树脂及塑料，2014（2）：1-6.

［12］刘际泽. 高性能塑料填料的研发动向［J］. 塑料，2013（3）：119.

［13］玉华. 塑料制品中的增塑剂——毒害人的罪魁祸首［J］. 东方药膳，2007（6）：46-47.

［14］李斌栋. 塑料光稳定剂的合成技术及应用［C］. 全国有机和精细化工中间体学术交流会. 2011.

［15］陈信华. 塑料着色剂［M］. 北京：化学工业出版社，2014.

［16］高建. 国内外塑料食品包装材料安全性问题与包装标准差异的对比研究［D］. 无锡：江南大学，2009.

［17］卓玉国，李青山，王新伟，等. 废旧塑料的回收利用进展［J］. 材料导报，2006，20（z1）：389-391.

［18］李松春，吴致彭. 废旧塑料的再生利用［J］. 黑龙江科技信息，2012（22）：68.

［19］李环宇，赵安，袁彩虹，等. 塑料废弃物的危害及再生利用技术研究［J］. 城市建设理论研究，2014（23）：9-15.

［20］李国刚，曹杰山，汪志国. 我国城市生活垃圾处理处置的现状与问题［J］. 环境保护，2015（6）：35-38.

［21］李环宇，赵安，袁彩虹，等. 塑料废弃物的危害及再生利用技术研究［J］. 城市建设理论研究，2014（23）：10-15.

［22］赵胜利，黄宁生，朱照宇. 塑料废弃物污染的综合治理研究进展［J］. 生态环境，2008，17（6）：2473-2481.

［23］李乐. 邻苯二甲酸单丁酯单克隆抗体的制备及 ELISA 方法的建立［D］. 长春：吉林大学，2012.

［24］董鹏，孙志华. 废旧塑料何去何从［J］. 广东橡胶，2014（1）：15-18.

［25］冯涛. 引起男性精子质量下降的 10 种原因［J］. 科技园地，2005（2）：35-36.

［26］浦子. 污染重，雄风减［J］. 祝您健康，2000（2）：19.

［27］徐成. 城市生活垃圾处理与利用生态工程［J］. 中国科学院生态环境研究中心，1999.

［28］Dauvergne，Peter. Why is the global governance of plastic failing the oceans?[J]. Global Environmental Change，2018，51：22-31.

［29］Lau W，Shiran Y，Bailey R M，et al. Evaluating scenarios toward zero plastic pollution[J]. Science，369.

［30］Curren E，Kuwahara V S，Yoshida T，et al. Marine microplastics in the ASEAN region：A review of the current state of knowledge[J]. Environmental Pollution，2021，288（11）：117776.

［31］谢弘晟. 海洋微塑料的污染及生态效应［J］. 资源节约与环保，2018，205（12）：115.

［32］袁大辉，孙玲. 海洋环境降解塑料现状与进展概述［J］. 橡塑技术与装备，2021，47（14）：19-22.

［33］Corinaldesi C，Canensi S，Dell'Anno A，et al. Multiple impacts of microplastics can threaten marine habitat-forming species[J]. Communications Biology，2021，4（1）：431.

［34］Horton A A，Walton A，Spurgeon D J，et al. Microplastics in freshwater and terrestrial environments：Evaluating the current understanding to identify the knowledge gaps and future research priorities[J]. Science of The Total Environment，2017，586：127-141.

［35］Futter，Martyn，Langaas，et al. Are agricultural soils dumps for microplastics of urban origin?[J]. Environmental Science & Technology，2016，50（20）：10777-10779.

［36］Pertile M，Sousa R，Mendes L W，et al. Response of soil bacterial communities to the application of the herbicides imazethapyr and flumyzin[J]. European Journal of Soil Biology，2021，102：103252.

［37］Bandow N，Will V，Wachtendorf V，et al. Contaminant release from aged microplastic[J]. Environmental Chemistry，2017，14（6）：394.

［38］刘金为，张红英，曾琳. 废弃塑料污染现状及治理策略研究［J］. 云南化工，2021，48（6）：14-15.

［39］翟洪杰，刘三国，刘晓丽. 塑料包装行业经营发展趋势［J］. 今日印刷，2020（3）：2.

［40］周炳炎，郭琳琳，李丽，等. 我国塑料包装废物的产生和回收特性及管理对策［J］. 环境科学研究，2021（2010-3）：282-287.

［41］潘越，郑敏超，周梓欣，等. 可生物降解农用地膜研究现状及发展［J］. 广州化工，2020，48（9）：37-39.

［42］方昭. 农业地膜残留污染现状及防治措施[J]. 绿色科技，2019（22）：113-114.

［43］靳拓，薛颖昊，张明明，等. 国内外农用地膜使用政策、执行标准与回收状况[J]. 生态环境学报，2020，29（2）：411-420.

［44］孟正华，许欢，郭巍，等. 汽车废旧塑料物理改性再生技术研究进展[J]. 中国塑料，2017，31（8）：105-111.

［45］曹诺，万超，王玲，等. 废旧汽车中塑料的高值化回收利用[J]. 环境技术，2021，39（3）：221-226.

［46］钱伯章. 国外废旧塑料再生利用概况[J]. 橡塑资源利用，2009，4：27-32.

［47］钱伯章. 欧美废旧塑料再生利用近况[J]. 国外塑料，2010，28（3）：58-61.

［48］佚名. 发达国家废旧塑料的回收[J]. 中小企业科技，2002（9）：21.

［49］刘工. 巴西PVC回收率高于欧洲[J]. 包装工程，2007（7）：33.

［50］王琪，瞿金平，石碧，等. 我国废弃塑料污染防治战略研究[J]. 中国工程科学，2021，23（01）：160-166.

［51］马占峰. 废旧塑料再生利用的必要性和可行性[J]. 塑胶工业，2006（4）：36-37.

［52］肖艳. 生物降解塑料包装材料的应用及其前景[J]. 湖南包装，2014（4）：12-14.

［53］王东山，黄勇，沈家瑞. 生物降解塑料研究进展[J]. 广州化学，2001，26（4）：38-45.

［54］Fisher International. 食品饮料行业将引领全球"以纸代塑"风潮[J]. 中华纸业，2021，42（15）：2.

［55］祝磊，杨仁党，罗家豪，等. 阻燃植物纤维模塑墙体装饰材料的制备[J]. 中国造纸，2013（2）：6-11.

［56］陈沙. 常用塑料的燃烧鉴别法[J]. 塑料制造，2012（11）：22.

［57］陈丹，黄兴元，汪朋，等. 废旧塑料再生利用的有效途径[J]. 工程塑料应用，2012，40（9）：92-94.

［58］于丽萍. 废弃塑料再生利用新途径[J]. 中外医疗，1997（3）：39.

［59］朱晓军，王兴翠，郭中丽. 废旧塑料回收再利用的研究现状[J]. 科学之友，2012（1）：11-12.

［60］雷玄. 上海查处全国首例违规"限塑"案[J]. 中国质量万里行,2021（7）：32-34.

［61］刘珍祥. 城市生活垃圾无害化处理技术及前景分析[J]. 广东科技，2013（24）：227-228.

［62］曹西京，张婕. 我国废品回收物流有效化管理建议[J]. 物流科技，2009，32（5）：122-124.

第 2 章

废旧塑料的分类与鉴别

　　随着科学技术的发展，各生产领域及人们日常生活中对塑料的需求数量及品种呈现不断增长的趋势，以至于塑料制品的投放量日益增多，从而产生的废旧塑料也越来越多。塑料工业发展到今天，重点已不再是单纯的产能扩张和提升技术，更关注的是塑料工业的可持续发展，其中重要的一环就是做好塑料的回收与再生利用，这不但能解决塑料产业原料紧张的难题，也能缓解废旧塑料产生量不断增长给环境带来的巨大压力，而要进行废旧塑料的回收与再生利用，首先要了解掌握废旧塑料的分类与鉴别[1]。

2.1
废旧塑料的分类

　　废旧塑料品种很多，形式也很多，其来源于不同的行业。废旧塑料的分类方法较多，常用的有理化特性（热性能）分类法、原材料分类法、用途分类法、制品分类法和来源分类法等[2]。

2.1.1　理化特性分类法

　　按照理化特性，废旧塑料可分为热塑性塑料和热固性塑料两大类。

　　（1）热塑性塑料（thermo plastics）

　　热塑性塑料指在特定温度范围内能反复加热软化和冷却硬化的塑料，其分子结构是线型或支链型结构。通用的热塑性塑料使用温度在 100℃ 以下，其中聚乙烯（PE）、聚氯乙烯（PVC）、聚丙烯（PP）、聚苯乙烯（PS）并称为四大通用塑料。热塑性塑料可分烃类、乙烯基类、工程类、纤维素类等多种类型。热塑性塑料具有优良的电绝缘性，特别是聚四氟乙烯（PTFE）、聚苯乙烯（PS）、聚乙烯（PE）、聚丙烯（PP）都具有极低的介电常数和介质损耗，宜于作高频和高电压绝缘材料。热塑性塑料易于成型加工，但耐热性较低，易于蠕变，其蠕变程度随承受负荷、环境温度、溶剂、湿度而变化。为了克服热塑性塑料的这些弱点，满足在空间技术、新能源开发等领域应用的需要，各国都在开发可熔融成型的耐热性树脂，如聚醚醚酮（PEEK）、聚醚砜（PES）、聚芳砜（PASU）、聚苯硫醚（PPS）等。以它们作为基体树脂的复合材料具有较高的力学性能和耐化学腐蚀性，能热成型和焊接，层间剪切强度比环氧树脂好。如用聚醚醚酮作为基体树脂与碳纤维制成复合材料，耐疲劳性超过环氧/碳纤维。它的耐冲击性好，在室温下具有良好的耐蠕变性，加工性好，可在240～270℃连续使用，是一种非常理想的耐高温绝缘材料。用聚醚砜作为基体树脂与碳纤维制成的复合材料在 200℃具有较高的强度和硬度，在-100℃尚能保持良好的耐冲击性；无毒，不燃，发烟最少，耐辐射性好，预期可用它作航天飞船的关键部件，还可模塑加工成雷达天线罩等[3]。

（2）热固性塑料（thermosetting plastic）

热固性塑料是指在受热或其他条件下能固化或具有不溶不熔特性的塑料，其分子结构为体型结构，加强热会分解破坏。热固性塑料分甲醛交联型和其他交联型两种类型。典型的热固性塑料有酚醛、环氧、氨基、不饱和聚酯、呋喃、聚硅醚等材料，还有较新的聚苯二甲酸二丙烯酯塑料等。它们具有耐热性高、受热不易变形等优点，缺点是机械强度不高，但可以通过添加填料，制成层压材料或模压材料来提高其机械强度[4]。

2.1.2　原材料分类法

常用塑料的原材料见表 2-1，由此废旧塑料可分为聚乙烯（PE）、聚丙烯（PP）、聚氯乙烯（PVC）、聚苯乙烯（PS）、ABS、热塑性聚酯（PET、PBT）等。

表2-1　常用塑料的原材料

学名	英文简称	中文学名	俗称
Polyethylene	PE	聚乙烯	
Low Density Polyethylene	LDPE	低密度聚乙烯	
High Density Polyethylene	HDPE	高密度聚乙烯	
Linear Low Density Polyethylene	LLDPE	线性低密度聚乙烯	
Polypropylene	PP	聚丙烯	百折胶
Polyvinyl Chloride	PVC	聚氯乙烯	
General Purpose Polystyrene	GPPS	通用聚苯乙烯	硬胶
Expansible Polystyrene	EPS	发泡性聚苯乙烯	发泡胶
High Impact Polystyrene	HIPS	耐冲击性聚苯乙烯	耐冲击硬胶
Acrylonitrile-Butadiene-Styrene Copolymers	ABS	丙烯腈-丁二烯-苯乙烯共聚物	超不碎胶
Polyethylene Terephthalate	PET	聚对苯二甲酸乙二醇酯	聚酯
Polybutylene Terephthalate	PBT	聚对苯二甲酸丁酯	
Polytetrafluoroethene	PTFE	聚四氟乙烯	塑料王
Styrene-Acrylonitrile Copolymers	AS，SAN	苯乙烯-丙烯腈共聚物	透明大力胶

学名	英文简称	中文学名	俗称
Polymethyl Methacrylate	PMMA	聚甲基丙烯酸酯	压克力有机玻璃
Ethylene-Vinyl AcetateCopolymers	EVA	乙烯-乙酸乙烯酯共聚合物	橡皮胶
Polyamide（Nylon 6.66）	PA	聚酰胺	尼龙
Polycarbonates	PC	聚碳酸树脂	防弹胶
Polyacetal	POM	聚甲醛	赛钢、夺钢
Polyphenyleneoxide	PPO	聚苯醚	Noryl
Polyphenylenesulfide	PPS	聚苯硫醚	
Polyurethanes	PU	聚氨酯	

2.1.3 用途分类法

根据塑料的用途不同分为通用塑料和工程塑料。

通用塑料是指产量大、价格低、应用范围广的塑料，主要包括聚烯烃、聚氯乙烯、聚苯乙烯、酚醛塑料和氨基塑料五大品种[5]。人们日常生活中使用的许多制品都是通用塑料。

工程塑料是可作为工程结构材料和代替金属制造机器零部件等的塑料，例如聚酰胺、聚碳酸酯、聚甲醛、ABS 树脂、聚四氟乙烯、聚酯、聚砜、聚酰亚胺等。工程塑料具有密度小、化学稳定性高、机械性能良好、电绝缘性优越、加工成型容易等特点，广泛应用于汽车、电器、化工、机械、仪器、仪表等工业，也应用于宇宙航行、火箭、导弹等方面[6]。

2.1.4 制品分类法

1）一次性塑料消费品
日用包装袋、快餐盒、一次性医用制品等。
2）年度塑料消费品
农用薄膜（地膜、大棚膜）、包装薄膜和其他包装用品。
3）耐用塑料消费品
管材、板片材、型材、装饰装修材料、鞋底、凉鞋、桶、瓶等。
4）长久性塑料制品
工程塑料结构制品和大多数热固性塑料及其复合材料制品。

2.1.5 来源分类法

来源分类法可以参见 1.2 部分相关内容。废旧塑料根据来源不同可分为塑料合成中产生的废料、成型加工过程中产生的废料、塑料件二次加工产生废料、消费后产生的废料、城市生活垃圾中废旧塑料。

2.1.6 粒径分类法

根据塑料的粒径大小差异，可以将塑料分为塑料和微塑料。相对于普通塑料而言，微塑料是一种新型污染物，国际上没有公认的定义，通常把粒径 100nm ~ 5mm 的塑料颗粒称为微塑料，粒径 1 ~ 100nm 的称为纳米塑料。早在 1972 年 Carpenter 等[7]第一次指出海洋中存在微塑料碎片，微塑料的概念最早在 2004 年由 Thompson 等[8]提出，之后美国国家海洋和大气管理局将粒径 <5mm 的塑料颗粒统称为微塑料。微塑料作为载体[9]，能吸收和富集环境中的有机污染物和重金属[10, 11]，这些污染物也会随微塑料进入食物链，在食物链间传递和富集，对处于食物链顶端人类的健康产生巨大威胁。

微塑料根据产生方式不同，可以分为原生微塑料和次生微塑料两种。所谓原生微塑料是指最初产生出来时就是粒径 <5mm 的塑料[12]，如生活污水排放中来自洗面奶[13]、牙膏[14]、肥皂、磨砂膏、乳液等个人护理品和化妆品的使用产生的塑料微粒，以及工业生产中生产加工过程产生的塑料碎屑；而环境中由较大塑料废品经过物理化学生物等作用降解或破碎成的微塑料称为次生微塑料[14]。环境中的微塑料有 7 种存在形态，即颗粒、碎片、薄片、泡沫、纤维、薄膜和海绵[15]。

2.2
废旧塑料的鉴别

在采用各种再生方法对废旧塑料进行再生利用前，需要将塑料分拣。由于塑料消费渠道多而复杂，有些消费后难以通过外观将其区分，因此最好能在塑料制品上标明材料品种。中国参照美国塑料协会 (SPE) 提出并实施的材料品种标记制定了《塑料制品的标志》(GB/T 16288—2008)（见图 2-1），虽可利用上述标记的方法以方便分拣回收，但由于中国尚有许多无标记的塑料制品，给分拣带来困难。为分辨不同品种的塑料，以便分类再生利用，首先要掌握不同塑料的鉴别方法。

鉴别废旧塑料种类的方法主要有物理方法和化学方法，其中物理方法又分为外观鉴别、密度鉴别、折射率鉴别、静电试验鉴别和溶解鉴别；化学方法主要包括燃烧鉴别、热裂解试验鉴别、显色反应鉴别、元素鉴别等[16]。光谱分析法是近代发展起来的技术，包括红外光谱、热分析、激光发射光谱、X 射线荧光光谱和等离子发射光谱等鉴别技术[17]。

下面将简单介绍常用塑料的鉴别方法。

2.2.1 外观鉴别法

外观鉴别法是根据塑料的形状、颜色、光泽、透明度、耐曲折性、硬度和弹性等的不同来加以鉴别的方法。一般情况下，塑料制品有热塑性塑料、热固性塑料和弹性体三类[18]。

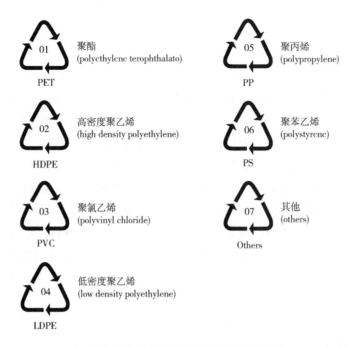

图2-1 我国制订的塑料包装制品回收标志

热塑性塑料分为结晶和无定形两类：结晶性塑料外观呈半透明、乳浊状或不透明，只有在薄膜状态呈透明状，硬度从柔软到角质；无定形一般为无色，在不加添加剂时为全透明，硬度从硬于角质到橡胶状（此时常加有增塑剂等添加剂）。热固性塑料通常含有填料且不透明，不含填料时为透明。弹性体具有橡胶状手感，有一定的拉伸率。

表2-2列出了几种常用塑料的外观性状，但需指出的是表中所指的只是不含大量添加剂的塑料制品本身的外观性状。

表2-2 几种常用塑料的外观性状

塑料种类	外观性状
聚乙烯（PE）	未着色时呈乳白色半透明，蜡状；用手摸制品有滑腻的感觉，柔而韧，有延展性，可弯曲、但易折断。一般LDPE较软，透明度较好；HDPE较硬
聚丙烯（PP）	未着色时呈白色半透明，蜡状，光滑，划后无痕迹，可弯曲，不易折断；比PE轻。透明度也较PE好，比PE刚硬
聚氯乙烯（PVC）	本色为微黄色半透明状，有光泽。透明度胜于PE、PP，差于PS，随助剂用量不同，分为软、硬聚氯乙烯，软制品柔而韧，手感黏，硬制品的硬度高于LDPE，而低于PP，在屈折处会出现白化现象
聚苯乙烯（PS）	在未着色时透明。制品落地或敲打，有金属似的清脆声，光泽和透明很好，类似于玻璃，光滑，划后有划痕，性脆易断裂。改性聚苯乙烯为不透明
ABS塑料	外观为不透明呈象牙色粒料，其制品可着成五颜六色，并具有高光泽度。极好的冲击强度、尺寸稳定性好，耐磨性优良，弯曲强度和压缩强度属塑料中较差的
聚酯（PET）	乳白色或浅黄色、高度结晶的聚合物，表面平滑有光泽。透明度很好，强度和韧性优于PVC和PS，不易破碎

对于各种塑料薄膜，由于其形状特殊，又具有各种外观特性，如光泽、透明度、光滑性等，因此从外观来鉴别塑料薄膜是一种简便的方法。表2-3列出了主要塑料薄膜的外观特性。

表2-3　主要塑料薄膜的外观特性

薄膜种类	光泽	透明性	挺括	光滑性
普通玻璃纸	优	优	优	优
醋酸纤维素	优	优	优	优
低密度聚乙烯	良	良～优	劣～可	劣
中密度聚乙烯	良	良～优	劣～可	劣
高密度聚乙烯	劣～良	劣～良	良	良
乙烯-乙酸乙烯共聚物	良	优	劣	劣
未拉伸聚丙烯	良～优	良～优	良	劣
双向拉伸聚丙烯	优	优	优	良
轻质聚氯乙烯	优	优	劣～可	可～良
硬质聚氯乙烯	优	优	优	优
聚偏二氯乙烯	优	优	劣～可	劣～可
拉伸聚苯乙烯	优	优	优	优
聚乙烯醇	优	优	劣～可	劣～可
聚酯	优	优	优	优
未拉伸尼龙6	优	良～优	劣	劣
双向拉伸尼龙6	优	优	优	优
聚碳酸酯	优	优	优	劣～良

从表2-3中可以看出，无色透明、挺括、表面光滑且具有漂亮光泽的有未拉伸聚丙烯、拉伸聚苯乙烯、硬质聚氯乙烯、聚酯、聚碳酸酯和醋酸纤维素薄膜。手感柔软的有轻质聚氯乙烯、聚偏二氯乙烯和聚乙烯醇薄膜。介于二者之间的有聚乙烯、双向拉伸聚丙烯和尼龙6薄膜。

另外，透明薄膜经过揉搓后变成白色或乳白色的是聚乙烯、聚丙烯和尼龙6薄膜。若将薄膜的一端固定后使之振动，如有挠性并发出类似金属响声的则是聚酯、聚碳酸酯和聚苯乙烯薄膜。两张薄膜重叠时，滑性较差的是聚偏二氯乙烯、轻质聚氯乙烯、低密度聚乙烯、乙烯-乙酸乙烯共聚物和尼龙6薄膜[18]。

2.2.2　密度鉴别法

不同种类的塑料，其密度通常差别很大。利用这一性质，在工业上将混合废旧塑料依次通过不同密度的液体，根据塑料在液体中的沉浮情况即可将大多数通用塑料分离。但密度法很少单独用于塑料的鉴别，因为塑料中的各种添加剂以及成型加工方法和工艺条件等都会对塑料制品的密度产生影响；废旧薄膜和泡沫制品的鉴别和分选也不宜采用此方法。表2-4列出来利用不同密度的溶液鉴别塑料的方法。

根据塑料的密度范围可以将其分为以下几类。

① 密度为 0.85 ~ 1.00g/cm³：PE、PP、聚异丁烯和天然橡胶等。

② 密度为 1.00 ~ 1.15g/cm³：PS、ABS、PA、PO、AS 等。

③ 密度为 1.15 ~ 1.35g/cm³：PC、PA、PMMA 等。

④ 密度为 1.35g/cm³ 以上：PBT、PET、PVC 等。

表2-4　不同密度的溶液鉴别塑料的方法

溶液种类	密度 /（g/cm³）	配制方法	浮于溶液的塑料	沉于溶液的塑料
水	1.00		PE、PP	其他塑料
饱和食盐溶液	1.19（25℃）	水 74mL，食盐 26g	PS、ABS	PVC、PMMA
酒精溶液（质量分数58.4%）	0.91（25℃）	水 100mL，质量分数为95%的酒精 160mL	PP	PE
酒精溶液（质量分数55.4%）	0.925（25℃）	水 100mL，质量分数为95%的酒精 140mL	LDPE	HDPE
CaCl₂溶液	1.27	CaCl₂ 100g，水 150mL	PE、PP、PS、PMMA	PVC

表 2-5 列出了主要塑料的近似密度。

表2-5　主要塑料的近似密度

塑料种类	密度/（g/cm³）	塑料种类	密度/（g/cm³）
低密度聚乙烯	0.89~0.93	聚乙酸乙烯酯	1.17~1.20
高密度聚乙烯	0.92~0.98	丙酸纤维素	1.18~1.24
聚丙烯	0.85~0.91	软质聚氯乙烯（含40%增塑剂）	1.19~1.35
聚异丁烯	0.90~0.93	聚乙烯醇	1.20~1.31
天然橡胶	0.92~1.00	交联聚氨酯	1.20~1.26
聚苯乙烯	1.04~1.08	聚碳酸酯（双酚A型）	1.20~1.22
ABS	1.04~1.06	聚氟乙烯	1.30~1.40
尼龙-6	1.12~1.15	赛璐珞	1.34~1.40
尼龙-11	1.03~1.05	硬质聚氯乙烯	1.38~1.50
尼龙-12	1.01~1.04	聚对苯二甲酸乙二醇酯	1.38~1.41
尼龙-610	1.07~1.09	聚甲醛	1.41~1.43
苯乙烯-丙烯腈共聚物	1.06 ~1.10	氯化聚氯乙烯	1.47~1.55
聚苯醚	1.05 ~1.07	聚偏二氟乙烯	1.70~1.80
环氧和不饱和聚酯树脂	1.10~1.40	聚酯和环氧树脂（加有玻璃纤维）	1.80~2.30
尼龙-66	1.13~1.16	聚偏二氯乙烯	1.86~1.88
聚丙烯腈	1.14~1.17	聚三氟-氯乙烯	2.10~2.20
聚甲基丙烯酸酯	1.16~1.20	聚四氟乙烯	2.10~2.30

2.2.3　折射率鉴别法

折射率是鉴别高分子材料的有力参数。测定透明高分子材料的折射率主要采用阿贝折光法，仪器为阿贝折射仪。

（1）测量步骤

取一平整或经抛光的固体试样，其尺寸以 18mm×9mm×4mm 为宜，将试样放置在阿贝折射仪的直角棱镜面上，试样的折射率可在刻度盘上读出。在试样平面与棱镜面之间滴一小滴接触液，以达到良好的光学接触。接触液的选择要求其折射率比待测试样折射率大，而又比标准直角棱镜的折射率小，从而不会干扰测定；另外，还需考虑对试样没有侵蚀和溶胀作用。常用于高分子材料可供选择的接触液列于表2-6。

表2-6　可供选择的接触液

接触液	高分子材料
α-溴萘	纤维素酯类，含氟聚合物，脲树脂类，酚醛树脂类，聚乙烯，聚酯类，尼龙，聚乙酸乙烯酯，聚乙烯醇，聚氯乙烯（有条件使用）
茴香子油	纤维素酯类，脲树脂类
氯化锌饱和水溶液	聚丙烯酸酯类，聚异丁烯，聚甲基丙烯酸酯
碘化钾饱和溶液	聚异丁烯，聚苯乙烯，聚氯乙烯

（2）塑料的折射率

表 2-7 列出了主要高分子材料在标准测试条件下的折射率（注意：所用试样为透明固体材料）。如果试样为粉末或颗粒时，可用其溶液先浇铸成膜、熔融成膜或用其他成型方法制成前面所述规格的试样再进行测定。

表2-7　主要塑料的折射率（n_D^{20}）

塑料种类	折射率	塑料种类	折射率
聚乙烯	1.51～1.54	聚乙烯-乙酸乙烯酯共聚物（90∶10）	1.52～1.53
聚丙烯	1.49	聚乙烯醇	1.49～1.53
聚异丁烯	1.505～1.51	聚碳酸酯（双酚A型）	1.58～1.59
氯化橡胶	1.56～1.59	赛璐珞	1.49～1.51
聚苯乙烯	1.57～1.60	聚对苯二甲酸乙二醇酯	1.51～1.65
尼龙-6	1.535	聚丁二烯	1.52
尼龙-610	1.53	聚偏二氯乙烯	1.42
苯乙烯-丙烯腈共聚物	1.55～1.58	聚三氟-氯乙烯	1.43
浇铸环氧树脂	1.57～1.61	聚四氟乙烯	1.35～1.38
尼龙-66	1.53	聚丙烯酸丁酯	1.46～1.47
苯乙烯-丁二烯共聚物	1.53	乙酸纤维素	1.46～1.54

塑料种类	折射率	塑料种类	折射率
聚氧化乙烯	1.46～1.54	乙酸-丁酸纤维素	1.46～1.50
聚丙烯酸甲酯	1.47～1.49	乙酸-丙酸纤维素	1.47～1.48
聚丙烯腈	1.50～1.52	乙基纤维素	1.47～1.48
非交联聚酯	1.50～1.58	甲基纤维素	1.50
酚醛树脂	1.50～1.70	硝酸纤维素	1.50～1.51
聚异丁烯	1.505～1.51	聚甲基苯乙烯	1.58
聚丙烯酸	1.527	蜜胺树脂	1.57～1.60

2.2.4　静电试验鉴别法

根据不同的塑料摩擦产生静电的极性不同的性质，可将某些塑料鉴别分开。例如，将 PVC 和 PE 的混合物破碎成粉末状，使其在两块带有高电压的极板间缓慢下落，此时两种塑料的下落方向就会因所带静电的极性不同而向不同方向偏转，从而将其分别收集在两个容器中而得以分开。

2.2.5　溶解鉴别法

高分子聚合物有线型和体型、支化和交联、结晶和非晶、极性和非极性之分，对不同的溶剂有不同溶解性，可根据溶解性鉴别不同的塑料。如一般热塑性塑料可溶胀或溶解在某种溶剂中，而热固性塑料或交联的热塑性塑料则不能溶解，当固化度或交联度较低时也只能轻微溶胀；结晶性塑料则往往需在较高的温度下才能溶解，极性聚合物则只能溶于极性的溶剂中等。表 2-8 列出了主要塑料在某些溶剂中的溶解性。

表2-8　主要塑料在某些溶剂中的溶解性

聚合物	溶剂	非溶剂
聚乙烯	甲苯（热）、二甲苯（105℃）、四氢萘（热）、十氢萘（热）、1-氯萘（≥130℃）	汽油（溶胀）、醇类、醚类、环己酮
聚丙烯	芳香烃（甲苯90℃、二甲苯140℃）、四氢萘（135℃）、十氢萘（120℃）、1-氯萘（130℃）	汽油、酯类、醇类、环己酮
聚苯乙烯	苯、甲苯、三氯甲烷、环己酮、乙酸乙酯、乙酸丁酯、二硫化碳、汽油、四氢呋喃	脂肪烃、低级醇、乙醚
聚氯乙烯	甲苯、氯苯、环己酮、甲乙酮、四氢呋喃、二甲基甲酰胺	甲醇、丙酮、庚烷、乙酸丁酯
氯化聚氯乙烯	乙酸乙酯、环己烷、二氯甲烷、甲苯、四氢呋喃、丁酮	乙醇
聚乙烯醇	水、二甲基甲酰胺	烃类、甲醇、乙醚、丙酮
聚丙烯腈	浓硫酸、二甲基亚砜、二甲氨基甲酰胺	烃类、醇类、乙醚

聚合物	溶剂	非溶剂
聚甲基丙烯酸酯	甲酸、乙酸、苯、甲苯、氯仿、二氯乙烷、乙酸乙酯、低级酮、四氢呋喃、四氢萘	脂肪族醇、乙醚、石油醚
聚酰胺（尼龙）	甲酸、浓硫酸、二甲基甲酰胺、间甲酚	汽油、烃类
聚氧化甲烯（聚甲醛）	DMF（150℃）、苯酚（热）	烃类、醇类、汽油
ABS	二氯乙烷、氯仿、三氯乙烷、乙酸乙酯、甲苯、四氢呋喃、环己酮	乙醇、乙醚
聚对苯二甲酸乙二醇酯	二氯乙烷、四氯乙烷、甲酚、苯酚、氯苯酚、浓硫酸、硝基苯	烷烃、甲苯、甲醇、乙醇、丙酮、环己酮
聚砜	二氯甲烷、二氯乙烷、芳香烃、DMF	乙醇、丙酮

2.2.6　燃烧鉴别法

利用塑料的燃烧性能、火焰颜色、发烟量、熔融落滴形式、燃烧生成物气味、灰烬性状等特点，可对不同塑料进行初步鉴别。表 2-9 给出了主要塑料的燃烧特性。由于塑料添加剂会影响燃烧实验结果，因此该方法不适宜混合废旧塑料的鉴别。

表2-9　主要塑料的燃烧特性

塑料种类	燃烧性能	燃烧性状	气味	灰烬颜色
聚乙烯	易燃	边燃烧，边熔融滴下，无烟，离火继续燃烧，火焰尖端呈黄色，底部呈蓝色	特有的石蜡味	黑色
聚丙烯	易燃	熔融时滴落不明显，火焰颜色同PE	石油气味	黑色
聚苯乙烯	易燃	近火急剧收缩，有发软、起泡现象，放出大量黑烟，离火继续燃烧，火焰为橙黄色	苯乙烯气味	黑色
聚氯乙烯	难燃	燃烧时软化，冒烟，离火即灭，具有含氯化合物，特有的黄色火焰，底部绿色	特有的氯化氢刺激性气味	黑色
ABS	易燃	燃烧时软化，熔融，烧焦，放出黑烟，无滴落，换色火焰	有苯乙烯气味，兼有橡胶味	黑色
有机玻璃	易燃	燃烧时熔融起泡，火焰为淡蓝色，顶部为白色，有破裂声	强烈花果味或蔬菜的腐烂味	黑色
尼龙	中等	熔化滴下，火焰尖端呈黄色	羊毛或指甲烧焦气味	浅黄褐色
热塑性聚酯	易燃	燃烧时有收缩，冒出黑烟，离火继续燃烧，火焰尖端黄色，底部蓝色	特有的辛辣味	黑色
聚碳酸酯	中等	燃烧时软化，熔融，气泡，焦化，离火后慢慢熄灭	花果腐臭气味	黑色
聚甲醛	易燃	燃烧时熔融滴落，离火继续燃烧，火焰上端黄色，下端蓝色	强烈甲醛气味，鱼腥臭味	黑色

塑料种类	燃烧性能	燃烧性状	气味	灰烬颜色
聚乙烯醇	易燃	燃烧时软化，熔化，分解，有"扑哧"声，火焰为橙黄色	有毛发烧焦气味	浅灰色
玻璃纸	易燃	像纸一样燃烧，呈红黄色火焰	像烧纸一样的气味	浅灰色
乙酸纤维素	易燃	熔融，滴落，暗黄色火焰，少量黑烟	醋酸味	黑色
聚四氟乙烯	不燃			
聚苯醚	易燃	燃烧时熔融，放出弄黑烟	花果臭味	黑色
酚醛	难燃	燃烧困难，离火即灭，黄色火焰	有甲醛气味	黑色
环氧树脂	中等	燃烧时冒出黑烟，黄色火焰，溅出黄色火焰	刺激性气味	黑色

2.2.7 热裂解鉴别法

通过检验塑料在不与火焰接触下的加热行为来鉴别塑料的种类。将少量样品装入裂解管中，在管口放上一片润湿的 pH 试纸，从逸出气体使 pH 试纸发生的颜色变化来判断塑料的类别，见表 2-10。

表 2-10　裂解气 pH 值所对应的塑料类别

pH 值	塑料类别
0.5～4.0	含卤素聚合物，聚乙烯酯类，纤维素酯类，聚对苯二甲酸乙二醇酯，线形酚醛树脂，聚氨酯弹性体，不饱和聚酯树脂，含氟聚合物
5.0～5.5	聚烯烃，聚乙烯醇及其缩醛，聚乙烯醚，苯乙烯聚合物，聚甲基丙烯酸酯类，聚甲醛，聚碳酸酯，线形聚氨酯，酚醛树脂，硅塑料，环氧树脂，交联聚氨酯
8.0～9.5	聚酰胺，ABS，聚丙烯腈，酚醛树脂，甲酚甲醛树脂，氨基树脂

2.2.8 显色反应鉴别法

通过不同的指示剂，进行点滴试验，观察塑料试样的显色状况，可以对塑料进行定性鉴别。在通常情况下，增塑剂、稳定剂、填料等添加剂不参与显色反应，然而这些物质的存在会降低显色反应的灵敏度，因此最好还是将它们预先分离出来，以便做出正确的判断。

（1）与对二甲基氨基苯甲醛的颜色反应

① 在试管中加热 0.1～0.2g 样品，将塑料裂解产物沾在棉签上，放入 14% 对二甲基氨基苯甲醛的甲醇溶液，加 1 滴浓盐酸，若有聚碳酸酯存在则产生深蓝色；若聚酰胺存在则出现枣红色；

② 试管中小火加热 5mg 左右试样令其热解，冷却后加 1 滴浓盐酸，然后加 10 滴 1% 对二甲基氨基苯甲醛的甲醇溶液。放置片刻，再加入 0.5mL 左右的浓盐酸，最后用蒸馏水

稀释。观察整个过程中颜色的变化，结果见表2-11。

表2-11 主要高分子材料与对二甲基氨基苯甲醛的显色反应

高分子材料	加浓盐酸后	加1%对二甲基氨基苯甲醛溶液后	再加浓盐酸后	加蒸馏水后
聚乙烯	无色至淡黄色	无色至淡黄色	无色	无色
聚丙烯	淡黄色至黄褐色	鲜艳的紫红色	颜色变浅	颜色变淡
聚苯乙烯	无色	无色	无色	乳白色
聚氯乙烯模塑材料	无色	溶液无色，不溶解的材料为黄色	溶液暗棕色至暗红棕色	
聚甲基丙烯酸甲酯	黄棕色	黄色	紫红色	变淡
聚对苯二甲酸乙二醇酯	无色	乳白色	乳白色	乳白色
聚甲醛	无色	淡黄色	棕色	乳紫红色
尼龙-56	淡黄色	深紫红色	棕色	乳紫红色
酚醛树脂	无色	微混浊	乳白色至粉红色	乳白色
聚碳酸酯	红至紫色	蓝色	紫红至红色	蓝色
聚甲醛	无色	淡黄色	淡黄色	乳紫红色
氯化聚氯乙烯	暗血红色	暗血红色	暗血红色至红棕色	
乙酸纤维素	棕褐色	棕褐色	棕褐色	浅棕褐色
聚偏二氯乙烯	黑棕色	暗棕色	黑色	
聚乙烯-乙酸乙烯共聚物	无色至亮黄色	亮黄至金黄色	黑色	
聚氯丁二烯	不反应	不反应	不反应	
不饱和醇酸树脂（固化）	无色	淡黄色	乳白至乳粉红色	乳白色
环氧树脂（未固化）	无色	紫红色	淡紫红至乳粉红色	变淡
氯化橡胶	橄榄绿至橄榄棕	暗红棕色	暗红棕色	
氢氧化橡胶	无色	无色	无色	

（2）Liebermann-Storch-Morawski 反应

在 2mL 热乙酸酐中溶解或悬浮几毫克的样品，冷却后加入 3 滴 50%的硫酸，立即观察试样颜色，再在水浴中将样品加热至 100℃，观察试样颜色。表 2-12 列出了部分塑料在 Liebermann-Storch-Morawski 反应中的显色情况。对该试验无显色反应的塑料有聚烯烃、聚四氟乙烯、聚三氟氯乙烯、聚丙烯酸酯类、聚甲基丙烯酸酯类、聚丙烯腈、聚苯乙烯、聚氯乙烯、聚偏氟氯乙烯、氯化聚乙烯、饱和聚酯、聚碳酸酯、聚甲醛和尼龙等。

表2-12 几种塑料的Liebermann-Storch-Morawski显色反应

塑料种类	立即显色	10min后颜色	100℃后颜色
酚醛树脂	浅红紫～粉红色	棕色	棕～红色
聚乙烯醇	无色～浅黄色	无色～浅黄色	棕色～黑色
聚乙酸乙烯酯	无色～浅黄色	蓝灰色	棕色～黑色

塑料种类	立即显色	10min后颜色	100℃后颜色
氯化橡胶	黄棕色	黄棕色	浅红色~黄棕色
环氧树脂	无色~黄色	无色~黄色	无色~黄色
聚氨酯	柠檬黄	柠檬黄	棕色，绿荧光

（3）Gibbs 靛酚蓝试验

在裂解管中加热少量的样品，用事先浸过 2, 6-二溴醌-4-氯亚胺的饱和乙醚溶液的风干滤纸盖住管口，不超过 1min 取下滤纸，滴上 1~2 滴稀氨水，有蓝色出现表明有酚存在。Gibbs 靛酚蓝试验对于鉴别在加热下能释放酚或酚的衍生物的塑料是很有用的，这类塑料有酚醛树脂、聚碳酸酯、环氧树脂。

（4）一氯乙酸和二氯乙酸显色反应

取几毫克粉碎的试样放入试管，加入约 5mL 二氯乙酸或熔融的一氯乙酸，加热至沸腾，约 1~2min 后，观察试样的颜色变化，即可分辨出单烯类的高分子。单烯类高分子在一氯乙酸或二氯乙酸中的显色情况见表 2-13。

表2-13　单烯类高分子在一氯乙酸或二氯乙酸中的显色情况

单烯类高分子	在一氯乙酸中	在二氯乙酸中
聚氯乙烯	蓝色	红~紫色
氯化聚氯乙烯	无色	无色
聚乙酸乙烯酯	红~紫色	蓝~紫色

（5）铬变酸显色反应

将一小块塑料试样放入试管中同 2mL 浓硫酸和几块铬变酸晶体一起在 60~70℃ 下加热 10min，静置 1h 后观察，显示深紫色时表明试样中含有甲醛；若呈红色，则表明为醋酸纤维素、硝酸纤维素、聚乙酸乙烯酯、聚乙烯醇缩丁醛等；呈紫色者为聚砜。热解时释放出甲醛的塑料很多，有酚醛树脂、脲醛树脂、呋喃树脂、蜜胺树脂、聚甲醛、聚甲基丙烯酸甲酯等，所以铬变酸显色反应对塑料品种鉴别很有用。

（6）吡啶显色反应

1）冷吡啶的显色反应

将试样首先用乙醚萃取，去除增塑剂。有时可将试样溶于四氢呋喃，滤去不溶解成分后加入甲醇再使之沉淀。在 75℃ 时离析，干燥后使试样同 1mL 吡啶混合，放置几分钟后滴入 2~3 滴 5%氢氧化钠的甲醇溶液（由 1g 氢氧化钠溶于 20mL 甲醇溶液制成），立即观察呈现的颜色，5min 后再分别观察一次颜色。

2）与沸腾吡啶的显色反应

将少许不含增塑剂的试样同 1mL 吡啶一起煮沸 1min 后分成 2 份。将其中 1 份重新煮沸，再小心地同 2 滴 5%氢氧化钠的甲醇溶液混合；另 1 份则在煮沸后使之冷却，再同 2 滴 5%氢氧化钠的甲醇溶液混合，在即刻和 5min 后分别观察一次颜色，显色情况参见表 2-14。

表2-14 用吡啶处理含氯塑料的显色反应

单烯类高分子	与吡啶和试剂溶液一起煮沸		与吡啶煮沸，冷却后再加入试剂溶液		试剂溶液和吡啶不加热	
	即刻	5min 后	即刻	5min 后	即刻	5min 后
聚氯乙烯	红至棕	血红至棕至红	血红至棕至红	红至棕，黑色沉淀	红至棕	黑至棕
氯化聚氯乙烯	血红至棕至红	棕至红	棕至红	红至棕，黑色沉淀	红至棕	红至棕
氯化橡胶	深红至棕	深红至棕	黑至棕	黑至棕色沉淀	橄榄绿至棕	橄榄绿至棕
聚氯丁二烯	白色至浑浊	白色至浑浊	无色	无色	白色至浑浊	白色至浑浊
聚偏二氯乙烯	棕至黑	棕至黑色沉淀	黑至棕色沉淀	黑至棕色沉淀	棕至黑	棕至黑
聚氯乙烯模塑料	黄	棕至黑色沉淀	白色至混浊	白色沉淀	无色	无色

2.2.9 元素鉴别法

塑料中除含 C、H 元素外，有的还含有 N、S、Cl、F、P、Si 等元素。通过对这些元素的检测也可判断鉴别未知塑料。塑料按所含杂原子的分类情况见表 2-15。

表2-15 塑料按所含杂原子的分类情况

杂原子							
0, 卤素				N, 0	S, 0	Si	N, S	N, S, P
	不可皂化	可皂化					
		皂化值 SN<200	皂化值 SN>200				
酪素树脂 聚烯烃类	聚乙烯醇	天然树脂	聚乙酸乙烯及其共聚物	聚氯乙烯	聚酰胺	聚亚烃化硫	聚硅酮	硫脲缩聚物
聚苯乙烯	聚乙烯醚	改性酚醛树脂	聚丙烯乙酯和聚甲基丙烯乙酯	聚偏二氯乙烯	聚氨酯、聚脲	硫化橡胶	聚硅氧烷	硫酰胺缩聚物
聚异戊二烯	聚乙烯醇缩醛		聚酯	聚氟烃	氨基塑料、聚丙烯腈及其共聚物			
丁基橡胶	聚乙二醇、聚缩醛树脂、二甲苯甲醛树脂、纤维素醚、纤维素	醇酸树脂、纤维素酯、氯化橡胶	氯化橡胶、聚乙烯咔唑、聚乙烯吡咯酮	氯化橡胶、聚乙烯咔唑、聚乙烯吡咯酮				

杂原子			
聚酰胺（尼龙）可通过测定熔点区分不同的种类，如尼龙-6，尼龙-66，尼龙-610，尼龙-11和尼龙-12。以下列出了不同尼龙的熔点范围。			
聚酰胺类型	熔点范围/℃	聚酰胺类型	熔点范围/℃
尼龙-6	215～225	尼龙-1010	190～200
尼龙-66	250～260	尼龙-11	180～190
尼龙-610	210～220	尼龙-12	170～180

这些元素的定性鉴别常采用钠熔法，取0.1～0.5g塑料试样放入试管中；与少量金属钠一起加热熔融，冷却后加入乙醇，使过量的钠分解；然后溶于15mL左右的蒸馏水中，并过滤。表2-16列出了塑料中元素的鉴别方法。

表2-16　塑料中元素的鉴别方法

元素名称	鉴别方法
Cl	取部分滤液加稀硝酸酸化，再加入4%硝酸银溶液数滴，若产生白色片状沉淀物，并能溶于过量氨水，曝光后不会变色，则表明氯元素的存在
N	取部分滤液，加入5%硫酸亚铁溶液数滴，迅速煮沸，冷却后加入1滴10%氯化亚铁，并用稀盐酸酸化，若有蓝色沉淀出现，表明有氮元素存在；若呈蓝色或淡蓝色而无沉淀，则表明只有少量的氮存在；若呈黄色，则无氮元素存在
S	（1）取部分滤液，加乙酸酸化，再加入数滴5%乙酸铅溶液，若有黑色沉淀，则表明有硫元素存在； （2）将滤液与约1%的硝基氢氰酸钠溶液反应，若呈深紫色，表示有硫的存在； （3）将1滴滤液的碱性原液滴在银币上，如有硫存在就会形成硫化银的棕色斑点； （4）这是一种证实多硫化物、聚砜和硫化橡胶中存在硫的试验方法：将有空气存在干态加热（即热解）时产生的气化物导入稀氯化钡溶液中，此时会出现硫酸钡的白色沉淀物
F	用稀盐酸或乙酸酸化原液，加热至沸腾1min，冷却后加入2滴饱和氯化钙溶液，出现氟化钙的胶状沉淀，便表明氟的存在
P	将几滴钼酸铵溶液加入1mL用硝酸酸化的原液中，加热1min后出现磷钼酸铵的黄色沉淀，即表明磷的存在
Si	将30～50mg塑料同100mg干燥的碳酸钠和10mg过氧化钠在一小铂皿或镍坩埚中小心混合，在火焰上缓慢熔化。冷却后使其在几滴水中溶解，紧接着加热至沸腾，并用稀硝酸使之中和或轻微酸化。然后，将此溶液同1滴钼酸铵溶液混合，加热至接近沸腾，冷却后加1滴联苯胺溶液（由50mg联苯胺溶于10mL、50%的乙酸中，加水至100mL制得），再后加1滴饱和乙酸钠水溶液。若溶液呈蓝色，即表明硅的存在

2.2.10　仪器分析法

混合废旧塑料的再生利用，往往需要较高的鉴别准确度，以避免不同种类物质的混入，使再生料尽可能保持原始料的性能。但传统的鉴别方法往往没有触及物质的化学结构，很难达到较高的准确度，而仪器分析法却能实现塑料的高精度鉴别。但该方法对混合物的定性分析比较困难，可结合上述几种鉴定方法，对未知种类塑料先进行判断；另外，仪器分析法所使用的仪器都较昂贵，一般的企业在经济上难以承受。仪器分析法主要有红外分析技术、热分析、激光发射光谱、X射线荧光光谱和等离子发射光谱等鉴别技术。

2.2.10.1　红外分析鉴别法

红外光谱分析法能深入到分子内部,利用构成有机物的官能团(C—H、H—Cl、N—H、O—H、C=O、C—C等化学键)不同,在红外光照射下,产生相应的红外光谱,由此来鉴别塑料种类。红外光谱分析法主要采用近红外(NIR)和中红外(MIR)分析技术。

（1）近红外分析技术

NIR光谱的波数为4000~14300cm^{-1},适于分析透明的或淡色的聚合物。一些常见的废旧塑料(如PE、PP、PVC、PS、ABS、PET、PC、PMAA、PA、PU等)的NIR光谱有明显的不同,易于识别。该法快捷、可靠,响应时间短,灵敏度高,穿透试样的能力比MIR强,可采用衰减比较低和价格相对便宜的石英纤维光学元件,使用方便,还可远程检测。同时,NIR光谱仪无运动部件,易维修,且可在恶劣环境下工作,这对废旧塑料回收系统是特别可贵的优点。但NIR一般不适于鉴别黑色或深色的塑料,且NIR图谱中的某些峰有时不清晰,目前正在研究新光源来克服这一缺点。

（2）中红外分析技术

MIR光谱的波数为700~4000cm^{-1},是目前应用较为广泛的定性与定量相结合的分析技术之一。聚合物的MIR光谱与其特定的化学键相关,因此,可作为塑料品种鉴别的依据。MIR技术对塑料具有较强的识别能力,分析测试时间比NIR略长(≥20s)。一般来说,中红外光谱区又被划分为特征官能团区和指纹区,以便对样品谱图做初步的解析。

将样品的谱图与标准谱图相比较,找出样品的特征吸收峰位置即可判断塑料的种类,而且能够揭示出塑料样品的内部结构,为鉴定提供更有力的证据,可对PE、PP、PVC、ABS、PC、PA、PBT、EPDM等塑料品种进行鉴别。例如,PE在2850cm^{-1}、1460cm^{-1}和720~730cm^{-1}处有3个较强的吸收峰,而LDPE在1375cm^{-1}处会出现甲基弯曲振动谱带;PP则在1460cm^{-1}、1378cm^{-1}附近均有甲基弯曲振动峰;PS的谱图中,2800~3000cm^{-1}之间是饱和CH和CH$_2$的伸缩振动峰,3000~3100cm^{-1}间则是苯环上CH的伸缩振动峰等。

2.2.10.2　热分析鉴别法

高分子材料可通过热分析来鉴别。差热扫描量热分析(DSC)技术可测定高分子在升温或降温过程中的热量变化;热失重分析(TGA)可测定聚合物的热分解温度;热机械分析(TMA)可测定高分子的热转变温度T_g。通过这些技术的应用可得到塑料的熔点、软化点、玻璃化转变温度、热分解温度及结晶温度等,从而判断塑料的种类。

2.2.10.3　激光发射光谱（LIESA）鉴别法

LIESA技术被证明是一种快速鉴别塑料的方法,用时不超过10s,可穿透样品,而且可用于鉴别黑色样品,LIESA要求骤热聚合物(高达200℃),然后记录聚合物的发光特征,这取决于聚合物的热导率和比热容。

2.2.10.4　X射线荧光（XRF）鉴别法

XRF是一种专门鉴别PVC的方法。在X射线的照射下，PVC中的氯原子放射出低能X射线，而无氯的塑料反应则不同。由高能X射线组成的入射光束（主光束）激发目标原子，使其激发出外层电子（K级电子），片刻后激发的离子回到基态，产生与入射光谱类似的荧光谱。但是，由于荧光的时间延迟，这种光谱不像源光谱那样持续，因而使XRF与背景对比度高，灵敏度也很高。由于PVC中含氯量几乎达50%，所以可以用XRF来鉴别。

2.2.10.5　等离子体发射光谱法

等离子体发射光谱技术是通过两金属电极产生电火花烧焦塑料产生的原形质释放出的光谱来鉴定塑料的成分。发射光会被一个与PC机相联的分光计进行收集分析，这种技术可以鉴别很多塑料，甚至可以鉴别塑料中是否存在重金属或卤素添加剂。该方法方便快捷，鉴别时间不超过10s，探测PVC和PVC的稳定剂只需2s。

2.2.11　塑料薄膜物理性能试验鉴别法

各种薄膜具有不同的物理性能，如强度、延伸率、撕裂强度、耐冲击强度、受热后的收缩性等。通过对这些薄膜的物理特性进行试验，可以在某种程度上鉴别薄膜的种类。薄膜的简易鉴别法如图2-2所示。

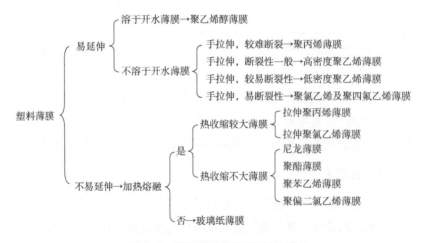

图2-2　塑料薄膜简易鉴别的流程

下面具体说明物理性质试验的几种具体方法。

（1）撕裂强度试验

在薄膜一端用剪刀将薄膜切成1cm长的切口，然后用手撕裂，观察薄膜对撕裂的抵抗力及裂痕的状态。容易撕裂的薄膜有聚苯乙烯、玻璃纸、乙酸纤维素等薄膜，而聚乙烯、聚酯、尼龙、聚丙烯等薄膜的撕裂强度大，且根据加工条件、增塑剂含量的不同而略有区别。例如，增塑剂含量高的聚氯乙烯薄膜比无增塑剂的聚氯乙烯薄膜的强度稍大些。双向拉伸薄膜通常是横向与纵向的强度均衡，但实际上有时也会产生若干差异。单向拉伸薄膜是纵向拉伸，因此纵向比横向的撕裂强度大。总之，通过物理性质的检验以鉴别薄膜的种类是比较复杂的，一般需要与其他鉴别法结合进行。

（2）热收缩性能试验

将薄膜缓慢接近火焰，不同种类的薄膜呈现出激烈收缩和不激烈收缩两种状态。收缩少的薄膜有聚酯、乙酸纤维素薄膜、硬质聚氯乙烯（无增缩剂）、尼龙、聚碳酸酯等薄膜，激烈收缩的薄膜有拉伸聚氯乙烯（热收缩性聚氯乙烯）、拉伸聚丙烯、聚偏二氯乙烯、聚乙烯等薄膜。

另外，将薄膜投入热水中时，极易收缩的薄膜有聚氯乙烯（热收缩性）、聚苯乙烯、聚偏二氯乙烯、盐酸橡胶薄膜等；几乎没有什么变化的有聚酯、聚碳酸酯、尼龙等薄膜。

（3）延伸性试验

剪下一片长 10 ~ 15cm、宽 1cm 的带状薄膜，捏住两端慢慢拉伸，采用这种试验方法可以发现：延伸率大的薄膜有聚乙烯、未拉伸聚丙烯、软质聚氯乙烯、聚乙烯醇、盐酸橡胶、未拉伸尼龙薄膜等，延伸率小的薄膜有普通玻璃纸、聚酯、乙酸纤维素、硬质聚氯乙烯、聚偏二氯乙烯薄膜等，聚碳酸酯、拉伸尼龙的延伸率介于上述两者之间。

2.2.12　标记法

目前许多国家采用 SPI 的标识方案，制定了塑料制品使用的塑料种类的标志代码，在 3 个箭头组成的代表循环的三角形中间，加上数字标志，将三角形的回收标记附于塑料制品上，用数字 1 ~ 7 和英文缩写指代塑料所使用的树脂种类（表2-17）。这样塑料品种的识别变得简单容易，回收成本大幅度削减[19]。

表2-17　不同塑料 SPI（society of plastics industry）识别

数字	塑料种类	通常应用范围
1	聚对苯二甲酸乙二醇酯（PET）	矿泉水瓶、碳酸饮料瓶
2	高密度聚乙烯（HDPE）	白色药瓶、清洁用品、沐浴产品等
3	聚氯乙烯（PVC）	水管、雨衣、书包、建材、塑料膜、塑料盒等
4	低密度聚乙烯（LDPE）	雨衣、建材、塑料膜、塑料盒等
5	聚丙烯（PP）	水桶、垃圾桶、箩筐、微波炉餐盒等
6	聚苯乙烯（PS）	建材、玩具、文具、快餐盒、碗装泡面盒等
7	聚碳酸酯（PC）及其他	水壶、太空杯、奶瓶等

2.2.13　塑料的综合鉴别

对于回收再生利用废旧塑料的企业，在生产中所用的废旧塑料数量大，种类复杂，故不宜采用"元素鉴定法"和"仪器分析法"等较复杂昂贵的方法，而应尽量采用简便易行的鉴别方法。

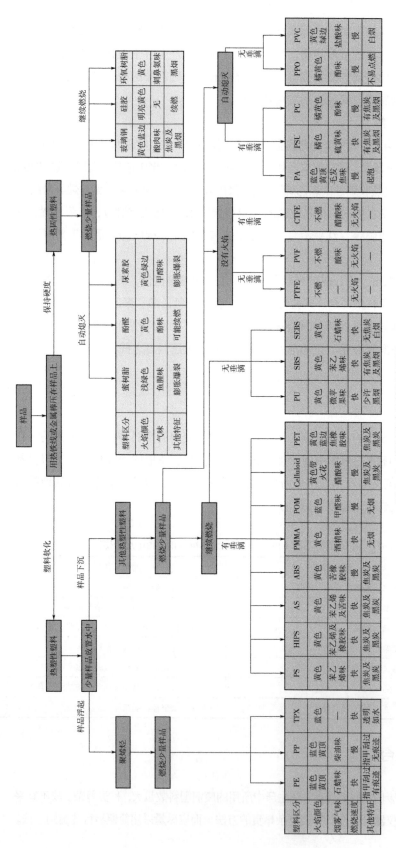

图2-3 塑料鉴定的简易流程图

一些简易的鉴别方法是靠人们的感觉器官或附加某些简单实验就可以及时完成的。例如，可首先采用"直观鉴别法"，用眼看、鼻闻、手摸、耳听的简单直观鉴别方法，虽较粗略，但它是以经验为基础，能鉴别出绝大多数废旧塑料的品种。丰富的知识和经验的积累对塑料种类的判别是有利的，如废旧光盘大多是 PC 材料、废旧电线电缆材料则大多是 PE 或 PVC 材料、废旧农用薄膜大多是 PE 材料、废旧塑料编织袋则多是 HDPE 和 PP 材料、废旧塑料管材则多是 PVC 或 HDPE 材料等。

在实际情况下，若废旧塑料中混有铁和碳素钢等杂质，在鉴别前进行必要的清洗、干燥、磁选等预处理。若由于有些塑料性质相似，如外观类似，或这些塑料品种已被着色、电镀、涂漆，使人难以辨认，当仅采用一种方法不能判断时，则需要采用"燃烧鉴别法"或"密度鉴别法"鉴别，这是塑料鉴别的简易方法，其鉴别流程如图 2-3 所示。据具体情况，也可采用"溶剂鉴别法"鉴别。对于废旧塑料薄膜，宜采用"薄膜鉴别法"进行鉴别，具体如图 2-2 所示。对于少量难以鉴别的废旧塑料，就应该结合实际情况辅以其他方法进行鉴别。

参考文献

[1] 刘艳，羊彦衡，侯世荣，等. 分析测试对塑料加工的指导作用[J]. 塑料工业. 2005：154-155.

[2] 佚名. 塑料的分类[J]. 甲醛与甲醇，2004（4）：40.

[3] 陈厚. 高分子材料分析测试与研究方法[M]. 北京：化学工业出版社，2011.

[4] 李林楷. 热固性塑料的再生利用[J]. 国外塑料，2004，22（6）：69-72.

[5] 李神速. 浅谈五大通用塑料的应用与发展[J]. 现代塑料加工应用，1995（3）：49-55.

[6] 上海红军塑料厂. 工程塑料应用[M]. 上海：上海人民出版社，1971.

[7] Carpenter E J，Jrskl. Plastics on the Sargasso sea surface[J]. Sci.，1972，175（4027）：1240-1241.

[8] Thompsonr C，Olseny，Mitchel LRP，et al. Lost at sea：Where is all the plastic. [J]. Sci.，2004，304（5672）：838.

[9] Akhbarizadeh R，Moore F，Keshavarzi B，et al. Microplastics and potentially toxic elements in coastal sediments of Iran's main oil terminal（Khark Island）[J]. Environ. Pollut.，2017，220：720-731.

[10] Holmesl A，Turne RAA，Thompsonrc. Adsorption of trace metals to plastic resin pellets in the marine environment[J]. Environ. Pollut.，2012，160（1）：42-48.

[11] Liu XM，Shi HH，XIEB，et al. Microplastics as both a sink and a source of Bisphenol A in the marine environment[J]. Environ. Sci. Technol.，2019，53（17）：10188-10196.

[12] Hoogenboomla P. Statement：Presence of microplastics and nanoplastics in food，with partivular focus on seafood[J]. EFSA J.，2016，14：10. 2903/j. efsa. 2016. 4501.

[13] 段以隽，谷翔宇，陈闻帆，等. 个人护理品中的微塑料研究[J]. 环境与发展，2019，3：236-238.

[14] Carrs A，Lin J，Tesoroa G. Transport and fate of microplastic particles in wastewater treatment plants [J]. Water Res.，2016，91：174-182.

[15] Zhou Q，Zhang HB，Fucc，et al. The distribution and morphology of microplastics in coastal soils adjacent to the Bohai Sea and the Yellow Sea[J]. Geoderma，2018，322（2018）：201-208.

[16] 宋建利，石伟勇，倪亮，等. 城市生活垃圾现状与资源化处理技术研究[J]. 河北农业科学，2009，13（7）：58-61.

[17] 刘丹，王静，刘俊龙. 废旧塑料回收再利用研究进展[J]. 橡塑技术与装备，2006，32（7）：15-22.

[18] 惠宽. 几种常见塑料的鉴别方法[J]. 商场现代化，1984（3）：16.

[19] 樊向党，林波，沈文和. 塑料薄膜表面疵点检测及识别方法研究. 工业控制计算机，2011，24（5）：74-75.

[20] 张亨.废弃塑料的鉴别和分选方法[J]. 再生资源与循环经济,2016，9（7）：39-44.

第**3**章

废旧塑料的前期处理

废旧塑料回收与再生利用的前期处理主要有收集、分选、破碎（粉碎）、清洗和干燥等工序，本章将分别对以上各工序的工艺方法、工艺条件、优缺点及相关设备等做详细介绍。

3.1
废旧塑料的收集

收集的意义很明显，因为废旧塑料废弃在各个地方，必须先将其收集起来才能送到专门的工厂进行回收处理。收集工作看似简单，却是废旧塑料回收的一个极其重要的环节，也是回收过程的第一步。收集方式的不同会导致收集效率、收集成本的差异，自然就影响回收成本，甚至影响回收能否顺利完成。考察一个国家收集体系的完善程度就可知道该国废旧塑料回收业的发达程度。

我国的塑料工业已取得了长足的发展，但相应的废旧塑料回收相对滞后，总体上还较落后，回收率不足30%（瑞士、丹麦、德国、瑞典、比利时、奥地利、荷兰和挪威8个国家在2006年已超过80%）。造成这种情况的一个重要原因是我国现行的收集方式落后，收集效率低、成本高。

目前人们过度使用塑料制品所产生垃圾造成的影响是明显的。首先，这是对资源的巨大消耗。有数据显示，目前我国塑料垃圾产生量中有1/2是一次性塑料垃圾，与我国每年进口用于生产塑料的合成树脂量大致相当。其次，与塑料垃圾相关的环境健康风险也不容忽视。中国人民大学朱芬芬副教授在接受记者采访时表示，我国现在还没有低成本的100%可降解塑料运用，所谓的可降解也局限于一定范围内，人们视觉上无法发现的塑料颗粒仍存在于自然中，且降解速度非常缓慢。据了解，我国废弃塑料的回收主要来源是工厂、公众。再生塑料企业回收后，先进行清洗等预处理，在采用熔融造粒、改性等物理或化学方法对废旧塑料进行加工处理，得到新的塑料原料，并对塑料进行再利用。同时，我国现在还没有形成专业的社会收集体系，也没有专门的收集法规，城市固体废物还没有分类投放。国家对这方面的宣传还不够，国民的整体环保意识还不强。废旧塑料回收业较发达的国家，都有一个完善的收集体系[1]。此外，废弃塑料分部散乱，收集一直是个大问题，加之我国塑料回收体系不完整、不规范等因素，大企业回收链冗长，大部分废旧塑料流向了无环保资质的小作坊、黑作坊。由于在废旧塑料回收价格方面远低于小作坊，很多正规企业在回收上竞争实力不足。

借鉴发达国家的做法，我国今后废旧塑料的收集工作要注重以下3点。

（1）建立完善的废旧塑料收集体系

这一体系中涉及很多因素，都要根据当地的情况在实践中逐步完善，如收集点的废旧塑料盛放容器、包装袋、运输车辆、收集点的设置、收集频率等。建立这一体系的前提是垃圾的分类投放，当然这会对居民带来一些不便。

（2）强制执行塑料制品的标识码

强制执行塑料制品的标识码对消费者的投放和回收企业的分离都有极大的便利，已在众多国家证明为行之有效的方法。虽然我国也于1996年12月1日制定了相关的标准，但目前执行的塑料企业很少，所以有必要作为强制标准使每个塑料加工企业执行。

（3）引导企业放弃一些不利于回收的制品设计方法

如聚酯瓶的设计，过去1.25L以上的瓶有高密度聚乙烯的底托、热熔胶、铝盖，现在的设计没有底托，瓶盖改用塑料。这样回收时工序可以简化，回收料的质量也得到提高。日本早在1997年就颁布了有关聚酯瓶设计的"管理指导准则"：尽量不用染色的聚酯瓶；禁用聚氯乙烯或铝制标签；不允许在瓶面上直接印刷；禁用底托及独立把手；标签必须用物理手段能去掉；除非是特殊情况，禁用铝制瓶盖等。所有这一切都是为了方便聚酯瓶回收，降低回收成本。

3.2
废旧塑料的分选与分离

废旧塑料的来源非常复杂，常常混有金属、橡胶、沙土、织物等其他杂质，且不同的品种的塑料往往混杂在一起，这不仅会对废旧塑料的回收加工造成困难，也会很大程度地影响生产的制品的质量，尤其当混有金属杂质或石块时会严重损伤加工设备。因此，在废旧塑料再生利用前，不仅要将废旧塑料中的各种杂质清除掉，而且也要将不同品种的塑料分开，只有这样才能得到优质的再生塑料制品，废旧塑料的分选是塑料再利用工作不可缺少的重要环节。

废旧塑料混合物的分选主要是利用塑料的外观、形状及光学性能、密度、电磁性能等性质的不同进行分选，其分选技术主要有手工分选、光学分选、颜色分选、重力分选、浮选、磁选、电选、选择性溶解分选、温差分选及超临界流体分选等（见图3-1）。其中手工分选、光学分选和颜色分选可以实现废旧塑料的不破碎分选，而其他分选技术属于破碎分离方法[2]。

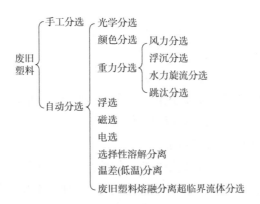

图 3-1 废旧塑料的分选方法

3.2.1 手工分选

废旧塑料的分离筛选,最简单的方法是手工分选。其分选步骤如下。

① 除去金属和非金属杂质及剔除严重质量下降的废旧塑料,诸如沙土、泥石、木块、纸片、麻绳、玻璃或瓷器碎片等肉眼可见的各种杂质。

② 先按制品,如薄膜(农用薄膜、本色包装膜),瓶(矿泉水瓶、碳酸饮料瓶),杯和盒类,鞋底,凉鞋,包装用泡沫块,边角料等进行分类。

③ 再根据上节鉴别法分类不同的塑料品种,如聚乙烯、聚丙烯、聚氯乙烯、聚苯乙烯、尼龙、聚酯等。通常采用外观鉴别和燃烧鉴别。

④ 在将已经分类的废旧塑料制品按颜色深浅和质量分选,颜色可分成黑、红、棕、黄、蓝、绿和透明无色等几类,剔除污染严重、发黑、烧焦等劣质废旧塑料制品。

⑤ 利用操作人员的识别经验或借助简单的仪器,对部分体积较大的塑料制品进行分类处理,例如各种家用电器外壳、塑料家具、大件儿童玩具等。该方法对设备要求较低,但对操作人员的分选经验要求较高。

手工分选法的优点是:a.较容易将热塑性废旧制品与热固性制品(如热固性的玻璃钢制品)分开;b.较易将非塑料制品(如纸张、金属件、绳索、木制品、石块等杂物)挑出;c.可分开较易识别而树脂品种不同的同类制品,如 PS 泡沫塑料制品与 PU 泡沫塑料制品、PVC 膜与 PE 膜、PVC 硬质制品与 PP 制品、PVC 鞋底与 PE 改性鞋底等。

3.2.2 光学分选

光学分选是基于不同塑料在光谱性能上的差异而进行的自动化分选,主要有近红外线分光分选法和 X 射线荧光分选法。当红外光谱或 X 射线照射在皮带运输机上的块状塑料混合物时,如果探测器获得的是某种特定塑料的信息,喷管喷出气流将其吹出,用这种方法可以分选多种塑料。图 3-2 是红外线或 X 射线光学分选装置示意。

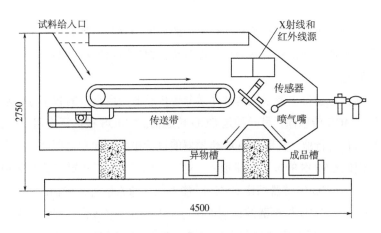

图 3-2 红外线或 X 射线光学分选装置

光学分选法适合于块状塑料混合物中部分塑料即塑料制品的分选，对于破碎后的细粒塑料，由于光谱中的某些波段会发生位移，分选过程难以完成，此外光谱法难以分离片状塑料和黑色塑料[3]。

（1）近红外分光分选法

近红外分光法是一种适于分析透明或轻度着色聚合物的方法。此方法快速、可靠，而且在物料较脏时也可以正常工作。法国 Sydel Ensemblier Industriel 公司的 DIBOP 自动分离系统就是利用近红外分离法设计而成的，它采用近红外传感器以 500kg/h 的速度来分离所有瓶子（主要是以 PVC、PET、HDPE 为材料），这个系统对每个瓶子都有 50~250 个单独测量数据，保证了鉴别的准确性。日本通产省投资相当于人民币 200 万元在东亚电波公司狭山工厂兴建一套自分选装置，当混合废旧塑料的碎片通过近红外光谱分析仪时，装置能自动分选出 5 种通用塑料，速度为 20~30 片/min。

（2）X 射线荧光分选法

X 射线荧光分选法（XRF）是一个专门分离 PVC 的方法。在 X 射线的照射下，PVC 中氯原子发射出低能 X 射线，而无氯的塑料反应就不同。由高能 X 射线组成的入射光束（主光束）激发目标原子，片刻之后激发的离子回到基态，产生了与入射光谱类似的荧光谱。但是，由于荧光的时间延迟，这种光谱不像源光谱那样持续，因而使 XRF 与背景对比度高，灵敏度也很高。由于 PVC 中含氯量几乎达 50%，所以能用 XRF 来鉴别[4]。

X 射线荧光分离最早由 National Recovery Technologies 实现商业化，用以从 HDPE、PET、PVC 整瓶混合堆中分离出 PVC。它利用 X 射线确定哪些是用 PVC 制造的，进而采用空气吹出，用探测器检测到氯的存在，电脑计时的空气吹风机会将 PVC 从混合塑料中分离。

3.2.3 颜色分选

长期以来，人们对塑料颜色的分选主要使用眼和手这一传统的方法进行，效率不高，而且长时间用眼造成人员视觉疲劳、身心疲惫，从而造成分选精度下降，成为制约产量的瓶颈。采用塑料分色机可以提高塑料颜色分选的精度和产量，其原理是采用高分辨率的图像传感器，配以高速自动识别技术分析处理系统，根据所给物料的颜色差异自动分选不同颜色的制品或颗粒。

市场上塑料分色设备主要采用两种光学分色传感器配合高效的数字分析软件实现分色功能：一种是 CMOS 传感器；另一种是 CCD 传感器。CMOS 被广泛应用于粮食色选领域，之后被引入塑料色选行业，但是 CMOS 传感器的设计中每个像素需要经过放大器后才转换成数字信号，因此 CMOS 的成像质量稍差，对于杂色塑料含量少或者物料颜色差异大的应用比较合适；真色 CCD 传感器相比 CMOS，能够保证像素信号在传输时不失真，因此成像效果更为优秀。真色 CCD 传感器的识别度接近于人眼，非常适合于混色复杂或者纯度要求极高的领域。目前，市售的塑料分色设备主要有法国 PELLENC 公司开发的塑料瓶自动分选装置、德国 UNISORT 公司开发的 UNISORTCX 颜色分选机、MultiSort®ES 颜色分选系统等。

3.2.4 重力分选

物体在流体中的沉降速度（或上浮速度）与其密度、粒度和形状有关。如果物体的粒度和形状适于分选时，那么在适当的流体中则可利用密度差加以分选。在这样的分选装置中可以利用空气、水和重液进行，该类分选技术包括风力分选、浮沉分选、水力旋流分选和跳汰分选。由第 2 章的表 2-4 可知，主要塑料的密度分布在 $0.9 \sim 2.3 g/cm^3$ 窄范围内，即使是同类塑料也会因添加剂的不同而密度不同；由于各种塑料混合物的密度差很小，所以不能完全按密度差来分选塑料。

3.2.4.1 风力分选

该分选方法依据的是塑料的密度不同，随风飘移的距离也不同（当然要保证碎块的粒度和形状相似）。此法不仅能分开密度差异较大的塑料，而且也可将密度较大的金属、碎石块、沙土块分离出去。其分离设备主要有风力分选机和分离摇床等，除了利用风力因素外，还利用了颗粒摩擦系数的差异。风力分选法的不足是由于制品的规格不同（如管材和板材、不同壁厚的管材等因素）使破碎后的碎块体积或粒度粗细不同，或者因塑料制品中填料含量不同而引起碎块的密度改变等因素，可产生较大误差。此法对于分离金属、石块、砂粒等效果良好。

（1）风力分选机

风力分选机的原理是，将破碎过的废旧塑料制品投入分选装置的料斗中，使空气从横向或逆向吹过，利用不同塑料和杂质对气流的阻力和自重形成的合力之差将不同种塑料分开，使塑料与杂质分开。风力分选筒主要有立式、卧式和涡流式 3 种。

① 立式风力分选机（见图 3-3）一般为锯齿形或类似圆筒形设备，空气从底部吹入或从顶部抽吸，从筒体的中部进料，较轻者由顶部送出，重者则从底部排除。不同形状或不

同风速的设备可将塑料按种类分开。

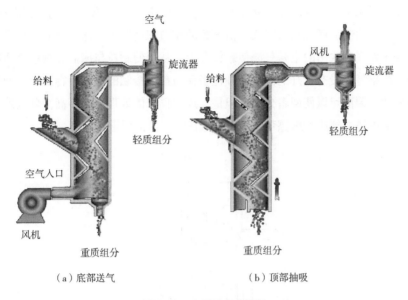

（a）底部送气　　　　　　　　　（b）顶部抽吸

图 3-3　立式风力分选机

②　卧式风力分选机为一矩形容器，分有数个料斗，空气从侧向水平吹入，废料从上方投入，重者落入近处料斗，轻者随气流吹向较远处落入料斗，各自从底部排出（见图3-4）。

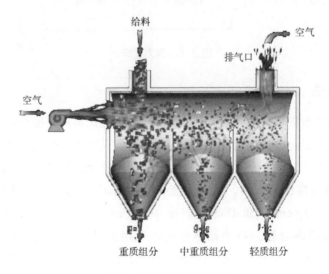

图 3-4　卧式风力分选机

③　涡流式风力分选机为空气吹入呈辐射状的涡流，废料从侧面送入，形成涡流后，轻者从上方带出，重者则沉入底部排出。

另外，还可以将立式与涡流式组合起来使用，连同破碎、磁选、振动筛等形成分选分离的组合体系。

（2）风力摇床

利用风力摇床（见图3-5）也可实现塑料的分选。其原理为：使倾斜的盘面做往复运动；同时，从带网眼的床面底部吹入空气。由于振动和与床面摩擦，床面上的颗粒沿斜面向上方移动，从床面底部吹出的上升气流使颗粒向上，从而使颗粒与床面及颗粒之间的摩擦系数减少。其结果是，没有上升的高密度颗粒多在与盘面接触的上侧，容易上升的低密度颗粒向下侧移动，因而可以使两者分离。但是，风力摇床的处理能力不高，分选效率不高，建议采用包括由风力摇床和摩擦带电静电分选法的联合流程进行分选。

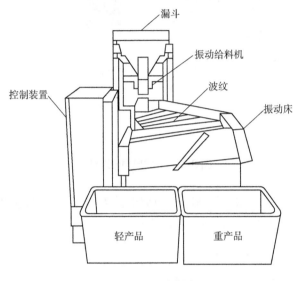

图3-5　风力摇床

3.2.4.2　浮沉分选

浮沉分选是将废旧塑料放入水或重液分离液中，使比溶液密度小的塑料浮起、比溶液密度大的下沉而进行分选的过程。此法简单易行，只需选择合适的分离液即可，其分选设备如图3-6所示，适用于分离粒度较粗和密度差较大的物料，而对密度相近者的分离则难以获得高纯度的分离物。常用重液有饱和NaCl溶液（密度$1.19g/cm^3$）、饱和$CaCl_2$溶液（密度$1.5g/cm^3$）、58.4%酒精溶液（$0.91g/cm^3$）、55.4%酒精溶液（$0.925g/cm^3$）、丙酮和四溴乙烷的混合物（不同比例混合可以得到密度为$2.0g/cm^3$、$2.5g/cm^3$以及$3.0g/cm^3$的介质）等[5]。但是，当使用水作为分离液时，因塑料的形状和表面活性不同，有些会带着气泡浮在水面上，影响分离效果，此时需要使用表面活性剂进行预处理，使之充分浸润。

由于塑料材料的相对密度显著度受到聚合方式、添加剂种类和用量等因素的影响，同一名称的塑料，其密度也只是处于一定的范围内，很多种塑料的密度十分接近甚至互相交叉，废旧塑料的浮沉分选只能在某些特定的条件下才具有实际意义[6]。浮沉分选更多的应用在采用水介质实现PE、PP等聚烯烃塑料与其他塑料的分选以及塑料与金属的分选方面。

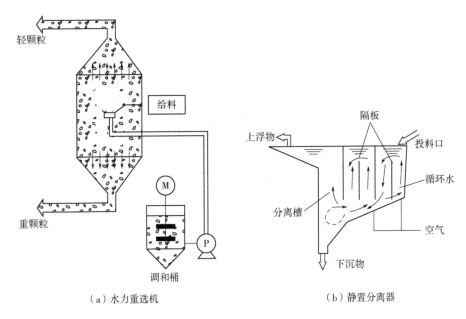

|（a）水力重选机|（b）静置分离器|

图3-6 浮沉分选设备

3.2.4.3 水力旋流分选

日本塑料处理促进协会通过特制的水力旋流器按密度差分离塑料获得了成功，能有效地将密度小于水和大于水的塑料分离开来，尤其是厚度大于0.3mm、密度差为0.5g/cm³左右的塑料，一次分离率可达99.9%以上[7]。如果采用多级旋流器或同一旋流器的多次反复分离，则可以分离密度更为相近的塑料。

水力旋流器可以是圆锥形也可以是圆筒形，如图3-7所示，依次是圆锥形水力旋流器、Tri-Flo分离器和Larcodems分离器。对于圆锥形的水力旋流器，富含塑料粉末的浆料从进料口沿切线方向压入，在内部产生涡流。由于负压作用在涡流中心形成空气芯，沿切线方向高速给入的颗粒照样在水平面内与涡流一起运动。此时，颗粒受到指向圆外方向的离心力和由涡流中心负压的向内方向的吸引力作用。半径大或密度大的颗粒受到的离心力大，颗粒向涡流外侧移动，随着涡流向下运动，并从下部排出；在指向内方向的吸引力作用下，半径小或密度小的颗粒随着涡流中心附近的上升流一起从上部与大多数水一起排出，这样可将密度不同的粉末塑料分选出来。旋流器所用的液体可以是水或重液。Tri-Flo分离器和Larcodems分离器的分选原理与水力旋流器相近，从重液注入口沿切线方向压入重液，产生涡流，但在重液注入口附近，高密度产物出口的形状比较复杂，其中的紊流度也比圆锥形旋流器注入口和排出口附近的紊流度小，因此分选精度高，但是，由于塑料之间的密度差较小，用圆筒形水力旋流器时紊流会对分选产生一些影响，例如颗粒的形状会产生影响。Farrara等研究了塑料颗粒的粒径和形状（立方体颗粒、平板状颗粒和细长颗粒）对于圆锥形旋流器和圆筒形的Tri-Flo分离器分选结果的影响，结果表明，圆锥形旋流器分选粒径不同或形状不同组成的给料的分选效率比圆筒形旋流器要差；Tri-Flo分离器分选立方体颗粒

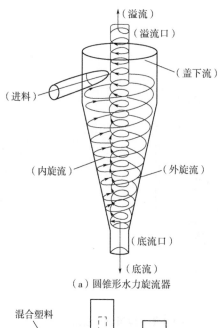

（a）圆锥形水力旋流器

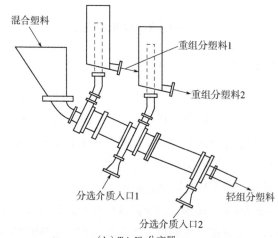

（b）Tri-Flo分离器

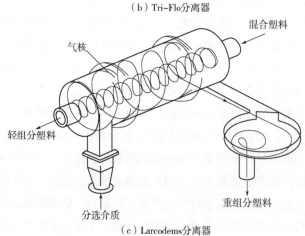

（c）Larcodems分离器

图 3-7　水力旋流器

也比分选细长颗粒要快些。但即使是分选细长颗粒，因 E_p（分离精度）为 0.007g/cm³，所以分选它们也还是有可能的。塑料的润湿性也影响可选性，Pascoe 等报道，由于界面活性剂可使塑料亲水化，因而可提高 Larcodems 分离器的分选效果，他们研究了这些旋流器在分选用于食品容器的材料类或汽车部件材料的各种废塑料的可能性，其中一部分已用于实践中。

3.2.4.4　跳汰分选

跳汰分选是利用颗粒的沉降速度因其密度不同而异的原理，向位于水中固定筛网上的颗粒层给予上下脉动的水流，使颗粒按其密度差别在筛网上分层。跳汰在选煤领域中很早以来就在使用，即使现在它仍是主要的选煤技术。在跳汰过程中，由于颗粒在颗粒层中，一面上下反复波动，一面分层，所以有多次分选机会，相互混入的损失少。如果处理的对象之间有相对大的密度差的话则可以利用分层进行分选，即使处理对象的组成发生变化，也可以迅速调节操作参数，控制产物的品位，因此，跳汰适用于分选废旧塑料[8]。

祖麦卡瓦等用 TACUB 型跳汰机（见图 3-8）分选废复印机碎料中的聚苯乙烯（PS）、丙烯腈丁二烯苯乙烯（ABS）和聚乙烯对苯二酸酯（PET），结果发现在适宜的条件下，获得了较好的分选结果。分批试验获得的顶层产品、中间层产品和底层产品的 PS、ABS 和 PET 的含量分别为 99.8%、99.3%和 98.6%。

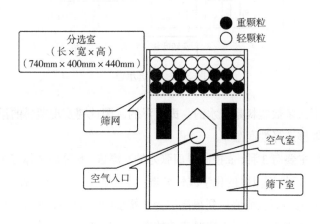

图 3-8　TACUB 型跳汰机

3.2.4.5　筛分分选

筛分分选是利用机械筛把破碎后的废旧塑料通过滚动、振动的方式经过特定目数筛孔，将物料进行有效分离的技术方式之一。该方法最大缺陷就是无法实现识别废旧塑料的种类，在实际应用中往往与其他分选技术配合使用，得以获得效果最佳的废旧塑料分选效率。

3.2.4.6　密度分选

密度分选是利用不同种类塑料间密度的差异进行废旧塑料分离的技术。在工业上，将破碎的混合废旧塑料依次通过盛有不同密度液体（常用的液体有自来水、饱和食盐水、氯化钙溶液等）的分离槽，然后根据塑料在液体中的浮沉情况对塑料进行分类。该方法操作简单，适用于分离密度差异较大的塑料颗粒，缺点就是会产生大量需要进一步处理的废水，增加经济成本，而且对于密度相近的塑料来说，不容易识别出来。

3.2.5 浮选

浮选工艺是矿物加工过程中获得高质量精矿的有效手段，用于废旧塑料混合物的分离始于20世纪70年代。浮选是通过在固体废弃物与水调成的料浆中加入浮选药剂扩大不同组分可浮性的差异，再通入空气形成无数细小气泡，使目的组分黏附在气泡上，并随气泡上浮于料浆表面成为泡沫刮出，不上浮的颗粒仍留在料浆内，从而实现不同材料的分离。浮选示意如图3-9所示。

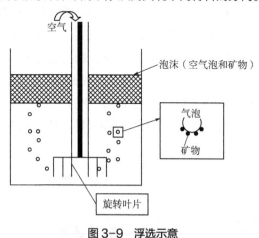

图3-9 浮选示意

在自然状态下大多数塑料是疏水的，即可浮的，因此要实现塑料的浮选分离就必须使待分离的各组分能够选择性润湿[9]。

塑料浮选方法主要有3种：a.控制界面张力的γ浮选；b.等离子体等表面改性方法的物理调控浮选；c.表面活性剂吸附的化学改性分选。浮选能够胜任密度相近、荷电性质相近的废旧塑料之间的分选，而且能够达到很高的分选精度[14]。表3-1列出了塑料主要的浮选工艺对比。研究和实践表明，可用于塑料浮选的药剂，包括木质磺酸盐、单宁酸、明胶、白雀树皮汁、司盘、褐煤蜡、月桂醇、聚糖、水玻璃等。在实践中，表面污染状况的不同使塑料表面性能发生部分改变，可适当调整浮选药剂的种类和掺量以达到最佳的分选效果。德国已完成的半工业试验证明，采用等离子体物理改性技术或者采用添加适当润湿剂的化学改性技术均可浮选分离吸尘器、仪表盘、汽车门中所含的废旧塑料，回收塑料的纯度达到了99%以上，回收率达到92%～98%。

表3-1 废旧塑料的各种浮选工艺比较

工艺名称	原理	主要方法
γ浮选	利用各种塑料固有的界面张力和表面润湿性能	选择表面性能合适的溶液作为分选媒介，实现多种塑料的分离

工艺名称	原理	主要方法
物理调控浮选	通过物理改性途径改变塑料表面的润湿性能	等离子处理，电晕放电处理，光学接枝反应
化学改性分选	通过化学改性途径改变塑料表面的润湿性能	表面活性剂的吸附，湿氧化剂表面反应

3.2.6 磁选

磁选原理与浮选方法类似，区别在于用来分离混合塑料碎片的分离液体的密度不是均一的，而是在与流动方向垂直的轴线上存在一个密度梯度。这个梯度的产生是因为分离介质不是一般的恒定密度分离溶液，而是应用了一种纳米尺度的磁流体，以不大于60nm的微团均匀分布在水中形成的分离介质。根据阿基米德定律，浸入静止液体中的物体受到一个浮力，其大小等于该物体所排开的流体重量。因此不同密度的塑料碎片在浸入分离介质中稳定后，最终将在与其密度相当的那个密度层停驻。只要这个密度层分级根据塑料密度的浮动范围合理确定，这种磁流体密度梯度方法就可以有效分离两种及以上混合塑料。

3.2.7 电选

电选的基本原理是利用静电吸引力之差来进行分选。电选分为电晕放电分选和摩擦带电分选，即利用电晕放电或摩擦带电使研究对象带电来分选带不同电性和电量的塑料颗粒[10]。对于多种塑料混杂在一起的废旧塑料，由于一次通过只能分选一种塑料，因此必须经过多次分选。

由于塑料带电的差异不是十分明显（带负电到带正电的顺序为 PVC、PET、PP、PE、PS、ABS、PC），特别是对于实际的塑料废物，其带电性质与纯净塑料存在差别，并且电选受附着水分及湿度的影响较大，因此电选技术分选废旧塑料存在诸多局限。但由于电选是干法，因此有节省水和能分选没有密度差的塑料等优点。

3.2.7.1 电晕放电分选

电晕放电分选技术的是将破碎的塑料废物加上高压电晕放电使之带电，再使其通过电极之间的电场进行分离。由于湿度对筛选效果有影响，所以需要干燥工序。静电分离的关键是使不同种类的塑料携带极性相反的电荷。

Chilworth Technology 公司根据静电分选技术研制了一种电晕充电带分离设备。整个装置（包括电源及设备）都进行了专门的密封，采用丙烯酸外层来提供一个可控的环境。它的分离效率可通过分离废旧 PVC 和 PET 絮片来衡量，在最佳情况下可将 PVC 100%除去[11]。

3.2.7.2 摩擦带电分选

塑料的电传导性一般较低，但可以利用其相互间的摩擦，使其一种带正电，而另一种带负电（摩擦带电）进行分选。塑料摩擦带电的带电量取决于同固体接触时的电荷移动量与离开时的电流量，电荷移动的原因有由固体或固体表面的性质所决定的电子或者离子的移动，以及由物质移动引起的电荷移动。对于固体性质或固体表面性质引起的电荷移动，可以由物质的功函数来定性预测。功函数是从固体表面向外取出 1 个电子所必需的最小能量，如果两种固体相互接触，则电子从功函数小的物体向功函数大的物体移动，失去电子的一方为带正电，得到电子的一方带负电。对于不良导体，难以从理论上预测功函数，而是根据与已知物质接触的实验得到功函数值。各种塑料带正电或带负电的难易顺序如图 3-10 所示。如果图 3-10 中任意两种塑料相互摩擦，则图 3-10 中位于左侧的塑料带负电，右侧塑料带正电。这样，在如图 3-11 所示的高压电场中，带电的颗粒吸引在带不同符号电荷的电极一侧，而被分离。表面清洗可消除添加剂的影响：在表面极性基的作用下表面很容易带电。带电阻止剂等对带电过程有很大影响，这在分选中会产生问题；水分也影响带电过程，30%以上的湿度就会影响塑料分选，故在湿度大的地方需要控制湿度。

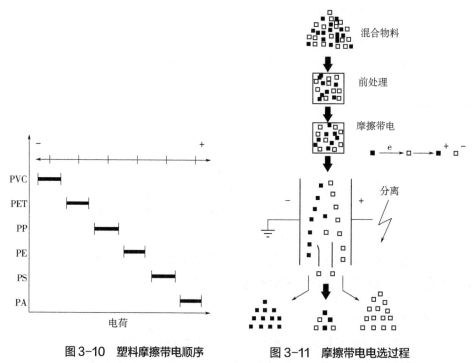

图 3-10　塑料摩擦带电顺序　　　　图 3-11　摩擦带电电选过程

3.2.8　选择性溶解分离

溶解分离法利用塑料在一定溶剂中和不同湿度下溶解性能不同而达到分离的目的，利用塑料在各种有机溶剂中溶解性能的差异，可以实现某些塑料的选择性溶解分离，而且还适用于塑料与金属的分离以及从塑料中提取增塑剂、填充剂、着色剂等。有机溶剂（主要是二甲苯）作为分离介质有选择地从混杂废旧塑料中萃取出有重复利用价值的成分，再从回收液中得到树脂产物。不过，仅仅依靠有机溶剂难以获得纯净度高的树脂，可再添加一定比例的沉淀剂（通常是石膏），并通过改变溶解温度与沉淀温度，便可得到分级程度和纯度很高的树脂产物。典型的废旧塑料选择性溶解与分离流程如图 3-12 所示。

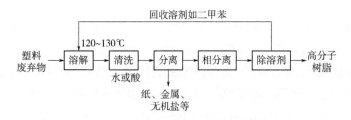

图 3-12　废旧塑料选择性溶解与分离流程

3.2.9　温差（低温）分离

温差分离也称为低温分离或冷冻破碎分离，它是利用不同的塑料具有不同的脆化温度（见表 3-2）来进行分离的方法。将废旧塑料分阶段逐级冷却、逐级破碎，结合筛分系统，可以实现某些塑料的冷冻破碎分离。如 PVC 与 PE，前者的脆化温度为-40℃，后者脆化温度为-100℃以下，利用液氮吸热冷却物料到-50℃左右，将混合物料送入破碎机，PVC 脆化变成细块而 PE 却未被破碎，然后进行分离。该法因为需要冷却降温，低温冷却介质通常为液氮，制造液氮需消耗大量能量，成本较高，限制了该工艺的应用。图 3-13 为美国 UC 公司对流式塑料冷冻破碎系统的示意。

表3-2　常见塑料的脆化温度

塑料种类	脆化温度/℃	塑料种类	脆化温度/℃
HDPE	-100～140	PU	-70～-30
PC	-135～-100	PET	-40
LDPE	-80～-55	ABS	-60～-18
PA	-80～-32	PMMA	9

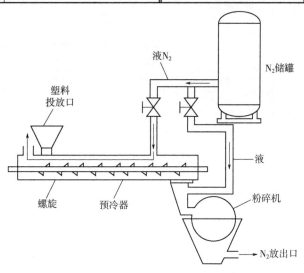

图3-13　塑料冷冻破碎分选系统示意

3.2.10 废旧塑料熔融分离

分离特性:利用塑料的不同熔融温度来分离。其方法是将混合废旧塑料置于传送带上,通过较低一级塑料熔融温度上的加热室,这种塑料熔融并附着在传送带上,用机械收集;未熔融的塑料继续运行,通过较高一级塑料熔融温度上的加热室,以同样方法分离出塑料。例如 PVC 和 PET 制品外观相似,密度相近,很难区别,但其熔融温度差异很大,把 PVC 和 PET 混合塑料放在传送带上,PVC 的熔融温度为 195 ~ 215℃,PET 的熔融温度为 245 ~ 255℃。混合物经过加热室时,PVC 熔融粘在传送带上,PET 至传送带终端落下,实现自动分离。

如此继续,最后剩下末被熔融的塑料,在传送带终端收集起来。

3.2.11 超临界流体分选

对混合塑料进行超临界流体分选实际上是利用了超临界流体的特殊性质,即微调超临界流体的压力会引起其密度的巨大变化。因此,超临界流体是一种密度可以精密调节的分选体系,采用超临界流体,可以实现密度非常接近的塑料之间的分选,甚至可以分选不同颜色或不同厚度的同种塑料。

对于废旧塑料的分选,超临界流体的选择十分重要。首先,临界点时液体的密度、黏度必须符合分选需要,而且此流体即使在超临界状态下也不会造成塑料的溶解或降解;其次,宜选择临界温度在常温附近的流体,同时在环境温度下,流体应有很高的蒸汽压以便从回收塑料表面完全挥发;第三,流体应该是环境友好的,具有无毒、不易燃等特点。Beckman 等采用超临界或近临界流体实现了一些密度非常接近的材料之间的精密分选,列于表 3-3。

表3-3   废旧塑料的超临界流体分选

超临界或近临界流体	操作温度/℃	分选体系
CO_2	24	LDPE,HDPE,PP,PS,EPS,纸片
CO_2	24	LDPE(垃圾袋),HDPE(牛奶罐),HDPE(绿色瓶),HDPE(蓝色瓶),PP
SF_6	24	PVC管材,PVC瓶,PET瓶壁,PET瓶颈,EPS
SF_6	24,27	PET瓶,PET烧杯,PVC瓶,铝瓶盖
31.06% CO_2 + 68.94% SF_6	24	PS,EPS,透明PVC,棕色PVC,透明PET,绿色PET
27.95% CO_2 + 72.05% SF_6	24	透明PVC,棕色PVC,透明PET,棕色PET

3.2.12 其他分选方法

可以用金属捕集器将粉碎的废弃物经管道输送,在传送过程中使用金属捕集器将直径为 0.75 ~ 1.2mm 的金属碎屑分离出来。再通过静电分离器将混杂料粉碎,投入静电分离器,利用金属与塑料的不同带电特性,可分离出铜、铝等金属。此法适用于金属填充复合材料,电缆料和镀金属塑料的处理。

利用不同塑料对某些化学试剂的吸附能力不同,人为地改变某种塑料的表观密度从而实现按密度分选,叫作选择性吸附分选。例如 PVC/PET 分选体系,两者的原始密度差异很小,分别为 $1320kg/m^3$ 和 $1340kg/m^3$,把两者置于 55～65℃的含 90%甲基乙基酮（MEK）、9.2%H_2O、0.8% NaOH 的溶液中处理 5min,密度为 $800kg/m^3$ 的 MEK 将选择性吸附于 PVC 表面,使 PVC 表观密度降至 $970kg/m^3$,而 PET 密度仍保持在 $1340kg/m^3$ 左右,之后按浮沉分选方案即可实现 PVC/PET 的分离。

不同塑料透光率不同,采用微处理机的传感器来识别和分离 PVC、PET 及 PP 等透明瓶。采用 X 射线检测分离法可从 PET、PE、PVC 废塑料中鉴别和回收 PVC。美国国家回收技术公司和意大利 Govoni 公司均建立相应的检测分离装置。

还可以利用废旧塑料对温度敏感程度（如热收缩温度/软化和熔化温度）之差来分选,先收缩的被分离出来,先软化的树脂通过过滤网可从聚合物中分离开来,但热固性塑料不适用此法,软化点、熔点相近的聚合物用此法分离困难。

3.2.13 废旧塑料与其他物质的分离

3.2.13.1 废旧塑料与城市垃圾的分离

城市垃圾中的塑料废物是再生利用废旧塑料的主要来源之一,虽然它们在城市垃圾中只占很小一部分,但实际数目却是十分可观的。为了能实现城市垃圾中各种成分的再利用,尤其是废旧塑料的再生利用,首先必须进行分离工作。

对城市垃圾的处理主要分破碎（即减小尺寸）和分离两个步骤。

（1）破碎

城市固体垃圾的破碎就是利用各种机械设备将其破碎成小块或碎片。常用的破碎机械有压碎机、剪切机、撕碎机、切片机等。

（2）分离

城市固体垃圾中各种成分的主要物理特性有颗粒大小、密度、电磁性能和颜色,它们是分离技术的基础。城市固体垃圾各自的物理特性不同,其分离方法也不同。

1）颗粒大小

由于不同材料的延展性、拉伸强度和冲击强度不同,城市固体垃圾经破碎后,不同材料的颗粒大小就有很大差异,这样便可按颗粒大小来分离城市固体垃圾。

2）密度

不同的材料其密度也有差异,利用这种差异可用多分选方法实现不同材料的分离。

3）电磁性能

城市固体垃圾中铁质金属可用其本身的磁性,采用电磁分离器将它们同其他材料分离。

4）颜色

依据不同成分的不同外观特性，尤其是颜色进行人工分拣或自动分拣。

3.2.13.2　废旧塑料与纸的分离

城市固体废物处理中会遇到将塑料与纸分离的问题，以下是塑料与纸分离的常用方法。

（1）热分法

利用加热后改变塑料的性质可实现塑料与纸的分离

1）热筒法

分离装置由电加热镀铬料筒与内装的带刮刀的空心筒（转鼓）组成，刮刀与加热筒壁相接，两者逆向旋转，筒底部连接一料槽。材料从顶部加入，其中的塑料成分与热筒一旦接触开始熔融，附着在筒壁上，用刮刀刮下，落入料槽中。此法可将90%以上的塑料与纸分开，已分离的塑料含纸量很小，可控制在1%以下。

2）热气流法

利用塑料薄膜遇热收缩，减小比面积的原理实现塑性薄膜与纸的分离。将薄膜与纸的混合物送至加热区，加热箱可以是一台农用谷物干燥机，加热后塑料薄膜呈颗粒状，再将它与纸的混合物送入空气分离器，空气流将混合物中的纸带走，而热塑性塑料颗粒便落在分离器的底部。此法几乎可以把塑料与纸完全分开。

（2）湿分法

主要用于分离与塑料混合的纸，由运输机将各种废料送入干燥式撕碎机中，撕碎后进入风力分选机，将轻质部分（约含60%的纸，20%的塑料）送入搅碎机中加入适量的水进行搅碎，搅碎过程产生的纸浆从分选板上的小孔中流出，剩下的塑料则从分离出口排出，然后送入脱水机脱水，再送入空气分离机中对各种塑料进行分选。工艺流程如图3-14所示。

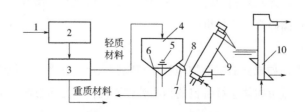

图3-14　湿分法工艺流程

1—输送机；2—干燥式撕碎机；3—风力分选机；4—搅碎机；5—旋转体；6—挡板；7—分离出口；

8—阀门；9—脱水机；10—空气分离机

（3）电动分离法

将纸与塑料的混合物由一台振动喂料器送入分离机中，落入旋转的碾碎鼓，然后送到由电线电极与碾碎之间形成的电晕区，纸被吸向电极，而塑料仍然贴在转鼓上，随着鼓的转动塑料落到它的底部收集起来，电动分离器的原理如图3-15所示。采用此法时相对湿度对分离结果有很大影响，混合物相对湿度为15%时，虽可使纸和塑料分离，但塑料仍会被大量的纸污染；当相对湿度提高至50%以上时，便可使塑料和纸完全分离。

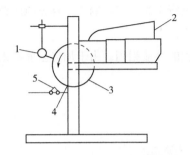

图 3-15　电动分离器原理

1—电极；2—振动料器；3—碾碎鼓；4—刷子；5—可调整出料量的分离机

3.2.13.3　废旧塑料与织物的分离

大量涂布树脂的织物上的废料是可以回收的。以聚氯乙烯人造革为例，回收聚氯乙烯树脂的工艺流程如图3-16所示。收集到废料后，将其切割成合适的尺寸。按颜色分类、干燥，并装入带夹套的反应釜中；将其封闭，通入惰性气体，釜中灌入溶剂如四氢呋喃，搅拌并加热混合物（加热温度应稍低于溶剂的沸点）。树脂在溶剂中溶解，将溶液送至储罐中，洗涤3次，以达到完成全萃取的目的。用热氟驱出织物中残留的溶剂。然后将干织物卷捆，装运。

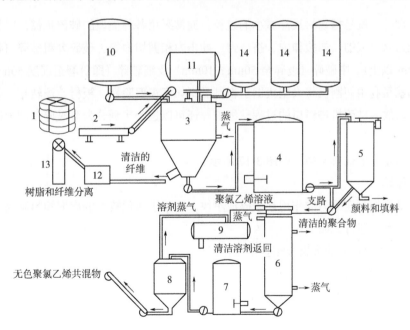

图 3-16　从涂布树脂的织物上回收聚氯乙烯的工艺流程

1—聚氯乙烯边角料；2—分拣台；3—反应釜；4—聚合物储罐；5—过滤器；6—主蒸发器；7—缓冲器；

8—树脂干燥器；9—冷凝器；10—溶剂储罐；11—氮气储罐；12—干燥器；13—打包机；14—洗涤槽和旋转槽

聚合物溶液应过滤，以除去颜料、填料及其他物质，然后送入预浓缩器中（通常为一种垂直型的膜蒸发器），分离出的聚氯乙烯的固体含量可达 30%~40%。使用膜蒸发器或喷雾状干燥器，在真空条件下进行干燥，得到的是一种无色的粒状聚氯乙烯树脂或原始组分的混合物。溶剂冷凝后回到流程中。

回收树脂的性能与新树脂的性能相同。由于加热温度不太高，避免了分离时树脂可能发生的降解。

3.3
废旧塑料的破碎与增密

废旧塑料的形状复杂，大小不一，尤其是一些体积较大的废弃制品，必须经过破碎、研磨或剪切等手段，将其破碎成一定大小的碎片或小块物料方可进行再生加工或进一步模塑成型制成各种再生制品。对某些污染程度不大的生产性废料，如注塑、挤出加工厂产生的废边、废料或废品，一般经破碎后即可直接回用。

3.3.1　破碎的基本形式

所谓破碎，就是指物料尺寸减小的过程。通常采用各种类型的破碎机械，对物料施加不同机械力来完成的，如拉伸力、挤压力、冲击力和剪切力等。破碎分粗破碎（将物料破碎到 10mm 以上）、中破碎（破碎至 50μm~10mm）及细破碎（即研磨至细度 50μm 以下）。粗破碎也就是利用切割机将大型废旧塑料制品（如汽车保险杠、板材、周转箱、船只等）切割成可以放入破碎机进料口的过程；细破碎还可以进一步划分为微破碎、超微破碎、特超微破碎。

破碎的基本形式有 4 种，如图 3-17 所示。

（1）压碎

物料受到相对压缩力的作用被破碎成小块，适用于体积较大的废旧塑料制品，不适于软质塑料。其作用方式如下：

① 两块相对运动的金属板相互挤压作用；

② 两个相对旋转辊的碾压作用；

③ 在外锥形筒中做偏心旋转的挤压作用。

（2）击碎

物料受到外冲击力作用而被破碎，它适用于脆性材料。其作用方式如下：

① 外来坚硬物体的打击作用，如用铁锤锤击；

② 物料自身间及与固定的硬质钢板的高速冲击作用；

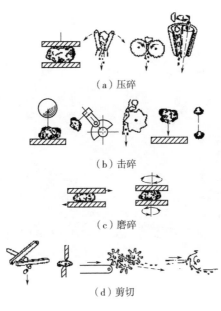

（a）压碎

（b）击碎

（c）磨碎

（d）剪切

图 3-17　破碎的 4 种基本形式

③ 物料相互之间的撞击作用。

（3）磨碎

物料在不同外形研磨体之间受到碾压作用而被破碎成细小颗粒，适用于块状物料。

（4）剪切

物料在刀刃等利器的剪切、穿刺、撕裂等作用下被破碎成小块或碎片，适用于韧性材料、薄膜、片材以及软质制品。

3.3.2　破碎设备

根据施加于物料上的作用力的不同，破碎废旧塑料的设备可分为压缩式、冲击式、研磨式和剪切式四大类[12]。

3.3.2.1　压缩破碎机

压缩破碎机有颚式破碎机、圆锥式破碎机和辊式破碎机（滚筒式破碎机）。

（1）颚式破碎机

颚式破碎机（见图 3-18）主要由定颚板、动颚板、偏心轴、连杆与弹簧等部分组成。电动机驱动皮带和皮带轮，通过偏心轴使动颚上下运动，当动颚上升时肘板与动颚间夹角变大，从而推动动颚板向定颚板接近，与此同时由于对物料的挤压、搓、碾等多重破碎作用而使物料被压碎或劈碎，达到破碎的目的；当动颚下行时，肘板与动颚间夹角变小，动颚板在拉杆、弹簧的作用下离开定颚板，此时已破碎物料从破碎腔下口排出。随着电动机连续转动而破碎机动颚做周期性地压碎和排出物料，实现批量破碎物料。

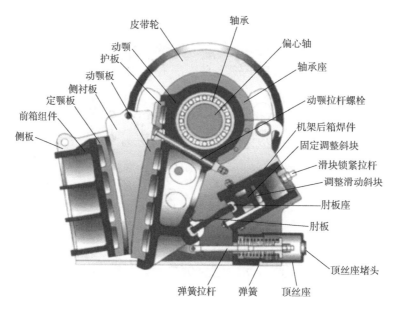

图 3-18 颚式破碎机

颚式破碎机的性能优势表现在以下几个方面: a.破碎腔深而且无死区,提高了进料能力与产量; b.其破碎比大,产品粒度均匀; c.垫片式排料口调整装置,可靠方便,调节范围大,增加了设备的灵活性; d.润滑系统安全可靠,部件更换方便,保养工作量小; e.结构简单,工作可靠,运营费用低。设备节能: a.单机节能 15%~30%,系统节能 1 倍以上; b.排料口调整范围大,可满足不同用户的要求; c.噪声低,粉尘少。

（2）圆锥式破碎机

圆锥式破碎机（见图 3-19）工作时,电动机的旋转部通过皮带轮或联轴器、传动轴和圆锥部在偏心套的迫动下绕一固定点做旋摆运动,从而使圆锥式破碎机的破碎壁时而靠近又时而远离固装在调整套上的轧臼壁表面,使物料在破碎腔内不断受到冲击、挤压和弯曲作用而实现物料的破碎。在不可破碎的异物通过破碎腔或某种原因机器超载时,圆锥式破碎机弹簧保险系统实现保险,圆锥式破碎机排料增大。异物从圆锥式破碎机破碎腔排出,如异物卡在排料口使用清腔系统,则排料口继续增大,使异物排出圆锥式破碎机破碎腔。排出异物后圆锥式破碎机在弹簧的作用下,排料口自动复位,圆锥式破碎机机器恢复正常工作。

圆锥式破碎机适用于坚硬的脆性材料的破碎,具有破碎力大、效率高、处理量高、动作成本低、调整方便、使用经济等优点。但因为圆锥部磨损较快,在硬物料破碎的应用上受到了限制。圆锥式破碎机系列分为粗碎圆锥式破碎机、中碎圆锥式破碎机和细碎圆锥式破碎机三种,可根据不同需求选购。

（3）辊式破碎机

辊式破碎机,又名辊破、辊破机,是利用辊面的摩擦力将物料咬入破碎区,使之承受挤压或劈裂而破碎的机械。当用于粗碎或需要增大破碎比时,常在辊面上做出牙齿或沟槽以增大劈裂作用。主要优点有工作可靠、维修简单、运行成本低廉和排料粒度大小可调。

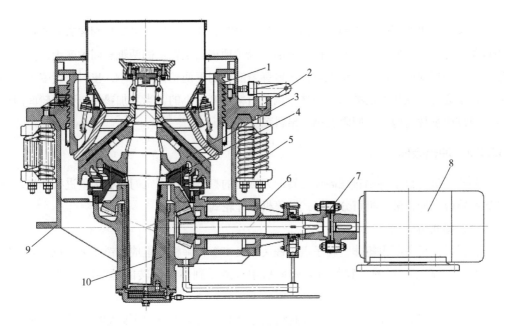

图 3-19　圆锥式破碎机

1—调整套部；2—支承套部；3—破碎圆锥部；4—碗形轴承部；5—弹簧部；6—传动部；

7—联轴器；8—主电动机；9—机架部；10—偏心轴部

辊式破碎机通常按辊子的数量分为单辊破碎机、双辊破碎机（对辊破碎机）和四辊破碎机，分别适用于粗碎、中碎或细碎中硬以下的物料。下面以双辊破碎机为例详细介绍其运行原理。

双辊破碎机（见图 3-20）主要由辊轮、支撑轴承、压紧和调节装置以及驱动装置等部分组成。它由两个电动机，通过三角皮带传动到槽轮上拖动辊轮，按照相对运动方向旋转，利用相对旋转产生的挤轧力和磨剪力来破碎物料。当物料进入机器的破碎腔以后，物料受到转动辊轴的啮力作用，使物料被逼通过两辊之间，同时受到辊轴的挤轧和剪磨，物料即开始碎裂，碎裂后的小颗粒沿着辊子旋转的切线，通过两辊轴的间隙，向机器下方抛出，超过间隙的大颗粒物料，继续被破碎成小颗粒排出。

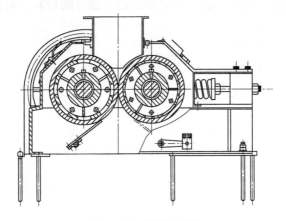

图 3-20　双辊破碎机

双辊破碎机的两辊轮之间装有楔形或垫片调节装置，楔形装置的顶端装有调整螺栓，当调整螺栓将楔块向上拉起时，楔块将活动辊轮顶离固定轮，即两辊轮间隙变大，出料粒度变大，当楔块向下时，活动辊轮在压紧弹簧的作用下两轮间隙变小，出料粒度变小。垫片装置是通过增减垫片的数量或厚薄来调节出料粒度大小的，当增加垫片时两辊轮间隙变大，当减少垫片时两辊轮间隙变小，出料粒度变小。

3.3.2.2 冲击破碎机

冲击式破碎机是将物料在高速旋转的刀或锤的打击下和固定刀、机内壁进行冲撞，使物料被粉碎。冲击破碎机可分为锤式破碎机和叶轮式破碎机。

（1）锤式破碎机

锤式破碎机主要由箱体、转子盘、锤头、反击板、筛板等组成。锤式破碎机主要是靠冲击作用来破碎物料的，物料进入破碎机中，遭受到高速回转的锤头的冲击而破碎，破碎的物料，从锤头处获得动能，高速冲向架体内挡板、筛条，与此同时物料相互撞击，遭到多次破碎，小于筛条间隙的物料，从间隙中排出，个别较大的物料，在筛条上再次经锤头的冲击、研磨、挤压而破碎，物料被锤头从间隙中挤出，从而获得所需粒度的产品。

锤式破碎机具有破碎比大、生产能力高、产品均匀、过粉现象少、单位产品能耗低、结构简单、设备质量轻、操作维护容易等优点。但锤头和筛条磨损快，检修和找平衡时间长，当破碎硬物质物料，磨损更快；破碎黏湿物料时，易堵塞筛缝，为此容易造成停机（物料的含水量不应超过 10%）。

（2）叶轮式破碎机

叶轮式破碎机（见图 3-21），又称冲击破或固定锤式破碎机，它与锤式破碎机的主要差别在于"击锤"换成"击刀"或"击轮"。物料由机器上部直接落入破碎机中，受到装在中心轴上并绕中心轴高速旋转的旋转刀（转盘）的猛烈冲击作用而受到第一次破碎；然后物料从旋转刀获得能量高速飞向机内壁而受到第二次破碎；在冲击过程中弹回的物料再次被旋转刀击碎，难于破碎的物料，被旋转刀和固定板挤压而剪断。

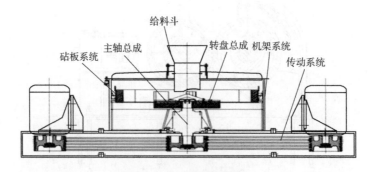

图 3-21　叶轮式破碎机

3.3.2.3 研磨式粉碎机

研磨式粉碎机主要有锉磨粉碎机、鼓式粉碎机、盘式粉碎机、湿式搅碎机和球磨机。

（1）锉磨粉碎机

锉磨粉碎机如图 3-22 所示。装在垂直轴的旋转体带动重锉磨臂做旋转和上下运动使废料在锉磨杆的压缩力和剪切力的双重作用下被粉碎，废料从底部进入料槽。此粉碎机具有加工成本低的特点，常用于废旧斜胶轮胎的粉碎。

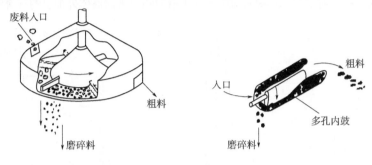

图 3-22　锉磨粉碎机　　　　　图 3-23　鼓式粉碎机

（2）鼓式粉碎机

鼓式粉碎机如图 3-23 所示。旋转鼓为圆形、八角形或六角形，其内装有固定的或相对旋转的搅打器或挡板，废料被粉碎后通过鼓内的小孔排出。

（3）盘式粉碎机

盘式粉碎机由一个圆盘和固定的接触面，或者由两个相对高速旋转的圆盘组成（见图 3-24）。废料投入，进到两盘之间，受到放置盘或弧形轮的反复碰撞而被粉碎，达到一定粒度时从接触面上的小孔中排出。

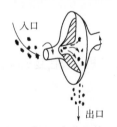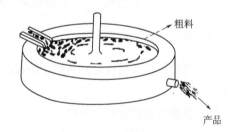

图 3-24　盘式粉碎机　　　　　图 3-25　湿式搅碎机

（4）湿式搅碎机

湿式搅碎机如图 3-25 所示。其类似于盘式粉碎机，在搅碎机的圆形腔内装有高速旋转的弧形桨叶。废料与水混合制成稀浆，送入搅碎机，被桨叶强力搅打，粉碎至所需粒度，由底部小孔排出收集。

（5）球磨机或棒磨机

球磨机（见图 3-26）是物料被破碎之后，再进行粉碎的关键设备。球磨机有一个圆形筒体，筒体两端装有带空心轴颈的端盖，端盖的轴颈支承在轴承上，电动机通过装在筒体上的齿轮使球磨机回转，在筒体内装有研磨体（钢球、钢棒或砾石等）和被磨的物料，其总装入量为筒体有效容积的 25%～45%。当筒体按规定的转速绕水平轴线回转时，筒体内的研磨体和物料在离心力和摩擦力的作用下，被筒体衬板提升到一定的高度，然后脱离筒壁自由泻落或抛落，使物料受到冲击和研磨作用而粉碎。物料从筒体一端的空心轴颈不断地给入，而磨碎以后的产品经筒体另一端的空心轴颈不断地排出，筒体内物料的移动是利用不断给入物料的压力来实现的，湿磨时物料被水流带走，干磨时物料被向筒体外抽出的气流带走。

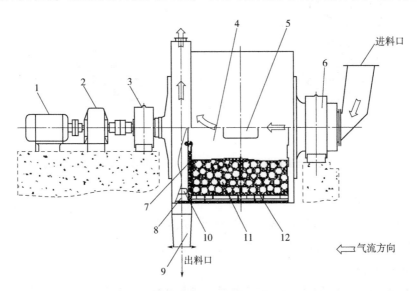

图 3-26 干粉球磨机

1—电机；2—减速机；3—支撑装置；4—破碎腔；5—检修人孔；6—进料装置；7—出料箅板；

8—出料腔；9—集料罩；10—甩料孔；11—破碎介质；12—环沟衬板

3.3.2.4 剪切式粉碎机

剪切式粉碎机有高速旋转式剪切粉碎机、低速旋转式剪切粉碎机以及往复式剪切粉碎机 3 种。

（1）高速旋转式剪切粉碎机

高速旋转式剪切粉碎机（见图 3-27）主要由外壳、定刀、转鼓、动刀和筛网等组成。该粉碎机是在高速旋转的轴上装有旋转刀（动刀），其尖端刃口锋利，粉碎室内壁上装有固定刀（定刀）。旋转刀由数把刀重叠组成，各刀相互错位安装，刃口相对于轴稍有倾斜，以防负荷突然增大。物料由这些刀剪断、粉碎，粉碎的程度由筛板孔的大小决定。定刀和动力均可拆卸，动刀刀刃可磨快；定刀和动刀之间间隙可调节，筛网可任意更换，能耗低，运转平衡，噪声小。

（2）低速旋转式剪切粉碎机

该粉碎机是两个放置轴上交错安装旋转刀，两轴反向低速旋转，废料就在刀刃之间被剪断，如图 3-28 所示。粉碎料的大小由旋转刀的幅宽所决定，不能达到细微程度的粉碎。

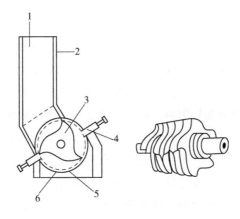

图 3-27　高速旋转式剪切粉碎机

1—供料口；2—料斗；3—旋转刀；4—固定刀；5—筛板；6—出料口

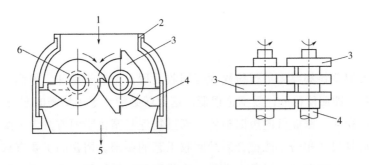

图 3-28　低速旋转式剪切粉碎机

1—供料口；2—壳体；3—旋转刀；4—刮板；5—出料口；6—轴套

（3）往复式剪切粉碎机

往复式剪切粉碎机分为卧式和立式两种（图 3-29）。在卧式机中，移动刀作水平方向运动，固定刀与移动刀相互交错排列，废料在两刃之间被剪断。在立式机中，移动刀做上下运动，与固定刀交错时剪断废料。这种粉碎机适用于剪碎韧性材料。

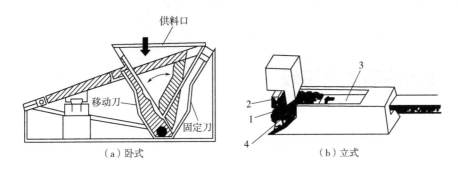

（a）卧式　　　　　　　（b）立式

图 3-29　往复式剪切粉碎机

1—压板；2—移动刀；3—推料棒；4—固定刀

废旧塑料粉碎设备的选用原则：被破碎物料的材质、形状以及所需要的破碎程度不同，应选择不同的破碎设备。硬质聚氯乙烯、聚苯乙烯、有机玻璃、酚醛树脂、脲醛树脂、聚酯树脂等是一类脆性塑料，质脆易碎，一旦受到压缩力、冲击力的作用，极易脆裂，破碎成小块，对于这类塑料适宜采用压缩式或冲击式破碎设备进行破碎；而对于在常温下就具有较高延展性的韧性塑料，如聚乙烯、聚丙烯、聚酰胺、ABS塑料等，则只适宜采用剪切式破碎设备，因为它们受到外界压缩、折弯、冲击等力的作用，一般不会开裂，难以破碎，不宜采用脆性塑料所使用的破碎设备；此外，对于弹性材料、软质材料，则最好采用低温破碎，即先把物料冷冻到脆化点以下，然后在粉碎机内进行粉碎。另外，应根据废旧塑料需要破碎的程度来确定破碎设备，将大块破碎成小块时应采用压缩式、冲击式或剪切式破碎设备；将小块破碎成细粉、细粒时，则主要采用研磨式破碎设备。

3.3.3　废旧塑料的增密

一般的废旧塑料都要先进行粉碎才能回收处理，但对于泡沫、薄膜制品来说，粉碎就比较困难，即使能粉碎，效率也很低。这时就必须考虑用增密的方法。所谓增密，就是将这些体积大、密度低的废旧塑料，通过物理甚至化学的方法大大减小体积，增加其密度，使其尺寸和密度能符合后续回收工艺的要求。增密的主要方法有压实和团粒。增密和粉碎有时在同一设备上进行，先将废旧塑料粉碎，然后立即增密成便于回收的尺寸。

增密设备分压实机和团粒机两种。如聚苯乙烯泡沫压实机，其原理是用螺旋压缩机把EPS泡沫压缩成块。使用时，操作者只要把泡沫块投进料斗，机器里面有撕碎机把泡沫块打碎，然后螺旋机就把小块的EPS泡沫挤压成截面为方形的压缩块。塑料团粒机利用摩擦生热原理，可对软聚氯乙烯、高低压聚乙烯、聚苯乙烯、聚丙烯及其他热塑性塑料的废弃薄膜、纤维和发泡材料碎块等进行团粒，是一种使废旧塑料变废为宝的理想、快速的塑料辅助机械[13]。

3.4
废旧塑料的清洗与干燥

废旧塑料通常在不同程度上沾有各种油污、灰尘和垃圾等，必须清洗掉表面附着的这些外部杂质，以提高再生制品的质量。清洗方法有手工清洗和机械清洗两种；清洗设备主要可分为立式和卧式两种类型；干燥设备主要有热风干燥机、真空干燥设备和红外线干燥器等。

3.4.1 清洗与干燥方法

3.4.1.1 手工清洗和干燥

手工清洗要根据废旧塑料的品种和污染程度来选择清洗的方法。

① 农用薄膜与包装材料的清洗与干燥：温碱水清洗（去除油污）→刷洗→冷水漂洗→晾干。

② 有毒药品包装袋与容器的清洗与干燥：石灰水清洗（中和消毒）→刷洗→冷水漂洗→晾干。

3.4.1.2 机械清洗和干燥

机械清洗和干燥又分间歇式和连续式两种。

（1）间歇式清洗

首先，将废旧塑料放入水槽中冲洗，并用塑料搅拌机除去黏附在塑料表面的松散污垢，如砂子、泥土等，使之沉入槽底；若木屑和纸片很多时，可在装有专用泵的沉淀池中进一步净化；对于附着牢固的污垢，如印刷油墨、涂有黏结剂的纸标签，可先人工拣出较大片者，在经过塑料破碎机破碎后放入热的碱水溶液槽中浸泡一段时间，然后通过机械搅拌使之相互摩擦碰撞，除去污物。最后将清洗后的破碎废旧塑料送进离心机中甩干，并经两步热风干燥至残留水分≤0.5%。

（2）连续式清洗

废旧塑料由传送带送入塑料破碎机，进行粗破碎，然后再送到大块分离段，将砂石等沉入水底，并定时被送走。上浮的物料经输送辊入湿磨机，随后进入到沉淀池，所有密度比水大的东西均被分离出来，连最微小的颗粒也不例外，达到清洗的最佳效果。物料首先进入旋风分离器进行机械干燥，然后通过隧道式干燥剂，进行热风干燥，干燥过的物料由收集器回收。

图 3-30 为连续式机械清洗干燥严重污染薄膜的装置流程。将分选后的薄膜切成 30cm×

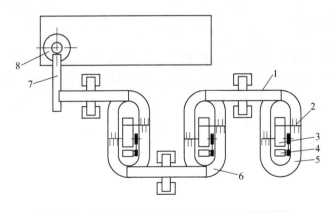

图 3-30　连续式机械清洗干燥严重污染薄膜的装置

1—加料器；2—搅拌器；3—减速机；4—电机；5—碱水槽；6—清水槽；7—传送带；8—离心干燥机

30cm 的膜片，送入碱水槽，搅拌器以 20r/min 的转速搅拌，5～8min 后将膜片送进清水槽中清洗，搅拌器的转速和膜片停留时间同碱水槽。洗净的膜片由传送带送入离心干燥机甩干，传送带的速度为 8～10m/min，此装置适用于污染较严重的薄膜。若是一般污染的薄膜，则切成 5cm×5cm 的小片，其装置如图 3-31 所示。

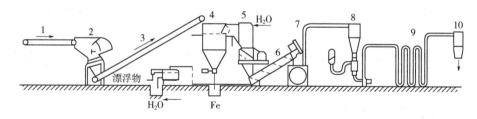

图 3-31　连续式机械清洗干燥一般污染薄膜的装置

1—加料器；2—搅拌器；3—传送带；4—粗细器；5—清洗器；6—螺旋脱水机；

7—干燥器；8，10—旋风分离器；9—热风干燥机

3.4.2　清洗设备

清洗设备主要分为立式和卧式两种类型，其工作原理是利用装在主轴上的叶轮或者桨叶，搅动塑料与水流，使塑料彼此撞击与摩擦，以达到除去表面污物的目的。清洗对象不同，需要选择不同的清洗设备。

3.4.2.1　立式清洗机

立式清洗机的清洗室同圆水桶一样，但体积大（直径 1.5～3m，高度 1.2～1.6m），盛水多，叶轮与安装在中央的立轴相连，破碎料主要靠旋转的叶轮搅动水流来搅拌冲洗。某立式废旧塑料清洗机的构造如图 3-32 所示，该清洗设备特别适用于废旧电化铝的清洗回收（分离塑料薄膜层和膜上的金属粉）。清洗时，要先将回收物破碎成小段或小块后再放入清洗机中清洗。

3.4.2.2　卧式清洗机

卧式清洗机的清洗室呈圆筒形，体积不大（直径 0.6～1.5m，长度 1.0～2.0m），盛水也不多，桨叶焊接在中心横轴上，破碎料一方面靠旋转的桨叶搅动水流来搅拌冲洗，另一方面靠旋转的桨叶反复撞击而除去污物。图 3-33 是某卧式废旧塑料高速清洗机的构造图，该设备清洗时，可以做到一边灌水一边排污，清洗室内不积水，不仅料容易洗净，而且桨叶阻力小，可以高速清洗，既提高了清洗效率与洗净率，又省时节水，排料方便。

3.4.3　干燥设备

干燥是将材料中所含的水分、溶剂等可挥发成分气化除去，它在塑料加工过程中是很

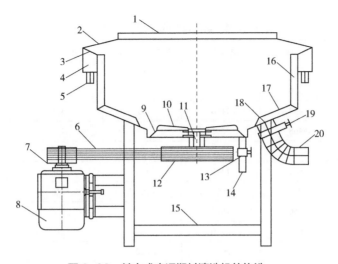

图 3-32 某立式废旧塑料清洗机的构造

1—清洗桶；2—锥形挡板；3—滤网；4—出水口；5—回水管；6—皮带；7—小皮带轮；8—电动机；9—轮转盘；10—叶片；

11—转轴；12—大皮带轮；13，19—阀门；14—出水口；15—机架；16，17—摩擦条；18—放水口；20—排水管

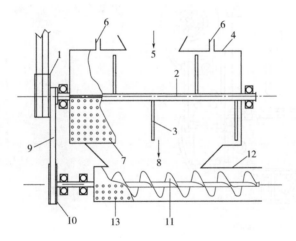

图 3-33 某卧式废旧塑料高速清洗机的构造

1—动轮；2—横轴；3—桨叶；4—清洗室；5—进料口；6—入水口；7—排污孔；

8—排料口；9—V 带；10—动轮；11—螺旋；12—排料筒；13—排污孔

重要的环节，很多树脂在常温下易吸收水分，使其含水率较高，如 ABS 树脂、PA 树脂，在成型加工前必须干燥，否则成型的制品会产生气泡、材料强度下降等质量问题，成为不合格品。干燥类型很多，可根据材料的特性、形态、干燥过程中材料变化、干燥机理等情况选择合适的干燥装置和干燥条件[14]。

干燥设备一般采用热风、氮气、真空、红外线等作为干燥介质，下面介绍几种干燥设备。

（1）热风干燥机

表 3-4 列出了某品牌料斗式热风干燥机的技术参数，图 3-34（a）、（b）分别为热风干燥机的构造图和实物图。

表3-4　某品牌热风干燥机技术参数

型号	筒径/mm	高度/mm	收纳容量/kg	电热/kW	送风机/W
XHD-12	ϕ280	790	12	2.1	90
XHD-25	ϕ350	965	25	2.7	90
XHD-50	ϕ430	1140	50	3.9	200
XHD-75	ϕ468	1295	75	4.8	200
XHD-100	ϕ550	1390	100	7.8	250
XHD-150	ϕ630	1440	150	8.9	250
XHD-200	ϕ700	1660	200	10	400
XHD-300	ϕ750	1825	300	15	750
XHD-400	ϕ800	2130	400	20	750
XHD-600	ϕ990	2060	600	27	960
XHD-800	ϕ990	2820	800	32	960

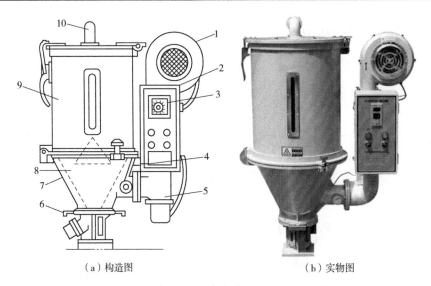

（a）构造图　　　　　　　　　　（b）实物图

图3-34　料斗式热风干燥机

1—风机；2—电控箱；3—温度控制器；4—热电偶；5—电热器；6—放料闸板；

7—集尘器；8—网状分离器；9—干燥室；10—排气管

料斗式塑料干燥机的工作方式是：开动风机后，风机把经过电阻加热的空气由料斗下部送入干燥室，热风由下往上吹，热风在原料中通过时，把原料中的水分加热蒸发并带走，潮湿的热气流由干燥室顶部排出。这种热风连续进出，把原料中的水分一点点蒸发带走，达到干燥原料的目的。

（2）真空干燥设备

真空干燥是将被干燥物料置于真空条件下进行加热干燥。它利用真空泵进行抽气抽湿，使工作室处于真空状态，物料的干燥速率大大加快，同时也节省了能源。真空干燥器主要有方形和圆筒形，如图3-35所示。真空干燥设备分为静态干燥器和动态干燥机。YZG圆筒形、FZG 方形真空干燥机属于静态式真空干燥器，SZG 双锥回转真空干燥机属于动态干燥机。物料在静态干燥器内干燥时，物料处于静止状态，形体不会损坏；物料在动态干燥机内干燥时不停地翻动，干燥更均匀、充分。

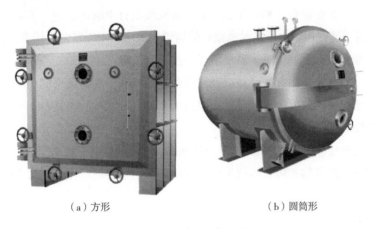

（a）方形　　　　　　　　　　　（b）圆筒形

图 3-35　真空干燥设备

（3）红外线干燥器

红外线干燥又称辐射干燥，是指利用红外线辐射使干燥物料中的水分汽化的干燥方法。红外线是波长为 0.72～1000μm 的电磁波，通常将波长在 5.6μm 以上的称远红外线，波长在 5.6μm 以下的称近红外线。工业上多用远红外线干燥物料。由于湿物料及水分等在远红外区有很宽的吸收带，对此区域某些频率的远红外线有很强的吸收作用，故本法具有干燥速度快、干燥质量好、能量利用率高等优点，但红外线易被水蒸气等吸收而受到损失。

红外线干燥时间通常在 5～15min 之间。这种红外线干燥过程已经被设计为转管概念。顺着一只内壁有螺纹的转管，胶粒被输送和循环。在转管的中心段有几个红外线加热器。在红外线干燥中，可以采用 0.035～0.105kW·h/kg 之间的能耗。

3.4.4　清洗剂的组成与选择

配制塑料用清洗剂时，应根据清洗对象的种类、污迹性质（例如油墨、动植物油、矿物油污、化工残留、不干胶类、锈迹、泥土等）选择配方以及配方中介质的浓度。这样可避免清洗过程对清洗对象造成的破坏，使清洗剂充分发挥效果。清洗剂的组成如下。

（1）碱性物质

碱性物质的作用是起皂化作用，使一些可皂化物质发生反应加以去除。常用的无机碱有氢氧化钠（火碱）、碳酸钠；有机碱有乙醇胺（单乙醇胺、三乙醇胺）。碱性物质使用时一般需要加热，这样可以缩短清洗时间，提高效率。强碱性物质对金属铝有强烈的腐蚀作用，应注意容器的选择。

注意事项：对于一些能够与碱起皂化作用的聚合物，如聚丙烯酸酯类、聚酯类、纤维素、乙烯乙酸乙烯共聚物等，在配制清洗剂以及控制清洗温度时应注意强碱的浓度与操作温度。例如，聚酯树脂在浓度超过10%的氢氧化钠、温度大于90℃时会发生解聚现象。

（2）酸性物质

常用的无机酸类有硫酸、硝酸和混合酸；有机酸类有甲酸、乙酸。主要用于金属涂层的去除。硝酸用于清洗时，由于其对金属铝的腐蚀性较小，所以常用于铝表面涂层的去除。甲酸对于一些聚合物有溶解作用，也常用于一些脱涂层配方中。

注意事项：温度较高的强酸会造成一些聚合物解聚或溶解，使用时应注意；浓硫酸、硝酸会引起聚酯解聚；浓度大于70%的甲酸溶液会溶解尼龙-6、尼龙-66。

（3）清洗助剂

常用的助剂有硅酸钠、EDTA、羧甲基纤维素、三聚磷酸钠、焦磷酸钠等。添加清洗助剂是为了分散清洗脱落物，防止再沉积；对表面活性剂起协同作用；软化水质，防止钙皂生成，污染清洗对象。

（4）表面活性剂

表面活性剂主要起清洗、渗透和乳化作用。常用的表面活性剂有：阴离子表面活性剂，如烷基苯磺酸盐、烷基磺酸盐、丁基萘磺酸盐（拉开粉）、肥皂等；非离子表面活性剂，如OP-10、TX-10、渗透剂JFC、吐温司本、6501等；阳离子表面活性剂，主要作用是杀菌和抗静电，故并不常用。

（5）有机溶剂

有机溶剂的主要作用是溶解或溶胀聚合物涂层，加速渗透。一般用于退涂层、脱胶、铝塑分离、复合材料分离等配方中。为了便于操作，常用一些高沸点有机溶剂，如二甲基甲酰胺、丁基溶纤剂、液体石蜡等。特殊情况下选择一些低沸点溶剂，如丁酮、石油醚、二氯甲烷等。

注意事项：选择有机溶剂时必须考虑其对清洗对象是否溶解，如丁酮对PVC溶解作用较强，故不适于清洗PVC材料；溶剂的毒性也是必须考虑的问题，尽量不要选择高毒性溶剂，如苯、甲苯、三氯甲烷、二氯乙烷等；如果必须选择易燃溶剂时，尽量选择一些沸点较高的溶剂，如乙酸丁酯、环己酮、环己醇等。

3.5
混合、塑化与造粒

废旧塑料经过分选、破碎、清洗、干燥等一系列处理之后，有的可直接塑化成型，有的还需进行混合、塑化及造粒等工艺。混合是将废旧塑料与各种添加剂均匀混合的过程，是在低于聚合物流动温度和较低的剪切速率下完成的，混合后物料的组成基本无变化。而塑化是指将固态的粉料或颗粒经加热转变为具有一定流动性的均匀连续熔体的过程。

3.5.1 主要助剂

塑料助剂是在聚氯乙烯工业化以后逐渐发展起来的。20 世纪 60 年代以后，由于石油化工的兴起，塑料工业发展较快，塑料助剂已成为重要的化工行业。根据各国塑料品种构成和塑料用途上的差异，塑料助剂消费量约为塑料产量的 8% ~ 10%。在废旧塑料生产中使用的助剂主要包括增塑剂、稳定剂、润滑剂、阻燃剂、发泡剂、抗静电剂、防霉剂、交联剂和填充剂等。目前，增塑剂、阻燃剂和填充剂是用量最大的塑料助剂。

3.5.1.1 增塑剂

增塑剂是指增加塑料的可塑性，改善在成型加工时树脂的流动性，并使制品具有柔韧性的有机物质。它通常是一些高沸点、难以挥发的黏稠液体或低熔点的固体，一般不与塑料发生化学反应。

增塑剂首先要求与树脂具有良好的相容性，相容性越好，其增塑效果也越好。添加增塑剂可降低塑料的玻璃化温度，使硬而刚性的塑料变得软且柔韧。一般还要求增塑剂无色、无毒、无臭、耐光、耐热、耐寒、挥发性和迁移性小，不燃且化学稳定性好，廉价易得，实际上，一种增塑剂不可能满足以上的所有要求，这就需要进行选择、配合使用，以达到满意的效果。

（1）作用机理

增塑剂的作用机理是增塑剂分子插入到聚合物分子链之间，削弱了聚合物分子链间的应力，即范德华力，结果增加了聚合物分子链的移动性、降低了聚合物分子链的结晶度，从而使聚合物的塑性增加。

（2）分类

增塑剂的分类方法很多。根据分子量的大小可分为单体型增塑剂和聚合型增塑剂；根据物状可分为液体增塑剂和固体增塑剂；根据性能可分为通用增塑剂、耐寒增塑剂、耐热增塑剂、阻燃增塑剂等；根据其作用方式可分为主增塑剂（溶剂型增塑剂）、辅助增塑剂（非溶剂型增塑剂）和催化剂型增塑剂等。

根据增塑剂化学结构分类是常用的分类方法，划分为以下各类：a.苯二甲酸酯类（包括邻苯、对苯、间苯二甲酸酯）；b.脂肪族二元酸酯类（包括己二酸酯、壬二酸酯、癸二酸酯）；c.磷酸酯类（包括磷酸脂肪醇酯、磷酸酚酯和含氯磷酸酯）；d.多元醇酯类（包括甘油三乙酸酯、一缩二乙二醇苯甲酸酯等）；e.苯多酸酯类（包括偏苯三酸三辛酯、偏苯三酸三壬酯、均苯四酸四酯）；f.柠檬酸酯类［包括柠檬酸三乙酯、乙酰柠檬酸三乙酯、柠檬酸三丁酯、乙酰柠檬酸三（2-乙基己）酯等］；g.聚酯类（包括己二酸丙二醇聚酯、癸二酸丙二醇聚酯、邻苯二甲酸聚酯等）；h.环氧类（包括环氧大豆油、环氧亚麻子油、环氧油酸丁酯、环氧硬脂酸辛酯、环氧化甘油三酸酯、环氧四氢邻苯二甲酸二辛酯等）；i.含氯类（包括氯化石蜡、五氯硬脂酸甲酯）；j.反应性增塑剂（包括顺丁烯二酸二丁酯、马来酸二辛酯、丙烯酸/甲基丙烯酸多元醇酯、富马酸酯、衣康酸酯、不饱和聚酯树脂等）。

其中，邻苯二甲酸酯类增塑剂用量最大，约占增塑剂总产量的80%，我国该类增塑剂主要以邻苯二甲酸二辛酯（DOP）和邻苯二甲酸二丁酯（DBP）为主。由于受到原料醇来源的限制，邻苯二甲酸二庚酯（DHP）、邻苯二甲酸二异癸酯（DIDP）、邻苯二甲酸二异辛酯（DIOP）等性能优良的品种，产量不大。但是DOP在欧盟、美国、日本和韩国已被禁止使用后，国内生产对上述国家出口产品的企业需要寻找DOP代用品，必须采用环保无毒或低毒增塑剂。

（3）使用方法

1）热混炼

将增塑剂与粉状合成树脂（包括其他塑料添加剂）混合后，再用密炼机或开炼机在一定温度下进行塑炼。

2）干混

将增塑剂加入合成树脂粉料中，在一定温度条件下进行搅拌，制得外观与原始合成树脂没有很大区别的干混粉料。

3）制糊

将微细粒子型的合成树脂在有充分剪切作用的掺混机中混入增塑剂内，形成稳定可倾泻的糊料或浆料（见增塑糊加工）。

4）制成溶液

将合成树脂溶解于适当溶剂（或混合溶剂）中，然后再混入可调整溶解性能的增塑剂，即成为合成树脂的增塑剂溶液。

前3种方法需加热并需搅拌，第4种方法无需加热。

3.5.1.2　稳定剂

一般指能够防止或抑制塑料受光、热、氧及其他各种环境条件影响所引起的劣化现象，增加稳定性能的物质，包括光稳定剂、热稳定剂和抗氧剂等。

（1）光稳定剂

光稳定剂也称紫外线稳定剂，是一类用来抑制聚合物树脂的光氧降解，提高塑料制品耐候性的稳定化助剂。根据稳定机理的不同，光稳定剂可以分为光屏蔽剂、紫外线吸收剂、激发态猝灭剂和自由基捕获剂。

① 光屏蔽剂多为炭黑、氧化锌和一些无机颜料或填料，其作用是通过屏蔽紫外线来实现的。

② 紫外线吸收剂所涉及的化合物类型较多，主要包括二苯甲酮类化合物、苯并三唑类化合物、水杨酸酯类化合物、取代丙烯腈类化合物和三嗪类化合物等。紫外线吸收剂对紫外线具有较强的吸收作用，并通过分子内能量转移将有害的光能转变为无害的热能形式释放，从而避免聚合物树脂吸收紫外线能量而诱发光氧化反应。

③ 激发态猝灭剂以在猝灭受激聚合物分子上的能量，使之回复到基态，防止其进一步导致聚合物链的断裂。激发态猝灭剂多为一些镍的络合物。

④ 自由基捕获剂以受阻胺为官能团，其相应的氮氧自由基是捕获聚合物自由基的根本，而且由于这种氮氧自由基在稳定化过程中具有再生性，因此，光稳定效果非常突出，迄今已经发展成为品种最多、产耗量最大的光稳定剂类别。当然，受阻胺光稳定剂的作用并不仅仅局限在捕获自由基方面，研究表明，受阻胺光稳定剂往往同时兼备分解氢过氧化物、猝灭单线态氧等作用。

（2）热稳定剂

热稳定剂是一类能防止或减少聚合物在加工使用过程中受热而发生降解或交联，延长使用寿命的添加剂。如果不加说明，热稳定剂专指聚氯乙烯及氯乙烯共聚物加工所使用的稳定剂。聚氯乙烯及氯乙烯共聚物属热敏性树脂，它们在受热加工时极易释放氯化氢，进而引发热老化降解反应。热稳定剂一般通过吸收氯化氢、取代活泼氯和双键加成等方式达到热稳定化的目的。工业上广泛应用的热稳定剂大致包括盐基性铅盐类、金属皂类、有机锡类、有机锑类等主稳定剂和环氧化合物类、亚磷酸酯类、多元醇类等有机辅助稳定剂。由主稳定剂、辅助稳定剂与其他助剂配合而成的复合稳定剂品种，在热稳定剂市场具有举足轻重的地位。

（3）抗氧剂

以抑制聚合物树脂热氧化降解为主要功能的助剂，属于抗氧剂的范畴。抗氧剂是塑料稳定化助剂最主要的类型，几乎所有的聚合物树脂都涉及抗氧剂的应用。按照作用机理，传统的抗氧剂体系一般包括主抗氧剂、辅助抗氧剂和重金属离子钝化剂等。主抗氧剂以捕获聚合物过氧自由基为主要功能，又有"过氧自由基捕获剂"和"链终止型抗氧剂"之称，涉及芳胺类化合物和受阻酚类化合物两大系列产品。辅助抗氧剂具有分解聚合物过氧化物的作用，也称"过氧化物分解剂"，包括硫代二羧酸酯类和亚磷酸酯化合物，通常和主抗氧剂配合使用。重金属离子钝化剂俗称"抗铜剂"，能够络合过渡金属离子，防止其催化聚合物树脂的氧化降解反应，典型的结构如酰肼类化合物等。

最近几年，随着聚合物抗氧理论研究的深入，抗氧剂的分类也发生了一定的变化，最突出的特征是引入了"碳自由基捕获剂"的概念。这种自由基捕获剂有别于传统意义上的主抗氧剂，它们能够捕获聚合物烷基自由基，相当于在传统抗氧体系中增设了一道防线。此类稳定化助剂目前报道的主要包括芳基苯并呋喃酮类化合物、双酚单丙烯酸酯类化合物、受阻胺类化合物和羟胺类化合物等，它们和主抗氧剂、辅助抗氧剂配合构成的三元抗氧体系能够显著提高塑料制品的抗氧稳定效果。应当指出，胺类抗氧剂具有着色污染性，多用于橡胶制品，而酚类抗氧剂及其与辅助抗氧剂、碳自由基捕获剂构成的复合抗氧体系则主要用于塑料及艳色橡胶制品。

3.5.1.3 润滑剂

润滑剂是配合在聚合物树脂中，旨在降低树脂粒子、树脂熔体与加工设备之间以及树脂熔体内分子间摩擦，改善其成型时的流动性和脱模性的加工改性助剂，多用于热塑性塑料的加工成型过程，包括烃类（如聚乙烯蜡、石蜡等）、脂肪酸类、脂肪醇类、脂肪酸皂类、脂肪酸酯类和脂肪酰胺类等。根据润滑的作用机理不同，润滑剂可分为外润滑剂和内润滑剂两种，外润滑剂的作用主要是改善聚合物熔体与加工设备的热金属表面的摩擦，它与聚合物相容性较差，容易从熔体内往外迁移，所以能在塑料熔体与金属的交界面形成润滑的薄层；内润滑剂与聚合物有良好的相容性，它在聚合物内部起到降低聚合物分子间内聚力的作用，从而改善塑料熔体的内摩擦生热和熔体的流动性。

3.5.1.4　阻燃剂

塑料制品多数具有易燃性，这对其制品的应用安全带来了诸多隐患。准确地讲，阻燃剂称作难燃剂更为恰当，因为"难燃"包含着阻燃和抑烟两层含义，较阻燃剂的概念更为广泛。然而，长期以来人们已经习惯使用阻燃剂这一概念，所以目前文献中所指的阻燃剂实际上是阻燃作用和抑烟功能助剂的总称。

阻燃剂按照使用方式可以分为添加型阻燃剂和反应型阻燃剂。添加型阻燃剂通常以添加的方式配合到基础树脂中，它们与树脂之间仅仅是简单的物理混合；反应型阻燃剂一般为分子内包含阻燃元素和反应性基团的单体，如卤代酸酐、卤代双酚和含磷多元醇等，由于具有反应性，能够以化学键合到树脂的分子链上，成为塑料树脂的一部分，多数反应型阻燃剂结构还是合成添加型阻燃剂的单体。按照化学组成的不同，阻燃剂还可分为无机阻燃剂和有机阻燃剂。无机阻燃剂包括氢氧化铝、氢氧化镁、氧化锑、硼酸锌和赤磷等；有机阻燃剂多为卤代烃、有机溴化物、有机氯化物、磷酸酯、卤代磷酸酯、氮系阻燃剂和氮磷膨胀型阻燃剂等。

抑烟剂的作用在于降低阻燃材料的发烟量和有毒有害气体的释放量，多为钼类化合物、锡类化合物和铁类化合物等。尽管氧化锑和硼酸锌亦有抑烟性，但常常作为阻燃协效剂使用，因此归为阻燃剂体系。

3.5.1.5　发泡剂

发泡剂是用于聚合物配合体系，旨在通过释放气体获得具有微孔结构聚合物制品，达到降低制品表观密度的目的。根据发泡过程产生气体的方式不同，发泡剂可以分为物理发泡剂和化学发泡剂两种主要类型。

（1）物理发泡剂

物理发泡剂一般依靠自身物理状态的变化释放气体，多为挥发性的液体物质，氟氯烃（如氟里昂）、低烷烃（如戊烷）和压缩气体是物理发泡剂的代表。

（2）化学发泡剂

化学发泡剂则是基于化学分解释放出来的气体进行发泡的，按照结构的不同分为无机类化学发泡剂和有机类化学发泡剂。无机发泡剂主要是一些对热敏感的碳酸盐类（如碳酸钠、碳酸氢铵等）、亚硝酸盐类和硼氢化合物等，其特征是发泡过程吸热，也称吸热型发泡剂。有机发泡剂在塑料发泡剂市场具有非常突出的地位，代表性的品种有偶氮类化合物、N-亚硝基类化合物和磺酰肼类化合物等。有机发泡剂的发泡过程多伴随放热反应，又有放热型发泡剂之称。此外，一些具有调节发泡剂分解温度的助剂，即发泡助剂亦属发泡剂之列。

3.5.1.6 抗静电剂

抗静电剂的功能在于降低聚合物制品的表面电阻，消除静电积累可能导致的静电危害。按照使用方式的不同，抗静电剂可以分为内加型和涂敷型两种类型。

（1）内加型抗静电剂

内加型抗静电剂是以添加或共混的方式配合到塑料配方中，成型后从制品的内部迁移到表面或形成导电网络，进而达到降低表面电阻泄放电荷的目的。

（2）涂敷型抗静电剂

涂敷型抗静电剂是以涂布或浸润的方式附着在塑料制品的表面，借此吸收环境中的水分，形成能够泄放电荷的电解质层。

从化学物质的组成来看，传统的抗静电剂几乎无一例外地属于表面活性剂类化合物，包括季铵盐类阳离子表面活性剂、烷基磺酸盐类阴离子表面活性剂、烷醇胺、烷醇酰胺和多元醇脂肪酸酯等非离子表面活性剂等。然而，近年来出现的"高分子量永久型抗静电剂"打破了这种常规，它们一般是亲水性的嵌段共聚物，以共混合金的方式与基础树脂配合，通过形成导电通道传导电荷。与表面活性剂类抗静电剂相比，这种高分子量永久型抗静电剂不会因迁移、挥发和萃取而损失，因而抗静电性持久稳定，并极少受环境湿度的影响。

3.5.1.7 防霉剂

防霉剂又称微生物抑制剂，是一类抑制霉菌等微生物生长，防止聚合物树脂被微生物侵蚀而降解的稳定化助剂。绝大多数聚合物材料对霉菌并不敏感，但由于其制品在加工中添加了增塑剂、润滑剂、脂肪酸皂类等可以滋生霉菌类的物质而具有霉菌感受性。塑料用防霉剂所包含的化学物质很多，比较常见的品种包括有机金属化合物（如有机汞、有机锡、有机铜、有机砷等）、含氮有机化合物、含硫有机化合物、含卤有机化合物和酚类衍生物等。

3.5.1.8 交联剂

塑料的交联与橡胶的硫化本质上没有太大的差别，但在交联助剂的使用上却不完全相同。树脂的交联方式主要有辐射交联和化学交联两种方式，有机过氧化物是工业上应用最广泛的交联剂类型，有时为了提高交联度和交联速度，常常需要并用一些交联助剂和交联促进剂。交联助剂是用来抑制有机过氧化物交联剂在交联过程中对聚合物树脂主链可能产生的自由基断裂反应，提高交联效果，改善交联制品的性能，其作用在于稳定聚合物自由基。交联促进剂则以加快交联速度，缩短交联时间为主要功能。不饱和聚酯和环氧树脂等热固性塑料的固化剂亦属交联剂的范畴，常见的类型如有机胺和有机酸酐类化合物。另外，紫外线辐射交联工艺中所使用的光敏化剂也可视作交联助剂。

3.5.1.9 填充剂

填充剂又称为填料、填充物，一般指作为基本成分添加在塑料之中，以降低制品成本或为改善某些物性的物质。其主要起增容增量作用；此外，还可增加制品的硬度和刚性，提高耐热性和尺寸稳定性等。填充剂的种类很多，应用很广。在塑料工业中，常用木粉、棉纤维、纸、布、石棉、陶土等来提高制品的机械性能等；用云母、石墨等来提高制品的电气性能；用炭黑、白炭黑、陶土、碳酸钙等来提高拉伸强度、硬度、耐磨性和耐挠曲等性能；用石墨、二硫化钼作聚四氟乙烯的填料可赋予制品润滑性；用磁性铁红作填料可获得磁性；用铅或其氧化物可增加密度；用铝、铜、铅和青铜等粉末则赋予塑料制品更高的导电和导热性能；填充炭黑、白垩和二氧化钛可起着色作用。

3.5.2 混合设备

混合设备根据操作方式，可分为间歇式和连续式两类；根据混合过程特征，可分为分布式和分散式两类；根据混合物强度大小，可分为高强度、中强度和低强度混合设备。

3.5.2.1 间歇式和连续式

间歇式混合设备的混合过程是不连续的。混合过程主要有投料、混炼和卸料三个步骤。此过程结束后，再重新投料、混炼、卸料，周而复始。适用于小批量、多品种生产。间歇式混合设备的种类很多，就其基本结构和运转特点可分为静态混合设备、滚筒式混合设备和转子类混合设备。静态混合设备主要有重力混合器和气动混合器，此类混合器的混合方式是静止的，靠重力和气动促使物料流动混合，是温和的低强度混合器，适用于流体或大批量固态物料的分布混合。滚筒式混合设备是利用装载物料的混合室的旋转达到混合目的的，如鼓式混合机、双锥混合机和V形混合机，属中、低强度的分布混合设备，主要用于粉状、粒状固态物料的初混，如混色、配料和干混，也适用于向固态物料中加入少量液态添加剂的混合。转子类混合设备包括螺带混合机、高速混合机、挤出机、捏合机、开炼机和密炼机等，此类混合设备应用较为广泛。

连续式混合设备的混合过程是连续的。主要设备有单螺杆挤出机、双螺杆挤出机、往复式螺杆挤出机、行星式螺杆挤出机以及由密炼机发展而成的各种连续混炼机，如FCM混炼机等。而单螺杆挤出机是聚合物加工中应用最广泛的设备之一，主要用来挤出造粒、成型板、管、丝、膜、中空制品、异型材等，也用来完成某些混合任务。由于是连续操作，可提高生产能力，易实现自动控制，减少能量消耗，混合质量稳定，降低操作人员的劳动强度，尤其是配备相应装置后，可连续混合-成型，减少了生产工序，又可避免聚合物性能的降低，所以连续式混合设备是目前的发展趋势。

3.5.2.2 分布式和分散式

分布式混合设备主要具有使混合物中组分扩散更快、形成各组分在混合物中浓度趋于均匀的能力，即具有分布式混合的能力。代表性的设备有重力混合器、气动混合器及一般用于干混合的中、低强度混合器等。分布式混合设备主要是通过对物料的搅动、翻转、推拉作用使物料中各组分发生位置更换，对于熔体则可使其产生大的剪切应变和拉伸应变，增大组分的界面面积以及配位作用等，从而达到分布混合的目的。

分散式混合设备主要是使混合物中组分粒度减小，即具有分散混合的能力。分散式混合设备主要是通过向物料施加剪切力、挤压力而达到分散目的，如开炼机、密炼机等。分散混合能力与分布混合能力往往是混合设备同时具有的，因为任一混合过程总是同时有分散与分布的要求，只是要求的侧重点不同而已。

3.5.2.3 高强度、中强度和低强度混合设备

根据混合设备在混合过程中向混合物施加的速度、压力、剪切力及能量损耗的大小，又可分为高强度、中强度和低强度混合设备。强度大小的区分并无严格的数量指标，有些资料建议以混合单位质量的物料所耗功率来标定混合强度，如对间歇式混合设备，所耗功率相同，能混合物料的批量多的混合设备定位低强度混合设备；反之，能混合物料的批量少的混合设备则定位高强度混合设备。习惯上，又常以物料所受的剪切力大小或剪切变形程度来区分混合强度的高低。

使用各种混熔设备，应掌握好剪切力、熔化温度和混炼时间。在确定混炼设备时，开炼机的剪切力取决于辊距，密炼机取决于上顶栓的压力和转子转速，挤出机则取决于螺杆的转速。另外，还应注意温度、时间的等效性原则，即混炼效果在某种条件下的等效作用。例如，较低温度下较长时间的混炼与较高温度下较短时间的塑化效果是等效的，当然也存在着相对应的匹配值。混炼中应防止时间过长、温度过高、剪切力过大，否则会使高聚物发生相应的热降解、化学降解和氧化降解。

3.5.2.4 各种混合设备

混合设备有预混机和塑化熔体混合机，设备种类很多，这里重点讨论塑化熔体混合机，包括间歇式塑化熔体混合机和单螺杆挤出机、双螺杆挤出机、往复式单螺杆挤出机、行星式螺杆挤出机和FCM混炼机等。

一台理想的连续混合机应当具有以下特点：a.有均匀的剪切应力场和拉伸应力场；b.有均匀的温度场、压力场，物料在其中的停留时间可以柔性地控制；c.有能够均化不同流变性能物料的能力；d.在物料分解之前，能有效地均化物料；e.能把混合过程中产生的气体排除；f.能在可控范围内改变混合过程参数，适应不同要求。

（1）间歇式塑化熔体混炼机

间歇式塑化熔体混炼机主要包括开炼机和密炼机。

1）开炼机（见图3-36）

又称双辊塑炼机或炼胶机，是由一对相向旋转的辊筒，借助物料与辊筒的摩擦力，将物料拉入辊隙，在剪切、挤压力及辊筒加热的混合作用下，使各组分得到良好的分散和充分的塑化。该机主要用于橡胶的塑炼和混炼、塑料的塑化和混合、填充于共混物的混炼、为压延机连续供料、母料的制备等。开炼机结构简单，对多种工艺适应性强，换色清理容

易，因此使用方便，其混合时间和混合强度可方便地进行调节，直至达到混合质量要求，且在混合过程中可很方便地检查混合状态。但操作条件太差，散热量大，能量利用不合理，间歇操作也使混出的不同批量物料的质量有差别。这种机器价格便宜，易买到。

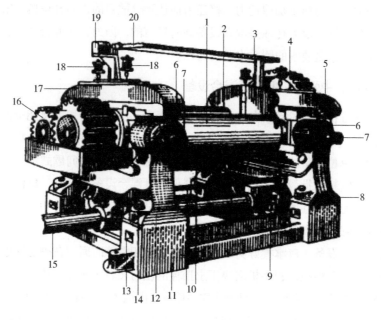

图 3-36　开炼机

1—前辊；2—后辊；3—挡板；4—大齿轮转动；5，8，12，17—机架；6—刻度盘；7—控制螺旋杆；

9，14—传动轴齿轮；10—加强杆；11—基础板；13—安装孔；15—传动轴；16—摩擦齿轮；

18—加油装置；19—安全开关箱；20—紧急停车装置

2）密炼机

密炼机是密闭式间歇的塑炼设备（见图 3-37），使混合好的物料进一步混合、塑化。它主要由混炼室、转子、压料装置、卸料装置、加热冷却装置及传动系统组成。预混料经加料斗进入混炼室，随着压料装置下降，并以一定压力作用于预混料。预混料在具有一定速比［一般为 1：（1~1.18）］的相向旋转的转子的作用下，在混炼室内得到混合塑化，塑化好的物料经卸料门排出。根据塑料品种的不同，可对混炼室进行加热和冷却。物料在密炼机内受到连续的剪切、撕拉、混合、塑炼作用。转子也可制成各种特殊的形式，使预混料做极为复杂的运动，提高塑料效果。密炼机可用于橡胶的混炼和塑炼，也可用于塑料的混合（塑化）。密炼机有非常优异的混炼性能，特别是分散混合性能。混合效率很高，但能耗大，价格很贵，一般厂家没有这种设备，也不会轻易购买它。只有在大厂，尤其是橡胶加工厂或聚氯乙烯加工厂才有这种设备。

（2）单螺杆挤出机

单螺杆挤出机是由一根阿基米德螺杆在加热的料筒中旋转构成的，其结构主要包括传动装置、加料装置、料筒和螺杆等，如图 3-38 所示。单螺杆挤出机又可分两类：一类是常规单螺杆挤出机；另一类是装有混炼元件的单螺杆挤出机。

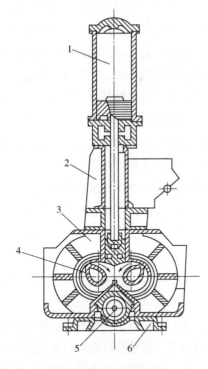

图3-37　密炼机

1—气缸；2—填料箱；3—密炼室；4—转子；5—卸料装置；6—底座

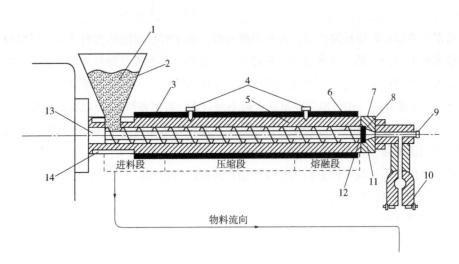

图3-38　单螺杆挤出机

1—树脂；2—料斗；3—硬衬板；4—热电耦；5—机筒；6—加热装置；7—衬套加热器；8—多孔板；

9—熔体热电耦；10—口模；11—衬套；12—过滤网；13—螺杆；14—冷却夹套

所谓常规单螺杆挤出机，是指其螺杆系由全螺纹组成的三段［进料段、压缩段（熔融段）、计量段（均化段）］螺杆。常规单螺杆挤出机主要用于板、管、丝、膜等塑料制品的挤出。在这些制品的挤出过程中虽也有混合，但对混合不是主要要求。大量理论分析和实践证明，常规单螺杆挤出机中的物料的熔融机理是有熔移走下的传导熔融，在熔融区固液两相界限分明，这是一种效率低的熔融机理。而在熔体输送区主要是简单剪切流，且没有窄间隙的高剪切区。这些特点使得常规单螺杆挤出机的混合性能很差，即不能提供良好的分散混合和分布混合。若要通过提高螺杆转数来提高剪切速率，以增加混合能力，又会影响熔融塑化质量。总之，常规单螺杆挤出机不适合用于混合作业，这也许就是选用常规单螺杆挤出机来进行混合作业时得不到预期结果的原因。

装有混炼元件的单螺杆挤出机。为克服常规单螺杆挤出机的上述缺点，人们研制出形形色色的非螺纹元件或非常规螺纹元件，并将它们装到常规单螺杆的不同轴向位置上，以取代该位置上的螺纹区段。虽然，这些元件中的一部分当初研制出来时不是为提高混合能力，而是为促进熔融，但它们的确能同时改进常规螺杆的混合能力。这些螺杆元件有销钉螺杆（机筒）、屏障螺杆（直槽和斜槽）、BM螺杆、波状螺杆等，可以将它们分为混合元件和剪切元件两大类。

混合元件以销钉螺杆为代表，其特点是在螺杆不同轴向位置设置了不同直径、不同数目、不同排列、不同疏密度的销钉。这些销钉能对已熔融的物料进行分流、合并，增加界面，故能起到分布混合作用。若将销钉安在固液相共存区，还可促进熔融。但销钉螺杆无窄间隙的高剪切区，因而不能提供高的剪应力，故不能进行分散混合。但若在螺杆和机筒相应部位同时装有专门设计的销钉（销钉区），形成窄间隙的高剪切区，则可能进行分散混合。

剪切元件以屏障螺杆为代表，为非螺纹元件，其上有窄间隙的高剪切区，可以提供高的剪速率和剪应力，适于分散混合，也适于分布混合。其他混炼螺杆如波状螺杆、BM螺杆，CTM元件等，它们除了能促进熔融外，还可以增加分布混合和分散混合。

另外，在螺杆末端和口模之间可装上静态混合器（有很多种），可以提高挤出机的分布混合能力，但不能提高分散混合能力；但如果在螺杆末端和口模之间装上拉伸流动混合器EFM，则可以提高分布混合和分散混合能力。

应当指出，用于混合作业的单螺杆挤出机最好设有排气区，因为在混合过程中需要把产生的气体和加料时带入的空气排出。

（3）双螺杆挤出机

双螺杆挤出机是指在一根两相连孔道组成"∞"截面的料筒内由两根相互啮合或相切的螺杆所组成的挤出装置。双螺杆挤出机由传动装置、加料装置、料筒和螺杆等几部分组成，如图3-39所示。各部件的功能与单螺杆挤出机相似。双螺杆挤出机有啮合同向双螺杆挤出机、啮合异向双螺杆挤出机（又分平行的、锥形的）和非啮合双螺杆挤出机等。它们的工作机理和性能及用途有很大不同，选用时必须弄清楚。

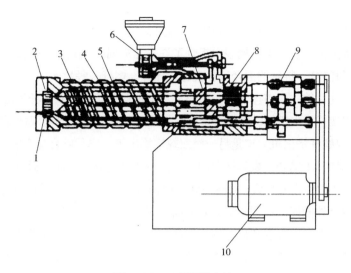

图 3-39 双螺杆挤出机

1—连接器；2—过滤器；3—料筒；4—螺杆；5—加热器；6—加料器；

7—支座；8—上推轴承；9—减速器；10—电动机

1）啮合同向双螺杆挤出机

这种双螺杆挤出机采用组合式，其螺杆和机筒都是组合的。其长径比 $L/D=36\sim48$，螺杆转速高（新一代最高可达 1200r/min），配有各种混合元件和剪切元件。通过科学的组合，可以提供高的剪切速率和剪应力，能进行分布混合和分散混合。可对不同聚合物（两种及两种以上聚合物）和配方（聚合物中加有各种添加剂）进行共混、填充、增强改性，也可进行反应挤出。它比单螺杆挤出机的混合能力有大幅度的提高，是目前塑料改性中用得最多的一种机器。应当指出，虽然这种机器性能好，但若不会应用就发挥不了它应有的性能。正确的使用应当是根据不同的物料、配方以及要完成的混合工艺目标，选用不同的螺杆（机筒）元件，对螺杆（甚至机筒）进行组合。当然，这种组合是一种专门的技术和诀窍，是要根据对各种螺杆元件性能以及物料性能的了解，通过实验-经验-理论分析结合的方法得出的。

2）啮合异向双螺杆挤出机

这种双螺杆挤出机又分平行和锥形两种。目前国内使用的这两种形式的异向双螺杆挤出机，主要用于 RPVC 制品的挤出和造粒。

① 用于 RPVC 制品挤出的啮合异向平行双螺杆挤出机。其工作机理和啮合同向双螺杆挤出机不同。对于在两螺杆啮合区纵横向皆封闭的异向双螺杆挤出机，它是靠正位移输送物料的。螺杆是整体式，各区段一般由螺纹组成，螺槽较深，长径比 L/D 要比啮合同向双螺杆挤出机短得多，$L/D=20\sim25$。螺杆转速低，大约每分钟几十转。它的分布混合能力较差，但在两螺杆的压延间隙中有拉伸流动和剪切流动，故有较好的分散混合能力。但将这种双螺杆挤出机用作专用混炼机，其混合能力还是有限的。锥形双螺杆挤出机的性能和用途与啮合异向平行双螺杆挤出机相同。其混合能力也有限，主要用于 RPVC 制品的挤出。

② 用于配混料的啮合异向平行双螺杆挤出机。不同于用于 RPVC 制品挤出的啮合异向平行双螺杆挤出机，它的螺杆构型中组合了许多非常规螺纹元件（螺棱窄，螺槽宽，在啮合区纵横向皆开放），特殊的混合元件及剪切元件。螺杆长径比大（$L/D=30 \sim 40$），螺杆转速高达每分钟几百转。设有排气区，可以有几个加料口。这种双螺杆挤出机的混合效果可与啮合同向双螺杆挤出机媲美，其分散混合性能甚至优于啮合同向双螺杆挤出机。

3）非啮合双螺杆挤出机　这是另一类双螺杆挤出机。它与啮合型双螺杆挤出机不同，其两螺杆外径相切，不啮合，做异向向内旋转。在两个机筒孔之间有通道，因而两螺杆之间有物料交换。其长径比 L/D 大，可达 100；螺杆转速高，可达每分钟几百转。这种双螺杆挤出机的分布混合性能好，但因无窄间隙的高剪切区，分散混合能力较差。其建压能力也较低，可用于混料造粒。如想建压，则两根螺杆不一样长，长出的那根螺杆就是单螺杆，可以建立较高压力。这种双螺杆挤出机可用于共混、填充、增强改性、脱挥发成分、塑料回收，更适于反应挤出。

（4）往复式单螺杆挤出机（Buss Ko-Kneader）

往复式单螺杆混炼挤出机（见图 3-40），在螺杆芯轴上设计独特的积木式螺块在一个螺距内断开 3 次，称为混炼螺块，对应这些空隙，在机筒内衬套上，排列有三排混炼销钉，螺杆在径向旋转过程中，同时做轴向的往复运动。每转动一周，轴向运动一次，由于这种特殊的运动方式，以及混炼螺块和销钉的作用，物料不仅在混炼销钉和不规则梯形混炼块之间被剪切而且被往复输送，物料的逆流运动给径向混合加上了非常有用的轴向混合运动，熔体不断地被切断、翻转、捏合和拉伸，有规律地打断简单的层状剪切混合，混合过程产生的气体也得以排除。

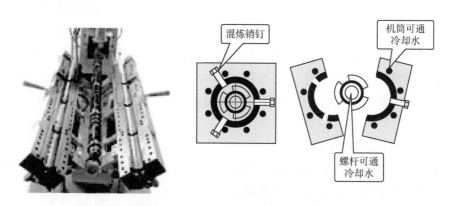

图 3-40　往复式单螺杆混炼挤出机

Buss Ko-Kneader 的长径比较小，$L/D=7 \sim 23$，转速高，可达每分钟几百转，是一种性能优异的连续混炼机，它能提供良好的分布混合和分散混合。用它进行共混、填充、增强物理改性和化学改性可以得到良好的效果。其综合性能可以和啮合同向双螺杆挤出机媲美，二者价格也差不多。

由于其螺杆的往复运动，在螺杆末端出料是脉动的，压力是脉动的，而且建压能力低，故不能直接接机头进行造粒和挤出制品。通常在螺杆末端接熔体齿轮泵，用以建压和稳定压力。在齿轮泵后接造粒机头，或在 Buss Ko-Kneader 下游接一台单螺杆熔体挤出机，进行造粒，还可在两台机器之间进行排气。

（5）行星式螺杆挤出机

行星式螺杆挤出机（见图3-41）也是一种很有特色的连续混炼机。它把行星轮系的概念引入单螺杆挤出机的设计中，在单螺杆原来的压缩段，熔融段处用一组行星螺杆来代替，其中行星螺杆和原来单螺杆的加料固体输送段为一体（但直径小）形成主螺杆，一起旋转。主螺杆周围均匀排列几根直径较小的行星螺杆。当主螺杆旋转时，带动几根行星螺杆转。行星螺杆和主螺杆相互啮合（如齿轮），形成许多很小的啮合间隙。当物料通过这些间隙时会受到高的剪切和分流，合并，再取向，因而能进行分布混合和分散混合。故它是一种性能优异的连续混炼机。

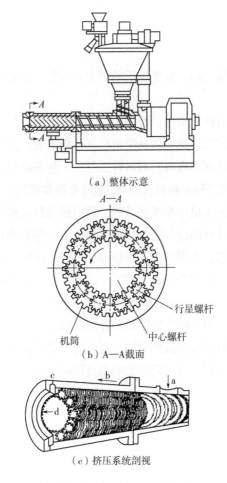

（a）整体示意

（b）A—A截面

机筒　　行星螺杆　　中心螺杆

（c）挤压系统剖视

图3-41　行星式螺杆挤出机

这种混炼机目前主要用于 PVC 的加工，如造粒、为生产 PVC 硬片的压延机喂料等。根据其工作机理和混炼特点，也可用于其他聚合物的加工和改性。

（6）FCM（LCM）混炼机

FCM（farrel continuous mixer）是由间歇式密炼机发展而来的两转子连续混炼机。其两根转子不啮合，可以同向也可以逆向旋转。转子有加料段、混炼段、出料段。加料段的构型无异于非啮合双螺杆挤出机的固体输送段；混炼段的转子形状像密炼机转子。机筒是剖分式。在转子末端有排料阀门。FCM机的下游要接一台单螺杆熔体挤出机，用以造粒。FCM机吸收了密炼机的特点，有优异的分布混合和分散混合性能。但将密炼机的间歇工作变为连续工作，因而操作条件好，过程便于控制。可以进行共混、填充和增强改性。

LCM（long continuous mixer）是在FCM的基础上发展而来的。它的转子比FCM长，有两个混炼段，两混炼段之间还有一螺纹段，用于排气和加入添加剂。由于转子加长，且有两个混炼段，还有排气段，故其混炼效果优于FCM，可以完成FCM一样的混炼任务。

3.5.3　造粒

废旧塑料经过清洗干燥之后，成型加工或再生利用前一般要根据树脂的特性和成型条件的要求进行造粒。

塑料造粒的方法主要有挤出造粒、筛选造粒、喷雾造粒。挤出造粒的方法主要用于热塑性塑料的造粒，即将塑炼之后的熔体从挤出机机头挤出后，被刀切成一定形状的颗粒。挤出造粒也能应用于某些热固性塑料，有两种工艺：一种是将热滚塑炼过的塑料再通过挤出机造粒，由于塑料在造粒过程中被再次加热，通常会导致塑料进一步缩聚使料粒过"硬"；另一种是将预混料直接在挤出机中塑炼并造粒，虽可避免料粒过硬，但受到塑料的配方、组成、挤出机结构及切粒装置的限制而难以多品种生产。筛选造粒主要用于热固性塑料，塑料粉碎后经振动分粒筛选，大颗粒再送回粉碎机粉碎，细粉送回配料工序重新塑炼。喷雾造粒与筛选造粒、挤出造粒完全不同。它工艺先进、生产效率高、产品质量好、可以多品种生产。市场上有售的压力式喷雾干燥造粒机可用于AB、ABS乳液、脲醛树脂、酚醛树脂、密胺（脲）甲醛树脂、聚乙烯、聚氯乙烯等的造粒。

下面主要介绍废旧塑料的挤出造粒方法，可分为冷却造粒和热切造粒两大类。一般不同的塑料品种造粒工艺也不同，并且同种塑料也会因成型设备及工艺的不同而采用不同的造粒工艺。

3.5.3.1　冷切造粒

（1）拉片冷切

经过捏合机或密炼机混合后的物料经开炼机塑炼成片，冷切后切粒。所用的切粒设备为平板切粒机，一定宽度的料片进入平板切粒机，经上、下圆辊刀纵向切割成条状，然后通过上、下侧梳板经压料辊送入回转甩刀与固定底刀之间，横向切断成颗粒状。粒料经过筛斗，将长条及连粒筛去，落入料斗，风送至储料斗。

（2）挤片冷切

捏合好的物料经挤出机塑化，挤出成片再经风冷或自然冷切后进平板切粒机切粒。

（3）挤条冷切

挤条冷切是热塑性塑料最普遍采用的造粒方法。物料经挤出塑化城圆条状挤出，圆条经风冷或水冷后，通过切粒机切成圆柱形颗粒。圆条切粒机的结构比平板切粒机少一对圆辊刀，主要部件是固定底刀和 2~8 片回转刀。

采用冷切造粒工艺进行造粒，造粒的质量、表面质量、光泽、颜色、气泡等均可在粒料上连续检验，具有操作简单，粒料相互之间不粘连的优点，但是需要相对大的空间。

3.5.3.2 热切造粒

熔体从挤出机机头挤出后，直接送入与模头断面相接触的切割刀而切断，切断的粒料再进行风冷或水冷，进行热切造粒的设备统称为模面热切造粒机。模面热切造粒机有水下造粒机、喷水造粒机和气流造粒机 3 种基本类型。

虽然模面热切造粒机系统可以有不同设计，但典型的系统包括口模、切料室、电动旋转叶刀、冷却介质和干燥粒料。口模是模面切造粒系统的重要部件，它垂直或水平安装，通常用油、蒸汽或筒式或带式电热器加热。电热通常用于较小型的口模；但较大型的口模通常用蒸汽或油加热。口模结构材料有不同的材质，但不管采用何种材料或何种加热介质，口模孔口直径必须均匀；要有足够的热量来维持整个挤出过程中聚合物的温度；切粒刀对着旋转的模面必须坚韧光滑，这些是制造均匀的粒料所必需的。当熔融的聚合物被挤出口模时，以很高转速旋转的切粒刀将其切成粒料。典型的情况是切粒刀或接触或十分贴近模面。粒料被切下后，即被离心力的作用抛离开，并输送至冷却介质处。切粒刀的尺寸、形状、材质和安装方式可以有所不同。有些系统中切粒刀有弹簧施加载荷自动调整切粒刀、口模间的间距；而有些系统必须用手工调节切粒刀至口模的间距。由于切料刀寿命取决于刀-模对中精度、聚合物的磨蚀性和操作工的进取性，在熔融状态下切割聚合物粒料是可取的。

（1）气流造粒机

推荐用于对热和长停留时间敏感的聚合物例如聚氯乙烯、TPR 和交联聚乙烯。切粒速率很高，高达 4989.52kg/h，聚合物从挤出机至切粒室的流径要保持得尽可能短，并采用最少的热量。当聚合物通过口模挤出时，贴模面旋转的旋力即将它切成粒料。粒料切下后，随即被抛离旋转刀，为在专门设计的切粒室中强制循环流动的空气所捕获。空气流对粒料表面进行初步淬冷，并把它带出切粒室而送至冷却区。流化床干燥器常被采用来冷却粒料，粒料沿着一个可调节的斜面溜下，而循环风机则鼓风通过这些粒料。调节斜面倾角可延长或缩短粒料在干燥器中的停留时间。另一个通用的冷却方法是把粒料从切粒室中卸出送入一个水槽，然后用流化床干燥器或离心干燥器脱除水分。

（2）喷水造粒机

除熔体黏度低或具有黏性的聚合物之外，适用于大多数聚合物。这类设备又称为水环切粒机，造粒速率达到 13607.77kg/h。熔融的聚合物从热口模挤出，被对着模面旋转的旋转刀切成粒料。这种造粒系统的特色是其特殊设计的喷水切粒室，水呈螺旋线流动，直至流出造粒室，粒料切下后，即被抛入水流，进行初步淬冷。粒料水浆排入粒料浆槽被进一步冷却，然后送入离心干燥器脱除水分。

（3）水下造粒机

与气流造粒机及喷水造粒机类似，不同的是它有一股平稳的水流流过模面，而与模面直接接触。切粒室的大小以恰足以使切粒刀自由地转动越过模面而不限制水流为度。熔融聚合物从口模挤出，旋转刀切割粒料，粒料被经过调温的水带出切粒室而进入离心干燥器。在干燥器中，水被排回储罐，冷却并循环再用；粒料通过离心干燥器除去水分。水下造粒机需使用热分布均匀并有特殊绝热设施的口模。小型切粒刀采用电热；大型切粒刀需采用油热或蒸汽加热的口模。工艺用水常规情况下加热至最高温度，但其热度应不足以对粒料的自由流动造成有害影响。水下造粒机用于绝大多数聚合物，当用于低黏度或黏附性聚合物的切粒时水流过口模模面的方式是一大优点，但对有些聚合物如尼龙和某些品牌的聚酯这一特点可能引起口模冻结。其他优点有：因为在熔融状态下切粒，而水又起着声障作用，噪声散发较低；与冷切系统比较起来更换切粒刀的次数较少。

（4）离心力造粒机

离心力造粒机由于口模只使用或只需要最低程度的热量，而不是热模面切粒机，又由于是对熔融态的聚合物切粒，也不是冷切系统，而是自成一类。这类造粒机的特点是采用圆柱形口模，挤出孔沿其圆周分布。熔融的聚合物在常压下喂入，由转子上熔体的深度、转子转速和聚合物的密度等形成挤出压力。随着圆柱形口模随其心轴以高速旋转，离心力作用使熔融的聚合物均匀地流至口模上的各个孔口。当聚合物从挤出孔流出后，旋转的口模将流出的条料递向切粒刀。切粒刀可以用固定式的，经常按"带锯"形式使它在两个转盘上十分缓慢地转动。这样的慢转有助于使切粒刀的磨损均匀并保持低温。切下粒料后，粒料由于其本身动量的作用，沿着一直线轨迹抛入一个仓室内喷水进行冷却，然后采用类似于其他热模面造粒机所应用的方法进行干燥。

3.5.3.3　回收造粒注意事项

（1）需采用排气式挤出机

无论使用哪种类型的挤出机都应该是排气式的，这样才能使废旧塑料回收中的水分、易分解和易挥发成分及时地由挤出机内排出。

（2）熔体过滤

废旧塑料由挤出机熔融塑化，挤出物料，按所需规格直接热切成粒或冷切后切粒备用。挤出机前端必须有一个功能部件就是粗滤板和滤网，它在废旧塑料的挤出造粒和成型加工中起着重要的作用。粗滤板由合金钢支撑，外观呈蝶形，厚度约为料筒直径的1/5。上面有规则排列的小孔，孔径为 3～6mm。孔两边倒角，以防止物料滞留而降解。使用滤网可进一步清除废料中残存的杂质，如砂子、纤维（100μm 以上）以及其他熔点较高的塑料等，以保证产品质量和挤出过程的顺利进行。滤网通常为不锈钢制成，网目为 0.85 ~ 0.125mm。必要时还可用几层孔径不同的滤网叠合使用，以增加过滤效果。

废旧塑料往往已受到不同程度的污染，即使已经清洗、分离等，其杂质含量也还是很高的，所以在其加工时过滤网需要频繁更换。过滤网更换时，若停机拆开挤出机机头进行更换，将导致挤出机的效率降低，废品率提高，这对废旧塑料的加工是不现实的，因此必须采用过滤网更换装置，例如双工位滑板往复式手动或气动更换装置、双工位螺栓式手动或气动更换装置、回溢式滤网更换装置或旋转式（转盘式）更换装置等，以保证生产连续不间断。

参考文献

[1] 欧育湘，唐小勇，王建荣. 鉴别废旧塑料的先进近红外技术[J]. 化工进展，2003，22（3）：267-270.

[2] 高建国，陈世山. 废旧塑料鉴别方法的初步研究[J]. 工程塑料应用，2004，32（2）：47-51.

[3] 童晓梅. 废旧塑料种类鉴别方法探讨[J]. 塑料科技，2007，35（3）：76-79.

[4] 周晓璐，林燕静，王云，等. 定型聚合物的研究[J]. 日用化学品科学，2014，37（8）：30-33.

[5] 柯以侃，董慧茹. 分析化学手册：光谱分析[M]. 北京：化学工业出版社，2001.

[6] 林卓英. 塑料薄膜鉴别法[J]. 广州化工，1977（3）：59-68.

[7] 廖正品. 中国废弃塑料基本现状与回收处置原则初探[J]. 塑料工业，2005，33（S1）：1-5.

[8] 叶蕊. 实用塑料加工技术[M]. 北京：金盾出版社，2000.

[9] 王晖，顾帼华，邱冠周. 废旧塑料分选技术[J]. 现代化工，2002，22（7）：48-51.

[10] 黄扬明，王翔. 废旧塑料的红外鉴别技术及其应用[J]. 塑料，2008，37（6）：94-97.

[11] 于婉婷. 废旧聚乙烯醇缩丁醛塑料脱色技术研究[D]. 长沙：中南大学，2008.

[12] 王晖，顾帼华，邱冠周. 塑料浮选药剂[J]. 高分子材料科学与工程，2003，19（2）：20-23.

[13] 王世宏，周青叶. 废旧塑料再生利用技术[J]. 云南环境科学，2000，19（Z1）：210-214.

[14] 白洋. 废旧塑料溶气浮选分离研究[D]. 长沙：中南大学，2009.

第 **4** 章

废旧塑料成型工艺

废旧塑料的再生成型加工工艺有挤出成型、注射成型、压延成型、中空吹塑成型和发泡成型等。各种工艺之间优缺点的比较见表 4-1[1]。

表4-1　各种工艺之间优缺点的比较

工艺名称	优点	缺点
挤出成型	应用广泛，产品花样多；连续喂料，生产效率高；操作简便；投资少，收效快	无法生产大面积板材
注射成型	生产自动化，成型周期短；可制作外形复杂、精度要求高的产品；适应性强，生产效率高	操作难度大、要求高；一次性投资大；对物料熔体的流动性具有一定要求
压延成型	加工能力大，生产效率高；既可生产成品亦可生产坯料；与轧花辊配合可生产带图案的片材等	设备庞大，一次性投入高；配套设备多（开炼、密炼、挤出等）；产品种类少，仅限于膜和片材
中空吹塑成型	自动化程度高，加工能力大；原料适应性广；商品化程度高	产品相对单一，仅为PE类再生膜、中空制品、PVC再生膜等

4.1
挤出成型

挤出成型也称挤压成型或挤塑成型，是废旧塑料再生利用的主要加工方法，挤出成型过程往往由加料、挤压、温度控制、传动与控制、机头和口模等共同配合完成。挤出成型主要用于生产具有一定横截面的连续型材，如薄膜、片、板、硬管、软管、波纹管、异型管、丝、电缆、包装带、棒、网和复合膜等；也可周期性重复生产中空塑件型坯，如瓶、桶等中空容器。使用回收的废旧塑料为 PVC、PE、PP、ABS、PA、PC 等。

挤出成型有如下特点：a.挤出机设备结构比较简单、造价低，挤出成型生产线投资比较少；b.挤出机成型制品的产量比较高；c.挤出机成型制品的长度可按需要无限延长；d.挤出成型生产操作比较简单，产品质量比较容易保证，成品制造成本也比较低；e.挤出成型生产线占地面积较小，生产环境比较清洁；f.挤出成型的挤出机应用范围广，可用于各种热塑性塑料成型，也可用于混合、塑化、喂料和造粒等工作；g.挤出机的维护保养和修理也比较容易、简单。

挤出成型设备包括挤出机和其他辅助装置，而最基本、最重要的设备是挤出机，其分类如图4-1所示，其中主要的挤出机如单螺杆挤出机、双螺杆挤出机、往复式单螺杆挤出机和行星螺杆挤出机在第3章中已有介绍。

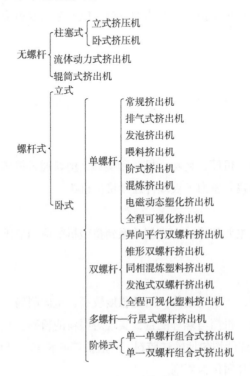

图4-1 挤出机的分类

以挤出机为主机组成的塑料制品生产线，有硬管挤出成型生产线、软管挤出成型生产线、异型材挤出成型生产线、棒材挤出成型生产线、吹塑薄膜挤出成型生产线、中空塑料制品挤出吹塑成型生产机组、板材挤出成型生产线、扁丝挤出成型生产线、单丝挤出成型生产线、包装挤出成型生产线和塑料网、复合材料挤出成型生产线等。

在整个挤出机组中，挤出机固然是很重要的组成部分，其性能的好坏对产品的产量和质量有很大影响，但没有机头、辅机的配合，也不能生产出制品来。如果机头和辅机性能不好，也很难得到产量高、质量好的制品。机头和辅机是挤出机组的重要组成部分。

辅机的作用是将机头出来并已出具形状和尺寸的高温熔体通过冷却并在一定的装置中定型下来（或将由机头挤出的型坯吹胀、牵伸再冷却定型下来），再通过进一步冷却，使之由高弹态最后转变为室温下的玻璃态，而获得合乎要求的成品或半成品。

辅机一般按生产的制品进行分类，如吹膜辅机、挤管辅机、挤板（片）辅机、拉丝辅机等。塑料经过辅机时，要经历物态的变化，分子要取向，要发生形状和尺寸的变化。这些变化，是在辅机提供的成型、温度、力、速度和各种动作的条件下完成的。这些条件提供的好坏，它们的配合的好坏，对产品的产量和质量有很大的影响。例如，冷却能力不足，不单限制生产率的提高，也会影响产品质量[2]；而温度条件控制不当，又会影响结晶过程和分子取向，使制品产生内应力、翘曲变形、表面质量降低等；定型装置设计得不合理，就难以得到所希望的几何形状和尺寸精度；牵引速度和牵引力也是影响制品性能的重要因素；如果卷取不平整，就会影响二次加工等。总之，辅机对挤出生产影响很大。由此可以看出，除了挤出机，机头和辅机也是挤出生产中的关键，应引起高度重视。

4.1.1 挤出机

塑料挤出机的主机是挤塑机，它由挤压系统、传动系统和加热冷却系统组成。

4.1.1.1 挤压系统

挤压系统包括螺杆、机筒、料斗、机头和模具，塑料通过挤压系统而塑化成均匀的熔体，并在这一过程中所建立压力下被螺杆连续挤出机头。

（1）螺杆

螺杆是挤塑机的最主要部件，它直接关系到挤塑机的应用范围和生产率，由高强度耐腐蚀的合金钢制成。

（2）机筒

机筒是一金属圆筒，一般用耐热、耐压强度较高、坚固耐磨、耐腐蚀的合金钢或内衬合金钢的复合钢管制成。机筒与螺杆配合，实现对塑料的粉碎、软化、熔融、塑化、排气和压实，并向成型系统连续均匀地输送胶料。一般机筒的长度为其直径的 15～30 倍，以使塑料得到充分加热和充分塑化为原则。

（3）料斗

料斗底部装有截断装置，以便调整和切断料流，料斗的侧面装有视孔和标定计量装置。

（4）机头和模具

机头由合金钢内套和碳素钢外套构成，机头内装有成型模具，机头的作用是将旋转运动的塑料熔体转变为平行直线运动，均匀平稳地导入模套中，并赋予塑料以必要的成型压力。塑料在机筒内塑化压实，经多孔滤板沿一定的流道通过机头脖颈流入机头成型模具，模芯模套适当配合，形成截面不断减小的环形空隙，使塑料熔体在芯线的周围形成连续密实的管状包覆层。为保证机头内塑料流道合理，消除积存塑料的死角，往往安置有分流套筒，为消除塑料挤出时压力波动，也有设置均压环的。机头上还装有模具校正和调整的装置，便于调整和校正模芯和模套的同心度。

挤塑机按照机头料流方向和螺杆中心线的夹角，将机头分成斜角机头（夹角 120°）和直角机头。机头的外壳是用螺栓固定在机身上，机头内的模具有模芯座，并用螺帽固定在机头进线端口，模芯座的前面装有模芯，模芯及模芯座的中心有孔，用于通过芯线，在机头前部装有均压环，用于均衡压力，挤包成型部分由模套座和模套组成，模套的位置可由螺栓通过支撑来调节，以调整模套对模芯的相对位置，便于调节挤包层厚度的均匀性，机头外部装有加热装置和测温装置。

4.1.1.2 传动系统

传动系统的作用是驱动螺杆，供给螺杆在挤出过程中所需要的力矩和转速，通常由电动机、减速器和轴承等组成。

而在结构基本相同的前提下，减速机的制造成本大致与其外形尺寸及重量成正比。因为减速机的外形和重量大，意味着制造时消耗的材料多，另外其所使用的轴承也比较大，致使制造成本增加。

同样螺杆直径的挤出机，高速高效的挤出机比常规的挤出机所消耗的能量多，电机功率加大 1 倍，减速机的机座号相应加大是必须的。但高的螺杆速率，意味着低的减速比。同样大小的减速机，低减速比的与高减速比的相比，齿轮模数增大，减速机承受负荷的能力也增大。因此，减速机的体积、重量的增大，不是与电机功率的增大成线性比例的。如果用挤出量作分子，除以减速机重量，高速高效的挤出机得数小，普通挤出机得数大。

以单位产量计，高速高效挤出机的电机功率小及减速机重量小，意味着高速高效挤出机的单位产量机器制造成本比普通挤出机低。

4.1.1.3 加热冷却系统

加热与冷却是塑料挤出过程能够进行的必要条件。

（1）加热

挤塑机通常用的是电加热，分为电阻加热和感应加热，加热片装于机身、机脖、机头各部分。加热装置使外部加热筒内的塑料升温，以达到工艺操作所需要的温度。

（2）冷却

冷却装置是为了保证塑料处于工艺要求的温度范围而设置的。具体说是为了排除螺杆旋转的剪切摩擦产生的多余热量，以避免温度过高使塑料分解、焦烧或定型困难。机筒冷却分为水冷与风冷两种，一般中小型挤塑机采用风冷比较合适，大型则多采用水冷或风冷两种形式结合冷却；螺杆冷却主要采用中心水冷，目的是增加物料固体输送率，稳定出胶量，同时提高产品质量，但在料斗处的冷却，一是为了加强对固体物料的输送作用，防止因升温使塑料粒发黏堵塞料口；二是保证传动部分正常工作。

4.1.2 吹膜辅机

塑料薄膜是塑料制品中最常见的一种，它可以用压延法、流延法和挤出法进行生产。挤出法是采用挤出机生产，又分为吹塑法和用狭缝机头直接挤出法两种。这里只介绍挤出吹塑法所用的辅机。

用挤出吹塑法生产的薄膜（片），其厚度在 0.01 ~ 0.25mm 之间（厚度<0.25mm 的通称为膜，>0.25mm 的通称为片材），展开宽度最大可达 40m。可以用吹塑法生产薄膜的塑料有聚氯乙烯、聚乙烯、聚丙烯、聚苯乙烯、聚酰胺、乙烯-乙酸乙烯酯（EVA）薄膜。我国以聚氯乙烯和聚烯烃薄膜居多。

4.1.2.1 机头

用于吹塑薄膜的机头类型主要有转向式直角型和水平方向的直通型两大类。直角型又分为芯棒式、螺旋式、莲花瓣式等几种，由于直角型机头易于保证口模唇部各点的均匀流动而使薄膜厚度波动减小，所以工业上用这类机头居多。直通型又分为水平式和直角式两种，该类型机头特别适用于熔体黏度较大的塑料和热敏性塑料。

4.1.2.2 吹胀及冷却系统

熔料从机头环形缝隙中挤出时温度较高，约为 160℃，呈半流动状态或塑性状态，随即被由机头通入的压缩空气横向吹胀，然后进入牵引辊，在牵伸装置的牵伸下纵向得到牵伸。这段时间很短，仅几秒钟到 1min 左右，单靠自然冷却，薄膜厚度不均匀。热的管膜两层压紧后已黏着，故需强力冷却。一般用介质（空气或水）对膜管的（内外）表面进行冷却。通过冷却，管膜定型，获得一定的尺寸精度，这是一个很重要的阶段。吹胀及冷却系统会及时完成这一任务。

描述吹胀牵伸过程，通常用吹胀比和牵伸比。吹胀比实际上是薄膜横向牵伸倍数，中空吹塑时，指吹塑模腔横向最大直径和管状型坯外径之比；吹塑薄膜时，是吹胀管膜直径和口模直径之比。牵伸比指通过夹辊时薄膜的速度（牵伸速度）与挤出速度之比，即薄膜的纵向牵伸倍数。应当根据材料的种类和性质，制品的形状和尺寸，管坯的尺寸，使吹胀比同牵伸比配合适当才能生产出好的薄膜制品。

薄膜冷却系统应满足冷却效率高、冷却均匀且能对薄膜厚度的不均匀性进行调整，挤出过程中要保证管膜稳定不抖动，生产处的薄膜物理力学性能良好。目前，冷却方法很多，按冷却介质分，有空气冷却和水冷却；按照冷却部位分，有外冷和内外双面冷等。

冷却装置中，风环是常用的外冷装置。它有多种形式，这里简要介绍下普通风环和双风口减压风环。

（1）普通风环

由风环体和风环盖用螺纹连接而成，常用单风口冷却风环结构如图 4-2 所示。旋转风环盖可改变出风口的间隙以调整风量。风环体常设有 3 个进风口，压缩空气从进风口沿风环切线方向同时进入。风环体及风环盖都设置有几层折流板，使进入的气流经过缓冲稳压后以均匀的速度吹向管膜壁。风环出风口的间隙一般为 1 ~ 4mm。从风环口吹出风的方向与水平面的夹角（一般称为吹出角）为 45° ~ 60°，冷却风环与模口距离为 30 ~ 100mm，风环内径为模口直径的 1.5 ~ 3 倍。这种风环的风室较小，进出风量也较小，冷却效率较低。

当车间环境气温较高时，冷却效率更低。为此，可以采用多风口风环以强化传热过程，提高冷却效率。

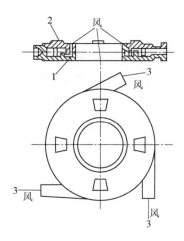

图 4-2　常用单风口冷却风环

1—风环体；2—风环上盖；3—进风口

（2）双风口减压风环

其结构及气流分布如图 4-3 所示。它有两个出风口，分别由两个鼓风机单独送风，出风口的大小可以调节。风环中部设置了隔板，分为上风室、下风室，在上风室与下风室间设置了减压室。减压室与数根调压管接通，通过转阀可与大气相通[3]。为使出风均匀，在出风口前设置多孔板。这种风环的工作原理是，当冷却空气自下风口吹向膜泡后很快就转为平行膜泡的气流向上流动，于是在膜管和减压室的环形空间中形成了一股高速气流，环形室间将出现负压效应，该处的压力将依气流的流动状况而有不同程度的下降。局部的压力下降将使与减压室对应部位的膜泡内外压差增大，于是膜泡在离开口模不远处被提前吹胀，

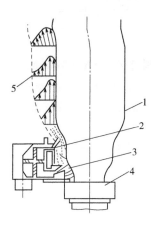

图 4-3　双风口减压风环

1—薄膜泡管；2—上风口；3—下风口；4—口模；5—气流分布

这是第一次吹胀。一般来说，上风口的气流速度较高，吹出角也选择的较大。它的作用除了改变气流流动状态强化冷却外，对下风口的空气流还能起到携带作用，从而使负压效应更加明显。但泡管自负压移出后，开始第二次膨胀，负压室还能起到自动调节泡管直径的作用。用转阀调节调压管的开启度，可以控制负压区局部负压度，从而调节薄膜的厚度。这种风环比普通风环可以提高薄膜的产量和质量。

内外双面冷却系统（简称内冷系统）的冷却效率明显地高于一般的外冷系统，这是因为泡管的冷却面积增加了。内冷系统的冷却介质多为空气，分为闭式系统和开环系统。用于闭式冷却系统的空气在工作过程中循环使用，不与外界大气发生置换。开环系统中的冷却空气在工作过程中与大气进行全部置换。后一种方法被认为冷却效率高，产量大，易于实现自动控制。图4-4所示为空气内冷系统原理。外冷和内冷空气由一台风机1供应，进入外冷风环和内冷管道的空气分别由节流装置2和外冷气流控制元件3控制，泡管定径高度和直径由4、8控制，牵引速度和薄膜宽度分别由5和6控制。

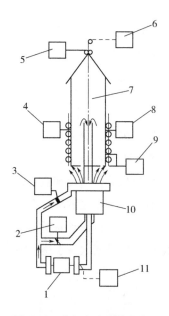

图4-4　空气内冷系统原理

1—风机；2—节流装置；3—外冷气流控制元件；4—定径高度控制；5—牵引速度控制；6—薄膜宽度控制；

7—泡管；8—定径直径控制；9—定径信息储存；10—口模；11—空气控制装置

除采用风冷，还可采用水冷。图4-5为水冷用冷却水环结构。冷却水环是内径与管膜外径相吻合的夹套，夹套内通冷却水，冷水可从夹套中流出，也可从夹套溢出，顺薄膜流下[4]。薄膜表面黏附的水分可用在导向辊上包布的方法除去。一般在冷却水环前放冷却风环，稳定泡管形状。

4.1.2.3　人字板

人字板是稳定泡管形状，使其逐渐压扁导入牵伸辊的装置。它由两块板状结构物组成，

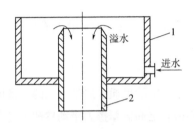

图 4-5 冷却水环结构

1—冷却水槽；2—定型环

因呈人字形，故俗称人字板，如图 4-6 所示，其夹角可用螺丝调节。薄膜吹塑工艺不同，人字板的夹角也有所不同，一般平吹法人字板夹角为 30°，上吹法和下吹法人字板夹角大约为 50°。夹角大，易操作，但夹角若太大会造成薄膜折皱，有荷叶边等现象[5]。人字板用纸板、木板或铝板制造，也可用数根直径约 50mm 的金属辊筒排列起来代替，当薄膜冷却不够时可在人字板或金属辊筒内通冷水进一步冷却。

图 4-6 人字板

4.1.2.4 牵引装置

其作用是将人字板压扁的薄膜压紧并送至卷取设备，以防止膜管内空气漏出，保证泡管形状及尺寸稳定。牵引装置由一对牵引辊组成。牵引辊之一用钢做成，其表面抛光或镀铬，另一个钢辊表面覆上橡胶。辊子之间的压力靠弹簧或气缸加载产生。用螺丝调节弹簧可以改变两辊之间的压力，以适应厚薄不同的薄膜。其中抛光或镀铬钢辊为主动辊，与可无级变速的驱动装置相连。牵引辊间的接触线应与人字板中心和机头中心对准，否则会造成薄膜各处牵引辊距离不等而引起折皱现象。口模与牵引辊之间的距离至少为泡管直径的 3~5 倍。如果该距离太短，膜管圆周不同点到牵引辊的路程差使得薄膜压扁不产生皱褶和变形就越来越困难[5]。此外，由于泡管冷却的路程太短，会造成泡管不能完全膨胀。

在已展平的薄膜进入卷取装置以前，不但要使薄膜完全冷却以避免粘连，也应使薄膜得以松弛，防止以后收缩。在牵引装置和卷取装置之间应保持一定距离，其间还应设置若干个直径约为 50mm 的金属导向辊或扩展辊，它们的作用是稳定卷取速度和薄膜位置，展平薄膜，防止薄膜皱折。

4.1.2.5 卷取装置

卷取装置的作用是将薄膜平整、两边整齐、松紧适度地卷到卷轴上。因此要求卷取装置能提供可以无限调节的不因膜卷直径变化而变化的卷取速度和松紧适度的张力。卷取装置有中心卷取和表面卷取两种。

（1）表面卷取

表面卷取如图4-7（a）所示，电动机通过皮带（或链）将东西和速度传至表面驱动辊，驱动辊和卷取辊相接触，依靠两者之间的摩擦力带动卷取辊将薄膜卷在卷取辊上[6]。这种卷取又叫摩擦卷取。其卷绕速度决定于表面驱动辊的圆周速度，而不受卷绕辊直径变化的影响。其卷取张紧力决定于表面驱动辊和卷辊之间的摩擦力[7]。由于表面驱动辊往往放在卷取辊的正下方或斜下方，故它实际上承受卷绕辊的一部分质量，而摩擦力与这有关，因此张紧力也由卷绕辊的质量决定（可见它是随卷绕辊所卷薄膜多少而变化的）。当薄膜厚度不均匀时，就会导致卷绕辊与表面驱动辊各点之间的压力发生变化，而使沿卷绕辊宽度上的张紧力分布不均匀，严重时，总的张紧力会与卷绕方向成一角度，最终导致卷绕成锥形或套叠形。当薄膜较薄时，从表面驱动辊传到卷取辊的摩擦力会对膜的表面产生不良影响。该卷取装置结构简单，卷取辊由表面驱动辊支撑，卷取轴不受弯曲，不需要大的刚度，价格低廉，维修方便，一般适用于卷取厚的薄膜和带状制品，以及适于中心卷取难于实现的宽幅薄膜的卷取[8]。

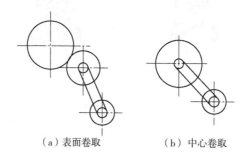

（a）表面卷取　　　　　　（b）中心卷取

图4-7　卷取装置

（2）中心卷取

中心卷取如图4-7（b）所示，驱动装置介质将力和速度提供给卷绕辊。这种装置可以卷取多种厚度的薄膜，膜的厚度的变化对卷取影响不大。可以在高速下实现自动换卷。

4.1.2.6　切割装置

在用人工上卷的情况下，可用手动剪刀剪断。在装有高速、自动化水平高的卷取装置时，必须是自动切割装置。要求切割装置动作准确可靠，切断部分要有利于上卷。常用的自动切割装置有电热切割法，即用电阻丝加热将膜熔断；还有飞刀切割法、剪刀切割法和齿状刀切割法[3]。

4.1.2.7　其他装置

为了适应高速吹塑机组的发展，提高自动化水平，在薄膜机组中逐渐采用了薄膜厚度、宽度自动检测以及反馈控制系统。一般机组中都设置了静电消除装置、自动记长装置等[9]。

4.1.3 挤管辅机

管材是挤出制品的重要产品之一。随着社会需求的增多，塑料品种的增加和挤出工艺的发展，管材的生产得到很大的进展[10]。可以用作管材原料的塑料有（软质和硬质）聚氯乙烯、聚乙烯、聚丙烯、ABS、聚酰胺、聚碳酸酯、聚四氟乙烯等[11, 12]。生产管材的工艺很多，这里只介绍挤出法生产管材所用的辅机。挤出机组主要包括主机、机头、定型装置、冷却装置、牵引装置、切割装置和卷取装置，如图4-8所示。

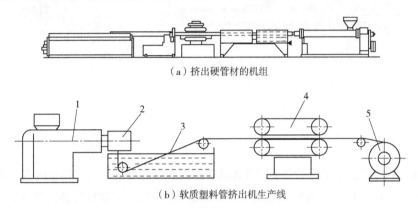

（a）挤出硬管材的机组

（b）软质塑料管挤出机生产线

图4-8　内压充气法（外定径）

1—挤出机；2—软管成型模具；3—冷却水槽；4—牵引机；5—收卷机

（1）机头

挤出管材所用机头形式较多，若按物料在挤出机和机头中流动是否变化，基本上可以分为直通式机头、直角机头和偏置机头三种。用何种机头与材料种类、罐子的标准及定性方法有关。

（2）定型装置

为保证管子正确的几何形状、尺寸精度、粗糙度，具有相当高的温度管坯离开口模后必须进行定径和冷却，定径装置即为该用途。管材的定径方法一般有外定径和内定径两种。

1）外径定径

是靠管子外壁和定径套内壁相接触进行冷却来实现的。根据实际接触的方式又可分管内充气加压定径的内压充气法和在管外壁与定径套内壁之间抽真空的真空定径法。

① 内压充气法。这是一种管内加压缩空气、管外加冷却定型套，使管材外表面贴在定型套内表面迅速冷却固定外径尺寸的方法（见图4-9）。定径套可用螺纹或法兰连接到机头上。螺纹连接装拆方便，定径套与口模、芯模同心，管材圆度好，缺点是模口处散热较大，导致管材表面粗糙，但装绝缘垫可改善；用法兰连接，接触面积小，热损失小，但使定型套、口模、芯模同心较难。在挤出管中通以压缩空气，为保持气压，在管子的远端设置用橡皮制成的气塞进行密封。橡皮塞固定在气塞杆上或与链条（钢丝绳）相连。气塞杆用螺丝固定在芯模上的。生产小口径管，装气塞不方便，可用薄膜或布包扎管口，但每次切断

管材后要重新包扎，较麻烦；生产大口径管，气塞杆太长，使用不便，可用链条（钢丝绳）代替。更换气塞必须熟练。适于大直径和薄壁管。压缩空气压力的大小决定于管子的直径、壁厚以及物料的黏度，一般取 0.02～0.049MPa。当管子通过由水冷却的定型套时，就会迅速冷却硬化，将外径尺寸确定[13]。

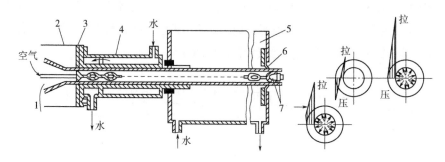

图 4-9　内压充气法（外定径）

1—芯棒；2—外口模；3—绝热橡胶垫；4—外定径套；5—水浴槽；6—密封套；7—橡胶垫圈

② 真空定径法。这是一种借助管外抽成真空而将管外壁吸附在定型套内壁冷却定外径尺寸的方法（见图 4-10）。真空定径套与机头相距 20～50mm，管材先经空气冷却，然后进入真空定型套。有的定型套内分隔为三段：第一段冷却；第二段抽真空；第三段继续冷却。真空段实为一圆筒，周围打上直径为 0.5～0.7mm 的小孔，这些小孔与真空泵相连。真空度一般为 0.04～0.067MPa。与加压定径法相比，真空定径有以下优点：a.引管简单快速，废料少[13]；b.压力定径方法中，压缩空气存留在管内，随着生产连续进行，气体温度不断升高，而真空定径空气在管内自由流动，管材内壁冷却效果好；c.能较好地控制尺寸公差；d.管坯在机头出口处于塑化状态，几乎没有变形；e.管材的内应力小；f.没有被螺塞撕裂的危险；g.不会因螺塞磨损而停产；h.机头口模与真空定径装置两者分离，因而温度能单独控制。但缺点是管径大时，靠抽真空吸力难以控制得到好的圆度，抽真空设备费用较贵。目前，真空定径仅用于直径 160mm 以下的 PP 管及 PE 管，但近年来聚烯径管材已基本上采用真空定径工艺。目前，2000mm 的真空槽定径已开发出来。

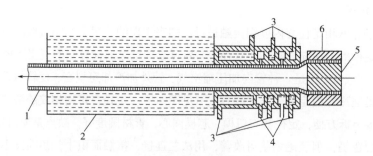

图 4-10　真空定径

1—管子；2—水槽；3—冷却水；4—通真空泵；5—芯模；6—口模

由于 ISO 标准，欧洲标准及我国国家标准对塑料管材规格系列依据外径确立，因此一般情况下塑料管材生产采用外径定径工艺。用外径定径的方法生产的管子，其外径尺寸精度好，表面粗糙度高，外观好，但内表面粗糙，有缺陷，不利于物料流动。用这种方法生产的管子，其外层最先冷却，内层最后冷却，物料收缩到最先冷却的外层硬壳上，故外层处于压应力状态，而内层处于拉应力状态。

2）内径定径

它是一种在具有很小锥度的芯模延长轴内通冷却水，靠芯模延长轴的外径确定管子内径的方法。管材从机头上出来后就套在冷却定型套-芯模延长轴上，使管材内表面冷却而定径。这种方法多用直角机头或偏心机头，便于冷却水从芯模后部流入冷却定径套，使管子内外部同时冷却[14]（见图 4-11）。这种方法特别适于 PE、PP，尤其是要求内径尺寸稳定的包装筒。由于机头流道较长，这种方法对硬聚氯乙烯等流动性差、易分解的塑料应用较少。但这种方法由于管子内外表面同时冷却，机头阻力小，故可以以高于外径定径的牵引速度进行生产，产量可提高。

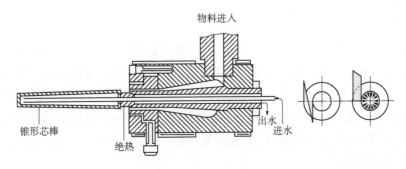

图 4-11　内径定径

内径定径仅用于一些特殊情况。用这种方法生产的管子适于充内压。由于机头流道长，料流稳定，竹节现象少，管材质量好。其内孔表面质量好，尺寸精度高，有利于管内流体的流动。其缺陷多集中于外径，外观不及用外径定径所生产的管子的质量好。用这种方法生产管子，操作简单，不受压缩空气等因素的影响，但冷却水对机头温度有影响。

（3）冷却装置

冷却装置管子由冷却定型装置出来时并没有完全冷却到室温，如果不继续冷却，在其壁厚径向方向存在的温度梯度会使原来冷却的表层温度上升，引起变形，因此必须继续冷却，排除余热。冷却装置就承担了此项工作，使管子尽可能冷却到室温。冷却装置一般有冷却水槽（见图 4-12）和喷淋水箱两种，对于薄壁管子有的采用冷空气冷却。

冷却水槽一般分 2～4 段，长 2～3m。一般通入自来水或经过热交换器的循环水作为冷却介质。水多从最后一段水箱通入，使水流方向与管子运动方向相反，以使冷却缓和，减少管子的内应力。水槽中水位应将管材完全浸没。冷却水槽因上下层水温不同，管材有可能弯曲，大管所受浮力大，也易弯曲。冷却长度与冷却水温、管子给定的温度、管子的壁厚、牵引速度和塑料的种类有关，这几乎凭经验决定。一般要求冷却后管子的平均温度为30℃。结晶型聚合物冷却水槽的长度一般为聚氯乙烯的2倍。

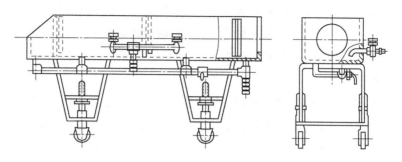

图4-12　冷却装置

喷淋冷却中，喷淋水管可有3～6根，均布管子周围。靠近定径套一端喷水孔较密。喷淋冷却能提供强烈的冷却效果。由于水喷到四周的管壁上，故克服了水槽冷却因黏到管壁上的水层大大减少热交换的缺点[15]。该方法适于大直径管材的冷却。

（4）牵引装置

牵引装置（见图4-13）作用是给由机头出来的已获得初步形状和尺寸的管子提供一定的牵引力和牵引速度，均匀地引出管材，并通过牵引速度调节管子的壁厚。牵引速度必须能在一定范围内进行无级平滑地变化。由于同一台挤出机要挤出不同直径的管材，故其速比范围要宽一些，通常为1：10。牵引力也必须保持恒定，否则会在管材表面形成波纹。牵引装置对管子的夹持力必须能调节，以使薄壁管材不产生永久变形，同时也能适应挤出大直径管子时需要的大的牵引力。

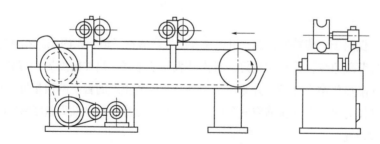

图4-13　橡胶带式牵引装置

（5）切割装置

如果是硬管，当管子挤到一定长度后要切断，这就需要切割装置。切割装置的好坏影响切割尺寸。要求切断尺寸准确，切口均匀整齐。切割装置有自动式或手推式电动圆锯切割机。

（6）卷取装置

如果是软管，就要用卷取装置。卷取装置有卷盘式与风轮式，卷绕至所需长度后，用刀切断，捆扎成卷。每卷质量一般不超过50kg。

4.1.4 挤板（片）辅机

塑料板（片）材是常用的工业用材。随着工业的发展和塑料应用的扩大，板（片）材的需要量越来越大。可以用作生产板（片）材的塑料有聚氯乙烯、聚乙烯、聚丙烯、聚苯乙烯、ABS、聚酰胺、聚甲醛、聚碳酸酯、纤维素等。成品宽度最大为 3～4m。通常把厚度 0.25～1.0mm 称为片，1.0mm 以上的称为板。

板（片）材生产的方法有多种，如层压法、压延法、挤出法等。挤出法是最简单的。图 4-14 为挤板（片）机组示意。由图 4-14 可以看出，挤板机组由挤出机、挤板（片）机头、三辊压光机、牵引装置、切割装置等组成。由机头出来的熔料立即进入三辊压光机，再经冷却输送辊、切边装置、牵引装置、切断装置，最后得到成品。

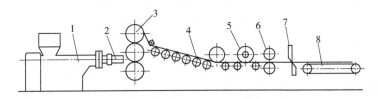

图 4-14　挤板（片）机组示意

1—挤出机；2—板材成型机头；3—三辊压光修整机；4—冷却输送辊组；

5—切边机；6—牵引机；7—切割机；8—输送机

（1）机头

挤出机组的组成挤出板（片）材用的机头统称狭缝机头，又分为鱼尾机头、衣架机头、支管机头和螺杆分配机头、挤出多层复合板（片）材的机头等[16]。

（2）三辊压光机

熔料由机头出来时温度较高，立即进入三辊压光机，由三辊压光机压光并逐渐冷却。三辊压光机还能起一定的牵引作用，调整板（片）材各点速度一致，保证板的平直。三辊压光机由直径 200～450mm 的上、中、下三个辊组成。中间辊的轴线固定，上下两辊的轴线可以上下移动，以调整辊隙适应不同厚度的板（片）。三个辊都是中空的，且都带有夹套，为的是通入介质（多为蒸汽、油或水）进行温控。辊筒长度一般比机头宽度稍宽，其表面镀硬铬。

三辊压光机辊筒的排列方式有多种，如图 4-15 所示。其中，图 4-15（a）较常用，它在压光方面和产生的弯曲应力方面，综合效果是较好的，结构也比较简单。图 4-15（b）主要用于大型挤板机以增大下面的空间。图 4-15（c）～（e）结构比较紧凑，但机架的机械加工较复杂。图 4-15（c）包角大，对压光有利，但对塑料产生的弯曲应力大。图 4-15（d）、（e）包角小，对压光不利。三辊压光机与机头的距离应尽可能靠近，一般为 5～10cm，若太大，板（片）易下垂发生皱折，粗糙度不好，同时易散热冷却，对压光不利。

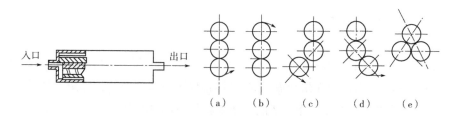

图 4-15　三辊压光机的排列形式及辊筒的结构

三辊压光机的辊距应能准确调节，否则会影响压光质量。但靠压光机辊隙来纠正板（片）的表面不平度是有一定限度的，因为它不同于压延机，其辊筒和机架的强度和刚度远没有压延机好。

各压光机一般采用链传动、齿轮传动或蜗轮传动。各辊的速度应保持同步。为了适应主机的不同挤出量和机头的不同缝隙，压光辊的圆周速度一般应有较大的调节范围，多为1：20左右，圆周速度为 2~8r/min。三辊的牵引速度必须控制到与挤出量相适应或稍快，以使皱纹消失，并抵消物料离开口模时的膨胀和减少板（片）材的内应力。

（3）牵引装置

由压光辊出来的板（片）在导辊的引导下进入牵引装置。牵引装置一般由一个主动钢辊（在下方）和外面包着橡胶的被动钢辊组成。两辊靠弹簧压紧。其作用是将板（片）均匀地牵引至切割装置，防止在压光辊处积料，并将板（片）压平。其牵引速度要与压光辊同步，或稍小于压光辊的速度，这是考虑到冷却给板造成收缩的缘故。牵引辊的速度应能无级调节，上下辊的间隙也应能调节。

（4）切割装置

板（片）材的切割包括切边和裁断。板（片）材因其两边往往厚薄不均，也不整齐，故两边要切去一部分。多用圆盘切刀进行切割。圆盘切刀装在牵引辊以前。板（片）材最后要切成一定长度。裁断方式有电热切、锯切和剪切，用得最多的是后两种。其中锯切消耗动力小，也较简单，但噪声较大，且锯屑飞扬，切断处有毛边，效率也低。锯片必须与板（片）同步移动才能切出垂直于移动方向的切口，这种方法适于切硬板。剪切的方法不易产生飞边，切裁速度快、效率高、无噪声和飞屑，工人劳动条件好，但剪床设备庞大而笨重。这种方法主要适于切平的软板（片）。

（5）其他装置

在三辊压光机与牵引装置之间有若干个冷却输送辊，其作用是输送并冷却板（片）材。

关于板（片）材的自动测厚，目前已能用 β 射线自动测厚仪连续测试，这种测试方法不直接与板（片）材接触，不会损伤板（片）材。测厚仪可沿板（片）的横向移动，将测得的厚度自动记录下来。这种测试方法快而准确，其精度可达 0.002mm。还可以在测厚仪和口模阻力调节器或螺杆转数之间建立反馈系统，通过调节口模的阻力和螺杆转数来控制板（片）材的质量。

4.1.5　挤出成型工艺过程

挤出成型制品的过程可分为塑化、成型、定型 3 个阶段。

（1）塑化

固体废旧塑料由料斗加入挤出机料筒后，经料筒加热、螺杆的旋转、压实及混合作用，将固态的粉料或颗粒转变为具有一定流动性的均匀连续熔体。

（2）成型

塑化均匀的塑料熔体在螺杆的旋转、挤压、推动作用下，通过具有一定形状的口模得到截面和口模形状一致的型材（如棒、管、丝、薄膜等）。

（3）定型

被挤出的具有一定高温的型材在挤出压力和牵引的作用下，经过冷却后，形成具有一定强度、刚度和一定尺寸精度的连续制品。

由此可见，挤出成型可连续化、自动化生产，生产效率高、设备简单、操作容易，可通过使用不同形式口模生产不同横截面的制品，投资少、见效快。

4.1.6　挤出成型新技术

（1）振动挤出

振动挤出是指在挤出成型的某个阶段或全过程施加振动力场，以改善塑料熔体流动性能和制品力学性能的一种辅助挤出技术。根据产生振动力场的方式可分为机械振动、超声振动和电磁振动。施加的振动力场可以平行于挤出方向（轴向振动），也可以垂直于挤出方向（周向振动）。振动力场能够加速分子链的解缠，降低熔体黏度和挤出压力，减少挤出胀大，增加挤出产量；也能够促进分子链的有序排列，从而增强产品的力学性能。

（2）反应挤出

反应挤出是把挤出机作为连续的反应器，使混合物在熔融挤出过程中同时完成指定的化学反应[17]。反应挤出的主要特点：一是可连续生产；二是熔融共混、化学反应和成型加工可几乎同步完成。反应挤出目前已用于可控降解、动态硫化、接枝反应、反应增容和聚合反应等领域[18]。

（3）微孔发泡挤出

微孔发泡注射成型的原理是利用快速改变温度来使聚合物熔体/气体均相体系进行微孔发泡。其工艺过程为：N_2 或 CO_2 等低分子气体通过计量阀的控制以一定的流率注入机筒内的聚合物熔体中，与聚合物熔体混合均匀，形成聚合物熔体/气体均相体系；之后，聚合物熔体/气体均相体系由静态混合器进入扩散室，通过分子扩散使体系进一步均化，在扩散室通过加热器快速加热（例如，在 1s 内使熔体温度由 190℃上升至 245℃），从而使气体在聚合物熔体中的溶解度急剧下降，过饱和气体在熔体中析出，形成大量的微细气泡核（扩散室必须保持高压防止已形成的气泡核膨胀长大）；注射操作之前，需向模具型腔中注入高压惰性气体，当螺杆前移使含有大量微细气泡核的聚合物熔体注入型腔时，由高压惰性气体提供的压力防止气泡在充模过程中膨胀；充模过程结束后，使型腔内压力降低，气体膨胀；同时，模具的冷却作用使泡体固化定型[19]。另外，微孔发泡注射成型还可以利用快速降压法来引发气泡成核，与快速升温法相比，快速降压法比较容易控制。由于聚合物的导热系数很小，快速升温法只适用于薄壁零件；而且快速升温的幅度有限，限制了其应用范围[20]。

（4）共挤出

聚合物共挤出是由两台或多台挤出机供给不同的物料，在一个或两个口模内共同挤出，得到两层或多层复合制品的技术。废料共挤出的主要目的是节约成本。共挤出主要用于生产多层薄膜、中空容器、复合管材、异型材、板材、电线电缆和光纤等产品。多层薄膜、中空容器主要用于包装或盛装食品、药品或农药，在薄膜和中空容器中，将多种材料复合在一起的主要目的是增加其气密性或阻渗性，从而延长内容物的保质期。共挤出复合管材主要包括铝塑复合管和芯层发泡复合管，铝塑管兼具金属管的强度和塑料管的耐化学腐蚀性，芯层发泡复合管则具有质量轻、冲击强度大、保温性和隔音性好等优点。异型材和板材的共挤出可分为软硬共挤出、发泡共挤出、废料共挤出和双色共挤出。软硬共挤出是在硬质型材指定部位共挤出一条或一层软质塑料，以增加型材的密封性或弹性。发泡共挤出是指复合型材中的一种或几种材料在共挤出的同时会发泡。芯层发泡型材既具有薄膜塑料的质轻、隔声、隔热等优点，又具有实芯材料的强度和光滑的表面。芯层发泡型材共挤出时，不发泡的共挤料和发泡的主料在共挤机头中汇流位置的选择对最终产品的性能影响很大，一般选择在主料发泡基本完成而尚未开始冷却的位置汇流[21, 22]。

（5）精密挤出

精密挤出是一种通过对挤出过程要素的精确控制，实现制品几何尺寸高精密化和材料微观形态高均匀化的过程。精密挤出过程中工艺参数波动很小，挤出设备工作状态非常稳定，所以制品的几何精度比常规挤出成型要高50%以上[23]。精密挤出技术已广泛用于双向拉伸薄膜、精密医用导管、音像基带、照相片基、通讯级光导纤维和精密微发泡制品等的生产，精密挤出成型制品比常规挤出制品附加值要高出很多。精密挤出的关键是熔体压力、流量、温度的稳定和工艺参数的精确控制。目前实现熔体压力、流量和温度稳定的方法主要有三类：一是使用稳压装置，如熔体齿轮泵、压力波动控制器、并联式稳压装置、锥体座套式压力控制装置和螺钉型阀门装置等；二是采用精密挤出机头，如阻力可调节机头、口模间隙自动调节机头和熔体黏度调节式机头等；三是采用失重式计量料斗。工艺参数的精确控制主要通过闭环控制、统计过程控制、复杂控制和智能控制等手段来实现。

（6）近熔点挤出

与传统挤出时物料经历输送、压实、塑化、凝固定型等过程不同，在近熔点挤出时，物料经历的是输送、压实、预热的固相流动过程。其中加入了少量的低分子助剂，低分子的"溶剂化"作用有助于减小固相树脂与螺杆及料筒的摩擦，有利于树脂粒子或树脂团粒子在移动过程中的相互摩擦。通过温度及速度的调节控制，树脂在进入机头时处于高弹态的回弹效应区，部分物料在一定的挤出压力下实现熔融。然后通过熔程控制树脂快速进入凝固状态，当树脂达到出口端时已经初步定型。近熔点挤出避免了树脂在全熔状态时分子链的降解和取向，并使物料的塑化和定型在同一副模具中完成，简化了定型工序。近熔点挤出工艺已成功应用于超高分子聚乙烯（UHMWPE）塑料的加工，可望用于氟塑料等其他高熔体黏度塑料的加工。

4.2
注射成型

注射模塑，又称注射成型或简称注塑，是成型塑料制品的一种重要方法。几乎所有的热塑性塑料及多种热固性塑料都可用此法成型。用注射模塑可成型各种形状、尺寸、精度满足各种要求的模制品。

注射模塑的过程是将粒状或粉状塑料从注射机的料斗送进加热的料筒，经加热、受压塑化呈流动状态后，由柱塞或螺杆的推动，使其通过料筒前端的喷嘴注入闭合塑模中。充满塑模的熔料在受压的情况下，经冷却（热塑性塑料）或加热（热固性塑料）固化后即可保持注塑模型腔所赋予的形状。松开模具取得制品，在操作上即完成了一个模塑周期。以后是不断重复上述周期的生产过程。

注射成型的一个模塑周期从几秒至几分钟不等，时间的长短取决于制品的大小、形状和厚度，注射成型机的类型以及塑料品种和工艺条件等因素。每个制品的重量可自 1g 以上至几十千克不等，视注射机的规格及制品的需要而异。

注射成型具有如下优点：a.成型周期短，可实现完全自动化生产；b.能一次性成型，得到尺寸较精确、外形复杂的各类制品；c.生产效率高，对各种塑料的加工适应性强。注射成型技术是一种比较经济而先进的成型技术，发展迅速，并将朝着高速化和自动化的方向发展。但与模塑、挤塑工艺相比，注射成型操作较复杂，有温控、自控、液压、电控等系统；注塑设备的一次投资较大；对物料的熔体流动性有较高的要求。

4.2.1　注射成型设备

注塑是通过注射机来实现的。注射机的类型很多，无论哪种注射机，其基本作用均为：a.加热塑料，使其达到熔化状态；b.对熔融塑料施加高压，使其射出而充满模具型腔。为了更好地完成上述两个基本作用，注射机的结构已经历了不断改进和发展。

注射机分类方法很多，通常按照塑化方式进行分类，可分为柱塞式、单螺杆预塑化式、螺杆复合式、斜角螺杆式、平角螺杆式、直角螺杆式等；按合模方式分为机械式、液压式、液压-机械式和电动式；按照结构方式可分为立式、卧式；按操作方式分为自动、半自动、手动塑料注射机。

另外，注射机还有玻璃纤维增强塑料注射机、发泡塑料注射机、热固性塑料注射机等。

如果我们把加工一般塑料和一般制品的注射机称为通用注射机，那么这些称为专用注射机。

（1）柱塞式注射机

柱塞式注射机（见图4-16）是最早出现的注射机，其工作方法是：塑料的粒料先落入柱塞的头部，在工艺温度和柱塞的推力下，前移至分流梭部位的物料塑化成熔融状态；熔融状态物料经单向阀流入注射活塞的待注射的空腔中。当注射程序开始工作时，注射油缸活塞推动注射活塞前移，把熔融料经由喷嘴注入成型模具空腔内，冷却固化成型。柱塞式注射机结构简单，但控制温度和压力比较困难。

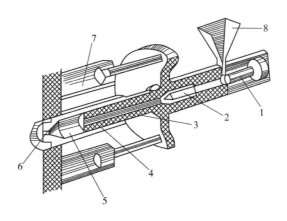

图4-16　柱塞式注射机

1—预塑活塞；2—分流梭；3—注射活塞；4—单向阀；5—注射室；6—喷嘴；7—注射油缸；8—料斗

（2）单螺杆预塑式注射机

单螺杆预塑式注射机（见图4-17），是由一根螺杆在机筒中工作，既能转动把物料均匀塑化，又能前后移动，把塑化的物料推入模具腔内。这种塑化注射结构型式是目前注射机中应用最多的一种结构。其工作方法是：粒料进入机筒中，在转动螺杆的推动、挤压和机筒外部供热的工艺条件作用下，开始前移并逐渐塑化成熔融状态，在物料前移反阻力作用下螺

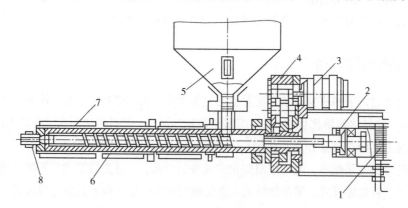

图4-17　单螺杆预塑式注射机

1—注射油缸；2—轴承；3—液压马达；4—减速箱；5—料斗；6—螺杆；7—机筒；8—喷嘴

杆转动工作同时后移，则螺杆前形成一定容积的空腔，存留熔融料[24]。当注射程序开始时，螺杆被注射油缸中的活塞推动前移，把熔融料经喷嘴注入模具空腔内，冷却固化成型。

（3）螺杆复合式注射机

螺杆复合式注射机(见图4-18)是由螺杆塑化和柱塞注射两种结构组合在一起，联合完成塑化注射工作。工作时，当粒料落入机筒中，第一步像单螺杆预塑式一样，物料被塑化成熔融状，被转动的螺杆推向机筒前部，经由单向阀流入注射空腔内。注射开始时，整个塑化机筒部件，在注射油缸活塞推动下前移，这时与机筒成一体的前端圆柱体即成为柱塞，把注射空腔内的塑化好的熔融料，经由喷嘴注入模具成型腔中，经冷却固化成型。

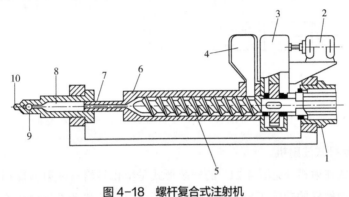

图 4-18　螺杆复合式注射机

1—注射油缸；2—电动机；3—减速箱；4—料斗；5—螺杆；6—机筒；7—单筒阀；8—注射料腔；9—单向阀；10—喷嘴

（4）斜角螺杆式注射机

斜角螺杆式注射机（见图4-19）由两个工作料筒组成。它们之间的工作位置，形成一个倾斜角度，倾斜的料筒为螺杆挤出式，用来塑化物料，塑化工作方法与单螺杆预塑式对物料的塑化相同。塑化好的熔融料经单向阀进入注射筒的空腔内。注射工作开始时，注射活塞在注射油缸作用下，把熔融料经喷嘴注入成型模具腔内。这种结构的塑化注射工作，计量比较准确，熔融料回流量少，工作效率较高。

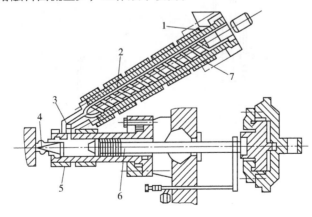

图 4-19　斜角螺杆式注射机

1—料斗口；2—机筒；3—单向阀；4—喷嘴；5—注射料筒；6—注射用柱塞；7—螺杆

（5）平角螺杆式注射机

平角螺杆式注射机（见图4-20）是平角螺杆式塑化注射装置的结构组成。从工作方法上比较，基本上与斜角螺杆式塑化注射工作方法相同，不同之处只是塑化部分的料筒位置有变化，与注射料筒不是倾斜一个角度，而是与其平行。

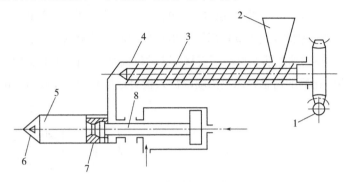

图 4-20　平角螺杆式注射机

1—螺杆传动；2—料斗；3—螺杆；4—机筒；5—注射料筒；6—喷嘴；7—逆止阀；8—柱塞

（6）直角螺杆式注射机

直角螺杆式注射机（见图4-21）的安装形式是塑化料筒与注射料筒相互垂直。直角螺杆式注射机的螺杆的功能不只是塑化物料，还可以前后移动推动塑化均匀物料。它的工作原理是：阀6关闭，螺杆转动开始，把物料推动前移，使物料在工艺温度和螺杆的挤压、剪切和物料间摩擦力作用下，塑化成熔融状态。螺杆由于受推动物料前移的反作用力，在螺杆转动的同时向后移，螺杆头部形成一个存放熔融料的空腔，直至把熔料充满。然后阀6开通、阀7关闭，螺杆在液压油缸活塞作用下前移，把熔融料推进注射缸空腔内直至充满，同时熔融料又把柱塞推动上移。注射工作开始时，阀6关闭、阀7开通，柱塞在注射油缸推动下下移，推动熔融料经喷嘴进入模具空腔内，完成一次塑化注射工序。

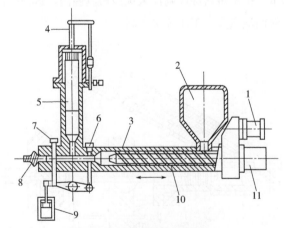

图 4-21　直角螺杆式注射机

1—电动机；2—料斗；3—螺杆；4—注射油缸；5—柱塞；6，7—阀；8—喷嘴；

9—阀杆控制油缸；10—料筒；11—电动推杆油缸

4.2.2 注射成型工艺过程

注射成型工艺过程包括成型前的准备、注射成型过程和塑件的后处理3个阶段[25]。

4.2.2.1 成型前的准备

（1）原料外观的检验和工艺性能的测定

检验内容包括对色泽、粒度、均匀性、流动性及收缩率等的检验。

（2）原料的预热、干燥

除去原料中过多的水分和挥发物，以防止成型后塑件出现气泡和花纹等缺陷。

（3）清洗料筒

当更换原料品种及颜色时需清洗料筒。

（4）预热嵌件

因金属与塑料的收缩率不同，为减少嵌件在成型时与塑料熔体的温差，避免或抑制嵌件周围的塑料容易出现的收缩应力和裂纹，成型前应对金属嵌件进行预热。

（5）选择脱模剂

为使塑件容易从模具内脱出，模具型腔或型芯需要喷涂脱模剂。

（6）模具预热

4.2.2.2 注射成型过程

各种注射机成型的动作程序可能不完全相同，但其成型的基本过程还是相同的。主要包括加料、加热塑化、闭模、加压注射、保压、倒流、冷却定型、脱模等工序；其中，加热塑化、加压注射和冷却定型是注射过程中3个基本步骤。

（1）加料

将粒状或粉状塑料加入注射机料斗中，由柱塞或螺杆带入料筒进行加热[26]。

（2）加热塑化

粒状或粉状塑料在料筒内加热熔融呈黏流态并具有良好可塑性的过程。

（3）加压注射

塑化好的塑料熔体在注射机柱塞或螺杆的推动作用下，以一定的压力和速度经过喷嘴和模具的浇注系统进入并充满模具型腔。

（4）保压

注射结束后，在注射机柱塞或螺杆推动下，熔体仍然保持压力，使料筒中的熔料继续进入型腔，以补充型腔中塑料的收缩，从而提高塑件密度，减少塑件收缩，克服塑件表面缺陷，这一阶段称为保压。

（5）倒流

保压结束后，柱塞或螺杆后退，型腔中的熔料压力解除，这时型腔中的熔料压力将比浇口前方的压力高，如果此时浇口尚未冻结，型腔中熔料就会通过浇口流向浇注系统，使塑件产生收缩、变形及质地疏松等缺陷，这种现象称为倒流。如果撤除注射压力时浇口已经冻结，则倒流现象就不会发生。由此可见，倒流是否会发生及倒流的程度如何，均与保压时间有关，一般来说保压时间过长时倒流较小。

（6）冷却定型

塑件在模内的冷却过程是指从浇口处的塑料熔体完全冻结时起到塑件从模具型腔内推出为止的全部过程。这时补缩或倒流均不再进行，型腔内的塑料继续冷却并凝固定型。

（7）脱模

塑件冷却到一定的温度，具有足够的强度，不会产生翘曲和变形，即可开模，在推出机构的作用下将塑件推出模外。

4.2.2.3　塑件的后处理

由于塑化不均匀或塑料在型腔内的结晶、取向、冷却及金属嵌件的影响等原因，塑件内部不可避免地存在一些内应力，从而导致塑件在使用的过程中产生变形或开裂。为解决这些问题，可对塑件进行一些适当的后处理。常用的后处理方法有退火和调湿两种。

（1）退火处理

退火处理是将塑件放在定温的加热介质（如热水、热空气或液体石蜡等）中保温一段时间，然后缓慢冷却至室温，从而消除塑件内应力的过程。退火温度一般在塑件使用温度以上至热变形温度以下进行选择和控制。退火时间与塑料品种和塑件厚度、形状、成型条件等有关。退火处理时，冷却速度不应过快，否则会重新产生应力。

（2）调湿处理

调湿处理是将刚脱模的塑件放入热水中，以隔绝空气、防止塑件氧化、加快吸湿平衡的一种后处理方法。目的是使塑件颜色、性能、尺寸得到稳定，尽快达到吸湿平衡。调湿处理主要用于吸湿性很强且又容易氧化的聚酰胺等塑料。

需要指出的是，并非所有的塑件脱模后都需进行后处理，通常只对那些有金属嵌件、尺寸精度高、壁厚大、使用温度范围大的塑件进行后处理。

4.2.3　注射成型新技术

（1）抽真空注射成型技术

抽真空注射成型方法是在合模后，启动真空系统将模腔内气体抽出，3～5s后真空度达到设定值，真空泵自动关闭，然后再进行注射[27]。

随着现代高科技的快速发展，对塑料制品的精度提出了更高的要求。由于在塑料注入模腔时，模具为封闭状态，排出模腔中的气体常用的方法就是通过分型面微小间隙或排气槽进行排气。这样成型的制品会形成飞边，从而影响到制品的尺寸精度。而消除飞边，进一步提高制品精度的唯一方法就是要提高模具的精度，但这样合模后模腔内的气体就不易排出，从而在模腔边角部位产生缺胶、焦烧、气泡等缺陷。这些缺陷采用抽真空注射成型工艺就可以得到解决。

抽真空注射成型方法除了用于成型高精度制品外，还可用于形状复杂制品的成型。因为对于形状复杂的制品用排气槽、分型面来排气，有时很难将模腔内气体排净，从而导致一系列成型缺陷。另外，抽真空方法成型的产品硫化后不需要专门修整飞边，因此节约了劳动力，生产效率也得到进一步提高。

（2）冷流道注射成型

冷流道注射成型是位于流道、分流道的物料，在模具内以一定的温度停留，然后在下次注射时注入模腔内成为制品。通常的塑料注射成型方法是将注入模具中的所有物料，包括主流道、分流道及模腔内的物料同时硫化，脱模后再将制品上连带的流道废料除去，这样一来势必造成一定的浪费，尤其是小型制品，废料所占比例较大。

冷流道注射成型是将停留在主流道、分流道中的物料控制在硫化温度以下，脱模时只脱出制品，流道中的物料仍保留在流道中，下次注射时流道中的这些胶料注入模腔内成为制品。这种注射成型方法减少了原材料的浪费，节省了能源，而且制品脱模时因为不带流道废料，还可以减少开模距离，缩短成型周期。这种成型方法模具分两部分进行温度控制，即冷流道板的温度控制在硫化温度以下，上、下模板的温度为硫化温度。为了使冷流道板与上、下模板的温度互不影响，在它们之间安装有隔热板，同时在冷流道板上加工一些空气隔离槽。

（3）气体辅助注射成型技术

气体辅助注射成型（gas-assisted injection molding，GAIM），是注射机向模具注射进料量不足的胶料，然后通过注射机喷嘴、模型主流道或分流道把气体（一般为氮气）向模腔注入，使在逐渐冷却中的物料全部进入模腔内部。

气体辅助注射成型技术[28, 29]综合了发泡成型和注射成型的优点，为塑料橡胶产品的设计和生产提供了更大的灵活性和自由度，能够生产壁厚相差悬殊的制品，并且能够极大地降低制品的残余应力和减小制品翘曲变形，还能够显著地提高制品的表面质量。其原理是利用高压惰性气体注射到熔融的胶料中形成真空截面并推动熔料前进，实现注射、保压、冷却等过程。由于气体有高效的压力传递性，可使气体通道内部各处的压力保持一致，因而可消除内部应力，防止制品变形，同时可大幅度降低模腔内的压力，因此在成型过程中不需要很高的锁模力。除此之外，GAIM还具有减轻制品重量、消除制品收缩、缩短成型周期、提高生产效率及提高材料利用率等优点，近年来该项技术已在家用电器、汽车、家具、办公用品等行业广泛应用。

（4）水辅助注射成型技术

水辅助注射成型技术[30]（water-assisted injection molding technology，WIT）是一种新型的生产中空或者部分中空注射制品的成型方法。这种方法形成空腔的原理与之前所发明的气体辅助注射成型技术（GAIM）基本相似。水辅助注射成型能够生产壁厚相差较大的制品，并且制品具有较少的收缩和翘曲变形，制品的表面质量好，成型的循环周期短。而 WIT 有着一个独特的优点：能够直接在制品内部进行冷却。由于水的热传导率是气体的 40 倍，热熔是气体的 4 倍，所以 WIT 的冷却能力可以使制品的冷却循环时间降至 GAIM 的 25%。除了明显缩短成型周期外，WIT 能够成型壁厚更薄和更均匀的中空制品，更加节省原料；此外，WIT 还可以生产内表面非常光滑的制件，这在 GAIM 中是很难达到的。

（5）反应注射成型技术

反应注射成型技术[31]（reactive injection molding，RIM）是将两种或两种以上具有反应性的液体组分在一定的温度下注入模具型腔内，在其中直接生成聚合物的成型技术，即将聚合与成型加工一体化，或者说，直接从单体得到制品的"一步法"注射技术。当前 RIM 技术主要用于汽车部件的生产，其他工业用途也在逐渐扩展。用作 RIM 技术生产的主要材料为聚氨酯、尼龙和环氧树脂，近年来反应注射成型倾向应用于不同橡胶材料以及橡胶与塑料材料之间的复合等制品的成型过程。

（6）动态注射成型技术

动态注射成型技术[32-35]（dynamic packing injection molding，DPIM）是橡胶加工成型新方法之一，它将物理场直接作用于橡胶注射成型加工过程，其基本原理是：在振动力场（主要是机械振动和超声波振动）条件下，在物料的主要剪切流动方向上叠加了一个附加的应力，使得聚合物在组合应力作用下完成物理与化学变化的加工过程。

振动对聚合物成型制件性能的影响主要是通过对聚合物的凝聚态转变和结晶动力学过程起作用的。周期性的振动力将有效地促进分子的取向，并在熔体的固化阶段控制晶粒的生长、形成和取向，从而最终获得具有较高机械性能的制品。它主要应用于两种或多种聚合物共混，例如橡胶与塑料共混注射成型加工过程中。

4.3
压延成型

压延成型是指借助压力对聚合物进行加工，一般是通过辊筒施加剪切力协同一定温度使材料受到挤压和延展，最终制成薄膜或薄片的过程。对于回收的热属性塑料薄膜和片材来说，通过压延成型工艺加工再生制品也是一种比较好的成型加工方法。

4.3.1　压延成型设备

（1）压延机的分类

压延机按照辊筒数目来分，可以分成两辊压延机、三辊压延机、四辊压延机和五辊压延机等[14, 36]，其中以三辊压延机和四辊压延机为最普遍，五辊压延机较少。若辊筒的数目为 n，则辊间间隙为 $n-1$ 道。两辊压延机只有一道辊隙，通常用于混炼或半成品的成型。三辊压延机虽有两道间隙，其成型制品的精度、表面质量以及压延速度都受到限制。目前已发展四辊压延机、五辊压延机、六辊压延机以及不同辊径的压延机等。四辊较三辊多一道间隙，辊筒线速度可以更高，而且产品厚度均匀，表面粗糙度也低。通常四辊压延机的压延速度是三辊的 2～4 倍。所以塑料加工工业中，三辊压延机正逐步被四辊压延机所代替。但是，辊筒数目增多，机器庞大，结构复杂，造价也大，幅度增加。

按照辊筒的排列形式不同，压延机有 I 形、Γ 形、L 形、Z 形、S 形、△形及其他形式的压延机等（见图 4-22）。三辊压延机主要有 I 形、Γ 形和△形；四辊压延机主要有 I 形、Γ 形、L 形和 S 形。辊筒排列不同，对制品的精度影响很大，同时也影响到操作和附属装置的设置。例如 I 形，3 只（或 4 只）辊筒呈上下一线式排列，压延过程中，由于物料顶开辊筒的作用，使所有辊筒的变形都近乎在垂直平面内，互相干扰。同时，随着压延速度、物料、辊温和进口存料等的变化，辊筒的变形也在不断变化，尤其第二（或第三）道间隙，随着这些因素的变动而忽大忽小，直接影响制品的质量。同时，加料也不方便。如果把 1 辊移向一旁，与 2 辊在同一水平上，便成了 Γ 形，这样，机器的高度减小，加料方便，但 2 辊、3 辊（或 1 辊和 4 辊）仍呈上下一线排列，仍有 I 形的缺点。Z 形四辊压延机 3 辊的变形近乎垂直向下，但对成型制品的第三道间隙的影响甚微，所以 Z 形排列有利于提高制品的精度。机器高度较 Γ 形还低，但机器厚度增大了。检修时，辊筒的拆装较 I 形或 Γ 形方便。不过，1 辊与 3 辊、2 辊与 4 辊之间的距离甚小，对附属装置的设置带来不便。因此，在 Z 形基础上，又出现了 S 形，既有 Z 形的优点，又使 1 辊、3 辊和 2 辊、4 辊间的距离有增加，便于附属装置的设置。目前，新设计四辊压延机以采用 S 形的居多。

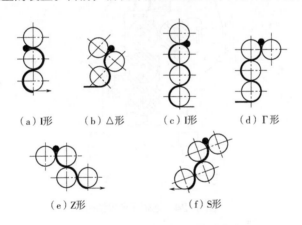

（a）I形　（b）△形　（c）I形　（d）Γ形

（e）Z形　（f）S形

图 4-22　常见压延机辊筒排列形式

（2）三辊和四辊压延机的基本结构组成

三辊压延机如图 4-23 所示。挡料装置起调节制品幅宽的作用。压延机生产制品的最大幅宽近于辊筒长度，此时挡料装置可以防止物料从辊筒端部挤出。辊筒是压延机的成型部件，其内部可进行加热和冷却，以适应被加工物料的工艺要求。机架承受全部机械作用力，要求具有足够的强度和刚度，并有抗冲击震动能力。调距装置是调节辊间间隙的，以便生产各种不同厚度的制品。调距装置是成对出现的。三辊压延机一般是 2 辊固定，调节 1 辊、3 辊来改变两道辊间间隙量。为保持压延机的精度，维持良好的润滑是十分必要的。压延机辊筒轴承一般用稀油循环润滑，兼有冷却轴承的作用。

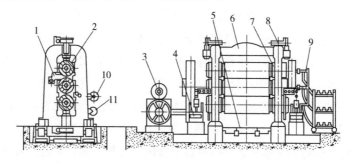

图4-23　三辊压延机

1—挡料装置；2—辊筒；3—传动系统；4—润滑装置；5—安全装置；6—机架；7—辊筒轴承；

8—辊距调整装置；9—加热冷却装置；10—导开装置；11—卷取装置

四辊压延机（见图4-24）的结构组成与三辊基本相同。较之三辊压延机，四辊压延机除了多1个辊筒，多一对调距装置以及机架的结构形状有些不同之外，还多了辊筒轴交叉装置（有的具有拉回装置，即预应力装置）和自动测厚装置等。

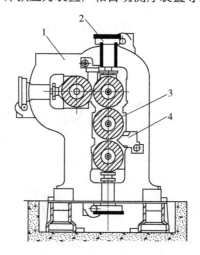

图4-24　四辊压延机结构

1—机架；2—调距装置；3—辊筒；4—挡料装置

四辊压延机的生产速度是很高的，手工测厚不能适应，有的因此设有自动测厚装置。除此之外，和三辊压延机一样，辊筒轴承、传动装置、辊筒加热装置（四辊压延机通常用过热水加热）、润滑系统、刹车装置等都是必不可少的组成部分。

4.3.2　压延成型工艺过程

压延成型是将已经基本塑化的热塑性塑料，在热的辊筒中滚压并成型为片材或薄膜的方法，也可以生产人造革（塑料与布或与纸的复合制品）。压延成型用的塑料有聚氯乙烯、聚乙烯、ABS、聚乙烯醇等，而以聚氯乙烯为最常见。压延制品广泛用作农业薄膜、包装薄膜、床单、室内墙壁装饰纸、地板以及热成型的片材等。

压延法通常生产厚度为 0.05～0.30mm 范围内的薄膜，0.30mm 以上的片或板材。制品厚度小于或大于这个范围的，一般用挤出吹塑法或挤出法生产。压延制品的最大宽度已超过 3m 压延成型是塑料加工工业中的主要方法之一，压延生产产量高、制品质量好。

压延工艺过程一般是首先按照配方要求，把树脂和各种添加剂经过计量加入捏合机，进行搅拌混合，达到一定程度后转入密炼机密塑炼化，然后进入喂料机塑化和过滤。所以一般包括以下过程：塑料配制、塑炼，向压延机供料、压延、牵引、轧花、冷却、卷取、切割等。图 4-25 为压延成型工艺过程。

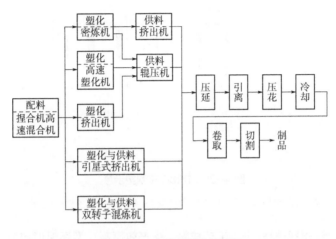

图 4-25　压延成型工艺过程

4.4
中空吹塑成型

中空吹塑成型的一般原理为将压缩空气鼓入熔融的型坯，使之横向吹胀，紧贴于模具型腔表面，经过冷却定型、脱模即得到中空制品。中空吹塑成型可制得各种不同容量、不同壁厚的塑料瓶、桶、罐等包装容器。适于中空吹塑成型的塑料有 PE、PVC、PP、PS、PET、NY、PC、CA 等。

中空吹塑成型过程包括型坯的制造和型坯的吹塑。一条完整的中空吹塑成型生产线由中空成型系统、自动上料系统、自动混料系统、后冷却去飞边系统、边料收集输送回收系统、成品收集输送与检测系统六个系统组成。根据型坯制造方法不同，中空吹塑可分为挤出中空吹塑和注射吹塑，在此基础上又发展了拉伸吹塑及多层吹塑等。

4.4.1　挤出中空吹塑

挤出中空吹塑如图 4-26 所示，它是先由挤出机挤出管状型坯后，再趁热送入吹塑模内吹胀成型，冷却后脱模即得到制品[37]。为配合连续挤出，可采用多付吹塑模在回转台上轮流生产。

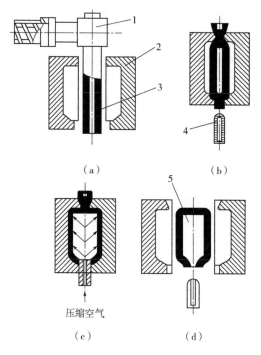

图 4-26　挤出中空吹塑示意

1—挤出机头；2—吹塑模；3—管状型坯；4—压缩空气吹管；5—制品

　　挤出中空吹塑法设备投资少，工艺成熟，生产效率高；型坯温度均匀，制品破裂少，能适于多种塑料。但其制品壁厚公差较大。挤出中空吹塑法在当前中空容器的生产中占有绝对优势，可制得各种不同容量和壁厚、不同形状以及带把手的容器[38]。

4.4.2　注射吹塑

　　注射吹塑是先由注射机将熔融的塑料注入注射模内形成有底型坯，开模后型坯留在芯模上，然后趁热移至吹塑模内，吹塑模闭合后从芯棒进气孔通入 0.20～0.69MPa 的压缩空气使型坯吹胀，冷却后脱模即得到制品，其成型工艺过程如图 4-27 所示。

　　注射吹塑成型自动化程度高，可多种模型生产，效率高。成型的容器壁厚均匀，重量公差小；其底部强度高，瓶颈口尺寸精确，且后加工量小。但每种制品必须使用两副模具即型坯模和吹塑模，且型坯模要能承受高压，生产投资大。此法仅适于生产批量大、精度高的小型包装容器，如饮料瓶等。

4.4.3　拉伸吹塑

　　拉伸吹塑是 20 世纪 70 年代后发展起来的一种双轴定向拉伸吹塑新工艺。经拉伸吹塑成型的容器，其透明度、拉伸强度、抗冲击强度、表面硬度、刚性和气密性等均有较大

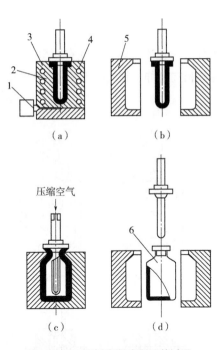

图 4-27 注射吹塑成型工艺过程

1—注塑机；2—注射型坯；3—空心凸模；4—加热器；5—吹塑模；6—制品

的提高[39]。且可使容器的壁厚减薄，节省原材料 50% 左右。目前，拉伸吹塑工艺广泛用于生产 PET、PP、PVC 等塑料瓶。

拉伸吹塑成型工艺又分为注射拉伸吹塑（注-拉-吹）和挤出拉伸吹塑（挤-拉-吹）两种，其中以前者应用较广。

1）注射拉伸吹塑

是利用注射成型制得有底型坯，然后在拉伸温度下进行纵向拉伸，再经吹胀成型达到横向拉伸，其成型工艺过程如图 4-28 所示。

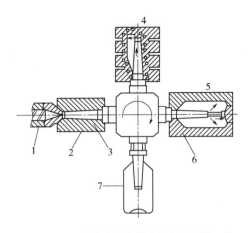

图 4-28 一步法注射拉伸吹塑中空成型工艺

1—注塑机；2—型坯模具；3—型坯；4—型坯控温；5—型坯拉伸、吹塑；6—拉伸吹塑模具；7—制品脱模

2）挤出拉伸吹塑

是由挤出法制得管状型坯，再把底部熔合形成有底型坯，然后在拉伸温度下进行纵向拉伸、而后进行吹胀成型完成横向拉伸，其成型工艺过程如图4-29所示。此法多用于成型PVC等无定形塑料。

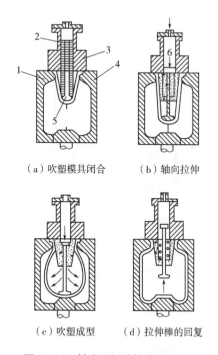

（a）吹塑模具闭合　　　（b）轴向拉伸

（c）吹塑成型　　　（d）拉伸棒的回复

图 4-29　挤出型坯拉伸吹塑工艺

1—吹塑模具；2—柱塞；3—挤出冲头；4—模具；5—顶出弹簧；6—压缩空气

4.5
其他成型方法

4.5.1　发泡成型

泡沫塑料是以树脂为基础而内部具有无数微孔性气体的塑料制品，又称为多孔性塑料[40]。目前，通常用于制造泡沫塑料的树脂有聚苯乙烯、聚氯乙烯、聚乙烯、聚氨酯、脲甲醛树脂等。发泡性树脂直接填入模具内，使其受热熔融，形成气液饱和溶液，通过成核作用，形成大量微小泡核，泡核增长，制成泡沫塑件。常用的发泡方法有物理发泡法、化学发泡法和机械发泡法3种。

（1）物理发泡法

物理发泡法指应用物理原理实施发泡，包括：a.使惰性气体在加压下溶于熔融聚合物或糊状复合物中，然后减压放出溶解气体而发泡；b.低沸点液体气化使聚合物发泡；c.溶解掉聚合物中可溶组分而成微孔塑料（通称溶解泡沫塑料）；d.在熔融聚合物中加入中空微球，再经固化而成泡沫塑料（通称组合泡沫塑料）等。

（2）化学发泡法

指应用化学反应实施发泡，包括：a.使化学发泡剂在加热时分解并释放气体而发泡；b.在原料组分的聚合反应中释放气体而发泡。

（3）机械发泡法

借助机械搅拌作用，往液态聚合物或复合物中混入空气而发泡。

上述发泡法的共同点是：待发泡聚合物或复合物必须处于液态或一定黏度的塑性状态；泡沫的形成是依靠能产生泡孔结构的固体、液体或气体发泡剂，或者几种物质混合的发泡剂。针对某种聚合物，应根据其性质选择适宜的发泡法与发泡剂才会制成合格的泡沫塑料。

除以上3种发泡成型，另外还有超临界二氧化碳发泡和高压釜发泡[41]。超临界二氧化碳发泡是以超临界二氧化碳或氮气替代有机发泡剂在某温度下恒温迅速降压，使得混合溶液快速过饱和并生成晶核，最终形成合格的微孔材料。高压釜发泡则将聚合物片材在一定压力和温度下置于气体（如氮气）中足够长的时间，当气体在材料中饱和后通过快速泄压进行发泡成型。

4.5.2　浇铸成型

浇铸成型是塑料加工的一种方法。早期的浇铸是在常压下将液态单体或预聚物注入模具内经聚合而固化成型变成与模具内腔形状相同的制品。20世纪初酚醛树脂最早用浇铸法成型。20世纪30年代中期，用甲基丙烯酸甲酯的预聚物浇铸成有机玻璃见聚甲基丙烯甲酯。第二次世界大战期间开发了不饱和聚酯浇铸制品，其后又有环氧树脂浇铸制品。20世纪60年代出现了尼龙单体浇铸聚酰胺，随着成型技术的发展，传统的浇铸概念有所改变，聚合物溶液、分散体指聚氯乙烯糊和熔体也可用于浇铸成型。用挤出机挤出熔融平膜，流延在冷却转鼓上定型，制得聚丙烯薄膜，被称为挤出-浇铸法。

浇铸成型一般不施加压力，对设备和模具的强度要求不高，对制品尺寸限制较小，制品中内应力也低[42]。因此，生产投资较少，可制得性能优良的大型制件，但生产周期较长，成型后需进行机械加工。在传统浇铸基础上，派生出灌注、嵌铸、压力浇铸、旋转浇铸和离心浇铸等方法。

（1）灌注

此法与浇铸的区别在于：浇铸完毕制品即由模具中脱出，而灌注时模具却是制品本身的组成部分。

（2）嵌铸

将各种非塑料零件置于模具型腔内，与注入的液态物料固化在一起，使之包封于其中。

（3）压力浇铸

在浇铸时对物料施加一定压力，有利于把黏稠物料注入模具中，并缩短充模时间，主要用于环氧树脂浇铸。

（4）旋转浇铸

把物料注入模内后，模具以较低速度绕单轴或多轴旋转，物料借重力分布于模腔内壁，通过加热、固化而定型。用以制造球形、管状等空心制品。

（5）离心浇铸

将定量的液态物料注入绕单轴高速旋转并可加热的模具中，利用离心力将物料分布到模腔内壁上，经物理或化学作用而固化为管状或空心筒状的制品。单体浇铸尼龙制件也可用离心浇铸法成型。

适于浇铸的树脂和单体有下列品种。

1）丙烯酸酯系树脂

有机玻璃板材是一种重要的浇铸制品，既可单件浇铸也可连续浇铸单件浇铸是把甲基丙烯酸甲酯单体，或预聚物注入表面光洁度很高的两块平板玻璃所组成的模具中，经过一定程序的加热，单体全部聚合，即可得到制品。连续浇铸是将物料浇在两个平行、连续、无端、高度抛光的不锈钢带之间，单体在运行的载体上完成聚合反应。

2）酚醛树脂和环氧树脂

将配制好的酚醛树脂或环氧树脂预聚物注入金属或石膏的模具中，经加热固化而制成各种制品。

3）不饱和聚酯

将加有碎石、色料等配制好的液态聚酯倒入模具中，在室温下经一定时间聚合而固化，得到各种美观的人造大理石制品。

4）硝酸纤维素和醋酸纤维素

将一定浓度的聚合物溶液，以一定速度注入并流延在无端金属带上，通过加热脱除溶剂使其固化，然后从载体上剥离而制得薄膜，也称为溶剂浇铸。工业上主要用此法生产照相和电影用胶片。

5）聚酰胺

将熔融己内酰胺单体浇铸/注入模具中，使其在催化剂作用下完成聚合反应，冷却即得到制品。它特别适用于生产大型制件如齿轮、轴承、油箱等，所得制件强度大、刚性高。

其他可用于浇铸成型的还有聚乙烯、聚氨酯、聚乙烯醇、硅树脂以及热塑性橡胶等。

4.5.3 热成型

热成型是将热塑性塑料（见热塑性树脂）片材加工成各种制品的一种较特殊的塑料加

工方法。片材夹在框架上加热到软化状态，在外力作用下，使其紧贴模具的型面，以取得与型面相仿的形状。冷却定型后，经修整即成制品。此过程也用于橡胶加工[43]。近年来，热成型已取得新的进展，例如从挤出片材到热成型的连续生产技术。

热成型类型有如下几种[39]。

（1）真空成型

热成型方法有几十种，真空成型是其代表的一种。采用真空使受热软化的片材紧贴模具表面而成型。此法最简单，但抽真空所造成的压差不大，只用于外形简单的制品。

（2）气压热成型

采用压缩空气或蒸汽压力，迫使受热软化的片材，紧贴于模具表面而成型。由于压差比真空成型大，可制造外形较复杂的制品。

（3）对模热成型

将受热软化的片材放在配对的阴、阳模之间，借助机械压力进行成型。此法的成型压力更大，可用于制造外形复杂的制品，但模具费用较高。

（4）柱塞助压成型

用柱塞或阳模将受热片材进行部分预拉伸，再用真空或气压进行成型，可以制得深度大、壁厚分布均匀的制品。

（5）固相成型

片材加热至温度不超过树脂熔点，使材料保持在固体状态下成型。用于 ABS 树脂、聚丙烯、高分子量高密度聚乙烯。制件刚性、强度等都高于一般热成型产品。

（6）双片材热成型

两个片材叠合一起，中间吹气，可制大型中空制件。把热塑性塑料片材料加工成各种制品的一类较特殊的加工方法，将片材夹在框架上加热到软化状态，在外力作用下，使其紧贴模具型面，冷却定型后即得制品，此法也用于橡胶加工。与注射成型比较，具有生产效率高，设备投资少和能制造表面积较大的产品等优点，使用的塑料主要有聚苯乙烯、聚氯乙烯、聚烯烃等，成型方法有多种，都是以真空、气压或机械压力三种方法为基础加以组合或改进而成的。可用于生成饮食用具、玩具、帽盔以及汽车部件、建筑饰件、化工设备等。

4.5.4 模压成型

模压成型（又称压制成型或压缩成型），是复合材料生产中最古老而又富有无限活力的一种成型方法，先将粉状，粒状或纤维状的塑料放入成型温度下的模具型腔中，然后闭模加压而使其成型并固化的作业。模压成型可兼用于热固性塑料、热塑性塑料和橡胶材料。

模压成型工艺具有如下优点：a.生产效率高，便于实现专业化和自动化生产；b.产品尺寸精度高，重复性好；c.表面光洁，无需二次修饰；d.能一次成型结构复杂的制品；e.因为批量生产，价格相对低廉。模压成型的不足之处在于模具制造复杂，投资较大，加上受压机限制，最适合于批量生产中小型复合材料制品。随着金属加工技术、压机制造水平及合成树脂工艺性能的不断改进和发展，压机吨位和台面尺寸不断增大，模压料的成型温度和压力也相对降低，使得模压成型制品的尺寸逐步向大型化发展，目前已能生产大型汽车部件、浴盆、整体卫生间组件等。

模压成型工艺按增强材料物态和模压料品种可分为如下几种。

（1）纤维料模压法

纤维料模压法是将经预混或预浸的纤维状模压料，投入到金属模具内，在一定的温度和压力下成型复合材料制品的方法。该方法简便易行，用途广泛。根据具体操作上的不同，有预混料模压和预浸料模压法。

（2）碎布料模压法

将浸过树脂胶液的玻璃纤维布或其他织物，如麻布、有机纤维布、石棉布或棉布等的边角料切成碎块，然后在模具中加温加压成型复合材料制品。

（3）织物模压法

将预先织成所需形状的两维或三维织物浸渍树脂胶液，然后放入金属模具中加热加压成型为复合材料制品。

（4）层压模压法

将预浸过树脂胶液的玻璃纤维布或其他织物，裁剪成所需的形状，然后在金属模具中经加温或加压成型复合材料制品。

（5）缠绕模压法

将预浸过树脂胶液的连续纤维或布（带），通过专用缠绕机提供一定的张力和温度，缠在芯模上，再放入模具中进行加温加压成型复合材料制品。

（6）片状塑料（SMC）模压法

将 SMC 片材按制品尺寸、形状、厚度等要求裁剪下料，然后将多层片材叠合后放入金属模具中加热加压成型制品。

（7）预成型坯料模压法

先将短切纤维制成品形状和尺寸相似的预成型坯料，将其放入金属模具中，然后向模具中注入配制好的黏结剂（树脂混合物），在一定的温度和压力下成型。

回收的废旧塑料，可以通过上述这些成型加工方法加工成各种制品而重新利用。

参考文献

［1］张明耀，沈进，赵宇，等. 废塑料的综合处理利用技术. 塑料工业[J]. 2005（S1）：225-227.

［2］夏巍. 胎面双复合流动过程的计算机模拟分析[D]. 北京：北京化工大学，2001.

［3］高鹏. 大型多层共挤农膜机组的自控系统研发[D]. 济南：山东大学，2008.

［4］于丁. 吹塑薄膜[M]. 北京：轻工业出版社，1987.

［5］刘俊英，黎勇. 薄膜常见质量缺陷的技术问答[J]. 全球软包装工业，2006（1）：66-70.

［6］陈世煌. 塑料成型机械[M]. 北京：化学工业出版社，2006.

［7］徐立萍，王娣. 卷绕系统中收放卷的张力控制方法[J]. 合成纤维，2011（1）：45-48.

［8］孙宝荣. 一种改进的塑料薄膜卷取装置[J]. 轻工机械，1988（03）：39-42.

［9］胥小勇. 高速薄膜流涎机组的控制技术研究[D]. 南京：南京理工大学，2012.

［10］温彬洪. 管材挤出生产线的控制系统分析与实现[D]. 广州：华南理工大学，2011.

［11］徐秋红，代芳，孙安垣. 2009年我国热塑性工程塑料进展[D]. 工程塑料应用，2010，38（4）：78-84.

［12］王金立，张锐，吕召胜，等. 2011年我国热塑性工程塑料研究进展[D]. 工程塑料应用，2012，40（3）：94-102.

［13］孙逊. 聚烯烃管道[M]. 北京：化学工业出版社，2002.

［14］周凤华. 塑料再生利用[M]. 北京：化学工业出版社，2005.

［15］徐同考. 塑料基础与加工工艺[M]. 石家庄：河北科学技术出版社，1989.

［16］戴亚春. 现代模具成形设备[M]. 北京：机械工业出版社，2009.

［17］李跃文. 塑料挤出成型技术研发动态[J]. 塑料科技，2010，38（11）：83-86.

［18］王益龙，刘安栋. 反应挤出研究进展[J]. 现代塑料加工应用，2004，16（2）：35-39.

［19］蔡金平，黄兴元，柳和生. 微孔塑料成型加工的研究[J]. 塑料工业，2007，35（9）：8-10.

［20］李从威，周南桥，王全新. 微孔发泡注射成型设备及技术研究进展[J]. 工程塑料应用，2008，36（10）：76-80.

［21］王强，蔡剑平. 共挤技术在PVC-U发泡挤出中的应用[J]. 绿色建筑，2004，20（5）：31-33.

［22］崔崇. 聚氯乙烯芯层发泡制品的共挤出成型技术[J]. 塑料科技，2008，36（4）：60-63.

［23］吴大鸣. 精密挤出技术的开发和应用[J]. 国外塑料，2008，26（3）：48-54.

［24］黄娜斌，江波. 橡胶注射成型技术及其设备[J]. 橡塑技术与装备，2007，33（7）：32-37.

［25］张慧敏. 橡胶注射成型技术[J]. 特种橡胶制品，2005，26（5）：33-36.

［26］朱光力，万金保等. 塑料模具设计[M]. 北京：清华大学出版社，2003.

［27］黄娜斌，江波. 橡胶注射成型技术及其设备[J]. 橡塑技术与装备，2007，33（7）：32-37.

［28］Ibar J P. Vibrated gas assist molding：Its benefits in injection molding[J]. Specialized Molding Techniques，2001，55（9）：253-257.

［29］Shen Y K. The study on polymer melt front，gas front and solid layer in filling stage of gas-assisted injection molding[J]. International Communications in Heat & Mass Transfer，2001，28（1）：139-148.

［30］Liu S J，Chen Y S. The manufacturing of thermoplastic composite parts by water-assisted injection-molding technology[J]. Composites Part A Applied Science & Manufacturing，2004，35（2）：171-180.

［31］Yacoub F，Macgregor J F. Analysis and optimization of a polyurethane reaction injection molding（RIM）process using multivariate projection methods[J]. Chemometrics & Intelligent Laboratory Systems，2003，65（1）：17-33.

［32］Wang Y，Zhang Q，Na B，et al. Dependence of impact strength on the fracture propagation direction in dynamic packing injection molded PP/EPDM blends[J]. Polymer，2003（15）：4261-4271.

［33］Bing N，Qin Z，Qiang F，et al. Super polyolefin blends achieved via dynamic packing injection molding：the morphology and mechanical properties of HDPE/EVA blends[J]. Polymer，2002，43（26）：7367-7376.

［34］Bing N，Qin Z，Yong W，et al. Three-dimensional phase morphologies in HDPE/EVA blends obtained via dynamic injection packing molding[J]. Polymer，2003，44（19）：5737-5747.

［35］Bing N，Ke W，Qin Z，et al. Tensile properties in the oriented blends of high-density polyethylene and isotactic polypropylene obtained by dynamic packing injection molding[J]. Polymer，2005，46（9）：3190-3198.

［36］曹志超等. 乡镇企业机电实用技术手册（下）[M]. 北京：化学工业出版社，1997.

［37］柳忠言. 包装设计制作工艺与检测技术标准实用手册[J]. 中国畜牧业，2003（6）：69.

［38］于丽霞，张海河. 塑料中空吹塑成型[M]. 北京：化学工业出版社，2005.

［39］郝晓秀. 包装材料学[M]. 北京：印刷工业出版社，2006.

［40］温志远. 塑料成型工艺及设备[M]. 北京：北京理工大学出版社，2007.

［41］陈茂顺. 高分子材料的加工成型技术探究[J]. 新型工化，2021，11（8）：174-175.

［42］马小娥. 材料科学与工程概论[M]. 北京：中国电力出版社，2009.

［43］林师沛，赵洪，刘芳. 塑料加工流变学及其应用[M]. 北京：国防工业出版社，2008.

第**5**章

废旧塑料的处置

我国废旧塑料流向主要包括回收利用、焚烧、填埋处理和环境中遗弃四个方面。根据统计和计算，2019 年中国废旧塑料的产生量为 6300 万吨，而主要的处理方式是填埋，达到 2016 万吨（占比 32%）；其次是焚烧处理，达到 1953 万吨（占比 31%）；遗弃量为 441 万吨（占比 7%）；而回收量为 1890 万吨（占比 30%）（见图 5-1）[1]。

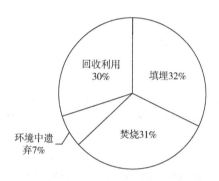

图5-1　2019年我国废旧塑料流向统计

5.1
填埋法

5.1.1　填埋法概述

填埋法指利用山涧沟谷、洼地等场地，采用一定的手段，按照填埋标准将垃圾进行处理的方法。采用填埋处理，渗滤液必须经过处理并达到相应的排放标准后才能排入水体，避免产生二次污染。防渗处理工程措施必须保证填埋场与外界水环境的隔离，以防止对地下水的污染。在填埋作业过程中，要注意分层并压实，提高垃圾填埋场的利用率。对填埋体要进行科学处置，减少臭气及蚊蝇的滋生，防止沼气的无序迁移。地下水一旦发生污染，修复和补救起来将十分困难。填埋法操作简单，垃圾消纳量大，运行费用低，因此适应性比较广。填埋法是城市生活垃圾无害化处理的主要办法，常常与其他处理方法同时使用，因此在城市生活垃圾处理中必不可少。

土地填埋法依然是目前世界上垃圾处理最为普遍的处理方式，即便是在西方发达国家填埋法处理城市垃圾也达到50%以上[2]。例如：美国城市垃圾卫生填埋占67%，英国占83%，德国占68.9%。虽然日本土地紧张，没有大量的土地供卫生填埋使用，但填埋仍占23%。由此原因造成垃圾填埋法应用较少的国家还有瑞士、瑞典、丹麦等。

5.1.2　废旧塑料的填埋处置

为了能够更加方便地处置废弃塑料，节约时间和精力，一般采取填埋法，填埋法能够节省很多时间，采用该法处置废弃塑料能够有效地降低废旧塑料处置难度，该现象的主要原因是该技术不会给工作人员提出很高的要求，并且在操作过程中会消耗越来越低的资源量，因此填埋法得到了极其广泛的运用，发挥着极其重要的作用。但是，如果需要处置的废弃塑料体积比较大，会给相关负责人和周围环境带来不利影响，该技术在此情况下会产生负面作用。相应的填埋工作会在一定程度上造成大气环境的污染，与其他的处置技术相比，填埋技术使用非常简单流畅，但应该在合适的情况下使用，更好地节约资源，保护环境。

废旧塑料填埋后不易分解腐烂，会形成"永不消失的垃圾"，并且废塑料质量轻，容易暴露在地表，从而形成"视觉污染"。这样的固体污染物既不易挥发，也不易被土壤微生物分解，而是长期滞留在土壤里。目前全国土壤环境状况总体不容乐观，部分地区土壤污染较重，耕地土壤环境质量堪忧。而填埋法占地面积广，增加了土地资源负担，采用此法必将占用大量的土地，使可耕地面积减少，此法并非长久之计。且严格来说填埋并非是处置方法，而是一种贮存手段。

5.1.3　废旧塑料填埋处置的危害

5.1.3.1　废旧塑料填埋释放污染气体

生活垃圾填埋处理排放气态污染物有CH_4、VOCs、NH_3、TSP、PM_{10}和$PM_{2.5}$，其中，废旧塑料是这些有害污染物的主要贡献来源。

5.1.3.2　废旧塑料填埋对土壤及地下水的污染

废旧塑料填埋产生了大量渗滤液，其中包括难以生物降解的萘、菲等非氯化芳香族化合物、氯化芳香族化物、磷酸酯、酚类化合物和苯胺类化合物等。所以一旦发生渗滤液渗漏将对周边土壤和地下水产生严重危害。垃圾填埋场已成为我国地下水最主要的污染源之一，地下水污染修复工作迫在眉睫。

5.1.3.3　废旧塑料填埋对土地资源的侵占

我国土地资源总量大，但是人均占用土地少，如果将废旧塑料简单填埋处理，则会对生态环境造成严重污染，造成资源浪费。据统计，10000t废旧塑料大约会侵占1亩（1亩=667m²）土地[3]。且垃圾填埋场占据土地，即便是封场多年，想要重新开发利用土地也是困难重重。

5.2
焚烧法

5.2.1　焚烧法概述

垃圾焚烧是通过对垃圾进行高温焚烧，使之发生化学分解，将垃圾中的有机物化学能转化为热能，同时实现垃圾减量化、资源化、无害化的目的。垃圾焚烧产生的高温烟气可作为热能回收利用，性质稳定的残渣可直接填埋或用作建材。经过焚烧处理，垃圾中的细菌、病毒被彻底消灭，各种恶臭气体通过高温分解，烟气中的有害成分经处理达标后排放。

1870年世界上第一台垃圾焚烧炉在英国开始投入运行，但当时垃圾的水分和灰分大，热值低，使得焚烧炉的操作状况不佳，很快就停止运行了。1895年，在德国汉堡建成了世界上第一个固体废物发电厂；1905年又在美国纽约建成了第一座市政废弃物和燃煤电厂。目前，美国有超过1500个焚烧厂，最大的垃圾发电厂每日平均处理垃圾4000t，发电能力65MW，占17%的垃圾量。德国目前有超过50个垃圾资源提取设备和超过10个垃圾发电厂，同时用于热电联产和高效的民用供热或工业供热。法国利用超过300台的垃圾焚烧炉来处理的40%城市垃圾。此外，日本、意大利等国家已经建设了百座垃圾焚烧厂，目前垃圾焚烧处理比例在日本可高达75%。

我国垃圾焚烧技术的研究起步较晚，是经济发展到一定阶段后自然需求的产物。一开始仅在深圳等极少数经济发达城市的垃圾处理业务中引进了国外先进垃圾焚烧技术，随着我国经济加速发展，目前已有越来越多的城市建设了垃圾焚烧发电厂。经过建设期，大量焚烧处理厂在2010年投运。2016年多部委联合发布《关于进一步加强城市生活垃圾焚烧处理工作的意见》，将焚烧技术确定为城市生活垃圾处理行业的主体技术路线。

垃圾焚烧是目前处理垃圾最为有效的办法之一，在具备经济条件、垃圾热值条件和缺乏卫生填埋场地资源的经济发达地区，垃圾焚烧处技术发展很快，在城市垃圾处理行业的应用规模仅次于垃圾填埋。当然，垃圾焚烧发电存在前期投资成本高、占用资金周期长，对垃圾热值有一定要求等问题。在城市化率不断提升、经济发展速度也不断加快的背景下，生活垃圾数量也出现了大幅度的提升。这就导致相较于以往的堆肥、卫生填埋等方式，垃圾焚烧模式不仅在垃圾减量、占地面积方面存在优势，同时也具有资源化、无害化特征，在我国拥有很大的发展空间。

5.2.2 废旧塑料的焚烧处置

焚烧技术也是废旧塑料处理工作当中非常重要的技术。在进行生产时，大部分塑料制品都将树脂作为原料，而树脂可以当作燃料来使用。调查发现，大部分塑料制品的树脂含量都会达到65%。因此在对废旧塑料进行焚烧处理时可以将其用作燃料来进行二次使用。相关试验显示，除了热固性塑料，废旧塑料在高温环境中都会融化分解；其中，树脂成分在高温环境中会分解80%，其余的就可以作为燃料进行使用。

焚烧法由于其昂贵的成本和有限的适用范围，也不是废旧塑料处理的最佳方式。高炉喷吹技术是一种将废旧塑料制成适宜粒度后，作为原料喷入高炉，取代焦炭或煤粉的新方法，是更进一步的焚烧利用技术。国外对高炉喷吹技术的应用探索表明，该方法虽然会在生产时产生有害气体，但其排放量仅为焚烧法的0.1%~1%，对环境的污染已大幅降低，且废旧塑料在高炉中的热利用率能达到80%。该技术的难点在于对废塑料的加工处理，废旧塑料在喷入高炉前必须加工成具有一定粒度的粒状物料。在加工时，包装塑料中的固体塑料和薄膜塑料因具有不同的形状难以共同处理，最好分开加工。在加工处理问题方面，国外学者已经找到了一些解决途径。在中国，大部分高炉仍采用喷吹煤粉技术，然而国内煤粉存在灰分较高、喷吹效益差、煤资源短缺等问题，发展高炉喷吹废塑料技术是一种合理的解决方案。我国应致力于寻找更加经济、实用的制粒和喷吹方法。

5.2.3 废旧塑料焚烧存在的问题

5.2.3.1 焚烧废旧塑料产生热量高

塑料具有高发热的特性，单纯塑料发热量在500~10000kcal/kg（1cal=4.1868J，下同）之间，而混入纸的废旧塑料在燃烧时发热量达3000~4000kcal/kg。废旧塑料燃烧产生的热量高，可以用作燃料，用于电气生产或天然气供暖系统中，这样的二次使用方式十分符合我国的环保理念。

然而有时热量过高也不是好事，因为焚烧炉内过高的温度不仅易烧坏炉箅，而且熔融的塑料还有可能堵住炉箅的孔眼。由于对焚烧炉设计的最高发热量都有一定的上限，过高的发热量导致炉内耐火砖的熔融影响焚烧炉的使用寿命等都是有待解决的问题。

5.2.3.2 焚烧使塑料着色的颜料污染环境

由于部分塑料是用含镉、铅、锌等的颜料着色的，它们在焚烧过程中会与废气中的氯气和垃圾中的氯化钠反应，形成重金属化合物。在焚烧过程中，这些重金属化合物会随烟尘和焚烧残渣一起排放，对环境构成严重污染。

另外，为了减轻着色颜料的污染，必须提高焚烧工艺的设计水平和设备要求，从而将导致处理成本相应增长。

5.2.3.3　焚烧废旧塑料产生污染气体

废旧塑料焚烧过程中还产生大量有害气体，会危害环境和人的健康。废旧塑料焚烧过程的主产物是二氧化碳和水，但在焚烧聚氯乙烯等含氯的塑料过程中会产生氯化氢，这是《中华人民共和国大气污染防治法》中严格规定限制的物质。而且在废旧塑料焚烧过程中有氯化氢存在时，同时会产生剧毒致癌的二噁英。氯化氢危害还在于对回收能量用的废热锅炉及其他附属装置有极强的腐蚀作用。此外，不同品种的塑料在不同焚烧条件下也会产生多环芳香烃化合物、一氧化碳等有害物质。例如 PVC 会产生 HCl，聚丙烯腈会产生 HCN，聚氨酯会产生氰化物等。

因此，为了处理废旧塑料焚烧过程中产生的有害气体焚烧炉必需设置相应的废气处理设施进行二次处理，以避免过多污染物质的生成给环境带来不利影响，但这样势必会增加建设费用和治理费用。

5.2.3.4　焚烧废旧塑料产生微塑料污染

传统认为垃圾焚烧只产生二氧化碳和其他无机组分，但是已有研究发现炉渣中存在未燃尽的织物，如今很多织物由合成纤维制成，这意味着炉渣中也可能含有微塑料，会随炉渣的处置、再利用释放到环境中。

杨占等[4]对 17 处炉渣样品进行了检测分析，其中有 15 处检出了微塑料，微塑料丰度最高可达 565 颗/kg，推算 1t 生活垃圾焚烧后将产生 360～102000 颗微塑料[4]。根据全球固体废物管理系统的统计数据估算，焚烧和堆肥产生的微塑料处于同一数量级。

研究人员已证实城市生活垃圾焚烧厂是环境微塑料的潜在产生源。通过焚烧处理的废旧塑料垃圾，依然存在产生、释放微塑料的风险。

5.3
生物降解

塑料可以通过多种途径进入海水、湖泊、土壤、沉积物等环境中，并表现出不同的迁移和分布特征。例如，漂浮于海洋表面的塑料与海水中的有机颗粒团聚后迅速垂直下沉，增加了海洋沉积物中塑料的浓度。此外，塑料会在生物体的作用下发生迁移和转化，或者进入生物体并在体内富集和代谢，对生物产生一定的毒性效应。特别地，环境中的塑料在非生物因素（如太阳光辐射、高温、波浪冲击、砂砾磨损等）或生物因素（如摄食、定殖、降解等）的作用下会发生物理或化学性质的变化。例如，塑料表面粗糙度增加，同时发生断链和氧化作用，使其疏水性降低、分子量减小，并逐渐分解为对生态系统和人体健康具有潜在危害的微塑料（粒径<5mm）和纳米塑料（粒径<0.1μm）。在众多导致塑料性质改变的途径中，塑料的生物降解既是塑料进入环境不可避免的环境过程之一，也是一种可以在

原位进行、绿色环保且成本和技术含量相对较低的塑料废弃物处理方法。

5.3.1 塑料生物降解概述

塑料的生物降解是指在一定时间范围内，塑料在生物（如细菌、真菌和藻类等）的作用下被逐渐分解为对环境无害的生物质、CO_2、CH_4和H_2O的过程。塑料种类的差异导致其生物降解的难易程度不同。其中，聚烯烃类塑料［如聚乙烯（PE）、聚苯乙烯（PS）、聚丙烯（PP）、聚氯乙烯（PVC）等］的主链由碳骨架构成，化学性质较稳定，自然条件下难以被生物降解，常需要通过物理或化学方式进行前处理以提高生物降解的效率。而聚酯［如聚乳酸（PLA）、聚己内酯（PCL）、聚对苯二甲酸乙二醇酯（PET）、聚（己二酸-对苯二甲酸丁二醇）酯（PBAT）等］、聚碳酸酯（PC）、聚酰胺（PA）和聚氨酯（PUR）类塑料因结构中含有易于水解的酯键或以羟基、羧基、羰基等形式存在的氧原子而易于被生物降解。

5.3.2 动物对塑料的生物降解

动物可通过咀嚼、胃磨等方式将塑料进行破碎，这一过程会引起塑料物理性质的改变。例如，蟑螂和蟋蟀具有明显的啃食塑料薄膜的能力[5]，正蚓可以摄入土壤中的低密度聚乙烯（LDPE）颗粒（粒径<150μm），而排出体外的塑料颗粒尺寸明显减小（粒径<50μm）。

南极磷虾可以通过胃磨的作用，将平均尺寸为31.5μm的PE塑料微球破碎成平均尺寸为7.1μm的塑料颗粒[6]。

在物理破碎的同时，一些动物也可以通过体内复杂的生物化学反应导致摄入的塑料发生化学性质的改变。目前关于动物介导的化学转化研究主要集中于昆虫，鞘翅目、鳞翅目等全变态昆虫的幼虫可以摄食塑料，并通过肠道微生物群落将塑料矿化为CO_2和H_2O等。其中，关于黄粉虫幼虫降解塑料的研究最为广泛，它们具有摄食和消化PS、PE、PVC等塑料和橡胶轮胎的能力。以PS为例，黄粉虫幼虫摄食的PS泡沫在肠道微生物的作用下会发生长链结构裂解，生成包括脂肪族碳氢化合物和苯衍生物在内的小分子量碎片，同时释放CO_2[7]。

5.3.3 微生物对塑料的生物降解

细菌具有降解各类塑料的能力。从沿海地区塑料废物倾倒场收集的248个细菌菌株中，发现了140个可降解HDPE的菌株，其中芽孢杆菌属（*Bacillus* sp.）和假单胞菌属（*Pseudomonas* sp.）是最有效的降解细菌，可在1个月内使HDPE薄膜的质量损失最高达23.14%[8]。然而，即使在无氧条件下细菌也可以降解塑料，但降解速率有所降低。值得注意的是，由多种细菌组成的菌团对塑料的降解效果更明显[9]。将多种降解效率较高的菌株混合培养可以提高塑料的生物降解效率，为如何有效处理环境中的塑料垃圾提供了新思路。

除细菌外，真菌也具有降解塑料的能力。真菌独有的丝状分支结构具有强大的延伸和穿透能力，菌丝通过胞吐作用释放酶从而降解塑料，同时真菌分泌的疏水蛋白还可以增强菌丝在塑料表面的附着能力[10]。例如，球毛壳菌可以通过菌丝和孢子定殖在PVC和PCL表面，并释放酯酶和自身代谢形成的有机酸对塑料表面进一步侵蚀，使表面形成凹陷和裂缝[11]。然而，目前从环境中分离出具有降解塑料能力的真菌仍有难度，因此对真菌降解塑料的研究数量要远少于细菌。

微生物降解塑料的过程比较复杂，每个步骤紧密联系并可能同时发生。首先，一些由细胞和胞外聚合物组成的微生物聚集体能够相互黏附或黏附于塑料表面并形成复杂的生物膜。随后，生物膜中具有降解塑料能力的微生物分泌胞外酶和胞内酶等，通过攻击塑料的分子链，使其中可水解的化学键或分子链的末端断裂，产生单体、二聚体和其他低聚物，导致塑料自身分子量降低；同时，在氧气的作用下进一步氧化，形成羟基、羰基、羧基等含氧官能团。断裂后的分子链和形成的低聚物会释放到周围环境中，而其中一部分分子量较低的低聚物可以穿过微生物的细胞膜进入微生物体内，作为碳源供微生物代谢和生长。值得注意的是，一些细菌不仅对聚合物本身具有降解能力，对组成聚合物的单体、二聚体和其他低聚物也具有很强的降解能力。进入微生物体内的低聚物在体内代谢机制（主要为β-氧化机制）的作用下逐步降解。

5.3.4 酶对塑料的生物降解

酶在塑料的生物降解过程中具有至关重要的作用。酶对塑料的生物降解通常分为两步：首先，酶通过活性位点与塑料结合；随后，在活性位点的催化作用下降解塑料。研究发现，水解酶（如脂肪酶、酯酶、蛋白酶等）和氧化还原酶（如漆酶、过氧化物酶、烷烃氢化酶等）是两种主要的塑料降解酶。

水解酶是一类具有催化底物水解能力的酶，可降解聚酯、聚碳酸酯、聚酰胺等结构中含有易水解化学键（如酯键）的塑料。除天然水解酶外，一些经过蛋白质工程改造后的水解酶的稳定性和活性增强，从而提高了对塑料的降解能力。例如，Tournier等[12]合成了热稳定性更强的PET水解酶（PETase），可以在10h内降解至少90%的PET。

氧化还原酶是一类具有木质素降解能力的酶，可降解PE、PS、PP、PVC等结构中含有不易于水解的C—C单键的塑料。例如，漆酶可以破坏PE中分子链灵活性较强的无定形部分，并形成含氧官能团[13]。木质素过氧化物酶（LiP）具有降解PS和PVC的能力，降解后的塑料表面粗糙度增加，并形成含氧官能团[14]。

5.3.5 塑料生物降解的影响因素

影响塑料生物降解的因素主要包括塑料性质、生物种类以及环境因素。

塑料的种类、结构、分子量、亲疏水性、添加剂等均会影响塑料的生物降解效率。含有易水解化学键的塑料（如聚酯、聚酰胺、聚氨酯、聚碳酸酯等）生物降解性较高。塑料自身的结构也会影响生物降解性，例如，内消旋PLA比外消旋PLA的吸水性更好。具有较低分子量的塑料由于更易穿过微生物细胞膜，因而也更易被微生物利用和降解。除此之外，添加在塑料中的硬脂酸铁等金属助氧化剂或二氧化钛等光敏剂可以通过增强电子传递速率或产生自由基的方式提高塑料的生物降解率[15]。

动物、微生物和酶对塑料的降解能力各有不同。昆虫等动物对塑料摄食和降解能力主要受肠道微生物群落调控。细菌、真菌等微生物降解塑料能力的差异，一方面是由于不同微生物产生的酶的种类不同；另一方面，微生物分泌的胞外聚合物可能提高微生物在塑料表面的黏附能力，从而提高微生物对塑料的降解能力。酶的活性位点会影响酶与底物的接触效率，从而影响酶对塑料的降解。

环境因素对塑料生物降解的影响主要表现在两个方面。一方面，环境因素会影响生物的生命活动，从而影响生物体对塑料的降解。例如，温度、水分、氧气、土壤碳氮含量等会影响土壤中微生物种类的多样性和相对丰度，多样性和相对丰度较高的微生物群落具有更高的代谢潜能，因此具有更强的降解塑料的潜能。另一方面，环境因素会改变塑料的结构和性质进而影响塑料的降解。例如，环境中太阳光辐射、高温、砂砾磨损等因素会加速塑料老化，使塑料表面更粗糙，同时形成羰基、羟基等含氧官能团，增加了微生物降解塑料的可能性。

5.3.6　塑料生物降解存在的问题

塑料经过生物降解后可最终矿化为CO_2等相对环境友好的物质，但主要降解产物为尺寸较小的塑料碎片和低分子量聚合物，降解并不完全。研究表明，这些降解产物具有不同程度的生物毒性。一方面，塑料经生物降解后会产生尺寸较小的塑料碎片，并吸附环境中的有害物质（如重金属、持久性有机污染物等），通过自身摄食或食物链传递的方式进入动物体后，对动物的生长、发育和繁殖能力产生损害；另一方面，塑料生物降解后释放出的低分子量聚合物具有一定的生物毒性。例如，纺锤形赖氨酸芽孢杆菌（*Lysinibacillus fusiformis*）和蜡状芽孢杆菌（*Bacillus cereus*）降解PE后的苯、醇、脂肪酸等产物会抑制高粱种子的发芽指数和伸长率。

塑料生物降解后的产物还会影响土壤环境、水环境等的理化性质。例如，塑料碎片显著增加了土壤中微生物的代谢活性，使微生物对土壤有机质的利用度增强，导致溶解性有机碳、硝酸根、磷酸根、高分子量腐殖质等溶解性有机物的积累，进一步促进了土壤中碳氮磷的循环。此外，长期使用PE材质的农用地膜可导致地膜所覆盖的土壤pH值降低，这是由于土壤微生物降解PE的产物中含有羧酸。

塑料中含有的邻苯二甲酸酯（PAEs）等增塑剂、六溴环十二烷（HBCDDs）等阻燃剂在生物降解过程中会释放到周围环境内，对环境及环境中的生物产生一定的影响。

5.4
光降解

5.4.1　塑料光降解概述

塑料等聚合物材料暴露在日光或强的荧光下会出现外观和物理机械性能劣化，通常表现为变色、失去光泽、出现银纹、侵蚀、龟裂以及拉伸强度、冲击强度、伸长性和电性能下降等，这种现象称为光降解或光老化。光降解反应是指塑料在日光照射下吸收紫外线后发生光引发作用，使键能减弱，长链分裂成较低分子量的碎片，聚合物的完整性受到破坏，物理性能下降。较低分子量的碎片在空气中进一步发生氧化作用，产生自由基断链反应，降解成能被生物分解的低分子量化合物，最后被彻底氧化为 CO_2 和 H_2O。整个降解过程是光降解和自由基断链氧化的结果，这就是著名的 Norrish 反应。

5.4.2　塑料光降解的机理

光降解的光氧化反应取决于塑料中的外来基团或杂质，这些基团或杂质吸收光量子而处于激发态。起初短寿命的单线态转变为长寿命三线态。激发的三线态可以使聚合物链断裂并形成自由基（Norrish Ⅰ型反应）或通过氢转移（Norrish Ⅱ型反应）形成饱和与不饱和末端链。由此形成的基团中引入了分子氧（三重态基态）形成过氧自由基，这些过氧自由基吸收氢并形成氢过氧化物基团（—CH—OOH），氢过氧化物吸收紫外光或通过能量转移而被激发，键强较弱的 O—O 键断裂并产生烷氧基和羟基自由基，其可以以各种方式反应，例如通过氢取代、链断裂、重排等，并加速光降解。双键可以增加处于激发状态的单线态氧。在该反应中，双键转移到相邻的 C—C 键并形成氢过氧化物基团。光氧化降解的反应机理主要包括链引发、链增长、链终止等几个阶段。塑料的光氧化通常涉及自由基机理，包括断链、交联和二次氧化反应。过氧化氢化物是常见的中间体。塑料光降解的关键在于光氧化反应的链引发，通常可以通过加入降解剂（催化剂）来实现。

5.4.3　光降解影响因素

聚合物的化学成分、官能团、添加剂、化学键合、应力、环境条件等都会影响聚烯烃的光降解。

5.4.3.1　化学成分

化学成分不同，对光的响应也会有所区别，对某种特定聚烯烃塑料来说，光降解最敏感波长取决于聚烯烃分子中的化学键，因此不同的塑料降解最敏感波长不同。例如，PE降解最敏感波长约为300nm，而PP降解最敏感的波长约为370nm。

5.4.3.2　官能团

在塑料中引入羰基可以促进光降解，羰基等发色团吸收近紫外辐射，并通过Norrish I型反应、II型反应和吸氢光化学降解过程形成自由基。随着发色团数量的增加，更多的位点可以吸收更多的光子，并引发降解反应，光降解速率增加。

5.4.3.3　添加剂

降解剂、填料或颜料等添加剂会影响聚烯烃的光降解行为。Sanchezsolis等[24]研究发现，砂子等填料由于会阻碍紫外线而降低PE的降解效率。Perthué等[25]研究发现，在含有30%（质量分数，下同）惰性方解石填料的高散射复合膜中，乙烯-乙酸乙烯共聚物（EVA）的散射过程和光降解速率之间有紧密联系，纳米级方解石的降解效果明显增强。降解剂可以加速塑料的降解，而稳定剂阻碍塑料的降解，关于降解剂的影响机理下文会重点介绍。例如，过渡金属催化剂通过诱导氢过氧化物分解加速了塑料的光降解过程；诸如苯并三唑、二苯甲酮和苯基酯等有效光吸收剂以及受阻胺等光稳定剂则阻碍塑料的光降解。

5.4.3.4　其他

聚烯烃链的交联通过锁定聚烯烃结构和防止层状展开来降低光降解速率，因为这些作用阻止了光生自由基的分离并有利于自由基的结合。Tyler等[26]表明，拉伸应力或剪切应力会增加塑料的光化学降解性能；反之压应力阻碍塑料的光降解。同时，光照强度、环境温度和发色团浓度都会影响聚合物的降解。

5.4.4　塑料光降解改性

光降解改性目前，海外已经成功研发并生产的光降解技术有合成型和添加型两种：合成型光降解技术是在聚乙烯等烯烃聚合物的主链上引入羰基等光敏基团；添加型光降解技术是在高聚物中添加有光敏剂。国内目前生产中采取的主要是添加型光降解技术。

5.4.4.1　合成型

合成型光降解塑料，主要的改性方法是：在聚合物共聚反应时，把羰基等光敏基团引入到高分子的主链上。研究发现，如果把羰基引入聚烯烃的分子主链上，聚烯烃就可以吸收340nm以下的紫外线，产生Norrish I型反应和Norrish II型反应，高分子因光而降解。工业生产上，原料为烯类等单体与光敏单体（CO或烯酮类），共聚后可得到含有羰基结构的聚合物，此类聚合物具有光降解性。

5.4.4.2 添加型

把光敏剂添加到 PE、PP 等通用聚合物中，这是添加型光降解材料的普遍做法。在光和紫外线的作用下，塑料中的光敏剂可以解离，并形成具有活性的自由基，使高分子链发生一系列的反应，让塑料降解。

通常使用的光敏剂有以下几种。

（1）过渡金属络合物

调查发现，二硫代氨基甲酸铁是目前工业上使用效果较好的光敏剂。它吸收太阳光的紫外线后会产生二硫代氨基甲酰自由基，使材料发生光降解反应。以色列的 PLASTOPIL 公司使用 Scott-Giiead 专利技术，采用铁、镍络合物复合光敏剂体系，制成了农用地膜 plastor。实验证明，铁、铜的二硫代氨基甲酸络合物的作用相当于光敏剂，而镍、锌、钴的同类络合物的作用相当于稳定剂。适度调整这两种络合物的比例，就可以通过控制薄膜发生光降解的诱导时间，进而控制塑料薄膜的降解时间。

（2）含有芳烃环结构的物质

蒽醌是一种带有芳烃环结构的物质，敏感波长在 350nm 左右，接受光波的照射和刺激，获得能量，转化为激发态，产生光化学活性，将从光波接受的能量转移高分子链上的羰基或不饱和键，使聚合物降解。

二茂铁是工业生产中广泛使用的一种光敏剂，光降解性能良好。二茂铁改性通用塑料已经实现大规模工业化生产。塑料制品中，二茂铁含量的差异可以使塑料具有不一样的性能。少量添加二茂铁可以促进塑料发生光降解，过量的二茂铁则会使塑料稳定化，由此可以通过控制二茂铁的添加量控制塑料的使用寿命。

（3）卤化物

在众多的金属氯化物中，$FeCl_3$ 是最有效的光敏剂。$FeCl_3$ 在光的紫外线的照射下会生成 $FeCl_2$ 和活性 Cl 原子，活性 Cl 原子与聚烯烃中的氢原子反应生成 HCl，因此 $FeCl_3$ 可以促进聚烯烃分子生成烷基自由基，发生氧化反应，形成过氧化自由基，进一步降解[27]。

5.4.5 塑料光降解处理的不足

塑料的光降解虽然降解速度比生物降解快，但总体来说降解效率低，塑料很难在短时间内彻底分解成二氧化碳和水等最终产物。此外，光降解的实现需要充足的条件，当塑料在生产时没有引入光敏基团或没有加入光敏剂后续便很难通过光降解的方式来处理。而现阶段的光降解剂的降解效率还远没有真正达到应用需求。光降解剂的光响应范围基本上是紫外区，即使是经过光敏化改性后的光降解剂，其光响应范围最多也只是扩大到了近紫外区的可见光，这部分光相对于太阳光所占比例很少，无法充分利用太阳光能。因此，光降解处理不能应用于所有废旧塑料的处理，有一定的局限性。

5.5
再生利用

塑料的巨大消费带来了大量的塑料废物，但不是所有的塑料废物都会产生污染问题，绝大部分塑料材料都具有可再生性。大型的塑料包装容器经过清洗、消毒可直接回收利用；塑料包装废物的再生利用主要指熔融再生和造型等。回收再生利用的方法主要包括废塑料的再生技术、热处理油化技术、加工成衍生燃料（RDF）焚烧能源化利用技术以及一些其他的化学处理技术。目前回收利用技术已经初步成熟，在国家提出固体废物向减量化、资源化、无害化处理的政策下，包装废物的回收利用不仅可行，还能促进包装工业的发展[16]。

目前，中国对废旧塑料的回收利用尚未普及，回收利用率仅20%左右，其余仍采用填埋、焚烧的处理方法。而日本、德国等发达国家废旧塑料的回收利用率已达70%，塑料再生利用是解决国家资源短缺问题的重要手段，在中国，废旧塑料回收加工有庞大、稳定的市场，行业的前景较好[17]。

5.5.1 废旧塑料再生利用的意义

回收废旧塑料不仅能够达到环保节约的目的，避免给周边环境带来负面影响，而且可以为工业生产提供可观的原材料，进而减少石油开采。有研究显示，目前全球资源呈现紧缺状态，塑料制品以不可再生资源石油为原料，以当前全球石油产量与储备量估算，石油资源可能在 50 年内被耗尽，而我国 42% 塑料原料主要依赖进口[18]。因此，废旧塑料资源再生循环利用成为降低石油资源消耗量、缓解社会经济发展资源短缺问题的有效途径。

随着社会经济的迅速发展，人们生活水平的不断提高，产品的更新频率不断加快，废旧塑料产量逐渐增加，通过废旧塑料资源再生循环利用提升资源综合利用率，能够有效提升废旧塑料的经济价值。废旧塑料回收具有一定经济价值，与随便丢弃塑料垃圾相比，居民可通过售卖废旧塑料获得部分收入。此外，废旧塑料回收利用产业链需要大量劳动力，可有效解决部分居民就业问题。有研究显示，截至 2017 年年底，全国废旧资源回收利用企业超过 9 万家，该行业从业者可达 1200 万人。因此，促进废旧塑料资源再生循环利用相关产业发展，可提升居民收入水平，为国家发展培育新的经济增长点[19]。

因此，大力发展再生塑料行业，构建科学精准的塑料废物管理体系，合理管控塑料废物、消解处置压力、提升资源化利用比例，不仅可以有效解决塑料污染问题，也有助于保障我国能源安全，助力实现碳达峰、碳中和目标。

5.5.2 废旧塑料再生利用用途

5.5.2.1 高技术复合材料

饮料瓶是重要的可回收塑料。分拣出饮料瓶后，人们可以在剩下的聚乙烯和其他聚烯烃混合塑料中加入 30% 的 PET，利用双螺杆挤出机进行处理将其转变为高技术复合材料——一种和纤维增强复合材料相似的纤维定向均匀分散的混合材料。通过挤出机螺杆的作用，添加的细粒塑料可以拉长为直径为 10μm 的花边状长纤维[20]。

5.5.2.2 化纤物品

美国将所收集到的废旧塑料交给再生处理公司，用作生产地毯纤维、衣服绝缘衬等原料。法国利用废矿泉水瓶生产聚氯乙烯化纤，其和毛线混合可以织成毛衣[21]。

5.5.2.3 合金化

该法是改善聚合物性能的关键。聚合物合金也称为高分子共混物，外观包含两种或者两种以上不同结构的多组分聚合物系统。将并未经过分类的废旧塑料拆解后进行磨碎，加大增强剂和添加剂，混炼合金，挤出成型，就可以打造出具备某种特殊性质的聚合物合金。例如，可制成塑料"木材"产品，该产品耐潮、耐腐蚀。美国芝加哥市利用这种材料制造船、界墙、装点公园。比利时利用先进的回收技术将混杂塑料合金化，生产出的塑料木材制造成各种栅栏、道路标志等。瑞士有公司将废弃的饮料瓶加入稳定剂后制成隔热泡沫塑料。中国台湾联合化学试验室在 PET 和 HDPE 的混合物中加入 SEBS，制成高抗冲击性塑料再生品。

5.5.2.4 制土工材料

土工制品的主要应用方式就是埋铺、插进地下，对外观没较大的要求，只需要塑料制品满足相关的物理化学性能技术标准即可。使用废塑料生产土工制品，可以获得良好的社会效益和经济效益。例如，使用废弃的 PP 或 HDPE 加工成能够降低地表水位的盲沟或者防止滑坡塌方的土木格栅；利用废 PP 制作土筋；使用废尼龙或 PP 制造护坡植草的丝网；使用废旧塑料加工防漏或保水土工膜；利用废弃的 PVC 整治铁路基床翻浆冒泥的排水板；加工之后的废 LDPE 农膜，可以使用在软土或超软土地基的排水地带[22]。

5.5.2.5 用作路基垫实材料

在对热固性塑料等经过粉碎处理后，废旧塑料可作为道路路基的垫实材料，替代部分石渣。日本将废旧塑料制成直径为 20~30 mm 的小球体取代石渣，作为地基或路基的施工材料[23]。

5.5.3 废旧塑料再生利用的难点

5.5.3.1 分类标准

目前国内废旧塑料再生缺乏统一的行业标准。标准的欠缺不利于建立统一市场体系、明确准入条件、促进技术进步。原生塑料及改性塑料发展较快，塑料制品日新月异，产品标准相对于其他行业不甚完善。目前普遍通行的分类为美国塑料工业协会（SPI）制定使用的塑料种类标志代码，现世界上许多国家（包括中国）也沿用了这套标志代码。比起原生塑料，回收塑料的标准需考虑的因素更为繁多和复杂，例如塑料或改性的种类、之前应用的残留物、再生前的形状、降解程度、与其他种类塑料的混杂情况、颜色等。SPI标志代码远远不能满足废旧塑料再生回收的要求。再生塑料行业有识之士已经意识到制定标准的必要性，相关部门和行业组织也开始重视这项工作，有关的标准制定正在起步，如PET等个别种类已有相关标准，但其他绝大多数仍空白欠缺，急需统筹规划、加强制定。广东致顺公司经过多年的探索，针对常见的PP/PE等类废旧塑料制定了一套实操性强的分类标准。

5.5.3.2 分选（分离）技术

塑料种类繁多，目前的分选手段主要是人工分拣，其存在效率低、对人的主观判断依赖性大和工作环境恶劣等问题。近年国内外不少企业致力于开发分拣技术，主要利用光折射、透光率、密度、厚薄等差异特性进行分类，但随着大量的塑料制品应用改性料，仍需要攻克以下难题：

① 不同种类的塑料密度差异不明显，或者同一种类的塑料经改性后的密度差异大导致误分；

② 同类塑料经不同的着色致使折（透）光判别失效；

③ 同一种类的塑料可制成薄膜、吹瓶、压板等，利用制品的形状亦难以区别。实践证明，通过制定独有的分类标准体系和方法，改进分选设备，在项目复制过程中加强人员培训，可以较好地解决分选难题、提升分选质量。

5.5.3.3 清洗技术

应用水作为清洗介质仍为目前去除废塑料杂质的主要手段。清洗技术的难点：

① 同类的塑料形态为薄膜和有一定厚度的塑料不能用同一套设备进行清洗；

② 同类塑料之前应用场合的不同而导致残留物不同，这往往需要不同的清洗工艺与装备；

③ 单一塑料清洗设备难以满足不同密度塑料清洗的要求；

④ 同类清洗工艺既要达到足够好的洁净度，又不能消耗大量用水，清洗污水要易处理等。在废塑料清洗工艺与技术上，对不同种类的废塑料要有针对性地开发不同系列的设备，这有利于抓住物料及杂质的特点，解决主要技术难题。

5.5.3.4 改性造粒技术

再生后的塑料能循环再用，有下游的市场，是实现废旧塑料资源化的关键环节。回收后的塑料往往多种类混杂、之前的应用残留物复杂；而下游用户用作原料要求再生塑料质量稳定性好。因此，塑料再生过程往往需要调整再生塑料的性能，就需要改性。再生塑料的改性技术有别于原生塑料的改性，因为原生塑料的性能指标十分稳定，回收废旧塑料则是变化莫测。如何利用这种稳定性差的原料制造出稳定性好的产品，是需要解决的难点。为此，可综合使用以下两种手段：一种是开发出针对废旧塑料再生过程常见缺陷的改性母粒，按需添加；另一种是结合工序的程式化连接，减少系统误差和对操作人员技术、技能的要求，从而达到保持产品质量稳定、降低制造成本等目标。

5.5.3.5 配套环保技术

废旧塑料再生行业在我国是以低门槛、高污染、作坊式、点分散开始的，早期从业人员素质低、工作环境恶劣，污水、废气、残遗垃圾随意排放，加上进口废旧塑料夹带"洋垃圾"等，导致规范化企业无利可图，鲜有大型企业进入废旧塑料再生行业，因此该行业往往为国人诟病。

废旧塑料再生行业的环境保护问题包括废水、废气、噪声、粉尘、固废、危废等。不同的废旧塑料种类、不同的处理工艺，所产生的环境污染物是不一样的，因此环保措施要有针对性。

解决思路之一是根据不同废旧塑料种类与状态，开发出主工艺设备与满足环保要求的配套设备，将之有效组合在一起，形成"技术+装备"的模块，给企业提供一站式的解决方案。

参考文献

［1］王琪，瞿金平，石碧，等. 我国废弃塑料污染防治战略研究[J]. 中国工程科学，2021，23（1）：7.

［2］吴龙，张谌，郝以党，等. 生活垃圾资源化利用价值分析及处理工艺探讨[J]. 环境卫生工程，2018，26（1）：19-22.

［3］邹蓉. 国际电子商务对废旧再生塑料循环回收营销的研究[J]. 合成材料老化与应用，2020，49（4）：4.

［4］杨占，吕凡，章骅，等. 生活垃圾焚烧厂是塑料和微塑料的最终归宿吗?[J]. 环境卫生工程，2020，28（5）：95-99.

［5］Rong T，Anderson T A，Coats J R . The influence of soil macroinvertebrates on primary biodegradation of starch-containing polyethylene films[J]. Journal of Polymers and the Environment，1993，1（4）：301-306.

［6］Dawson A L，Kawaguchi S，King C K，et al. Turning microplastics into nanoplastics through digestive fragmentation by Antarctic krill[J]. Nature Communications，2018，9（1）：1001-1009.

［7］Yu Y，Yang J，Wu W M，et al. Biodegradation and mineralization of polystyrene by plastic-eating mealworms：Part 1. chemical and physical characterization and isotopic tests[J]. Environmental Science & Technology，2015，49（20）：80-120.

［8］Devi R S，Ramya R，Kannan K，et al. Investigation of biodegradation potentials of high density polyethylene degrading marine bacteria isolated from the coastal regions of Tamil Nadu，India[J]. Mar Pollut Bull，2019，138：549-560.

［9］Skariyachan，Sinosh，Patil，et al. Enhanced polymer degradation of polyethylene and polypropylene by novel thermophilic consortia of *Brevibacillus* sps. and *Aneurinibacillus* sp screened from waste management landfills and sewage treatment plants[J]. Polymer Degradation & Stability，2018.

［10］C Sánchez. Fungal potential for the degradation of petroleum-based polymers：An overview of macro- and microplastics biodegradation[J]. Biotechnology Advances，2019，40（19）：107501.

［11］Karolina V V，Mara M F S，Derlene A A . Biodegradation of PCL and PVC Chaetomium globosum（ATCC 16021）activity.[J]. Folia Microbiologica，2018.

［12］Tournier V，Topham C M，Gilles A，et al. An engineered PET depolymerase to break down and recycle plastic bottles[J]. Nature，2020，580（7802）：216-219.

［13］Santo M，Weitsman R，Sivan A . The role of the copper-binding enzyme-laccase-in the biodegradation of polyethylene by the actinomycete Rhodococcus ruber[J]. International Biodeterioration & Biodegradation，2013，84：204-210.

［14］Khatoon N，Sahar N I，Ndu U，et al. High-throughput production of peroxidase and its biodegradation potential toward polymeric material[J]. International Journal of Environmental Science & Technology，2016，14（4）：1-12.

［15］Shimpi N G，Borane M，Mishra S . Preparation，characterization，and biodegradation of PS：PLA and PS：PLA：OMMT nanocomposites using Aspergillus niger[J]. Polymer Composites，2013，35（2）：263-272.

［16］殷涵之. 食品包装之浅见[J]. 科学技术创新，2019（13）：189-190.

［17］范炜亮，王克俭. 塑料包装废弃物的回收利用[J]. 塑料包装，2021，31（1）：53-57.

［18］谢芳，肖靖，李旭，等. 基于AERSCREEN模式的废旧塑料再生利用大气环境影响评价研究[J]. 2021（2019-33）：54-55.

［19］蒋海斌，张晓红，乔金樑. 废旧塑料回收技术的研究进展[J]. 合成树脂及塑料，2019，036（003）：76-80.

［20］刘能盛. 再生塑料检验鉴别技术的研究[D]. 广州：广东工业大学，2016.

［21］王春华. 废旧塑料再生利用技术研究分析[J]. 塑料制造，2015（12）：71-73.

［22］骆伟，赵艳玲. 再生塑料行业前景看好[J]. 中国石化，2016（4）：2：35-36.

［23］再协. 废塑料行业发展空间巨大[J]. 中国资源综合利用，2016，34（4）：13.

［24］Sanchezsolis A，Estrada M R . On the influence of sands on low density polyethylene photodegradation[J]. Polymer Degradation & Stability，1996，52（3）：305-309.

［25］Perthué A，Boutinaud P，Therias S，et al. Photon management in the photochemical degradation of EVA-calcite composite films[J]. Polymer Degradation & Stability，2017，144：325-330.

［26］Tyler，David R . Mechanistic Aspects of the Effects of Stress on the Rates of Photochemical Degradation Reactions in Polymers[J]. Journal of Macromolecular Science Part C Polymer Reviews，2004，44（4）：351-388.

［27］贺爱军. 降解塑料的开发进展[J]. 化工新型材料，2002，30（3）：1-6.

第 **6** 章

废旧塑料的再生利用

废旧塑料再生利用方法主要有物理方法、化学方法和能量回收 3 种，如图 6-1 所示。物理回收法主要包括熔融再生和改性再生；化学回收法包括高温热裂解、催化裂解、加氢裂解、超临界流体法和溶剂解等，废旧塑料经化学方法处理后回收单体、染料或化工原料；能量回收法则是采用焚烧的方法，回收废旧塑料中的能量[1, 2]。

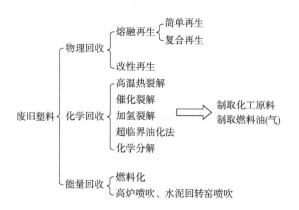

图 6-1 废旧塑料再生利用方法

这 3 种废旧塑料再生利用方法各有特点：物理回收法是目前最为常用的回收方法，几乎适合于所有热塑性塑料和部分热固性塑料，其技术投资与成本相对较低，工艺简单、操作灵活，成为许多国家作为再生资源利用的主要方法，已有较为成熟的再生工艺；化学回收法得到的单体、燃油、化工原料的价值较高，但设备投资大、工艺复杂、技术难度大、经济效益差；能量回收法特别适合于污染严重的废旧塑料，用于两种方法很难经济地回收再生的情况，目前也是一些国家主要采用的回收方法，但其设备投资大，且回收时可能产生二次污染。

选择使用哪种再生利用方法，除了要考虑技术因素外还应考虑废旧塑料的来源、经济效益和社会效益等因素。现阶段，很多回收工艺技术上不成问题，但经济上还难以让人接受。相信随着技术的进步，废旧塑料回收成本的降低，这种情况将逐渐得到改善。

6.1
物理回收

物理回收是指将废旧塑料经过分离筛选（或混合使用）后，粉碎、造粒并直接使用或与其他聚合物混制成聚合物合金。这些产品可用于制造再生塑料制品、塑料填充剂、过滤材料、阻隔材料、涂料、建筑材料和黏合剂等。物理回收一种简单可行的方法，可分为熔融再生和改性再生[3,4]。

6.1.1　熔融再生

熔融再生又称为机械再生，该法是将废旧塑料热熔融后重新塑化而加以利用的方法。以熔融再生方式进行加工前，废旧塑料不仅需要分选分离、清洗干净，而且要求品种、颜色单一，不得混有杂质和异物，异种塑料的混入量应在1%以下。根据原料性质，可分为简单再生和复合再生。

（1）简单再生

简单再生已被广泛采用，主要用于回收树脂生产厂和塑料制品厂生产过程中产生的边角废料，也可以包括那些易于清洗、挑选的一次性使用废弃品。这部分废旧塑料的特点是比较干净、成分比较单一，采用简单的工艺和装备即可得到性质良好的再生塑料，其性能与新料相差不多。现阶段大多数废旧塑料回收厂都采用这种再生利用方法。

（2）复合再生

复合再生所用的废旧塑料是从不同渠道收集到的，杂质较多，具有多样化、混杂性、污脏等特点。由于各种塑料的物化特性差异及不相容性，它们的混合物不适合直接加工，在再生之前必须进行不同种类的分离，因此，回收再生工艺比较繁杂，分离技术和筛选工作量大。一般来说，复合回收的废旧塑料性质不稳定、易变脆，常被用来制备较低档次的产品，如建筑填料、微孔凉鞋、垃圾袋、雨衣及器械的包装材料等。

通常，熔融再生加工的工艺流程为废旧塑料的收集、分选、破碎、清洗、干燥、再生造粒和成型加工，或不经过造粒流程而直接熔融塑化后制得塑料制品，可以根据废旧塑料的来源及性质进行流程的调整。废旧塑料的再生成型加工工艺有挤出成型、注射成型、压延成型、中空吹塑成型和发泡成型等（已在第4章介绍）。

随着科技的发展，塑料再生工艺也经过不断的优化。

6.1.1.1　有机溶剂辅助软化造粒

有机溶剂辅助造粒是在传统的造粒工艺的基础上，通过添加一些有机溶剂，在不破坏材料分子结构的前提下，提高塑料的软化效率。这种方法可以提高塑料的品质和生产效率。

热风循环加热熔融造粒是利用热风循环系统将废旧塑料熔融再生，熔融后塑料与尾气分离，熔融塑料进入下一阶段造粒，尾气通过循环系统加热下一批废旧塑料。此方法直接将废旧塑料加热熔融无需破碎，且一次加热后直接成型，高效便捷，循环利用尾气提高能量利用效率节省了反复加热的能耗。

6.1.2　改性再生

废旧塑料的改性再生包括物理改性和化学改性。

① 物理改性主要是指将再生料与其他聚合物或助剂通过机械共混，如增韧、增强、并用、复合活性粒子填充的共混改性，使再生制品的力学性能得到改善或提高，可以做档次较高的再生制品。物理改性包括增韧改性、增强改性、共混改性和填充改性。但这类改性再生利用的工艺路线较复杂，有的需要特定的机械设备。

② 化学改性即通过化学反应来改变分子结构，一方面能从本质上提升材料性能，另一方面还可使材料能更好地进行物理改性[6]。化学改性是指通过接枝、共聚等方法在分子链中引入其他链节和功能基团，或通过交联剂等进行交联，或通过成核剂、发泡剂对废旧塑料进行改性，使废旧塑料被赋予较高的抗冲击性能、优良的耐热性、抗老化性等，以便进行再生利用。化学改性包括氯化改性、交联改性和接枝改性等。

6.1.2.1　物理改性

（1）增韧改性

塑料制品在使用过程中，由于受到光、热、氧等的作用会发生老化现象，使树脂大分子链发生降解，所以回收的塑料力学性能发生很大变化，耐冲击性随老化程度的不同而变化，改善回收塑料耐冲击性的途径之一是使用弹性体或共混型热塑性弹性体与回收料共混进行增韧改性。

弹性体有顺丁橡胶、三元乙丙橡胶、SBS、丁苯橡胶、丁基橡胶等，还可以使用非弹性体，如高密度聚乙烯、EVA、ABS、氯化聚乙烯、活化有机粒子等，对回收废旧塑料进行增韧改性，从而提高其耐冲击性。

（2）增强改性

回收的通用塑料的拉伸强度明显降低，要提高其强度，可以通过加入玻璃纤维、合成纤维、天然纤维的方法，扩大回收塑料的应用范围。

合成纤维是以石油、煤、天然气为原料，经提炼、聚合及纺丝而制得的纤维，合成纤维品种很多，常见的有涤纶（聚酯纤维）、腈纶（聚丙烯腈纤维）、锦纶（聚酰胺纤维）、氨纶（聚氨酯纤维）等，其中前两种产量最大，合计占整个合成纤维产量的

90%。

回收的热塑性塑料经过纤维增强改性后，其强度、模量大大提高，并明显地改善了热塑性塑料的耐热性、耐蠕变性和耐疲劳性，其制品成型收缩率小，废弃的热塑性玻璃纤维增强塑料可以反复加工成型。影响复合材料性能的还有纤维在塑料基质中的分散程度和取向，分散越均匀，取向程度越高，复合材料的性能越好。分散均匀性在选定设备后主要取决于混炼工艺，并且使用适当的表面处理剂（或偶联剂）进行处理，能够增加与树脂的黏合性，纤维在热塑性塑料中的分散取向也能得到一定的提高。

（3）共混改性

用一种高聚物来改性另一种高聚物性能的共混合改性，只要两种高聚物有良好的相容性，共混的两种聚合物，在强力搅拌下可以以分子的状态互相混合均匀，生成所谓共混高聚物（也可称为高分子"合金"）。"合金化"是改善聚合物性能的重要途径，塑料合金一词是流行于塑料工程界的一种俗称，无严格定义，实际是泛指以聚合物共混物为基本成分组成的塑料。聚合物通过共混改性获得了许许多多性能卓越的新材料，研究其改性原理、制造技术与设备以及发现开拓新的共混改性品种已成为高分子材料科学的重要分支。相应地，塑料合金也就同样成为塑料工程界的关注重点[7, 8]。

塑料合金的制造方法综合于表 6-1，在表 6-1 中同时介绍了各种方法的特点，表 6-2 则列出了世界生产的塑料主要合金品种、性能特点及应用范围。

表6-1　塑料合金制法一览表

方法分类		基本概念	特点
物理法	干粉共混	将两种或两种以上品种不容的细粉状聚合物在各种通用的塑料混合设备中加以混合，形成各组分均匀分散的粉状聚合物混合物的方法；必要时也可同时加入各种助剂一起共混	该法简单易行，但要求原料应为细粉状；由于混合分散效果达不到制造塑料合金的要求，故一般仅为熔体共混的预备工序
	熔体共混	将共混所用的聚合物组分在他们的黏流温度以上用各种塑料混炼设备制取各组分均匀分散的聚合物共熔体，然后再冷却、造粒的方法，此法为制造塑料合金的最重要方法	该法工艺简单，操作方便，混合分散效果好；常用的设备为开放式双辊混炼机及双螺杆挤出机
	溶液共混	将各原料聚合物组分加入共同溶剂中（或分别溶解、再混合）搅拌溶解混合均匀，然后加热蒸发溶剂或加入非溶剂沉淀制取聚合物共混物的方法	该法因消耗大量溶剂并受聚合物溶解性能的限制而不宜工业化应用，但用于实验研究聚合物之间的相容性及形态非常方便
	乳液共混	将不同种类聚合物乳液搅拌混合均匀后，加入混聚剂使各种聚合物共沉析以形成聚合物共混物的方法	当原料聚合物为聚合物乳液或聚合物共混物将以乳液形式被应用时，此法最为有利，一般情况下难以普遍推广
	共聚-共混	将聚合物组分Ⅰ溶于聚合物组分Ⅱ的单体中，形成均匀溶液后，再引发单体与聚合物组分Ⅰ发生接枝共聚，同时单体还会发生自聚；此共混体系由聚合物Ⅰ、聚合物Ⅱ以及它们的接枝共聚物组成	由于接枝共聚物起到两种聚合物增溶剂的作用，所以该法产物的性能一般优于物理共混法的产物；共聚-共混法所用设备及生产工艺较复杂，使其应用受到一定的限制

方法分类		基本概念	特点
化学法	间充聚合（互穿聚合物网络-IPN）	这是一种以化学法制取物理共混物的方法，其典型操作是先制备一交联聚合物网络，将其在含有活化剂和交联剂的第二种聚合物单体中溶胀，然后聚合，于是第二步反应所产生的聚合物交联网络与第一种聚合物交联网络相互贯穿，形成聚合物共混物，但两聚合物网络之间无化学键	该法可得到均匀分散、形态稳定的共混体系，性能协同效应得到充分发挥；目前应用尚不够普遍
	反应增容	对于相容性不良的聚合物，可加入增容剂促进两者相容，以达到改性的目的。反应增容的概念包括外加反应性增溶剂与共混聚合物组分反应而增容，以及使共混聚合物组分官能化，并凭借相互反应而增容。反应增容拓宽了可共混改性的聚合物的范围，强化了组分之间相容性，改性效果卓越	该法发展时间不长，应用领域正在不断扩大，具有反应易伴随副反应，且共混条件必须严格控制等缺点

表6-2 塑料合金品种、性能特点及应用范围一览表

品种	组成	性能特点及应用范围
聚乙烯系列合金	HDPE/LDPE	HDPE强度大，与LDPE柔软性好可互补，主要用于制造容器、薄膜
	PE/EVA	改进PE的柔软性、加工性、透气性及印刷性，主要用于泡沫塑料的制造
	PE/CPE	提高P的耐燃性、韧性及印刷性，用于耐燃PE制品的制造
	PE/SBS	改善PE的韧性，提高冲击强度，主要用于生产容器、注塑制品
	PE/PA	提高PE对氧及烃类溶剂的阻隔性，主要用于制造容器
	LLDPE/LDPE	LLDPE高拉伸强度、耐穿性LDP良好加工性能互补，主要用于生产高强度超薄地膜
聚丙烯系列合金	PP/PE	改善PP的韧性，主要用于注塑成型制品
	PP/EPR 及 PP/EPDM	提高P的韧性，耐低温脆裂性，用以制造汽车保险杠等工程部件
	PP/SBS	提高PP的冲击强度，主要用于制造抗冲制品
	PPNBR	耐油性卓越，韧性较好，适用于耐油抗冲制品
	PP/PA	改善PP耐磨性、耐热性和着色性，可用于生产工程制品
聚氯乙烯系列合金	PVC/EVA	改善PVC的柔韧性，可用于生产柔性好、耐寒性较好的PVC管、板等制品
	PVC/CPE	提高PVC冲击强度，共混物具有良好阻燃性、耐候性，用于制造异型材、管、板等制品
	PVC/NBR	抗冲、耐油性优良，主要用于生产管、卷材、泡沫塑料、密封件等制品
	PVC/ABS	综合了PVC阻燃、耐腐蚀、价廉与ABS抗冲、易加工的优点，用于制造机械零部件、纺织器材、箱包等
	PVC/MBS PVC/ACR	与PVC/ABS性能类似，但透明性好，适宜生产要求透明且抗冲制品有改进PVC韧性及加工性两种类型，适宜制造透明、抗冲制品
	PVC/CPE	提高PVC冲击强度，共混物具有良好阻燃性、耐候性。用于制造异型材、管、板等制品
	PVC/NBR	抗冲、耐油性优良。主要用于生产管、卷材、泡沫塑料、密封件等制品
	PVC/ABS	综合了PVC阻燃、耐腐蚀、价廉与ABS抗冲、易加工的优点。用于制造机械零部件、纺织器材、箱包等

品种	组成	性能特点及应用范围
聚氯乙烯系列合金	PVC/MBS	与PVC/ABS性能类似，但透明性好。适宜生产要求透明且抗冲制品
	PVC/ACR	有改进PVC韧性及加工性两种类型。适宜制造透明、抗冲制品
工程塑料合金系列	PA/PE（PA/PP）	改善PA的吸湿性大、湿态强度低约缺点，适宜制造在潮湿环境下使用的机械零部件
	PA/ABS	此合金具有较PA高的热变形温度，同时加工流动性好，主要用于生产汽车及一般工业零部件
	PA/E	E（弹性体）改善了PA的柔韧性，适用于生产汽车及机械零部件
	PA/PPO	冲击强度，抗蠕变能力强，尺寸稳定性好，耐热性高，用于制造机械零部件
	PC/PE	抗冲性、耐沸水性、耐候性均优，宜制造机械零部件、板、管、安全帽等
	PC/ABS	具有良好的抗冲性、刚性、耐挠曲性，用于制造汽车、机械零部件
	PPO/PS	改善PPO加工流动性，保持较好冲击性能，适宜制造机构零部件
	PPO/PA	优良的力学性能、耐热性、耐油性和尺寸稳定性，用于制造汽车外装材料

在废旧塑料再生利用中，虽然希望获得单一品种的废旧塑料，但是还有10%～30%的其他品种塑料混杂在其中，而且这部分混杂塑料也不大容易分离干净，势必会影响塑料的加工性能和力学性能。因此，在该体系中要加入相应的相容剂来改善这种情况，利用相容剂在聚合物与聚合物之间起"桥联"作用，降低两相或多相间的界面张力，或产生化学键及物理键，达到多元体系相容的目的[9]。

相容剂一般分为非反应型相容剂和反应型相容剂（含有环氧基型、异腈酸酯基型、乙烯基型等）。非反应型相容剂无特别官能基，FPR、SEBS等为此例，特别是SEBS对许多体系具有相容剂效果，非反应型相容剂具有混炼、成型条件容易的优点，但缺点是添加量大。反应型相容剂在分子中有官能基，这是合金成分的一方或双方反应，因此成型物具有相容剂功能，典型的例子有马来酸酐改性PP、乙烯-缩水甘油甲基丙烯酸酯等，反应型相容剂具有用量少、效果好、相容性极差的聚合物体系也有可能微观分散的优点，但缺点是价格稍高，副反应引起物性降低的可能性大。常用的反应型高分子相容剂和非反应型高分子相容剂分别见表6-3和表6-4。

表6-3　常用的反应型高分子相容剂

聚合物A	聚合物B	相容剂	聚合物A	聚合物B	相容剂
PP或PE	PA6或PA66	PP-g-MA；PP-g-MA；EAA	PP或PE	PET	PP-g-AA，含羧基PE
ABS	PA6	PMMA-g-羧基改性丙烯基聚合物	PBT	PA6	PS-co-MA-co-GMA

聚合物A	聚合物B	相容剂	聚合物A	聚合物B	相容剂
PPE	PA6 或 PA66	SEBS-g-MA	PPE	PBT	PS-g-（环氧改性PS）
NR	PE	PE-g-MA/ENR	PBT	PA6	PCL-co-S-co-GMA
PS+PPE	EPDM的磺酸锌盐	PS的磺酸锌盐	PS+PE	EPDM-g-二乙基乙烯基磷酸盐	PS的磺酸盐+硬脂酸锌
PA	PS	P（st-MMA），MA-g-PS	PA	EPR或羟基丙烯酸橡胶	MA-EPR
PC	PA	P（MA芳基化合物）			

注：st为苯乙烯；co表示共聚；g为接枝；S为硫化。

表6-4　常用的反应型高分子相容剂

类型	聚合物A	聚合物B	相容剂	类型	聚合物A	聚合物B	相容剂
AB型	PS	PMMA	PS-g-PM-MA	AB型	PS	PB	PS-g-PS
	PS	PEA	PS-g-PEA		PDMS	PEO	PDMS-b-PEO
	PP	PA6	PS-g-PA6		PE	PS	CPE-SEBS
	PS、PP或CDPE	PVC	PCL-b-PS-CPE				
AC（ABS）型	PE	PP	EPDM	AC（ABS）型	SBR	SAN	BR-b-PM-MA
	PS-MMA	PC	PS-b-PBA		PE	PVDC	PS-g-PM-MA
CD型	PVC	BR	EVA	CD型	PVC	LDPE	氢化PB-PCL
	PMMA	PP	SEBS				

注：AB型相容剂是由原料A、B经接枝或嵌段而成；AC（ABS）型相容剂是由A、C（A、B、C）或相应的聚合物经接枝或嵌段而成，链段C可溶于B或与B有强烈的相互作用；CD型相容剂是新型相容剂，链段C、C'可分别与聚合物A、B相容，它适用于A、B不易共聚的场合；b表示嵌段共聚；g表示改性接枝。

现在国内外许多研究机构都在致力于相容剂的研究，并不断成功开发了一些性能优良的相容剂。Polyrell公司开发了过氧化物母料，用于PP、PE和乙丙橡胶合金改性；Exxon公司开发的Exxelor PO 1015具有较高和较有效的反应官能度，使其成为PA/PP共混物出色的相容剂；Ameri Hass公司推出的聚戊二酰胺共聚物相容剂，对PA、PC共混物具有相互作用，使用该相容剂后共混物性能的均衡性优于未改性前的各组分的性能，即共混物既具有PA的耐化学药品性和加工性，又具有PC的耐热性和耐冲击性能。该相容剂与PA、PC均能反应，改进了共混物的微观结构，PA在其中为连续相。

（4）填充改性

填充改性是指通过添加填充剂，使废旧塑料再生利用。此改性方法可以改善回收的废旧塑料的性能、增加制品的收缩性、提高耐热性等。填充改性的实质是使废旧塑料与填充剂共混，从而使混合体系具有所加填充剂的性能。

广义的填料包括气体（如发泡剂释放的气体）、液体（增量剂或增量增塑剂）和固体（即本节所论的充填、增强材料）物质。填料（也称填充剂）的作用在于改进塑料制品的性能和降低成本。

填料的品种很多，按化学组成分为无机（如碳酸钙、陶土）、有机（如木粉、纤维）；按形状分为粉状（如碳酸钙、硫酸钡等）、纤维状（如玻璃纤维、石棉等）、片状、带状、织物、中空微球等；按用途可分为补强性（可改进物理、力学性能，赋予特殊功能性）和增量性（增加体积或质量以降低成本）填料。

1）粉状填料

① 碳酸钙（$CaCO_3$）一般指轻体碳酸钙，生产方法包括机械法（也称研磨碳酸钙）和化学法（沉淀碳酸钙）。为白色轻质粉末，多呈纺锤形结晶（方解石型），相对密度为 2.0～2.7，粒径范围为 1～16μm。

在塑料成型工业中，它能使塑料易于成型，并可调节塑料黏度和改善加工性能，主要用于软制品，如电线包皮、人造革及其他挤出制品，一般用量为 20 质量份，同时可降低成本。有些制品为高充填物，其填料用量可高达 200～250 质量份。

② 活性碳酸钙（胶体碳酸钙）粒子近似于球形，粒径小于 0.1μm。与轻体碳酸钙相比，粒径较小。因粒子表面涂覆一层有机物，能改善加工性能。制造活性碳酸钙时加入 1%～5% 硬脂酸及表面活性剂进行表面处理。活性碳酸钙在橡胶中作补强剂，在塑料中主要作填充剂，能提高制品耐冲击强度。在聚氯乙烯中，轻体碳酸钙由于表面处理剂的作用而改善了相容性和润湿性，因此，能减少制品在弯曲时的白化现象，并赋予制品高度光泽及光滑的作用。

在软聚氯乙烯制品每 100 质量份树脂中，注射制品加入 15 份，挤出制品加入 30 份，压延制品加入 50 份，电线包皮加入 15～50 份，地板材料加入 120～150 份。

③ 空心微珠——新型的无机填料空心微珠新型材料的直径在 0.2～400μm 范围内。空心微珠是一种轻质非金属多功能材料，主要成分是 SiO_2 和 Al_2O_3，外观为灰白或灰色，松散、球形、流动性好、中空，有坚硬的外壳，壁厚为其直径的 8%～10%。空心微珠被誉为"空间时代材料"。作为球形颗粒，空心微珠在塑料中应用具有如下特性。

I. 流动性好、产品尺寸稳定。空心微珠拥有优异的流动性能，可提高生产效率、降低能耗，提高制品尺寸稳定性，防止翘曲等。

II. 消除玻纤外露。用于各种工程塑料的玻纤改性，可消除玻纤外露现象，改善流动性，减少玻纤用量，降低成本。

III. 热稳定性好、阻燃。空心微珠熔点高、高温下不分解，可提高制品的阻燃性和热变形温度。

IV. 加制品的耐刻划性和耐磨性。空心微珠的硬度达到 7（莫氏硬度），填充于塑料制品中能提高制品表面的耐刻划性和耐磨性。

V. 吸油量低。空心微珠吸油量远低于常规填料，可大量填充，特别适用于 PVC 软制品（如人造革、鞋底料等）的加工生产，可减少增塑剂的用量，大大降低成本。

VI. 摩擦系数小。球形空心微珠的摩擦系数小，对模具的磨损小，使模具的使用寿命加长。与不规则的填料相比，可以提高模具的使用寿命达 1 倍。

Ⅶ. 绝缘性好、吸水率低。空心微珠比电阻高，吸水率低（0.2%），可用于生产电缆绝缘材料。

Ⅷ. 耐腐蚀性强。空心微珠主要为硅酸铝成分，可在各种溶液及酸、碱溶剂中保持稳定。

Ⅸ. 低密度。空心微珠有一种规格产品密度是 $0.4 \sim 0.8 g/cm^3$。填充于塑料制品中，可减轻制品质量，大幅度降低成本。

空心微珠在塑料中的应用领域为尼龙、PP、PC、POM 等工程塑料的改性，可改善流动性、消除玻纤外露、克服翘曲、提高阻燃性能，减少玻纤用量，降低生产成本。填充硬质PVC、PP、PE、生产异型材、管材和板材，可使制品具有良好的尺寸稳定性，提高刚性和耐热温度，并可使生产效率大大提高。填充 PVC 人造革和鞋底料，可改善塑料制品的压延性、提高抗刻划性、耐磨性和表面粗糙度，减少增塑剂用量，降低成本。填充不饱和聚酯，可降低产品的收缩率和吸水率，提高耐磨性和硬度，且在层压和涂覆时空穴少，降低制品的密度。用于玻璃钢制品、抛光轮、工具等。

④ 硫酸钡（重晶石粉）硫酸钡为白色粉末，相对密度为 4.5，吸油量小，与增塑剂成糊容易，在聚氯乙烯中作填料，也可作白色颜料，可使制品表面有良好的光泽，在聚氯乙烯硬管配方中一般加入量为 10 ~ 20 份。

⑤ 陶土（高岭土）主要成分是水合硅酸铝，浅灰或浅黄色粉末、粒子呈六角形片状结晶，相对密度为 2.6 ~ 2.63。在塑料加工中，陶土常用于聚氯乙烯和聚酯树脂。使模制品和挤出制品有比较好的表面光泽及光滑表面。

经煅烧（450 ~ 600℃）除去水分，称为煅烧陶土。在聚氯乙烯中它不仅介电强度较高，且能改善它在塑料中的分散性和制品的耐湿性，煅烧陶土广泛用作电线绝缘材料的填料。

⑥ 其他粉状填料白炭黑（胶体二氧化硅、二氧化硅），耐热电缆中使用或在塑料溶液中作增稠剂；云母粉，电性能较好；滑石粉（光粉）具有润滑性、耐火性及优良的电绝缘性。

2）纤维状填料

① 玻璃纤维（无碱玻璃纤维）相对密度为 2.5 ~ 2.7。由二氧化硅等多种氧化物组成，玻璃纤维最初仅用于热固性塑料，其中玻璃纤维增强塑料（俗称玻璃钢），它的某些力学性能超过了一般有色金属。玻璃钢主要用于化工管道、容器衬里、汽车车身、飞机船舶构件以及农业用具等。也可以用玻璃纤维增强热塑性塑料，能提高制品的力学强度，如拉伸强度、弯曲强度、压缩强度、弹性模量、耐蠕变性；提高热变形温度、降低线膨胀系数；降低吸水量、增加尺寸稳定性；提高热导率、硬度；抑制应力开裂；阻滞燃烧性及改善电性能。玻璃钢中，增强用玻璃纤维的品种及配合量随所要求的制品性能、用途及成型方法的不同而异。主要品种有短纤维、纱、玻璃布、粗纱等。玻璃纤维的加入量一般为 20% ~ 30%。为了提高玻璃纤维与塑料的结合强度，改善制品性能，玻璃纤维在使用前必须经表面化学处理。处理剂的选择又称偶联剂。

② 石棉纤维（湿石棉）主要成分为水含硅酸镁，用石棉充填的塑料可以提高耐化学腐

蚀性、耐热性、尺寸稳定性。用石棉增强的氟塑料，由于可高度压缩、耐腐蚀性优良，常用于石油化工的阀主体密封、玻璃管道密封及导弹燃料系统的密封等。用石棉增强的聚丙烯可作电绝缘部件及机动车辆化工设备零件。填充剂（也称填料）的品种有很多，按化学组成分为无机（如碳酸、陶土）和有机（如木粉、纤维）；按形状分为粉状、纤维状、片状、带状、织物、中空微孔等；按用途分为补强性（可改进物理、力学性能，赋予特殊功能性）和增量性（增加体积或质量以降低成本）。

3）填料的发展趋势

① 填料的超细化。过去的填料的粒度，一般不超过 400 目，很少使用超细粉体。随着技术的发展，填料日趋超细化。现在塑料界使用的重钙其细度要求如下。

Ⅰ. 编织袋母料、打包带母料：400 目。

Ⅱ. 注塑用母料：800 ~ 1250 目。

Ⅲ. 薄膜母料：1250 ~ 2500 目。

Ⅳ. PVC 管材、型材用填料：400 ~ 1250 目。

目前正在试验使用 6000 目填料和 40 ~ 60nm 的纳米轻钙填料。这两种填料将来必然领导填料发展的潮流。

② 填料品种扩大化。随着塑料改性的发展，填料的品种将不断扩大。其增加的品种如下。

Ⅰ. 重钙和轻钙：仍然占据主导地位，约占 65%。

Ⅱ. 滑石：刚性好，是汽车用塑料中主要填料。

Ⅲ. 高岭土：用于薄膜和电缆料。

Ⅳ. 重晶石：用于注塑高档产品。

Ⅴ. 硅灰石：主要用尼龙和聚丙烯、聚乙烯。

③ 填料发展趋势。随着塑料改性技术的发展，向填料提出更高的要求，主要表现在以下几个方面。

Ⅰ. 纤维化填料。以取代玻纤，作为补强填料。

Ⅱ. 轻质量填料。当填料使用技术不断提高，充填量大幅度提高时带来一个重要问题就是制品密度大了，相对影响使用质量和成本。现在寻求质量相对轻的填料，即密度小的、松装密度小的填料。如现在使用煅烧黑滑石填料，其松装密度为 0.73，而茂名高岭土尾矿松装密度只有 0.43。显然后者是所需要的轻质量填料。

Ⅲ. 复合填料。填料的发展趋势是使用复合填料，是指两种以上填料混合在一起使用。这也有两种情况：一种是人为的制成复合填料，现在有碳酸钙-滑石、碳酸钙-硅灰石、滑石-硅灰石 3 种复合填料；另一种是天然生成的复合填料，如安徽宿松产的滑石、方解石混合矿石，浙江长兴产的方解石、硅灰石混合矿石，目前正在试验研究。

6.1.2.2　化学改性

回收的废旧塑料，不仅可以通过物理改性扩大其用途，还可以通过化学改性的方法，拓宽回收塑料的应用渠道，提高其应用价值[10-13]。

6.1.2.2.1 聚烯烃的氯化改性

聚烯烃（PO）是指乙烯、丙烯、丁烯等烯烃为主的均聚物和共聚物，也包括部分改性、共混、增强、复合物，主要品种有 LDPE、LLDPE、MDPE、HDPE、EVA、PP 等。聚烯烃通过氯化可得到阻燃、耐油等良好特性，其产品具有广泛的应用价值。

（1）聚乙烯的氯化

1）加工方法

将废 PE 膜进行洗涤、脱水、粉碎后，送入反应釜进行氯化，可制得氯化聚乙烯（CPE），具体工艺路线如图 6-2 所示。在 100℃左右氯化反应时间大于 1h，含氯量可达 35%，具有良好的性能，用来替代市售 CPE，可用于 PVC 低发泡鞋底和硬质 PVC 的改性。

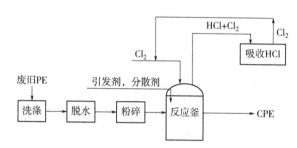

图 6-2　制备 CPE 的工艺示意

2）特性

氯化聚乙烯的分子结构中含有乙烯-氯乙烯-1,2-二氯乙烯。含氯量为 25%～40%时，拉伸、抗应力开裂性下降；含氯量≥45%时易分解，需加入稳定剂。耐热、耐低温、耐燃、耐候性和耐化学稳定性皆优，柔韧性、耐磨耗性和耐应力开裂性好；填充能力高，与 PE、CPVC、橡胶等共混性好，无毒，加工性能好；与碱、—NH₂ 等加热会交联成体型结构，尤其是 CPE 弹性体（含氯量 35%左右），可以作为大分子增塑剂及高分子共混物的相容剂。

3）氯化聚乙烯用途

主要用来与 PVC 共混改进其冲击韧性、耐低温、耐候、耐燃和成型性等，也用来与 ABS、PS、PP、PE、CPVC、橡胶等共混改性。注塑制品用作机械部件，约有 1/3 产品用于涂层和薄片复合。

（2）聚丙烯的氯化

回收的聚丙烯与回收的聚乙烯一样，也可以进行氯化改性。

1）加工方法

聚丙烯在 SbCl₅ 等氯化介质中以过氧化苯甲酰或 P₂O₅ 等速氧化而得。

2）特性

氯含量低时化学稳定性好，但可溶于溶剂，与其他树脂相容性好；含氯量 30%左右的软化点最低；含氯量 38%～65%的结晶被破坏，但耐热、耐光、耐磨性好、黏合性、印刷性提高。

　　3）用途

　　用作包装膜、覆盖物、涂料、黏合剂、油墨载体等。

　　（3）聚氯乙烯的氯化

　　氯化聚氯乙烯（CPVC）是聚氯乙烯的重要化学改性方法之一。对回收 PVC 再生料的氯化改性有两个基本目标。

　　第一个目标是提高 PVC 的连续使用温度。普通 PVC 的缺点之一是最高的连续使用温度仅在 65℃左右，经过氯化改性的聚氯乙烯的最高连续使用温度可达 105℃。除了提高使用温度外，强度和模量等性能也得到了改善，具体见表 6-5。但氯化改性聚氯乙烯也有不足之处，一是脆性略增，二是氯化改性后增加了熔体黏度，且 CPVC 的软化点也高于普通 PVC。

表6-5　CPVC与PVS的性能对比

品种	CPVC	PVC
氯含量/%	67.8	56.8
密度/（g/cm³）	1.54～1.59	1.35～1.45
洛氏硬度（R）	117～125	105～115
拉伸强度/MPa	58.8～73.5	49.0～65.9
弯曲强度/MPa	78.4～17.6	68.6～107.8
热变形温度/℃	94～113	55～80

　　注：聚氯乙烯和氯化聚氯乙烯的聚合度范围均为 565～740。

　　第二个目标是氯化改性后用于做涂料和胶黏剂。此类氯化改性采用溶液氯化工艺，其产品俗称过氯乙烯。而通常用悬浮氯化工艺制得的改性产品主要用于制备耐热、耐化学药品的器件，如电解设备配件、污水处理净化装置配件、热水管等产品。

6.1.2.2.2　聚烯烃的交联改性

　　聚烯烃交联为聚合物大分子链在某种外界因素影响下产生可反应自由基或官能团，从而在大分子链之间形成新的化学键，使得线性结构聚合物形成不同程度网状结构聚合物的过程。可引发交联的外界因素为不同形式的能源，具体有光、热和辐射等[13]。

　　聚烯烃经过交联后可以大大扩展其使用范围。通过交联，其拉伸强度、冲击强度、耐热性能和耐化学性能都得到提高，同时其耐蠕变性能、耐磨性能、耐环境应力、开裂性能和黏结性能也可以提高。交联产物中可以添加较多量的填料而材料的性能不会有明显的降低。

　　就化学反应而言，交联和降解是一对互相可逆的反应。有人在研究使用阻燃 EPDM 时，发现 DBDPE 不仅可以使在氧气的环境下的链断裂加速，也同样可以使在氮气环境下的链交联加速。在上述所提及的外界因素作用下，有的聚合物会自动发生交联反应，如 PE、PP、PS、PVC、PVA 及 PAN 等；但有些聚合物则会有自动发生降解反应的倾向，如聚四氟乙烯、聚异丁烯、PMMA、聚 α-甲基苯乙烯（AMS）及聚偏二氯乙烯等。这就要求在实施交联反应时需对有降解倾向的聚合物采取一定措施，防止降解反应的发生并使之转变为交联反应。

常用交联方法有辐射交联、过氧化物交联和硅烷交联，此3种交联技术的比较见表6-6。

表6-6　3种实用交联技术的比较

交联技术名称		辐射交联	过氧化物交联	硅烷交联
交联的方法		辐射产生的自由基发生再结合	有机过氧化物热分解引发的聚合物自由基的再组合	接枝在聚合物上的硅烷加水缩合而交联
适合的聚合物	LDPE	○	○	○
	HDPE	○	○	○
	PVC	○	×	×
	橡胶	○	○	×
	氟树脂	○	×	×
	有阻燃剂的配方	○	×	×
挤出加工		○	△	○
配方树脂的存放期		○	△	×
交联速率		大	中	小
交联的均一性		分布不均一（与辐射源有关）	厚度大的分布不均匀	均一
成本				
配料		适当	高	高
交联工艺		适当	重厚适当，细小的高	高
性能				
高频特性		○	×	×
耐热形变		○	○	△
外观		○	×	△
设施和设备费用		复杂、价格高	简单、中等价格	简单、价格低

注：○表示易发生该反应；△表示部分发生该反应；×表示不发生该反应。

（1）辐射交联

辐射交联是指聚合物在辐射作用下大分子侧链断裂从而使大分子之间形成化学键并排地键合在一起使分子量增加，形成三维网状结构的过程。自20世纪50年代发现高能电离辐射可以引发聚乙烯交联聚合反应后，辐射化学快速地发展起来。1957美国的aychem公司首次实现了实际使用，目前世界上已有几十个辐射加工的产品投入工业化生产。这些产品不但广泛地用于各个工业部门，而且有些产品已为人们日常生活所必需，工业规模或批量生产的品种日益增多，打破了过去传统上认为的辐射对聚合物材料只能起破坏作用的观点，开辟了辐射改性聚合物料的新方向。而高分子辐射交联已成为辐射化工中应用发展最快、最早、最广泛的领域。

高聚物的辐射交联是一个复杂的过程，既可能伴随着交联也可能有主链的降解。高分子辐射交联的基本原理为聚合物大分子在高能或放射性同位素作用下发生电离和激发，生成大分子游离基，进行自由基反应；并产生一些次级反应，如正负离子的分解，电荷的中和，此外还有各种其他化学反应。

（2）过氧化物交联法

过氧化物交联属于化学交联法，是用有机过氧化物加热分解产生的自由基引发大分子交联反应。它与辐射交联的不同之处有两点：一是其交联过程必须有交联剂，即过氧化物的存在；二是交联反应需要在一定的温度下进行。

（3）硅烷交联法

硅烷交联法也是一种化学交联法，它是以硅烷为接枝剂在大分子之间进行交联。它的优点是成本低、交联度高。烯烃的均聚物或共聚物均可被硅烷交联，如聚乙烯、聚丙烯、聚氯乙烯及氯化聚乙烯、乙-丙共聚物、乙烯-乙酸乙烯共聚物及其他乙烯的共聚物等。

硅烷交联聚烯烃包括接枝和交联两个过程。接枝过程中，聚合物在引发剂热解生成的自由基作用下失去氢原子而在主链上产生自由基，该自由基与乙烯基硅烷中的乙烯基反应，同时发生链转移。产品成型后再进行交联，已接枝的聚合物在水和交联催化剂作用下形成硅醇，—OH 与邻近的 Si—O—H 基团缩合形成 Si—O—Si 键而使聚合物交联。

聚烯烃交联改性可以赋予材料各种优异的性能，诸如耐化学药品，耐溶剂以及耐老化性能，同时交联改性也可以提供给材料更好的耐热性能，但是交联时也会带来一些负面的效果，如材料变脆等。交联改性有利有弊，合理地运用该技术可以为我们改性塑料等高分子材料提供一个有利的手段。

对于聚乙烯交联改性后，可再进行成型加工制成产品，用于食品包装、热收缩薄膜、建筑和农业用，线缆包覆及绝缘护套，各种耐热、耐腐蚀介质管材和容器，火箭、导弹、机电产品及高压、高频绝缘材料。PVC 交联材料可应用于电线电缆、热收缩材料、医用材料和建筑材料等。

6.1.2.2.3 聚烯烃的接枝共聚改性

废旧塑料的化学改性，除了有交联改性和氯化改性以外，还有接枝、嵌段等共聚改性，目前实用性较强的属回收聚丙烯的接枝共聚改性。通过接枝反应引入长支链，可改善其韧性，以及与其他塑料的相容性、黏结性。通过接枝引入功能性基团，也可以使废旧塑料获得某些特殊的功能[6]。

（1）聚丙烯接枝共聚改性

接枝改性聚丙烯（GPP）的目的是为了提高聚丙烯与金属、极性塑料、无机填料的黏接性或增容性。对回收聚丙烯再生材料而言，至少有两点意义：一是当回收的聚丙烯料中混杂着部分 PVC 等极性树脂制品时，可不必分离而直接实施共混，在混塑炼化过程中引入接枝改性反应，使 PP 与 PVC 相间增容；二是经接枝改性后的回收 PP 再生料可拓宽其应用范围，不仅可与极性高聚物制品共混，也可以较大量地进行填充或增强改性，以达到提高再生制品的性能并降低生产成本的目的。所选用的接枝单体一般为丙烯酸及其酯类、马来酰亚胺类、顺丁烯二酸酐及其酯类。

接枝共聚的方法有：a.辐射法；b.溶液法，在溶剂中加入过氧化物引发剂进行共聚；c.熔融混炼法，在过氧化物存在下使聚丙烯活化，在熔融状态下进行接枝共聚。

无论对 PP 树脂还是回收 PP 再生料，采用熔融混炼法工艺实施接枝改性都是易行的。在熔融混炼法中（如开炼混融法、密炼混融法和螺杆挤出混融法）进行接枝改性，以推原位反应挤出工艺为好。接枝改性后的高分子材料（即聚丙烯与不饱和酸酐或酯的接枝共聚物）的物化性质取决于被接枝物的含量及接枝链的平均聚合度（如果能形成支链）。此类共聚物的基本力学性能与聚丙烯相近，但与无机材料和极性塑料或橡胶的相容性提高。接枝改性物的结晶度和熔点随着被接枝物的含量增加而下降，透明性和低温热封性却提高。

（2）聚苯乙烯接枝共聚改性

聚苯乙烯是非极性物质，如要提高其在钢材、木材等表面的黏附性，必须用强极性物质对其进行改性。化学接枝法就是通过化学反应，将接枝单体与聚苯乙烯大分子实现表面接枝，使聚合物分子上分别带有—OH、—CCR、—CONH$_2$ 等活性基团。化学接枝的程度用接枝率表示，即以每克聚苯乙烯分子链上接入的—OH 摩尔数来表示，单位为 mmol/g。经过化学接枝改性的聚苯乙烯可以制成涂料和黏结剂等产品。其中，制造涂料的工艺流程如图 6-3 所示。

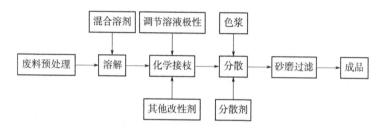

图6-3　制造涂料的工艺流程

综合考虑溶剂的溶解能力、挥发性、成本及对后续工序的影响等因素，选择混合溶剂甲苯和甲醇，两者的体积比 94.2∶5.8，按废旧聚苯乙烯与混合溶剂 1∶3 的比例在室温下将聚苯乙烯溶解，以氯乙酸甲酯或环氧氯丙烷为接枝单体进行接枝反应，接枝后高聚物的极性增大，加入丙酮调节溶液极性。为使涂料具有适当的挥发度，另加入二甲苯和 200 号溶剂油作稀释剂。为提高涂料的综合性能，加入的其他添加剂还有：5%的酚醛树脂和 0.3%甲苯二异氰酸酯，以增强附着力；含量各为 0.5%的蓖麻油改性的醇酸树脂和氯化石蜡为增韧剂；0.5%的甲基硅油作润湿剂，以改善涂料对工件的润湿性能；用吡唑酮为缓蚀剂，含量为 0.1%～0.3%；用邻苯二甲酸二丁酯和蓖麻油调制色浆。经过化学接枝改性后的涂料对金属具有良好的附着力和耐腐蚀性，对施工基底无特殊处理要求，可一次成型，干燥迅速。适用于刷涂、喷涂和浸涂等施工方法。

6.1.2.3　回收塑料物理与化学的同时改性方法

对回收热塑性废旧制品再生料的改性一般为单纯的物理改性与单纯的化学改性。前者是通过机械混炼设备在塑料的软化点以上的温度下实施熔融混合，以制备多组分多相态的共混物合金及复合材料；后者则通过大分子的化学反应或共聚反应实施改性。改性的目的是改善再生料的性能并扩大其应用范围。

塑料改性的另一个方法，即原位反应挤出工艺的改性与成型，能同时实现化学改性和物理改性。它突破了过去的化学改性、物理改性和成型加工之间的界限或不连续化，大幅度地缩短了塑料材料制备和制品生产的周期，也有效地改善了再生塑料的综合力学性能。

这一改性方法是在特制螺杆挤出机中边实施组分共混边进行接枝化学改性，且进一步就地进行改性共聚物的再混合，它体现了两种改性方向的同时性和就地性；可以直接得到改性粒料，也可以直接通过成型辅机或模具成型，又体现了改性与成型的连续化。

原位反应挤出的改性及成型工艺的具体操作办法：用一种长径改性及成型（或造粒）。原位反应挤出设备除大的长径比外，在机身适当位置还有几个加料口和减压口，其设备的构造特点如图6-4所示。选取马来酸酐或其酯化物作为接枝反应的中介单体较好，因它不能产生单体的均聚，使相对接枝率升高；还可以引入酯基。

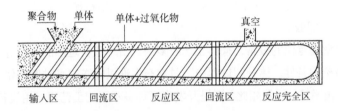

图6-4　原位反应挤出机示意

原位反应挤出工艺所进行的塑料改性及其加工成型的主要优点是：

① 多相材料的内在相容性提高，促进了材料热力学稳定性及力学性能的稳定性；
② 实现了共混、改性、成型连续化，显著提高了生产效率；
③ 使通用大品种塑料改性成工程塑料或结构材料；
④ 生产场地面积小，污染少，节能，自动化程度高。

该改性工艺特别适合双组分或多组分高聚物间的增容共混，即组分间有极性和非极性的聚合体间的共混。另外，产生接枝反应的引发剂常用过氧化物。原位反应挤出工艺对回收废旧塑料同样适用。

6.2
化学回收（油化分解）

化学回收是指利用化学手段使固态的废旧塑料重新转化为单体、燃油或化工原料，仅回收废旧塑料中所含化学成分的方法，也称为"三级回收"[14]。化学回收可分为热分解回收和化学分解回收：热分解是将废旧塑料（可以是某些品种的混合物）高温裂解或催化裂解后制取化学品（如乙烯、丙烯、芳烃、焦油等）及液体燃料油（汽油、柴油、煤油等），主要包括高温热裂解、催化裂解、加氢裂解和超临界油化法；化学分解是将单一品种的废旧塑料经水解或醇解后制成单体或低分子量的多聚体，也称为溶剂解。

6.2.1 热分解

热分解技术的基本原理是将废旧塑料制品中原树脂高聚物进行较彻底的大分子链分解，使其回到低摩尔质量状态，从而获得使用价值高的产品。不同品种塑料的热分解机理和热分解产物各不相同[15]。PE、PP 的热分解以无规断链形式为主，热分解产物中几乎无相应的单体，热分解同时伴有解聚和无规断链反应，热分解产物中有部分苯乙烯单体，PVC 的热分解先是脱除氯化氢，再在更高温度下发生断链，形成烃类化合物。热分解法适用于聚乙烯、聚丙烯、聚苯乙烯等非极性塑料和一般废弃物中混杂废塑料的分解，特别是塑料包装材料。例如，薄膜包装袋等使用后污染严重，难以用机械再生法回收材料，可以通过热分解来进行化学回收。

塑料的热分解需专门的设备，操作工艺较复杂。由于塑料是热的不良导体，达到热分解需较长时间或苛刻的条件。热分解过程中，时常产生难以输送的高黏度熔体或液体粘连反应器内壁，且其排出困难。尽管如此，还是开发出了许多不同的工艺和专用设备，并各具特色。

6.2.1.1 热分解的分类

热分解产物不同，可分为油化法、气化法和碳化法。

① 油化法：全部以废旧塑料为原料，热分解温度较低，450～500℃，回收油品。

② 气化法：用城市垃圾中的废旧塑料或全部城市垃圾为原料，热分解温度为 700℃，回收可燃性气体。

③ 碳化法：以废旧轮胎或聚氯乙烯、聚乙烯醇、聚丙烯腈等为原料，回收碳化物。

目前，主要的热分解工艺有如下几种。

（1）高温熔融法

（日）以废旧塑料为原料，热分解温度在 1200℃以上，在还原性气体气氛中反应，回收可燃性气体。

（2）裂化法

（欧）处理废旧塑料，热分解温度为 400～600℃，压力稍高于大气压，形成低聚物蜡状液，再经催化热分解生成可燃气体。

（3）高温裂解或催化裂解

（美）无催化剂或有催化剂存在条件下，裂解温度为 500～900℃，在不含氧的气氛中制得气体烃、氨和氯化氢（占 50%以下），合成原油（25%～45%）及固体残渣。

（4）气化法

（欧）气化装置在氧或蒸汽的氛围中运行，热分解温度为 900～1400℃，压力为 0～

6MPa，气化产物为一氧化碳和氢。

（5）加氢裂解

（欧）处理混杂废旧塑料，热分解温度为 300～500℃，压力为 10～40MPa，在氢气氛围中反应，生成混合产物，其中 65%～90% 为油（合成原油）。加氢裂解可得到高价值的产品，如类似汽油的液体燃料或柴油燃料；与热裂解和气化反应相比，氢化是一种更好的原料回收方法，因为得到的合成原油产物可直接用于精炼；氢化过程具有极佳的处理塑料废弃物中杂原子（如 Cl、N、O、S 等）的能力，在氢原子的参与下，这些杂原子生成相应的酸，可以非常方便地进行净化，并以盐的形式处理；反应过程中不会产生二噁英等有毒物质。但加氢裂解需要预先进行严格的分离和粉碎，需要昂贵的设备投资。

（6）超临界油化法

采用超临界水作为介质，对废旧塑料进行分解，反应温度为 400～600℃，反应压力 25MPa，反应 10min 后，可获得 90% 以上的油化收率。超临界水油化技术的优势是：分解反应程度高，可以直接获得原单体化合物；可以避免热分解时发生的炭化现象，油化率提高；反应在密闭系统中进行，不污染环境；反应速率快，效率高；反应过程几乎不用催化剂，易于反应后产物的分离操作。超临界水油化技术存在的问题是需在高温、高压条件下进行反应；设备投资大，操作成本难以降低；腐蚀问题、临界点附近的变化规律、反应与传递过程机理等问题还有待于进一步研究。

6.2.1.2 热分解工艺

（1）油化工艺

主要有槽式法、管式炉法、流化床法和催化分解法。它们各自的工艺特点见表 6-7。表 6-7 中所列 4 种方法的工艺设备可以处理 PVC、PP、PE、PS、PMMA 等多种废旧塑料，只是不同工艺设备更适于热解某种废旧塑料而已。所得热分解产物皆以油类为主，其次是部分可利用的燃料气、残渣、废气等。

表6-7　油化工艺中各方法的比较

方法	特点		优点	缺点	产物特征
	熔融	分解			
槽式法	外部加热或不加热	外部加热	技术较简单	加热设备和分解炉大；传热面易结焦；因废旧塑料熔融量大，紧急停车困难	轻质油、气（残渣）
管式炉法	用重质油溶解或分散	外部加热	加热均匀，油回收率高；分解条件易调节	易在管内结焦；需均质原料	油、废气
流化床法	不需要	内部加热（部分燃烧）	不需熔融；分解速度快；热效率高；容易大型化	分解生成物中含有机氧化物，但可回收其中馏分	油、废气
催化法	外部加热	外部加热（用催化剂）	分解温度低，结焦少；气体生成率低	炉与加热设备大；难于处理PVC塑料；应控制异物混入	

1）槽式法油化工艺

槽式法油化工艺有聚合浴法（川崎重工）、分解槽法（三菱重工）和热裂解法（三井、日欧）等。但它们的设计原理则完全相同。槽式法的热分解与蒸馏工艺比较相似，加入槽内的废旧塑料在开始阶段受到急剧的分解，但在蒸发温度达到一定的蒸汽压以前，生成物不能从槽内馏出。因此，在达到可以馏出的低分子油分以前先在槽内回流，在馏出口充满挥发组分，待以后排出槽外。然后经冷却、分离工序，将回收的油分放入储槽，气体则供作燃料用。槽式法的油回收率为57%～78%。槽式法中应注意部分可燃馏分不得混入空气，严防爆炸。另外，因采用外部加热，加热管表面有炭析出，需定时清除，以防导热性能变差。

2）管式炉法

又称管式法，所用的反应器有管式蒸馏器、螺旋式炉、空管式炉、填料管式炉等，皆为外加热式，所以需大量加热用燃料。管式法中螺旋式工艺所得油的回收率为51%～66%，管式法中的蒸馏工艺适于塑料回收品种均一，该法容易回收得到废旧PS的苯乙烯单体油、PMMA的单体油。可以说它比槽式法的操作工艺范围宽，收率较高。在管式法工艺操作中，如果在高温下缩短废旧塑料在反应管内的停留时间，以提高处理量，则塑料的气化和碳化比例将增加，油的收率将降低。以聚烯烃为原料，在500～550℃分解可得到15%左右的气体；以PS为原料，则可得到1.2%的挥发组分。但残渣达14%之多，这是因为物料在反应管内停留时间短，热分解反应不充分所致。图6-5为美国采用的管式蒸馏流化床加热的工艺流程。

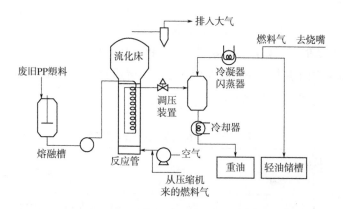

图6-5 管式蒸馏流化床加热的工艺流程（聚丙烯热分解）

3）流化床法

该法油的收率较高，燃料消耗少。如将废旧PS进行热分解时，因以空气为流化载体而产生部分氧化反应使内部加热，故可以不用或少用燃料，油的回收率可达76%；在热分解PP时，油的回收率则高达80%，比槽式法或管式法提高30%左右。流化床法的热分解温度较低，如将废旧PS、PP、PMMA在400～500℃进行热分解即可获得较高收率的轻质油。流化床法用途较广，且对废旧塑料混合料进行热分解时又得到高黏度油质或蜡状物，再经蒸馏即可分出重质油与轻质油。以流化床法处理废旧塑料时往往需要添加热导载体,以改善高熔体黏度物料的输送效果。流化床法不仅可以处理废旧轮胎和城市垃圾等,还可以处理这些废弃物热分解生成的轻质油。

采用流化床法反应器进行废旧塑料油化的有日挥北开试、住友重机、日挥-瑞翁和汉堡大学等单位。图6-6为汉堡大学的流化床热分解工艺。

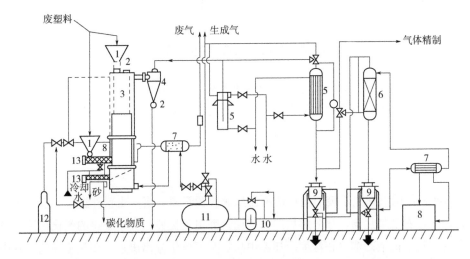

图6-6 废旧塑料的流化床反应器油化装置(德国汉堡大学实验厂)

1—料斗;2—回转阀;3—流化床反应器;4—旋风分离器;5—缓冲罐;6—冷却器;7—热交换器;

8—储槽;9—容器;10—压缩机;11—气罐;12—燃气罐;13—螺杆加料器

4)催化法

催化法热分解较槽式、管式和流化床法的明显区别在于因使用固体催化剂,致使废旧塑料的热分解温度降低,优质油的收率增高,而气化率低,充分显示了此油化工艺的特点。催化法的工艺流程是:固体催化剂为固定床,用泵送入较净质的单一品种的废旧塑料(如PE或PP);在较低温度下进行热分解。此法对废旧塑料的预处理要求较严格,应尽量除去杂质、水分等。

另外,并不是所有废旧塑料都适合制油,如聚氯乙烯不适合制油,这种废旧塑料热解生成氯化物,腐蚀设备、环境污染,而尼龙裂解制油本身就是一种错误概念。由于利用废塑料油化不仅可以使原来难于处理的废塑料得到很好的回收,还能使人类资源得到最大限度的利用,所以近年来世界各国对废塑料油化这一研究都非常重视,目前,美国、日本、英国、德国、意大利等工业发达国家都在大力开发废塑料油化技术,并使之成为工业化规模生产。

5)螺杆式油化工艺

以 Union carbide 系统为例进行介绍。该系统由挤出机、热解筒、热交换器和产品回收设备组成,如图6-7所示。挤出机用电加热,废旧塑料由料斗投入,经挤出机压缩、熔融,进入环状热解筒进行热分解。热分解产物经过热交换器冷却后送入回收设备。

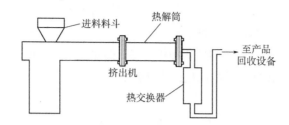

图6-7　联合碳化公司的废旧塑料连续热解设备

高密度聚乙烯和聚丙烯的热分解产物是硬质蜡，可用抛光、印刷油墨、脱模剂和润滑剂；低密度聚乙烯的热解产物为润滑油和蜡，可在水中乳化，用于抛光剂、织物印染剂、黏结剂和润滑剂。混合废旧塑料热分解产生焦油、润滑剂，液体或气体的产生取决于温度。低分子量的热解产物类似于石油，可作石化原料。

6）熔盐反应器油化工艺

图6-8为德国汉堡大学废旧塑料熔融盐热解装置示意。废料由料斗进出，通过螺杆送料器，进入熔融盐加热器，热分解后的蒸气通过静电沉淀器，其中石蜡的气化物冷凝形成较纯净的石蜡，而液态馏分在深度冷却器中从烃类气体中分离出来。在聚乙烯的热解中，乙烯、甲烷的收率随温度升高而增加，而丙烯则减少；在850℃时，乙烯和丙烯为主要产物，仅有少量氧、乙烷、丙烷、异丁烷和丁二烯；芳香化合物的收率是随温度升高而增加，炭的形成也是如此。若是聚苯乙烯，在550～700℃下热分解时产生大量的苯乙烯，当温度升高超过700℃时苯、甲烷和乙烯大大减少，而炭的形成增加。在聚氯乙烯热分解时会产生大量的氯化氢和烃类混合物。

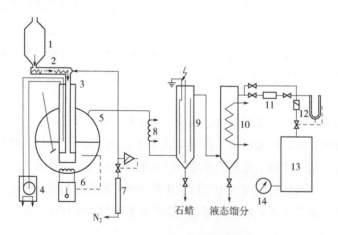

图6-8　德国汉堡大学的熔融盐废旧塑料热解反应器

1—料斗；2—螺杆送料器；3—熔融盐加热器；4—泵；5—熔融槽；6，8—加热器；7—阀；

9—除尘器；10—深度冷凝器；11—节流器；12—阀；13—接收器；14—压力表

7) 加氢油化工艺

德国 Union 燃料公司开发了废聚烯烃加氢油化还原装置。加氢条件为 500℃、40MPa，可得到汽油、燃料油。采用家庭垃圾中的废旧塑料为原料，其收率为 65%；采用聚烯烃工业废料为原料，收率可达 90% 以上。

8) 超临界油化工艺[16]

图 6-9 为日本东北电力与日本电线的超临界水废旧塑料油化工艺流程。

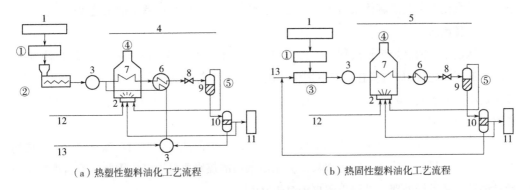

（a）热塑性塑料油化工艺流程　　　　　　（b）热固性塑料油化工艺流程

图 6-9　超临界油化工艺流程

①—破碎选择；②—熔融挤压机；③—浆料化；④—油化；⑤—分离回收；

1—废旧塑料；2—喷嘴；3—泵；4—热塑性塑料；5—热固性塑料；6—热交换器；7—反应器；

8—减压阀；9—气液分离器；10—油水分离器；11—生成油；12—LPC；13—水

上述试验装置处理能力为 1t/d。由图 6-9 可知，超临界水废旧塑料油化流程由如下工序构成。

① 破碎分选工序：粉碎和除去废旧塑料上的附着物（金属、玻璃、泥砂等）。

② 熔融工序：加热熔融废塑料。

③ 浆料化工序：粉碎的废旧塑料与水混合制成浆料。

④ 油化工序：熔融的废旧塑料送入反应器，与超临界水混合后，通过反应器油化。

⑤ 与超临界水混合的生成油，经冷却、减压，气体分离后，进入油水分离器分离回收。

（2）气化工艺

废旧塑料的热分解大都采用油化工艺，而对城市垃圾中的混杂废旧塑料或混有部分废旧塑料的垃圾则多采用"气化工艺的热分解装置"，有立式多段炉、流化床、转炉等。气化工艺的特点是无需进行像油化工艺所要求的预处理，可以是不同塑料混杂的，也可以是与城市垃圾混杂的废旧塑料制品。用气化工艺处理混杂垃圾可制得燃料气体。例如，用立式炉气化分解装置即可得到 58% 的各类可燃气体；用流化床气化分解装置则可得到约 84% 的燃料气体。

（3）碳化

废旧塑料进行热分解时会产生碳化物质，多数情况下是油化工艺或气化工艺中所产生的副产物。当碳化物质排出系统外用作固体燃料时，需要采用高效率并且无污染的燃烧方法；碳化物质经过相应的处理也可制得活性炭或离子交换树脂等吸附剂。

废旧塑料的热解重要是气化工艺和油化工艺，但对于轮胎之类或聚氯乙烯（PVC）、聚乙烯醇（PVA）、聚丙烯腈（PAN）及部分热固性树脂等的废弃物，则最好能够回收碳化物质。即使有些气化、油化工艺中也产生部分碳化物质，在大多数情形下它们是副产品，可用在转炉、立式炉、双塔轮回、Pyrox系列或急骤干馏法中作加热燃料，为热解供给需要的热量。以炭化为主的热解体系有单塔流化床、转炉、移动床和急骤干馏工艺等。

（4）替代法

在炼钢工业的高炉炼铁过程中，废旧塑料可以作为还原剂替代焦炭。在炼钢高炉中吹入粉碎的废旧塑料，废塑料在高温下裂化生成CO与H_2等还原性气体，使铁矿石还原为铁。该投资小，成本低，可直接利用已有的设备，而且可对混合塑料进行处理。在炼钢温度下，废旧塑料材料燃烧会十分充分，产生二氧化碳和水两种产物，有效减少有害气体的产生。但是该种技术下需要将再生塑料加工成一定的粒度，因而成本会增加。炼焦时若仅仅使用煤炭其焦油产量相对比加入脱氯塑料、去杂质塑料的煤炭要低得多。因此，混合塑料可以通过该种方式进行处理，其利用率也相对较高[17]。

6.2.2 化学分解

废旧塑料的化学分解就是使用催化剂或溶剂使废旧塑料重新还原为单体的过程，又称为解聚。它有水解和醇解等方法[14]。

化学分解的产物组成较为简单，且易于控制。通常分解产物几乎不需要分离和精制。不过化学分解法要求所提供的废旧塑料相当清洁和单一，混杂废旧塑料不适用。虽然多种塑料均可以进行化学分解，但对于废旧塑料的处理来说，主要有聚氨酯类和热塑性聚酯类，此外，还有聚酰胺类、聚甲基丙烯酸甲酯（即有机玻璃）、聚甲醛等。例如：废旧聚氨酯泡沫塑料经水解后可回收多元醇；废聚酯通过醇解可生成对苯二甲酸和乙二醇；废有机玻璃的解聚产物精馏后可回收甲基丙烯酸甲酯单体等。

中国塑料常见种类、2020年产量、资源化利用方法及应用如表6-8所列。

表6-8 中国塑料常见种类、2020年产量、资源化利用方法及应用

塑料种类	2020年产量/kt	资源化利用的方法	应用
PET	78200	醇解法、水解法、氨解/胺解法	纤维、薄膜、纺织品、工程塑料、包装
PP	25815.9	化学氧化、催化氢解、催化热解、超临界水液化催化	汽车零部件、家电制品、玩具及化工管道
PE	17790	成油	薄膜、容器、管道、单丝、电线电缆、日用品
PVC	20000	锡酸锌阻燃剂、磁性粒子浮选、离子液体催化氢解、电化学类电芬顿技术	医药、化工防腐材料、包装材料、人造革、塑料制品等软制品和异型材、管材、板材等硬制品

塑料种类	2020年产量/kt	资源化利用的方法	应用
PU	18000	催化降聚、催化氢解	鞋类、交通、建筑、机械、体育、电气和电子、海洋
PS	2433.8	溶液浇铸法、生物降解	家电、电子、汽车及玩具
PC	1130	解聚、亚/超临界水液化成油技术	飞机、汽车、电子、建筑、医疗
PA	16	水热液化成油、微波辅助解聚	电子电器、汽车工业

6.2.2.1 水解法

水解法适用于含有水解敏感基团的高聚物，这类高聚物多由缩聚反应制得，水解反应其实质是缩合反应的逆向反应。这类聚合物有聚氨酯、聚酯、聚碳酸酯和聚酰胺。它们在通常的使用条件是稳定的，因此这类塑料废物必须在特殊的条件下才能够进行水解得到单体。现以聚氨酯沫塑料为例，介绍水解反应工艺条件及主要水解产品。图6-10为聚氨酯(PU)泡沫塑料连续水解反应工艺流程，主要的水解反应装置是双螺杆挤出机。

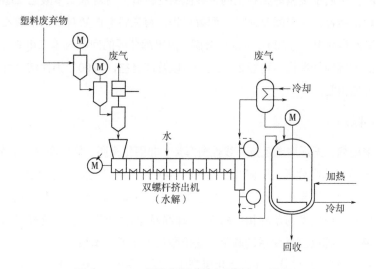

图6-10　PU泡沫塑料连续水解反应工艺流程

水解工艺流程为：PU泡沫塑料→粉碎→进料（双螺杆挤出机）→300℃→高温挤塑→中间加料口送水→混合浆料→水解→分离产物双螺杆挤出机既是制浆混炼室，又是水解反应器，制浆和水解反应需5~30min。当螺杆低速旋转时，将加入的泡沫塑料进行塑化并在向前推进中与水掺混形成浆料，边混边进行水解，通过温度和反应时间控制水解程度。其水解产物主要是聚酯和由异氰酸酯产生的二胺，经分离可得到均一的产品。混合产物的分离可采取蒸馏法，先蒸出二胺，后纯化聚酯，也可采用往混合产物中加入酸与胺反应使之沉淀，经过滤所得滤液为聚酯，沉淀物则含二胺。

6.2.2.2 醇解法

醇解是利用醇类的羟基来醇解某些聚合物及回收原料的方法。这种方法可用于聚氨酯、聚酯等塑料。

醇解法既适用于分解聚氨酯泡沫塑料，又适用于分解聚氨酯软质或硬质制品。聚氨酯废旧制品的醇解可通过有机金属化合物或叔胺类催化剂进行。聚氨酯泡沫塑料的醇解条件较温和，在适量的乙二醇存在下，于 185～200℃ 即可进行醇解，其反应产物主要是混合多元醇。工业上醇解工艺比较简单和易于操作，具体过程是将预先切碎的泡沫塑料送入用氮气保护的反应器内，以乙二醇为醇解剂，醇解温度可控制在 185～210℃ 之间。由于泡沫塑料密度小，易浮于醇解剂的液面上，因此需要进行有效的搅拌与掺混，使醇解反应充分。如此制得的多元醇生产成本低，有较高的经济效益和社会效益。

废旧聚对苯二甲酸乙二醇酯醇解回收获得对苯二甲酸乙二醇酯和乙二醇，用它们在生产聚对苯二甲酸乙二醇酯，其质量与新料相同。其醇解试剂种类繁多，一般采用一元醇和乙二醇，通过催化剂作用下解聚聚酯生产相应的单体或低聚物。醇解的催化机理即催化剂（如氯化亚锡和醋酸锌等）中金属离子的电负性促进金属乙酸盐和醇反应生成金属醇化物，同时生产乙酸，然后由金属醇化物上的金属提供空轨道，与对苯二甲酸乙二醇酯中羰基氧的孤对电子配位结合，完成酯交换[22]。醇解过程，首先将废旧聚对苯二甲酸乙二醇酯瓶粉碎成薄片，加入溶剂中，与200℃下加压分解。由甲醇分解的回收对苯二甲酸二甲酯，而由乙二醇分解的可得到低聚物，再经250℃、2 h 以及高真空，>200℃固性结合可制得聚对苯二甲酸乙二醇酯树脂。

6.2.2.3 溶剂解

将无规聚丙烯、无规聚苯乙烯，线性酚醛类、非固化树脂、固化酚醛树脂和聚碳酸酯，放在萘满或 α-甲基苯中分解，反应温度为 300～400℃，生成低分子化合物。由无规聚苯乙烯生成的多为甲苯、乙苯及苯乙烯等；由无规聚丙烯生成 C_6～C_9 化合物；由线性酚醛树脂和固化酚醛树脂生成的多为苯酚和甲酚等；聚碳酸酯的生成物类似于酚醛树脂。

聚氯乙烯的分解反应是使用硝基苯、亚磷酸三甲苯酯、苯酸酯及邻苯二甲酸二辛酯等为溶剂，反应生成多烯（烃），并有氯化氢产生。反应温度为 207℃ 时，使用磷酸三苯酯或亚磷酸三甲苯酯为溶剂能够充分促进脱氯化氢的反应。

6.2.2.4 催化分解

催化分解法包括催化氢解、催化热解。分解产物为废旧聚合物的原单体。采用催化热解的方式能有效实现聚烯烃的降解并获得高附加值的产品。将废旧塑料通过催化热解技术转化成塑料油，然后再用作生产新塑料的原料，可以实现"石油—新塑料—废塑料—塑料油—新塑料"的塑料循环经济闭环式产业链。此种分解方法工艺简单，但对于催化剂的选用，装置比较精细。美国 Amoco 公司开发了一种新工艺，可将废旧塑料在炼油厂中转变为基本化学品。经预处理的废旧塑料溶解于热的精炼油中，在高温催化裂化催化剂作用下分解为轻产品。有PE会的得到LPG、脂肪族燃料；有PP回收得到脂肪族燃料；由PS可得芳香族燃料。

6.2.2.5　氧化分解

氧化分解大体可分为气相反应和液相反应两种，二者反应形态完全不同。气相催化反应是先把氧吸附到催化剂的活性点上进行活化，然后再使烃类化合物接近活性点发生氧化反应。而液相氧化反应则以有机酸的金属盐或金属络合物作催化剂，在自动氧化的循环反应中分解所生成的过氧化物，促进活性基的生成。聚合物的氧化分解采用液相法。氧化分解的聚合物以无规聚丙烯为多。

如将无规聚丙烯溶于苯、氯苯或三氯苯的溶剂中，加入硬脂酸的金属盐作添加剂，在90～130℃下进行氧化分解反应，其中以铜盐的反应最强，但受浓度影响很大，在某种浓度以上时催化效果急剧下降。若加入偶氮二异丁腈作引发剂，在氯苯的温度为70℃时，氧化分解无规聚丙烯的速率随引发剂的浓度增加而提高。用苯作溶剂，在100～130℃时以过氧化丁酯作引发剂，无规聚丙烯氧化分解，得到氢化过氧化物约40%，其中1/2为低分子量的化合物。

6.2.2.6　光裂解

国外对可降解塑料研究较早，其中最先进行的是光降解塑料的研究，其技术也最成熟。光降解塑料是在高分子聚合物中引入光增敏基团或加入光敏性物质，使其在吸收太阳紫外光后，引起光化学反应而使大分子链断裂变为低分子量化合物的一类塑料。光降解塑料的降解受很多因素的影响，如紫外线强度、地理环境、季节气候等，并且外界条件很难控制，因此，降解速率很难准确控制，受到一定限制，其研究也越来越少。将光裂解与生物降解相结合能够克服上述的自然因素，是近几年发展较快的一门技术[18]。

6.3
能量回收

废旧塑料的能量回收是通过它在焚烧炉焚烧时释放的热能的有效利用来达到回收的目的的方法。对于那些难以清洗、分选处理、无法回收的混杂废旧塑料，可在焚烧炉中进行焚烧，然后采用热交换器将热能转化成温水或通过锅炉转化成蒸汽发电和供热再生利用其散发的热能；并且通过焚烧可大幅度减少塑料的堆积量，可去掉其体积的90%～95%；另外，通过焚烧和裂解还可回收大量化工原材料或利用其含能部分做燃料。研究表明，木材的燃烧热为14.65GJ/kg，聚乙烯的燃烧热为46.63GJ/kg，聚丙烯的燃烧热为43.95GJ/kg，聚氯乙烯的燃烧热为18.06GJ/kg，ABS的燃烧热为35.26GJ/kg，可见废旧塑料的燃烧热一般都高于木材，其热能回收颇具潜力。

废旧塑料热能回收技术的优点是：能最大限度地减少对自然环境的污染，而且除专用燃烧装置外不需要其他再加工工艺和配套的设备，焚烧符合垃圾处理的资源化、减量化、无害化原则。其缺点是：有些塑料燃烧时产生有害物质，如 PVC 燃烧时产生氯化氢气体，聚丙烯腈燃烧时产生氰化氢（HCN），聚氨酯燃烧时也产生氰化物等，所以如何做到保护环境、不致产生二次公害是很关键的。

现行的废旧塑料回收能量的方式有：a.使用专用焚烧炉焚烧废旧塑料再生利用能量法；b.高炉喷吹废旧塑料技术；c.水泥回转窑喷吹废旧塑料技术；d.废旧塑料制作垃圾固形燃料[2, 3, 16, 17]。

6.3.1　专用焚烧炉回收

焚烧塑料回收能量可以使用专用的焚烧炉，有流动床式燃烧炉、浮游燃烧炉、转炉式燃烧炉等。

专用焚烧炉再生利用能量的方法可以燃烧各种废旧塑料及其与部分城市垃圾的混杂物，但需根据废旧塑料分布状况，合理地选择焚烧设备及其场地，以最大限度地减少运输费用和确保连续经常地焚烧处理。专用焚烧炉法的不足之处是需要较大场地、较庞大的辅助设施和有效地防止气体排放物中的有害成分污染环境，所需投资较大。对废旧塑料焚烧在设计上有如下要求：能用机械操作，且焚烧稳定，即使是多种塑料的混合物或混有其他城市固体垃圾也能有效焚烧，最大限度防止有害气体放出，焚烧能力大，故障少，燃烧完全，不产生烟尘粒子，废水排放要符合环保要求。

热塑性塑料投入高温的焚烧炉时，部分塑料很快熔融并急速分解或气化，结果进行气相燃烧，而产生的炭质残渣的燃烧较慢，部分熔体覆盖其表面，造成缺氧而燃烧不充分。热固性塑料加热也不熔融，进行分解燃烧和表面燃烧，着火温度高且燃烧速率慢。当上述热塑性塑料和热固性塑料同时投入焚烧时，常会发生燃烧较慢的炭质残渣和热固性塑料的残留而导致燃烧停滞的情况，为此在焚烧炉中要有适当的搅拌和良好的通风，以促进固体物的燃烧。专用能量再生利用焚烧厂的主要设施如下。

（1）焚烧炉

焚烧炉是主体设备，炉体以钢架结构支撑，以混凝土为基础。炉壁设计的关键是承受高温，热能吸收采用通水的围在炉壁四周的钢管导热，从燃烧区吸热的水或蒸汽通过钢管循环输热；排气口上的锅炉用于回收能量，也就是说，燃烧的废旧塑料放出大量热能，同时，在高温条件下，分解出的一氧化碳、甲烷、氢气等可燃气体也由排气口导出，以利用它们再回收热能。

作为主体设备的焚烧炉，其构造和类型很多。从炉体构型上分，有立式圆柱型、卧式圆柱型、流化床型、转炉型等；从加热方式上又有直接加热式与间接加热式之分；在间接加热式中还有炉壁传递型和循环介质传递型两种。不论何种结构，衡量燃烧炉的基准是工艺操作的简单性、加热速度和热效率的优劣等。

（2）辅助设备中的燃烧前设施

其中有大型的储料设施（如储备废旧塑料的坑、库等），一般在地表下，以防止在地表上发生自氧化燃烧。大型焚烧炉应配备自动称量装置，以确定每次进料数量，有助于设施的控制和管理、评估成本和改进工艺。输送设施由升降设备和进料设备组成，前者储料坑中将废旧塑料铲起提升，卸料于进料口处；后者通过进料阀门将物料经料斗送入燃烧室。

（3）辅助设备中的燃烧后设施

主要是污染控制装置，用以妥善处理燃烧后所产生的有毒和危害性气体。

废旧塑料的品种很多，体积较大，表面较脏并含有水分等，如何将其燃烧充分并处理燃烧过程中产生的有害气体，使它对大气不造成污染是研究的关键。这方面技术比较先进的国家主要是德国、日本等发达国家。他们研制出全套的自动化焚烧设备，包括前期的塑料干燥破碎设备、塑料加压进料设备、高效的焚烧炉及尾气净化设备等。不仅可用来焚烧工业废旧塑料，还可以用来处理生活废旧塑料。这些设备及回收技术已在德国、日本及韩国等大型钢铁生产企业等得到应用。焚烧方法省去了废旧塑料前期分离等繁杂工作，可大批量处理废旧塑料和生活垃圾，但设备投资较大，成本较高。因此，目前利用焚烧方法处理废旧塑料的国家还仅限于富裕的发达国家和我国局部地区[19]。

6.3.2 高炉喷吹废旧塑料技术

废旧塑料高炉喷吹技术是将废旧塑料用于炼铁高炉的还原剂和燃料，使废旧塑料得以资源化利用和无害化处理的方法。该技术在国外研究得较多。

德国的不莱梅钢铁公司是世界上第一家把高炉喷吹废旧塑料的设想付诸实施的钢铁厂。该公司从 1994 年 2 月开始进行小规模试验，1995 年 6 月 2 号高炉（2688m³）建造了 1 套喷吹能力为 $7×10^4$t/a 的喷吹设备，单一风口喷吹量达 1.25 t/h。在该技术中，废旧塑料先经预处理分选，去除有害杂质，再经烧结，制成粒度 < 10mm 的散粒，并由喷吹系统送入高炉。试验结果表明，所喷入的废旧塑料对高炉的冶炼过程的影响介于煤粉和重油之间，但喷吹废旧塑料更为便宜。在资金投入上，从开发到对系统进行改造，不莱梅钢铁公司共耗资 4500 万马克，实现了每月用废旧塑料取代 3000t 石油的效果，并被批准全年使用废旧塑料。除了不莱梅钢铁公司之外，德国的克虏伯·赫施钢铁公司、蒂森钢铁公司、克虏伯.曼内斯曼冶金公司的胡金根厂、蒂森、普鲁士斯塔尔及埃考斯塔尔公司也在高炉上正式喷吹废旧塑料或进行工业试验。值得一提的是克虏伯·赫施钢铁公司进一步完善了高炉喷吹废旧塑料的装置，并建成了 $9×10^4$t/a 的废旧塑料喷吹系统[19]。

1996 年 10 月，日本钢管（NKK）公司在京滨厂 1 号高炉（4907m³）上开发利用废旧塑料代替部分焦炭用于炼铁的技术获得成功。在 NKK 公司喷吹塑料的工艺中，首先对回收来的废旧塑料进行处理，去除聚氯乙烯，再破碎、造粒（最大粒度约为 6mm），然后喷入高炉，其工艺过程与德国厂家相似。为了解决含氯塑料喷吹问题，1998 年 1 月，NKK 公司在京滨厂建了 1 套年处理能力为 1000t 废旧塑料的回转窑试验设备，对废聚氯乙烯塑料进行分解，并回收 HCl，将脱氯后的塑料供高炉喷吹。NKK 公司计划在 2000 年全面解决含氯塑料的喷吹问题。NKK 公司投资 15 亿日元在京滨厂建成 1 套完整的工业规模喷吹塑料系统，年处理 3 万吨工业废旧塑料。NKK 公司 2002 年共在高炉喷吹塑料 15 万吨，能量利用率达到 75%，计划 2010 年共喷 30 万吨；神户制钢亦开始推广，现年喷 2 万吨。日本川崎钢铁公司与地球环境产业技术研究机构共同开发成功高炉喷吹混合废旧塑料技术。在高炉喷吹废塑料时为了防止含氯废旧塑料产生的氯损害炉体和煤气管道，一般将含氯废旧塑料选出经单独脱氯处理后再喷入的方式，但分选较为困难。新技术历经 3 年的共同研究，终于解决了这一问题[20, 21]。

6.3.3　水泥回转窑喷吹废旧塑料技术

水泥回转窑废旧塑料利用方面最突出的是德山公司水泥厂[17]。该厂于 1996 年进行了回转窑喷吹废旧塑料试验，通过将不含氯的废旧塑料粉碎后用空气送入水泥窑，运行过程中不需采取特殊措施，烟气环保达标，对熟料和水泥的质量也没有影响。而且废旧塑料的平均发热量比煤粉还高。在此基础上，该厂建设了 $1×10^4$t/a 废旧塑料制备装置，运行平稳，效益良好。

日本古泽石灰工业在烧石灰的回转窑中喷入废旧塑料代煤成功，并于 1998 年春投资 2 亿日元对葛生工场的 460 t/d 回转窑改造后将废旧塑料代煤的比例由 40% 提高到 55%。此技术已在其他石灰厂中推广。

6.3.4　废旧塑料制作垃圾固形燃料

有些废旧塑料，如聚乙烯、聚丙烯、聚苯乙烯、聚酯树脂等，由于其中含有纸或纤维，不能再生或者已经是再生制品，目前唯一的利用方式就是制作垃圾固形燃料。

在美国，废旧塑料制作垃圾固形燃料（RDF）的技术应用较广，美国垃圾焚烧发电站 171 处，其中烧 RDF 的有 37 处，发电效率在 30% 以上，比直接烧垃圾的高 50% 左右。废旧塑料制作垃圾固形燃料的原料以混合废旧塑料为主，加入少量石灰，掺杂木屑、纤维、污泥等可燃垃圾，经混合压制以保证粒度整齐，便于保存、运输和燃烧，这样既稀释了燃料中的含氯量，也有助于焚烧发电站的规模化。

日本近年来面临垃圾填埋场不足和焚烧处理含氯废旧塑料时的后续问题，主要体现在氯化氢对锅炉的腐蚀和尾气产生二噁英污染环境。

日本学习美国经验，大力发展 RDF，并且将一些小型垃圾焚烧站改为垃圾固形燃料生产站，以便于集中后进行较大规模的发电。秩父小野田水泥公司还开发了用 RDF 烧水泥技术，不仅代替了煤，而且灰分也成为水泥的有用组分，比单纯用于发电效率更好[21]。

参考文献

［1］ 易玉峰，王莹，丁福臣. 废塑料的再生利用技术[J]. 北京石油化工学院学报，2004，12（4）：27-30.

［2］ 徐竞. 废塑料的再生利用和资源化技术[J]. 上海塑料，2010（1）：44-48.

［3］ 王永耀. 聚乙烯、聚丙烯废塑料再生利用进展[J]. 石油化工，2003，32（8）：718-720.

［4］ 孙小红，那天海，宋春雷，等. 废旧塑料回收再生利用技术的新进展[J]. 高分子通报，2006，4：29-34.

［5］ 黄兴元，潘留雯，谭磊，等. 热风熔融废旧塑料再生利用技术研究[J]. 中国塑料，2021，35（8）：195-199.

［6］ 何露，沈佳斌，郭少云. 废旧塑料改性再生的研究进展[J]. 高分子通报，2021（2）：18-28.

［7］ 魏京华. 聚烯烃塑料废弃物的回收再生利用[J]. 塑料工业，2005，33：40-43.

［8］ 吴自强，许士洪，刘志宏. 废旧塑料的综合利用[J]. 现代化工，2001，21（2）：9-11.

［9］ 孙亚明. 废旧塑料再生利用的现状及发展[J]. 云南化工，2008，35（2）：36-40.

［10］ 典平鸽，杜玲枝. 废旧塑料的综合利用[J]. 浙江化工，2006，37（3）：15，28-31.

［11］ 张燕春. 我国废旧聚乙烯的回收及其利用[J]. 中国资源综合利用，2003（12）：8-10.

［12］ 吴自强，唐四丁，胡海. 废旧聚丙烯再生利用技术的现状及发展趋势[J]. 再生资源研究，2002（1）：25-28.

［13］ 吴自强，曹红军. 废聚乙烯的综合利用[J]. 再生资源研究，2003（6）：14-19.

［14］ 朱道平. 塑料包装废弃物回收处理途径及新进展[J]. 资源与人居环境，2010（1）：48-51.

［15］ 徐静，孙可伟，李如燕. 废旧塑料的综合利用[J]. 再生资源研究，2004（1）：18-21.

［16］ 王春云. 日本超临界谁废塑料油化试验装置投入运行[J]. 中国资源综合利用. 2001（4）：43.

［17］ 张晓琳. 国外废旧塑料的再生利用[J]. 现代塑料加工应用，1991，04：60-64.

［18］ 刘秀丽. 废旧塑料再生利用的途径[J]. 山东化工，2015，44：176-178.

［19］ 杨菁. 废旧塑料资源利用在我国的发展分析[J]. 科技创新与应用，2015，10：22.

［20］ 颜新. 废塑料作为高炉辅助喷吹燃料的综合利用[J]. 钢铁技术，2006（5）：9-10.

［21］ 曹玉亭，张锦赓. 废旧塑料的再生利用[J]. 当代化工，2011，40（2）：190-192.

［22］ 孙小东，曹鼎，胡倩倩，等. 废弃塑料的化学回收资源化利用研究进展[J]. 中国塑料，2021，35（8）：44-54.

第 **7** 章

废旧聚烯烃塑料的污染控制及资源化利用

随着石油化工工业的发展，聚烯烃树脂的生产和应用也迅速发展。其中，聚乙烯的产量在所有树脂中稳居首位；聚丙烯的产量居第二，仅次于聚乙烯。尽管世界各国生产的各种树脂的比例不尽相同，但聚乙烯和聚丙烯树脂的产量占世界树脂总产量的35%~50%。这些塑料的用途广泛，用量大，其再生利用的价值极高。

7.1
废旧聚烯烃塑料的污染现状

聚烯烃塑料已经成为工业生产和日常生活中不可替代的原料，虽然塑料产品给人们带来了便利，但是塑料制品被废弃后所产生的污染也让人们深恶痛绝。目前，我国是塑料生产和消费最大的国家，2020年我国塑料产品产量达7600万吨，表观消费量13000万吨。据预测，到2025年，我国将有1700万吨的塑料垃圾产生，成为世界上最大的塑料垃圾生产国[1]。而城市垃圾中，80%以上为PE、PP等聚烯烃塑料[2]。塑料垃圾的处理极其困难。垃圾填埋场体积大、燃烧时热值高和排放二氧化碳都会加剧温室效应，再加上难以生物降解，也不能进行堆肥，因此成为全球环境保护最头疼的问题之一。做好消费后塑料的处理工作对其可持续发展至关重要。

7.2
废旧聚烯烃塑料的来源

聚烯烃塑料的主要类型有高密度聚乙烯、低密度聚乙烯、线型低密度聚乙烯和各种聚丙烯，其中不同聚乙烯的区别在于其密度、结构和制造方法的不同。高密度聚乙烯的密度一般高于0.94g/cm³，而低密度聚乙烯和线型低密度聚乙烯的密度在0.91~0.94g/cm³之间，废旧聚乙烯塑料主要来自薄膜、中空制品、编织袋、管材、各种带（绳）、周转箱及工业配件等的边角料、残次品、废弃品，或是来自化学工业、电气工业、食品与消费品工业等领域的废弃物，是塑料回收的重点材料。

7.3
国内外废旧聚烯烃塑料的再生利用现状

废旧塑料的回收再生利用能够将工业垃圾变成极有价值的工业生产原料，实现了资源再生循环利用，具有不可忽略的潜在意义。在工业发达国家的固体废弃物中，废旧塑料占4%~10%（质量分数）或10%~20%（体积分数），而这当中聚烯烃（主要是PE和PP）占有相当大的比例（超过70%），加之其再生利用价值高、耐老化性较好等特点，近年来聚烯烃的再生利用受到特别的重视[3]。

塑料的品种较多，它们的生产原料不同，废弃物降解后的产物也不同，不同杂质的混入对回收再生后的性能影响也不一样，各种塑料的物化特性差异及不相容性，使回收后的混合物的加工性能受到较大影响。为了提高回收产品的利用价值，最好先将收集的废旧塑料分类筛选，然后根据不同的材料和不同的要求，采用不同的再生利用技术加以处理。在过去的20年中，废旧塑料的分类分离主要集中在PE、PP、PVC、PS和PET这5种主要塑料上。国外已开发出计算机自动分选系统，实现分选过程的连续自动化，而我国仍以最原始的人工挑选方法为主，效率低、劳动强度大。如果生产商在塑料出厂时打印上供识别的代号，或者实施废旧塑料分类投放制度，能够给人工分选带来较大的帮助。

美国是世界上最大的生产塑料制品的国家，年产塑料制品达3400万吨，废旧塑料超过1600万吨。美国早在20世纪60年代就开展废旧塑料的回收再利用的研究，其废旧聚烯烃塑料的回收占61%[4]。日本是世界上第二大塑料生产国，20世纪80年代日本年均废旧塑料排放量占生产量的46%，90年代日本回收率占7%，燃烧率占35%，目前日本回收废旧塑料技术处于世界领先地位。同世界上发达国家美国和日本相比，我国废旧塑料回收再利用率是很低的（仅占5%），因此大力开展废弃塑料的再生利用有广阔的前景。我国有广大的拾荒者遍布城市农村，并有大小不等的废品收购站，只要国家给予适当的组织和适当的奖励，就能发展出良好的废旧塑料及废旧物品的收集中心，而这是做好废旧塑料回收再利用的第一步。从保护环境减少污染的角度出发，从节省资源的角度出发，加强对废旧塑料的回收工作是城市和农村都应采取的重要措施。

7.4
废旧聚烯烃塑料的控制技术

塑料制品给人类的生活带来了巨大的改善，同时随着科技的进步，塑料制品对人类生产生活的改变还将继续扩大。因此，要充分利用废旧塑料，开发再生利用技术，从而实现废旧资源的再生循环利用，走可持续发展的绿色工业之路。

7.4.1 纤维增强废旧聚烯烃技术

纤维增强聚烯烃技术是指在废旧聚烯烃基体中加入纤维材料，通过一定的工艺将纤维均匀分散于基体中，从而提高其机械强度。选择的纤维材料有玻璃纤维、晶须、植物纤维等。采用纤维增强聚烯烃技术可有效增强废旧塑料的物理力学性能，使之适应更广泛的应用需要。崔益华等[5]将固体废物中的HDPE与废弃木纤维和玻璃纤维进行熔融共混，并用马来酸酐改性PP为相容剂，研究了玻璃纤维长度和含量对材料弯曲和冲击强度的影响，结果表明玻璃纤维的加入可以显著提高材料的弯曲、冲击强度和模量。

7.4.2 粉体填充废旧聚烯烃技术

废旧聚烯烃粉体填充法是在废弃聚烯烃基体中加入无机粉或有机粉末，以改善材料的拉伸强度、弯曲强度、冲击强度等力学性能，但填充的粉末不同，其性能的变化也有所不同。常见的无机粉末有碳酸钙、滑石粉、云母等，有机粉末有木粉、草粉等。董金虎等[6]以马来酸酐接枝聚丙烯（PP-g-MAH）为相容剂，合成了废旧聚烯烃塑料/木粉复合材料，研究了木粉用量对复合材料的加工性能、力学性能以及微观结构的影响，结果表明，木粉用量从10%增加到30%，在材料熔融时间、熔融能耗、热稳定性变化不大的基础上剪切扭矩增加32.4%。

7.4.3 废旧聚烯烃改性沥青技术

改性沥青技术是在传统沥青中加入橡胶、树脂或其他填充剂等改性剂，以提高沥青及其混合料的综合性能。PE类聚烯烃分子量大，属于线型长链分子结构，在长链上有大量的甲基支链和烷基侧链，具有良好的塑性、耐冲击和柔韧性。因为沥青与PE在结构上具有相似性，二者兼容性好，同时PE还能改善沥青的高温稳定性和机械性能，是一种理想的沥青改性原料。

7.4.4 废旧聚烯烃裂解炼油技术

废旧塑料裂解炼油技术是通过催化裂解的方式将废旧塑料进行处理，使其处于无氧或少氧微负压的环境中。裂解炼油方式不仅可以将废旧塑料再生利用，还缓解了废旧塑料不当处理方式对环境造成的污染，可以通过废旧塑料裂解炼油技术将废旧塑料裂解为燃料油、炭黑、可燃气体等产品。目前，我国很多石油和天然气仍然依赖进口，无法完全自给。在中国能源转型遇到障碍时，必须确立其底线，坚持到底，以预防各种突发安全事故。例如，完善国家应急存储管理系统和设备基础建设，扩大我国油气战略储备，增加储气设备基本建设项目投资，提高存量调整协调能力，提高我国油气储运生产和调度的协调性，全面提高我国油气外部风险解决能力，确保在紧急情况和极端情况下应对能源问题[7]。

7.5
聚烯烃类塑料的应用现状

7.5.1 农用薄膜

农用塑料薄膜的应用在农业现代化进程中起了重要的作用。农用塑料薄膜基本上以聚乙烯为主。以地膜为例，主要使用线型低密度聚乙烯（LLDPE），由于线型低密度聚乙烯具有强度高、耐环境应力开裂性好、耐热及耐低温性好的优点；突出的薄膜抗穿刺性以及加工过程中熔体的延伸性大，拉伸特性极好等特点，可制成微薄薄膜（6~7μm）；高密度聚乙烯（HDPE）可在高温下进行超薄薄膜加工，也是生产地膜的主要原料之一。目前，大多数国家的温室棚膜仍以聚乙烯、乙烯-乙酸乙烯共聚物（EVA）为主。

现今，农用塑料棚膜的质量不断提高，品种繁多，以棚膜为例，有耐候寿命3~5年的长寿膜、紫外线吸收膜、防雾滴膜、防尘膜、多层膜等。农用地膜除了常用的保温膜外，还有除草膜、水稻育秧膜、苗避蚜膜等。

日本是使用农用塑料最多的国家之一，早在1951年就已开始采用塑料薄膜育秧。日本的农膜以聚氯乙烯为主，其次是聚乙烯膜、乙烯-乙酸乙烯共聚物膜[8]。欧州及以色列农用塑料的产量增长也很快，农用塑料仍以聚乙烯为主，这不仅是由于聚乙烯的价格比聚氯乙烯便宜，也与这些国家的气候、自然资源结构和使用历史有关。

我国农用塑料薄膜使用与回收中的问题主要集中在农用地膜上。由于目前地膜生产趋于薄型化，生产与使用者过分追求经济效益，忽视薄膜耐候性的改善，致使农地膜强度低、易破碎，寿命仅有4~5个月，给回收带来困难。

我国是个农业大国，采用农用塑料薄膜覆盖栽培农作物是促进农作物增产和农业现代化的重要措施，但是由此引起的有关生态和环境污染问题也需要重视。据北京市有关部门对土壤残留农地膜进行的大面积调查及人工模拟试验表明，大量残留的农地膜污染农田，给农作物的生长带来了危害，造成不同程度的减产。耕作土壤层有废膜的土地比没有废膜的减产 8.3%～54.2%，减产幅度因作物品种不同而有差异。据山西省有关部门统计表明，由于部分农膜残留在土壤中，造成土壤结构破坏、板结，土壤透气状况恶化，破坏了植物根系的吸收能力，致使减产 9%。连续使用地膜 5 年，每亩耕地的地膜平均残留量达 6～7kg，会使小麦减产 26%。

欲解决这一问题，一方面需要开发新产品，提高薄膜强度，改善成分，使薄膜容易回收；另一方面，应加强农地膜的科学使用与管理，防止大量的农地膜碎片残留在田间土壤中。农用塑料薄膜回收与利用有利的一面是塑料的种类比较单一，分类工作比较简单；困难的一面在于难以收集和清洗。

7.5.2 包装薄膜和容器

自 20 世纪 60 年代开始，废弃物中塑料的比重日益增加，现在全世界塑料包装废弃物已达 3000 万吨。在中国，废旧塑料主要来源于包装废弃物和农用塑料薄膜。包装所用塑料主要是通用型塑料，其他塑料所占比重很小。表 7-1 为我国各种塑料在包装中所占的比例。

表 7-1 不同塑料在中国包装中所占的比例

品种	占有量/%	品种	占有量/%
低密度聚乙烯（LDPE）	33	聚对苯二甲酸乙二醇酯（PET）	7
高密度聚乙烯（HDPE）及聚丙烯（PP）	31	聚氯乙烯（PVC）	5
聚苯乙烯（PS）	9	其他	15

自 20 世纪 90 年代初以来，环境问题向塑料包装材料提出了更大的挑战，但从实际情况来看，塑料仍然是全世界包装工业中增长最快的材料之一。近 30 年来，年平均增长率为 8.7%，超过了所有其他包装材料的增长，用于包装的一些主要材料如纸板、金属、木材和纺织物等的实际使用量均在下降。

用于包装材料的塑料主要有聚乙烯、聚丙烯、聚氯乙烯（包括聚偏二氯乙烯）、聚酯、聚酰胺等。塑料包装最广泛的应用领域是食品、饮料、化妆品、洗涤用品、药品以及其他消费用品。塑料也用于工业部门的货运箱。

塑料包装材料具有强度高、成本低、耐候性好等优点，使其在与许多传统包装材料的竞争中具有较强的优势。例如，美国牛奶容器总量中，塑料容器从 4% 上升至 67%，美国工业用货运袋市场的 45% 以上已被塑料包装材料所占领。从美国塑料包装材料所占的比例看，大致分布如下：聚乙烯占 64%，聚苯乙烯占 11%，聚丙烯占 9%，聚酯占 7%，聚氯乙烯占 5%，其他 4%。这些材料按用途分为薄膜（35%），瓶（27%），其他容器（盒、桶、盆、杯）（24%），纸和箱的涂层（9%），罩和隔板（5%）。

7.5.3 不同种类聚烯烃塑料的主要应用

由于原料丰富，价格低廉，容易加工成型，综合性能优良，因此聚烯烃是一类产量大，应用十分广泛的高分子材料。聚烯烃是大品种高分子材料，占塑料总量的60%~70%。聚烯烃的主要用途为生产塑料制品，第二大用途是生产编织制品，有编织袋和编织布，其中聚丙烯编织制品占60%~70%。在我国，由于纸张和黄麻资源的缺乏，所以塑料编织袋得到广泛的应用。除一般编织袋外还有纸塑复合袋、网眼袋等，可用于化肥、水泥、矿物产品、合成树脂、原盐、食糖、粮食、棉花和羊毛等的包装。

聚烯烃还可用来制造注射制品，各类周转箱如食品周转箱、板条箱，汽车零部件，电子电器配套件、仪表板、蓄电池壳，日用家庭用品如家用盆、桶、壶等以及家用电器如洗衣机、电冰箱、电扇等。其中，钙塑瓦楞箱就是一种应用，它主要是由HDPE、碳酸钙和各种助剂压延而成的瓦楞片材。它具有强度高、质量轻、防潮和耐腐蚀等特点，兼有纸箱与木箱的优点；缺点是易滑，不能包装大型或超重商品。

聚烯烃树脂也是塑料管材的主要原料，产品品种有水管、井管、微灌管、波纹管、复合管、燃气管等，用于农村饮水与农用灌溉，也用于化工、食品、饮料、医药和保健工业等行业中介质的输送，也可用作城市燃气与天然气管道等。除此以外，聚烯烃还用作各种容器，如牛奶、食用油、化妆品、家庭化学品、药物、化工产品等的包装。

（1）低密度聚乙烯（LDPE）

LDPE回料主要来源有生产中的低密度聚乙烯制品、边角料以及日常用塑料产品，日常用塑料产品包括薄膜产品，农业用薄膜如地面覆盖薄膜、蔬菜大棚膜等；包装用膜如糖果、蔬菜、冷冻食品等；液体包装用吹塑薄膜（牛奶、酱油、果汁、豆腐、豆奶）；包装袋，收缩包装薄膜，弹性薄膜，内衬薄膜；建筑用薄膜，一般工业包装薄膜和食品袋等。注塑制品，如小型容器、盖子、日用制品、塑料花、注塑-拉伸-吹塑容器。医疗器具、药品和食品包装材料，挤塑的管材、板材，电线电缆包覆，异型材，热成型等制品。吹塑中空成型制品，如食品容器、药物、化妆品、化工产品容器、槽罐等。这为低密度聚乙烯（LDPE）再生利用提供了广阔的市场。

（2）高密度聚乙烯（HDPE）

HDPE回料主要来源有：

① 管道，如煤气、液化气、天然气输配管道、城乡饮用水管道、排污水管道、工业的料液输送管道等；

② 常用商品袋、杂货袋和食物包装；

③ 吹塑产品，漂白剂、机油、洗涤剂、牛奶和蒸馏水的容器，大型冰箱，汽车燃料箱和筒罐等。

高密度聚乙烯是第二大回收品种，也是废旧塑料回收市场增长最快的一部分。这主要是因为其易再加工，有较小限度的降解特性和其在包装用途的大量应用。其再生加工比较简单，主要是清洗和轧碎，再生料具有与新料相近的性能，但成本大大降低。

（3）聚丙烯（PP）

聚丙烯回料主要来源有薄膜制品：

① 注塑制品，如汽车、电气、机械、仪表、无线电、防治、国防等工程配件，日用品，周转箱，医疗卫生器材，建筑材料；

② 挤塑制品，如管材，型材，单丝，渔用绳索/打包带，捆扎绳编织袋，纤维，复合涂层，片材，板材等；

③ 吹塑中空成型制品，如各种小型容器，以及钙塑板，合成木材，层压板，合成纸等。

聚丙烯再生造粒品种众多，广泛应用于日用制品、家电、玩具、文具、箱包、化妆品箱、音像制品等领域。

7.6
废旧聚烯烃塑料的资源化利用

7.6.1 薄膜的回收技术

随着我国农膜、棚膜使用量的与日俱增，废旧农膜的再生利用也越来越受到国家及各地方政府的关注。聚烯烃薄膜主要包括聚乙烯和聚丙烯薄膜，通常用于农业和包装领域。该类薄膜主要有高密度聚乙烯、低密度聚乙烯和线型低密度聚乙烯及各种聚丙烯薄膜（BOPP、OPP、CPP）。

7.6.1.1 薄膜的回收工艺

薄膜的回收工艺过程一般是：

粉碎→清洗→脱水→烘干→造粒

对于在生产过程中产生的边角料或试车时产生的废膜，因为不含杂质，可以直接粉碎、造粒进行再生利用。而对于回收的废旧包装薄膜和农用薄膜，难点是分选和去除杂质及附着在薄膜表面的其他物质（灰尘、油渍、颜料等）。

（1）粉碎

收集到的大片或成捆的薄膜需要剪切或研磨成易处理的碎片。粉碎设备有干式和湿式之分。干式粉碎机可直接对收集到的薄膜进行粉碎；湿式粉碎机则需要对收集到的薄膜在进行预清洗后再粉碎。前者结构简单，投资小，但由于所粉碎的薄膜含有较多的杂质，刀具磨损较大；后者虽增加了一道工序，但刀具磨损小，噪声低。

（2）清洗

清洗的目的是除去附着在薄膜表面的其他物质，使最终的回收料具有较高的纯度和较好的性能。通常用清水清洗，用搅拌的方法使附着在薄膜表面的其他物质脱落。对于附着力较强的油渍、油墨、颜料等，可用热水清洗或使用洗涤剂清洗。

清洗设备按工作方式分类有连续式和间歇式；按结构分类有敞开式和封闭式。不论何种方式都有一个产生很强洗涤作用的拨轮或滚筒。拨轮或滚筒的高速转动，使薄膜碎片受到较强的离心力的作用，而使附着物脱落。由于薄膜与附着物的密度不同，脱落的附着物最终沉淀，薄膜碎片浮于水面。为了取得更好的清洗效果，薄膜碎片用水清洗后可送入摩擦清洗机继续清洗。在摩擦清洗机内，薄膜碎片表面受到较大的摩擦作用而使附着物脱落下来。

（3）脱水

经清洗后的薄膜碎片含有大量的水分，为了进一步加工处理，必须脱水。目前，脱水方式主要有筛网脱水和离心过滤脱水。筛网脱水是将清洗后的薄膜碎片送到有一定目数的筛网上，使水与薄膜碎片分选。筛网可以平放或倾斜放置，而且带有振动器的筛网脱水效果更佳。离心脱水机是以高速旋转的甩干筒产生的强离心力达到薄膜碎片脱水的目的。

（4）烘干

经脱水处理后的薄膜碎片仍含有一定的水分，为了使水分含量减少至 0.5%以下，必须进行烘干处理。烘干通常采用热风干燥器或加热器进行，为了节约能源，降低成本，干燥器或加热器产生的热风应该循环利用。

（5）造粒

经过清洗烘干的薄膜碎片可送入挤出造粒机进行造粒。为了防止轻质大容积的薄膜碎片（50R/L）出现"架桥"现象，需要采用喂料螺杆进行预压缩，使物料压实，喂料螺杆的速度应与挤出机相匹配，以防止机器过载，并通过计量设备加入适量的助剂以改善回收料的性能。

造粒既可以使用单螺杆挤出机，也可以使用双螺杆挤出机。用于回收薄膜的单螺杆挤出机的长径比（L/D）一般都在 30 以上。使用单螺杆挤出机的优点在于设备投资小，缺点是混炼效果不如双螺杆挤出机。使用双螺杆挤出机造粒，对螺杆的转向无特殊要求，其转向既可以是同向旋转也可以是异向旋转。在双螺杆挤出机内，物料的混炼机理不同于单螺杆挤出机，因此可以多处进料和开设排气孔。使用双螺杆挤出机时，物料混炼所需剪切力不是靠螺杆与机筒的摩擦产生，而是由两个螺杆之间的捏合产生，大大地提高了混炼效果，降低了能耗。双螺杆挤出机的螺杆自洁性也优于单螺杆挤出机。对于专门从事薄膜回收的厂家而言，采用双螺杆挤出机比较合理。

在薄膜碎片的熔融挤出过程中，常有水蒸气、单体分解物气体产生，为了使生产出的粒料不含气泡，应当采取排气措施。此外，为了得到高质量的回收料，可对回收料的熔体进行过滤，将清洗后滞留的杂质滤掉。熔体的过滤可使用间歇式或连续式过滤网装置。间歇式过滤网会造成熔体流动的中断，每次调整过滤网后需要重新调整工艺条件，连续式过滤网的更换则不会中断熔体的流动。

切粒方式采用冷却或热切工艺都是可行的。在冷切工艺中，挤出的物料呈线形或条形状，经过水槽冷却，进入相应的切粒装置完成切粒。在热切工艺中，挤出的呈线形或条形状的物料刚一出机头的磨口立即被旋转切刀切下；同时，冷却水喷嘴向挤出料粒喷洒冷却水，料粒表面很快冷却，料粒不粘连。料粒落入水槽彻底冷却后，再进行烘干处理，最后送入料仓。

7.6.1.2 薄膜的粉碎和清洗

农用塑料薄膜一般指用于农用的棚膜或地膜，其回收时需注意的问题是泥沙的清洗。一般情况下，农膜表面附着的泥沙含量与单位质量农膜的表面积成正比关系。据相关资料介绍，厚度为 10μm 的薄膜所含泥沙量约占其总量的 70%，厚度为 150μm 的薄膜所含泥沙量约占其总量的 30%。农膜的清洗比较费时费力，如果清洗不彻底则容易磨损回收加工设备。常用的干式粉碎（切碎）设备不大适用于处理农膜。一般采用湿式粉碎设备，粉碎（切碎）刀的使用寿命也可提高 1 倍。由于粉碎清洗后薄膜碎片常常还会夹杂着少量的泥沙杂质，因此有必要配备进一步分选泥沙的装置，通常使用水力旋流器将膜片与泥沙分离。图 7-1 为粉碎和清洗塑料碎片的简易设备示意。

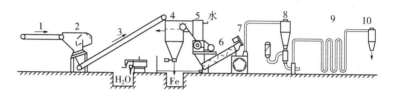

图 7-1 粉碎和清洗塑料碎片的简易设备示意

1—加料器；2—撕碎机；3—传送带至顶磨碎机磨碎；4—材料的粗略分离；5—湿式磨碎机；

6—螺旋脱水机；7—机械干燥器；8—旋网分离器；9—热空气干燥部分；10—包装

7.6.1.3 典型的回收工艺

日本制钢所废旧聚乙烯农膜回收工艺流程如图 7-2 所示。日立造船株式会社废农膜回收流程与装置的主要特点是整个系统无加热装置。破碎后的碎片经多次脱水，然后在粉碎机中粉碎和干燥。粉碎机形似高速捏合机，内装有刀片，利用粉碎时产生的摩擦热使水分蒸发。该装置月处理能力为 400t。

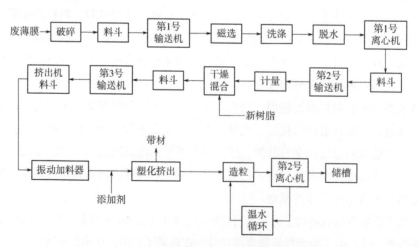

图 7-2 日本制钢所废旧聚乙烯农膜回收装置流程

7.6.2 容器的回收技术

容器包括各种饮料瓶、冷饮盒、医药瓶、洗发水瓶、洗涤剂瓶、化妆瓶、各种盛装液体或粉末状固体的桶、用塑料成型的汽车油箱、蓄电池外壳等，其容积从几十毫升到二百多升不等。这些容器如果不回收，只能与生活垃圾一起焚烧或填埋。

容器类塑料一经收集即发往材料回收厂。在材料回收厂中接收、检验、称量所收集到的容器，并将其输送到分选工序。分选的目的是为了使回收的塑料在性能上具有一致性，以保证回收再生塑料的质量和使用价值。分选是目前塑料再生利用所面临的主要问题。

当成捆容器进入破捆机后，除去全部捆扎带，均匀地将容器送入多孔筛板或筛选机中。筛选机进一步从瓶体中分离异物，除去原料中的尘土和其他松散碎片，包括碎玻璃、石子、铝护层、残液和其他污染物。离开筛选机后，将回收物传送通过磁铁分选器去除金属铁，然后再根据瓶料种类进行分类挑选。

分选可以由人工和机器完成。人工分选成本高，且材料分类误差较大，自动化容器分类分选系统既准确又经济。目前，国外已有商业化的自动化容器类分选系统。有些分选系统的设计是针对某一种容器，如外观相似的容器，按树脂种类和颜色分选。例如，聚氯乙烯瓶和聚酯瓶两者间都是非常容易回收的容器，然而，当这两类瓶混合在一起回收时，由于这两种树脂间的流变性能不相容，会影响整体质量。这也是聚酯瓶回收厂特别关心的问题，因为当聚酯加热至加工温度时，微量聚氯乙烯能引起回收聚酯树脂性能下降。因此在再生利用前，必须以各种办法分选和除去聚氯乙烯树脂。

美国德克萨斯州 Asoma 公司开发了探测和分选聚氯乙烯瓶的技术。此装置采用 X 射线荧光光谱传感器探测树脂内部是否有氯原子存在，传感器和微处理器及皮带传送机相连，正常选择时间只需要 10ms。这种传感器扫描聚氯乙烯/聚酯瓶流，通过喷射压缩空气，从进料流中分选出聚氯乙烯或聚酯瓶。

美国田纳西州的国家回收技术（National Recovery Tecnologies，NRT）公司制造的 Vinylcycle 系统采用电磁筛选法，也能探测聚氯乙烯瓶中的氯原子。一经探测后，通过由微处理机控制的空气吹射系统，从混合瓶进料流中用气体分选出聚氯乙烯瓶。NRT 工艺使聚烯烃瓶以轧碎或完整的形式送入大批量分选装置中，此系统不需要对聚烯烃瓶特殊定位或定向，可以达到高效快速的目的。NRT 公司已建成在 2200kg/h 速度下分选聚烯烃瓶的装置。该公司也提供探测和分选所有塑料瓶的自动化分选系统。

这些系统都是用于分选整体瓶。然而，在已鉴定的污染物的微小浓度严重影响高价值的回收树脂的情况下有必要采用微观分选技术。在许多情况下，微观分选或破碎后按类型（有时按颜色）分选树脂的能力可通过空气分选法、磁石静电和感应法、沉浮槽工艺、液力旋分器和光学扫描器来实现。

分选后的聚乙烯容器直接送入粉碎机进行粉碎，然后送入清洗罐清洗。由于一般容器都可能粘有油类物质，故需要用 70～80℃甚至更高温度的热水进行清洗，也可以用洗涤剂清洗。去除油渍和杂质后，进行脱水、烘干和造粒，工艺过程与薄膜的回收处理类似。

7.6.3 编织袋、周转箱及其他烯烃用品的回收

（1）编织袋的回收

聚丙烯编织袋的使用非常广泛，对于回收的编织袋首先要进行清洗，将残留的各种粉尘洗掉，然后去除各种杂质，如金属、纸巾、棉线等。清洗后的编织袋可直接进行粉碎，也可先粉碎然后清洗、去除杂质。粉碎、清洗干净后的聚丙烯料稍经烘干处理便可造粒[9]。

（2）周转箱的回收

高密度聚乙烯周转箱广泛用于运输领域。在使用和运输过程中长期受紫外线的照射后，高密度聚乙烯周转箱的力学性能会下降，最终成为废品。美国 Pvik 等利用添加紫外线稳定剂的方法对回收的高密度聚乙烯周转箱再生料进行改性，对其再生利用的可能性进行了探索。结果发现，加入紫外线稳定剂后，回收料的力学性能有很大的改善，但与新料相比还存在一定的差距。因此，在成型周转箱时可加入适量的回收料，但是如果加入过量则会影响其抗应力开裂性。

（3）压延片材回收

由聚乙烯、聚氯乙烯制作的片材，用途广泛，废弃物难以收集，但加工过程中的残料、边角料多且集中。残料与边角料的回收较简单，分选后可直接进入回收处理工序。

（4）建筑产品的回收

由聚氯乙烯生产的塑料管、门窗、壁板等，属于长寿产品，由于分散量大、收集量小，再生利用尚存在问题。

7.6.4 再生制品的开发和应用

废旧聚烯烃塑料的再生制品可分为直接再生和改性再生两大类：直接再生是指将回收的废旧塑料制品经过分类、清洗、破碎、造粒后直接加工成型[10]；改性再生是指将再生料通过物理或化学方法改性后（如复合、增强、接枝等）再加工成型。经过改性的再生塑料，其机械性能得到改善或提高，可用于制作档次较高的塑料制品[11]。

7.6.4.1 直接再生

PE 直接再生利用生产"木材"的方法已在欧美十几家公司得到应用，具体程序为：首先将废旧聚乙烯塑料碾碎成均匀颗粒，然后加温熔化成糊状，最后快速通过机器挤压成所要求的制品。这种方法生产出的"再生木材"可像普通木材一样用锯子锯，用钉子钉，用钻头钻，从而可取代经过化学处理的木材，广泛应用于制作公园座椅、船坞组件等防水、耐蚀产品，且其成品使用寿命可达 50 年以上。除了废旧 PE 外，其他废旧聚烯烃制品也同样可以采用直接利用法生产再生料，如废 PP 制品中的编织袋、打包带、捆扎绳、仪表盘、保险杠等。以 PP 再生打包带为例，其再生利用工艺如下：

挤出塑化→打包带机头→冷却水箱→前牵伸辊→加热水箱→后牵伸辊→压花纹→卷取

7.6.4.2 改性再生

直接再生制品的主要优点是工艺简单、再生制品的成本低廉，其缺点是再生料力学性能下降较大，不宜制作高档次的制品。为了改善废旧塑料再生料的基本力学性能，满足专用制品的质量要求，可以采取各种改性方法对废旧塑料进行改性，以达到或超过原塑料制品的性能。改性利用的方法主要包括塑料合金化、填充改性（包括添加活化无机粒子进行填充改性、添加纤维进行增强改性、添加弹性体进行增韧改性等）以及交联改性等[12]。废旧塑料的改性再生制品很有发展前景，越来越受到人们的重视[13]。

（1）塑料合金

将废旧聚烯烃塑料与其他塑料共混，制成塑料合金来提高废旧塑料的力学性能，从而生产出有用的制品。在实际应用中，主要是与分子量较大或键结构规整度较好的同类新树脂进行共混[14]。其关键在于提高共混物之间的相容性，改善由于各相之间差的界面黏结力和应力传递而造成的较差的力学性能。在废旧塑料的回收过程中 PE 和 PP 树脂通常作为混合物来回收，二者的不相容性使得其共混物一般表现出较差的力学性能，因此增容改性技术就变得更为重要[15]。

Kukaleva 等[16]用 LDPE 和 LLDPE 改性回收来自奶瓶的高密度聚乙烯（reHDPE），试图开发一种能够取代目前奶瓶使用的 HDPE 注塑牌号的替代产品。力学和流变数据表明，对 reHDPE 来说，LDPE 是比 LLDPE 更好的改性剂。reHDPE/LLDPE 共混物的力学性能比添加物要低，从而证明固态共混物之间缺少相容性。reHDPE/LDPE 的力学性能等于或高于线性添加的计算值。毛细管流变测量显示，reHDPE/LLDPE 共混物的表观黏度与共混物中的高黏度组分相似，而 reHDPE/LDPE 共混物的表观黏度不依赖于 LDPE 的含量或种类。对 reHDPE/LDPE 共混物进一步的流变和热力学研究发现，共混组分在熔融时部分混溶并且在固态中共结晶。王永耀[14]发现采用固相剪切挤出技术回收废弃交联 PE。这种高分子材料由于含交联结构，不熔、不溶，难以用一般回收技术回收。先将交联 PE 的碎片与 20%～30% 的 LDPE 树脂在双螺杆挤出机中在高于 LDPE 熔点下共混，然后在单螺杆挤出机中借助强大的压力和剪切应力进行固相挤出，再压塑成型。其形态分析表明，经上述处理后交联 PE 成纤维状分散在 LDPE 中，而 LDPE 则起到黏合剂的作用，所得材料具有相当好的力学性能。有报道称[13]，在废旧 PP 中掺入质量分数为 10%～25% 的 HDPE，其改性后的共混物冲击强度比 PP 提高了 8 倍，且加工流动性增加，可适用于大型容器的注塑成型。

此外，可以利用商品化的相容剂来回收废旧塑料，废旧塑料不必经过特别挑选，即可再生成高性能的塑料合金而加以利用。荷兰国家矿业公司（DSM）高技术塑料公司生产的反应型高分子相容剂 BENNET，能使多种塑料的边角料混合在一起，为不相容的聚合物合金化开辟了新途径。BENNET 产品有两种：一种用于聚烯烃；另一种用于工程塑料。回收废旧塑料是 BENNET 的主要应用领域。在合金生产过程中，一般添加量为 5%（质量分数）左右，可与 70% 以上的塑料边角料相容，产品易于加工成型，力学性能也很好。

（2）填充改性制品

与新料的填充改性类似，也可通过许多填充改性方法得到废旧聚烯烃的再生制品，包括添加活化无机粒子进行填充改性、添加纤维进行增强改性、添加弹性体进行增韧改性等。废旧塑料的性能虽然有所降低，但其塑料性能还是存在的，因此，可以将废旧塑料和其他填充改性材料进行复合，形成具有新性能的复合材料[11]。

1）塑料枕木[19, 20]

塑料枕木的价格是经防腐处理的枕木的 2 倍，但与木质枕木相比，塑料枕木具有生产周期短、使用寿命长和性能更好等特点。在温度高、湿度大的条件下木质枕木的腐烂速度快，而塑料枕木不会腐烂或碎裂，有些生产商承诺保证可使用 50 年。此外，跟普通枕木不同，塑料枕木容易生产出带有花纹或是表面粗糙的产品，可防止侧向移动，具有更好的抗震性能，十分稳固，因而日益受到欢迎。塑料枕木的潜在市场巨大，生产商们预计几年内其市场份额将达到 5% ~ 10%。标准大小的塑料枕木重约 90kg，而所有商业化塑料枕木至少含有 50% 的回收 HDPE，因而，塑料枕木的大规模使用将使得回收 HDPE 的需求量大幅增加。美国塑料再生公司（USPL）制造的 DuraTies，采用专利技术用回收 HDPE 和 10% ~ 40% 的新的或回收的玻璃纤维制成；Polywood 公司制造的 Polyties，用 HDPE 回收料和 PS 回收料制成，聚合物和 PS 微纤形成一种不相容的共混物；TieTek 公司的塑料枕木由 50% 以上的 HDPE 回收料和回收碎橡胶、玻璃纤维、无机填料等组成，生产的关键是挤出前的预处理和原料的预混合；PolySum 公司的 Tuff-Ties 是由 HDPE 回收料加入 50% 的新石膏组成的。随着产量的增加，塑料枕木的制造成本将会降低。

1994 年，美国 Rutgers 大学开始研究和试验用回收塑料制造复合型铁路枕木的技术。该研究的直接成果是发明了一种特殊的方法，可使短的、长度不一的玻璃纤维在模具内沿着物料流向的轴向高度取向。这一技术于 1998 年获得美国专利。产品的基本材料主要是牛奶瓶和洗涤剂瓶这样低 MFR 的高密度聚乙烯（HDPE）——在美国每年产生这样的材料多达 327×10^4t。研究小组将涂有玻璃纤维的热塑性塑料回收物作为 HDPE 的增强剂。汽车保险杠的边角料（玻璃纤维填充的聚丙烯）被选中，这种材料在汽车工业中的用量一直在增加，可以在典型的塑料木材工艺条件下加工，同时玻璃纤维也能很好地涂布在 PP 上。研究结果表明，涂布玻璃纤维含量为 35% 的复合材料的物理性能超过了针对铁路枕木所确定的目标值。机械性能的明显提高有赖于这些材料高度的纤维取向。通过该项技术，生产商可以生产出性能优异的玻璃纤维复合产品，而将其对生产设备和产品重量的负面影响减到最小。

2）木塑材料

用木粉或植物纤维来填充的塑料再生料，经专用机器挤出、压制或注塑可以做成用来替代某些场合木材制品的木塑制品，这可以节约森林资源，保护生态环境，同时具有很高的经济附加值。该成果是近年来国外发展较快且经济效益显著的实用型新技术，可以广泛用于包装、建筑等行业，可制成板材、型材、片材、管材，除具有木加工的优点外，还具有强度高、防腐、防虫、防湿、使用寿命长、可重复使用等优点。实验室及工业化试验显示，聚烯烃及 PVC 等均可由木粉高比例填充改性研制生产木塑材料[21, 22]。

张国立等[21]探讨了不同的木粉含量、种类以及木粉的预处理对聚丙烯再生料的力学性能及挤出成型的影响。结果表明，长径比大的木粉除起到填充作用外，还可提高材料的力学性能，并且经双辊开炼后 PP 改性再生体系中木粉的分布更加均匀，更有利于材料力学性能的改善；木粉的加热除湿除气预处理（150℃、3h 以上）有利于改善材料的加工性及力学性能；合理的分散活性剂有利于共混料的挤出加工性，而对力学性能无影响。另外，随着木粉填充量的增加，PP 再生料的弯曲强度、弯曲模量及热变形温度也随着增加，但是增加的幅度并不大；同时材料的韧性降低了，表现为冲击强度随着木粉用量的增加而降低，但降低的幅度都不大。这样在实际生产木塑制品时，在满足性能需要的前提下可考虑适当提高木粉的添加量。

杨文斌等[17]用液体异氰酸酯树脂作为胶黏剂，制备了以木材刨花和回收 PP 为主要材料的复合材料，研究了其主要力学性能和尺寸稳定性。结果表明，密度对复合材料的性能有很大的影响，密度越大，力学强度越高，吸水厚度膨胀率越低；木塑配比对复合材料的性能也有影响，随着塑料含量的增加，力学性能呈现下降趋势，同时吸水厚度膨胀率明显降低，并且密度大时影响更为显著。

3）建工材料

建筑材料的需求量很大，而且利润高，如果能将废旧聚烯烃改性制成建筑用材料，可大大提高其回收附加值。吴自强等[24]在对废旧聚丙烯利用的研究时提出，把废旧聚丙烯、废橡胶和无机填料云母等混合成型，制成可用于建筑的墙砖，由于含有许多易挥发的组分，在加热成型中，这些挥发组分会使成型制品形成泡沫结构，使砖密度小、质量轻，并且隔声和保温，通过改变成型模具，可加工成任何形状，深受建筑商的欢迎。哈尔滨工业大学的张志梅等[25]探讨了利用废旧塑料和粉煤灰制建筑用瓦的工艺方法和条件，并对瓦的密度、吸水性、抗冻性、抗老化性以及抗折强度进行了检测。通过对实验结果的比较，最终确定的工艺条件为：废旧 PE 为 30%~40%，石墨为 3%~5%；粉煤灰为 50%~55%（质量分数）；碳酸钙为 5%~7%（质量分数）；热压温度为（145±5）℃；热压压力为 130~140MPa。废旧 PP 和 PS 塑料也可用此方法再生利用，但热压温度不同。用废旧塑料制建筑用瓦是消除"白色污染"的一种有效方法，以粉煤灰作瓦的填料可实现废物的充分利用，因此，这一方法会有较好的社会效益、环境效益及经济效益。

利用废聚乙烯改性沥青，其改善性能良好，工艺简单，便于推广，且价格较其他改性剂低，同时又可以利用聚乙烯，有利于环境保护[26]。可用废弃的 PE 农膜及食品袋制造道路沥青。将 PE 膜粉碎后造粒，在高温下经高速搅拌使之与沥青混合制成改性沥青用于铺设公路。每宽 18m、长 1400km 的公路段使用的沥青中，废 PE 用量可达 56kt。郑洁等利用废旧 PE 农膜来改性沥青的低温应力开裂性和高温塑性形变，同时对解决 PE 与沥青相容性问题进行了研究，考察了不同的增溶剂对 PE 改性沥青性能的影响。胡圣飞等以废旧 PE、EVA 为改性剂，对铺路沥青进行改性。结果表明，EVA 能有效地改善废弃 PE 与沥青的相容性，克服了由于沥青含蜡量高而造成的抗老化性、热稳定性、可塑性差等困难，达到了作为铺路材料的要求[27]。

4）其他

付志敏等[28]研究了苯乙烯-丁二烯嵌段共聚物（SBS）、苯乙烯-异戊二烯-苯乙烯接枝共聚物（SIS）、乙烯-丙烯酸或丙烯酸酯共聚物（EAA）、乙烯-乙酸乙烯共聚物（EVA）和乙烯-辛烯共聚物（POE）几种增韧剂对废旧聚丙烯（PP）编织袋回收料的改性效果。众所周知，PP易于氧化，编织袋因氧化作用而使分子减小，其机械强度，特别是抗冲击强度大大降低，这影响了回收塑料的实用性。为了使回收塑料质量达到正常水平，提高其抗冲击强度是当务之急。研究结果表明，当增韧剂加入量为11份时，SIS的增韧效果最好，悬臂梁缺口抗冲击强度为$13.4kJ/m^2$，比新鲜无规聚PP牌号1330的缺口抗冲击强度$10.8kJ/m^2$还高；EAA最低，其缺口抗冲击强度还不到均聚PP牌号1300的缺口抗冲击强度仅为$5.8kJ/m^2$；对POE而言，用量较小时抗冲击强度提高不大，但当用量达到20份时，抗冲击强度迅速增加到$15.2kJ/m^2$的试验最高值，为原废PP编织袋粒料的3.4倍，在提高断裂伸长率方面，POE效果最为明显。

许国志等[29]证实了"炭黑"对"回收废旧农地膜聚乙烯再生料"体系的抗老化、补强增韧的双重功效。利用现代化分析手段，从研究回收聚乙烯再生料分子结构变化入手，筛选出了"特效炭黑"，并研制了"炭黑再生聚乙烯地膜"，其物理力学性能达到原生料地膜的国标水平（GB13735），耐老化性能大幅度提高。人工模拟试验与实际农田试验结果相吻合。Krupa认为，用炭黑和石墨作填料去填充聚乙烯，一方面可改变聚乙烯的导电性能，另一方面也可以增强其机械性能。在此基础上废聚乙烯就可以得到利用[26]。

（3）交联改性制品

交联是聚合物改性的一项很重要的技术。目前，聚乙烯可以通过高能辐射、过氧化物、硅烷、紫外光等手段进行交联。经过交联改性以后得到的废聚乙烯再生制品，其物化性能、力学性能和燃烧的滴落现象得到很大改善，耐环境应力开裂现象减少甚至消失，耐温等级可提高至90℃以上，允许短路温度从130℃提高到250℃。因此，其产品广泛应用于生产电线电缆、热水管材、热收缩管和泡沫材料等[26]。

例如，可以对回收的聚乙烯薄膜破碎、清洗、干燥后进行交联改性利用，在处理过程中加入交联剂（常用的为有机过氧化物，如过氧化二异并苯等），使其形成三维网状结构，由热塑性塑料变为热固性塑料，可以改善力学性能及耐候性能，增加材料的使用范围[30]。其加工成型方法有两种：一是在PE软化点之上使之充分塑化，同时混入交联剂，在交联剂的分解温度下进行造粒，在模压工艺中使交联反应与成型一步完成；二是在交联剂分解温度下制成坯型，再加热到产生交联反应的温度之上使之完全固化。

励杭泉等[18]在用挤出机进行混杂聚烯烃回收加工过程中，通过加入增溶剂，以及对共混物进行高能辐射的研究发现，适量的γ射线能够比增溶剂更有效的改善体系相容性，提高再生材料的抗冲击强度。通常认为，在γ射线照射下PE倾向于交联，而PP倾向于断链。在混合物被辐射时，情况可能有所不同，一些PP自由基可能与PE自由基化合。因此，在适量辐射下，交联是主要趋势。但辐射强度过高则会产生过多断链，反而使材料韧性下降。

（4）其他

在废旧 PE 中加入发泡剂制取泡沫 PE，是废旧塑料降格使用的一种回收方法，这种以再生薄膜为基础的泡沫 PE，除断裂伸长率较低外，其他各项性能指标都可与新树脂发泡 PE 相媲美，可用作地板材料，其主要特点是富于弹性、摩擦系数大、步行感觉良好、耐磨损和耐寒。成都科技大学用 PE 薄膜边角料制低发泡制品，研究了其流变性能及低发泡的成型工艺，制得的泡沫塑料制品的物理机械性能同 LDPE 泡沫塑料制品相当[14]。安徽大学高分子研究所研制开发出用废弃塑料生产聚烯烃泡沫板材的新技术[31]。该技术利用废弃的聚烯烃包装材料和农膜加工成回收料，经化学改性发泡，制成泡沫片材和硬质板材，泡沫片材可用于旅游鞋、运动鞋、皮鞋和布鞋的中衬材料和箱包的缓冲材料；硬质板材既可做弹性地板，又可做鞋厂的冲裁垫板。

将废旧塑料进行分选清洗后干燥粉碎，用混合溶剂溶解成塑料胶浆，然后加入改性剂、颜料、填料和助剂并分散研磨，加入溶剂调节黏度，最后过滤即可得涂料产品[24]。利用废塑料生产涂料有如下特点[31]：

① 最显著的特点是它的成本低廉，约为正规涂料的 1/2，可制出茶色或土黄色漆以及荧光漆或珠光漆等；

② 使用废旧塑料生产涂料可不再经过聚合过程，设备简单，操作容易，可以进行小规模生产，也可进行大规模生产；

③ 生产过程没有二次污染，没有废液和废渣的排出。以废旧聚烯烃为原料，可以生产出塑料漆、色漆以及珠光漆等涂料产品。

7.6.4.3 再加工过程中的降解问题

在聚合物熔融加工过程中，因高温、氧化和剪切而导致的化学反应是难以控制的，这会改变加工材料的链结构和性能。聚烯烃对这些反应是非常敏感的，这些反应集中表现为聚烯烃在加工工程中的降解行为[23]。在废旧聚烯烃的回收再利用过程中，往往要对其进行多次混合以及再加工，因而，这一问题就变得更为严重。在加工前添加稳定剂是防止聚合物降解的最有效方法。

PP 的回收一直面临挑战，因为它在挤出过程中很容易发生热氧化降解。经过再加工处理后回收 PP 一般要与新 PP 共混才能达到所需的力学性能。然而，在这一过程中，回收 PP 中存在的杂质会有助于降解的发生，即使是新 PP。Agrawal 等[23]在实验室中通过对新 PP 进行重复挤出和造粒处理后制得了研究用的标准回收 PP。将这种材料与新 PP 按照（3∶7）~（7∶3）的比例进行共混。通过添加一种过氧化物分解剂（三苯基亚磷酸盐，TPP）和一种润滑剂（硬脂酸锌）来稳定该回收共混物，与通常在再加工过程中使用的自由基捕获剂进行对比。研究发现，使用 0.3% ~ 0.5% 的 TPP 和 2% 的硬脂酸锌可以有效地减少这种降解。对于 60∶40（回收料∶新料）的 PP 共混物来说，与未添加稳定剂相比，添加上述稳定剂后拉伸强度保留值从纯 PP 新料强度的 68% 上升到 77%。这种稳定作用是通过 TPP 将回收材料中不稳定的氢过氧化物分解为稳定的化合物来实现的，并且由于硬脂酸锌的存在，使得新自由基产生较少，从而可以进一步改善材料的强度。

参考文献

［1］孙小东，曹鼎，胡倩倩，等. 废弃塑料的化学回收资源化利用研究进展[J]. 中国塑料，2021，35（8）：44-54.

［2］孙艺蕾，马跃，李术元，等. 聚烯烃塑料的热解和催化热解研究进展[J]. 化工进展，2021，40（5）：2784-2801.

［3］王永耀. 聚乙烯、聚丙烯废塑料再生利用进展[J]. 石油化工，2003（8）：718-723.

［4］周祥兴. 废旧塑料的再生利用工艺和配方[M]. 北京：印刷工业出版社，2011.

［5］崔益华，Noruziaan Bahman，Lee Stephen，等. 玻璃纤维／木塑混杂复合材料及其协同增强效应[J]. 高分子材料科学与工程，2006（3）：231-234.

［6］董金虎. PP-g-MAH用量对废旧聚烯烃/木粉复合材料性能的影响[J]. 中国塑料，2016，30（9）：82-87.

［7］程利萍. 生活垃圾中废旧聚烯烃塑料再生利用技术研究进展[J]. 中国战略新兴产业，2021（8）：38-40.

［8］秦立洁. 农用塑料薄膜的现状及发展趋势[J]. 现代塑料加工应用，1993（1）：49-53.

［9］编织袋和周转箱的回收简介[EB/OL]. 环球塑化网 www. PVC123. com.

［10］魏京华. 聚烯烃塑料废弃物的回收再生利用[J]. 塑料工业，2005，33（B05）：40-45.

［11］徐静，孙可伟，李如燕. 废旧塑料的综合利用[J]. 再生资源与循环经济，2004（1）：18-21.

［12］张燕春. 我国废旧聚乙烯的回收及其利用[J]. 中国资源综合利用，2003（12）：8-10.

［13］吴自强，许士洪，刘志宏. 废旧塑料的综合利用[J]. 现代化工，2001，21（2）：9-12.

［14］王永耀. 聚乙烯、聚丙烯废塑料再生利用进展[J]. 石油化工，2003（8）：718-723.

［15］Yang M，Wang K，Ye L，et al. Low density polyethylene-polypropylene blends：Part 1—Ductility and tensile properties[J]. Plastics Rubber & Composites，2003，32（1）：21-26.

［16］Kukaleva N，Simon G P，Kosior E. Binary and ternary blends of recycled high-density polyethylene containing polypropylenes[J]. Polymer Engineering & Science，2003，43（2）：431-433.

［17］杨文斌，刘迎涛，刘一星. 再生聚丙烯与木刨花复合材料的密度和木塑比对复合材料主要性能的影响[J]. 林产工业，2003，30（4）：29-31.

［18］Elmaghor，张丽叶，励杭泉. 高能辐射与增容剂作用下的高密度聚乙烯与聚氯乙烯废膜膜混杂物回收[J]. 合成橡胶工业，2002，25（1）：43-43.

［19］魏庆莉，刘念，丁彩凤，等. 用废聚苯乙烯泡沫塑料改性制备水性防水涂料[J]. 上海建材，2007，20（1）：32-34.

［20］宋文祥. 用回收料生产高强度塑料枕木[J]. 国外塑料，2001，19（2）：21-24.

［21］张国立，苑志伟. 木粉高填充改性聚丙烯再生料的研究[J]. 中国塑料，2000（9）：58-61.

［22］张国立，苑志伟. 环保新材料木塑制品的技术发展和市场前景[J]. 再生资源与循环经济，2000（6）：23-24.

［23］Agrawal A K，Singh S K，Utreja A. Effect of hydroperoxide decomposer and slipping agent on recycling of polypropylene[J]. Journal of Applied Polymer Science，2004，92（5）：3247-3251.

［24］吴自强，唐四丁，胡海. 废旧聚丙烯再生利用技术的现状及发展趋势[J]. 再生资源与循环经济，2002（1）：25-27.

［25］张志梅，刘志刚，陈庆琰，等. 利用废旧塑料和粉煤灰制建筑用瓦[J]. 化工环保，2000，20（1）：25-27.

［26］吴自强，曹红军. 废聚乙烯的综合利用[J]. 再生资源与循环经济，2003（6）：14-19.

［27］Abad M J，Ares A，Barral L，et al. Effects of a mixture of stabilizers on the structure and mechanical properties of polyethylene during reprocessing[J]. Journal of Applied Polymer Science，2004，92（6）：3910-3916.

［28］付志敏，赵劲松. PP编织袋回收技术研究[J]. 四川化工，2002，5（1）：13-15.

［29］许国志，凌伟，杨林，等. 回收聚乙烯再生料补强增韧改性研究[J]. 中国塑料，2000（9）：62-67.

［30］张燕春. 我国废旧聚乙烯的回收及其利用[J]. 中国资源综合利用，2003（12）：8-10.

［31］刘廷栋，刘京，张林. 回收高分子材料的工艺与配方[M]. 北京：化学工业出版社，2002.

第**8**章

废旧聚氯乙烯的污染控制及资源化利用

8.1
废旧聚氯乙烯概述

聚氯乙烯是国内五大通用树脂中产量最大的产品，根据中国氯碱工业协会数据，截至2019年年底，国内聚氯乙烯总产能达到2518万吨，总产量达到约1988万吨。虽然现在在某些领域聚氯乙烯已被聚乙烯、PET所代替，但仍然在大量使用，其消耗量仅次于聚乙烯和聚丙烯。

聚氯乙烯由氯乙烯单体聚合而成，是一种热塑性塑料。纯聚氯乙烯由于熔程短，分解温度与熔化温度相差不大，几乎不能加工，一般都需要加稳定剂以提高其分解温度，另外还需要加增塑剂。增塑剂的多少赋予了聚氯乙烯制品形式的多样化，可分为硬聚氯乙烯、软聚氯乙烯、聚氯乙烯糊三大类。

硬聚氯乙烯主要用于生产管材、门窗型材、片材等挤出产品，以及管接头、电气零件等注塑件和挤出吹型的瓶类产品，它们约占聚氯乙烯65%以上的消耗。我国硬聚氯乙烯主要用于与房地产相关的管材、型材的生产；2018年管材、型材对PVC的需求占比达到54%。软聚氯乙烯则主要用于生产压延片材、汽车内饰件、手袋、薄膜、标签、电线电缆、医用制品等。聚氯乙烯糊约占聚氯乙烯制品的10%，主要产品有搪塑制品等。

国外聚氯乙烯树脂原料丰富，助剂品种齐全，因而其制品花色品种繁多，应用领域十分广泛。例如，美国聚氯乙烯应用构成比例如下：a.衣物类（婴儿衬裤、尿布、鞋类、外套等）2.4%；b.建筑材料（挤出发泡成型品、地板材、照明器具、护墙板、墙板、管、导管、管接头、游泳池衬里、水落管、窗框等）54.6%，电线电缆7.5%；c.娱乐（唱片、体育用品、玩具等）2.6%，家庭日用器具（家庭用具、家具、庭院用软管、家庭用品、木纹薄膜等）

6.5%，运输工具（汽车用车厢地板、汽车用车篷、内部装饰品、雨布、汽车的其他用品等）3.4%，包装材料（吹塑瓶、盖垫、衬垫、涂料、薄膜、片材等）9.2%，其他（信用卡、医疗用管、工具、器具等）5.3%和出口8.5%。

日本聚氯乙烯应用构成比例为：硬聚氯乙烯50.6%，软聚氯乙烯31.7%，电线及其他13.7%，出口4%。西欧的应用情况是：硬聚氯乙烯主要用来生产瓶、木材、注射成型品、管、导管、异型材、唱片等；软聚氯乙烯则用来生产薄膜、片材、地板材、管、电线电缆等。美国聚氯乙烯的主要市场在建筑用材方面，其次在包装材料（瓶和薄膜）方面。日本聚氯乙烯的市场与美国的相似，也是以硬制品为主。

我国聚氯乙烯树脂行业在扩大规模增加产量的同时，注重企业技术进步，提高质量，增加品种，调整产品结构，重点增产疏松型树脂、卫生级树脂、高型号树脂、乳液聚氯乙烯树脂、糊用掺混树脂、共聚物新品种等，以满足塑料加工的需要。由于大量引进了国外的加工设备和生产线，我国聚氯乙烯的加工能力增长很快，大大改变了原有加工面貌，促进了我国聚氯乙烯制品加工和应用市场的发展。先进加工技术的应用，增加了制品的产量和种类。聚氯乙烯制品以其原料来源方便，成本较低，制品机械强度、耐腐蚀性、难燃性和绝缘性等综合性能有益的特点，广泛应用于我国国民经济各个领域，制品从软到硬，包括油管、管件、型材、片材、薄膜、人造革、电缆护套、地板材、鞋、瓶、玩具、唱片和其他日用品等[1]。

随着聚氯乙烯塑料工业的发展，应用范围的日益广阔和消费量的增加，废旧聚氯乙烯塑料在城市垃圾中的比例越来越大，严重污染环境，破坏生态平衡，因此其再生利用已成为全世界日益关注的问题。

8.2
废旧聚氯乙烯塑料的来源及污染现状

8.2.1　工业废料

占美国塑料总产量4.7%的工业废旧塑料由再加工厂回收（即出售给再加工厂），8%以上由生产车间回收，其中下脚料等用原有设备可再加工成塑料制品，有害塑料在现有的技术经济条件下不能再加工。下脚料和有害塑料之间的区别是颇为模糊的，取决于在某一时间内占主导地位的经济和技术条件。工业废旧塑料在塑料总产量中所占比例会随着成型加工技术与设备的改进而逐渐减少。

（1）树脂生产中产生的废料

在树脂生产过程中产生的废料包括不合格的产品、反应釜中形成的附壁物（俗称"锅巴"）、成品装运和贮存过程中产生的落地料等。废料的数量与聚合物过程的复杂程度、制造工序、生产设备以及操作正常与否等有关。

（2）树脂加工中产生的废料

在塑料的各种成型加工中均会产生废品和边角。例如，在注塑成型加工中产生的注道残料和流道冷料；挤塑成型加工中产生的清机料、修边料和从最终产品切割下来的料；中空吹塑成型中的飞边料；压延成型中的切边料；滚塑成型中在模具分离线上的毛刺等。成型加工中产生的废料量取决于成型加工参数、模具和成型设备等。

（3）树脂再加工中产生的废料

这部分废料占总废料量的比例很小，且大部分废料属边角料一类。由清洗混料设备和操作不慎产生的废料约占废料总量的10%。

（4）二次加工中产生的废料

二次加工厂通常从加工厂购买塑料半制成品，通过二次加工（如转印膜、封口袋、热成型等）制成产品，在此过程中产生的废料比加工厂产生的边角料更难以再加工。比较清洁和均匀的边角料（如热成型件的毛边）可以返回加工厂再粉碎并添加到新树脂中。另一些边角料（如装饰的废料盖）可以作为二级树脂出售或再造粒，这部分废料的50%是适合再加工的。

（5）包装、装配和销售过程中产生的废料

这部分废料的性能受到非塑料物质的污染，因此是不适于再加工的，必须经过处理以后才能使用。

8.2.2　农业废料

随着农业生产和农作物科学栽培水平的逐步提高，地膜覆盖作为一项充分利用温度、光、土、水等自然资源提高产量、改善作物品质的一项重要技术措施而广泛应用。聚氯乙烯作为最常用的地膜材料，因其具有极难降解的特性，长期在土壤中积累会导致土壤通透性下降，作物根系生长受阻，吸水、吸肥不畅，影响了农作物的品质，造成了严重的"白色污染"。

8.2.3　生活废料

在我们的日常生活中，塑料随处可见。20世纪80年代以来，美国合成树脂消耗量随着塑料制品产量的增加而增加。在美国，固体废弃物中，使用寿命不到1年的塑料制品（如包装用品、装饰品、胶片、随弃物等）占67%左右，使用寿命1～5年的塑料制品（如工地用板材、鞋类、服装、家庭用具、玩具、珠宝饰物等）占20%左右。包装废旧塑料占固体废旧塑料的60%左右。在西欧，城市固体废物中废旧塑料材料约占7.4%。欧洲每年消耗聚合物材料约30 Mt，其中废旧聚氯乙烯塑料制品占12.8%。市场上，与人们接触最多的是包装材料，包装材料在塑料消耗中占38%左右。我国在使用中产生的废旧塑料有农用薄膜、浇灌用管及管件、工业用重包装膜、编织袋、渔业用膜、绳、网、管材、型材、片材、板材、日用制品、鞋类、服装、家庭用具、包装材料、饮料瓶等。

8.3
废旧聚氯乙烯塑料污染控制

聚氯乙烯的玻璃化温度较低，在77～90℃左右，在 100℃以上，或是长时间暴晒，就会分解产生氯化氢，并进一步分解老化。因此，在实际产品中都加入了增塑剂和防老剂等添加剂辅料以提高其对光和热的稳定性，常用的有对苯二甲酸二丁酯、邻苯二甲酸二辛酯、硬脂酸铅等。聚氯乙烯本身的危害较小，而这些添加剂往往对人体具有较大的危害，因此，采用传统化学方法降解聚氯乙烯，容易产生二次污染，而生物法处理聚氯乙烯塑料则耗时长，处理量小，目前最常用的污染控制方法仍为焚烧处理方法，以下对其做重点介绍。

美国废旧塑料的10%，西欧废旧塑料的20%，日本废旧塑料的65%都是焚烧处理的。美国评论家提出了反对焚烧的 3 个主要论点。

① 焚烧危及健康，因为气流中存在毒性气体，特别是2, 3, 7, 8-四氯二苯二氧芑（也称TCDD，或简称二氧芑）。由于聚氯乙烯是一种氯化材料，所以聚氯乙烯产生的问题是严重的。

② 焚烧炉供料中的有毒材料燃烧后排放到空气中或烧成灰分成为危险垃圾。由于某些聚氯乙烯和钙、铅稳定剂一起使用，因此聚氯乙烯产生的问题是严重的。

③ 焚烧费用（包括基建费用和日益增长的焚烧炉的运转费用）昂贵。

由于聚氯乙烯焚烧时产生的氯化氢必须在烟雾气中中和，所以废旧聚氯乙烯塑料焚烧产生的问题是严重的。

已有文献对提出的这些问题分别做了回答，据报道已有研究证实了担心焚烧、特别是担心废旧聚氯乙烯塑料的焚烧是没有理由的。在以各种形式焚烧时可能会产生二氧芑，为了探讨二氧芑生成的机理和聚氯乙烯对其形成的作用，对焚烧的基础研究已进行了 10 多年。在试验中，在焚烧炉供料中增加聚氯乙烯量未发现二氧芑的增加。另外，将城市固体垃圾和非废料的聚氯乙烯塑料在全尺寸的焚烧炉中，在不同温度下焚烧，排出的气体经分析表明，在供料中的聚氯乙烯量和排出的二氧芑量之间没有相关关系，但二氧芑生成量和焚烧温度密切相关，较低的焚烧温度产生较多的一氧化碳和二氧芑。

由于酸雨和焚烧炉的腐蚀涉及酸性气体，无疑供料中氯含量的增加会导致焚烧时氯化氢的生成量增加，但是在酸雨中氯化氢量很少，而且焚烧产生的氯化氢量也很少（<0.3%）。为了使散发出的氯化氢和二氧芑减至最少，必须安装能控制烟雾的设备，因为聚氯乙烯是造成焚烧炉供料中氯含量1/3～1/2的原因，完全排除聚氯乙烯能减少30%～50%氯化氢散发量。为了消除酸气，还需要清楚氯化氢的残留物。如果废旧聚氯乙烯塑料焚烧时能再生利用释放出的热量，那么焚烧可看作是一种类型的回收方法。还有一种新的独特的可作为

一种类型的回收方法是：当氯化氢在烟雾气中生成盐，可采用"密闭的盐循环法"来回收氯化氢和苛性钠所生成的氯化钠；随后电解盐，产生苛性钠和氯气，将氯气和乙烯反应生产氯乙烯单体。但此法所需费用昂贵。

铅盐和钙盐是聚氯乙烯塑料的稳定剂，作为灰分存在的铅和钙会带来处理上的问题。从灰分中回收重金属的方法是将含有氯化氢的酸性气体和水混合过滤，将溶液浓缩，从溶液中回收金属。

适用于焚烧废旧塑料的焚烧炉，从设计上考虑，必须使废旧塑料能完全燃烧，防止放出烟雾，同时炉壁和炉床必须能经受住由于塑料燃烧产生的高温。空气供给设备必须能提供废塑料燃烧理论上所需空气量2.5~3倍的空气。焚烧炉的设计温度应保持在1150℃以下。由于烟雾量和空气量成正比，所以烟道的直径必须比传统焚烧炉的烟道直径要大。必须使用预热器，以便处理自燃塑料。此外，还要安装能操纵塑料的供料设备，日本Takuma Boiler MFG公司建造的焚烧炉特别适用于焚烧废旧聚氯乙烯塑料。通过加热废旧聚氯乙烯塑料，在旋转炉中产生氯化氢，在氯化氢从树脂中气化之后，炭化的塑料在焚烧炉中燃烧。氯化氢气体经旋风分离器、气体冷凝器，与气体反应生成氯化铵，用灰尘收集器将其收集。

8.4
废旧聚氯乙烯塑料分离回收及再生利用现状

废旧塑料的处理一直是塑料加工界难以解决的困难问题之一，而分离回收是再生利用的前提。废旧塑料的来源复杂，通常是两种或多种废旧塑料和其他物质的混合物，例如其中混有金属、橡胶、织物、玻璃、纸、泥沙等各种杂质，而且聚氯乙烯、聚乙烯、聚丙烯等不同品种塑料经常混在一起，这既给再生利用带来困难，又使采用废旧塑料生产的制品质量大大下降。因此，在废旧塑料的再生利用中必须消除其中的杂质，并把不同品种的塑料分开，才能得到优质的再生制品。一般废弃物不容易分离筛选，所以分离工作是废旧塑料再生利用的重要工艺过程。

美国塑料工业界积极地开发塑料废物的回收技术，以跟上立法机关的要求，并有效地避免对塑料市场销售的限制。1995年美国所有塑料瓶和容器的回收量已达到25%。在美国，大部分地区的大商业网点都设有回收废旧塑料瓶和塑料易拉罐的部门。塑料废物的再生利用已成为重点，这包括以下4个主要部分。

① 收集：在塑料制品上注明各类标记，促使收集工作顺利完成。美国塑料工业协会（SPI）制定了一系列表明塑料材质的符号，号召塑料瓶制造商在容积大于236.6mL的塑料容器底部铸上符号。

② 处理：为了提高废旧塑料的质量、价格，降低运输费用，往往就地将废旧塑料压碎加工，分类。

③ 加工成产品：再次分选，洗涤并加工成薄膜、粉末、颗粒或其他形式的最终产品。

④ 有用产品的销售：将加工成的符合使用要求的产品销售，在经济上获得一定的效益。

为了帮助这些经济上相互依存的统一体中的每一环节的发展，美国固体废物处理协会制定了一个促使再生塑料销售的塑料再生基础结构建设计划，支持工业的示范试验方案，为社会提供有前途的收集设备和方法的试验机会。1992年在瑞士Davos召开的国际回收讨论会上，提出了对固体废物管理综合途径的3原则，即：a.防止废弃物的产生；b.废弃物的回收与利用；c.不可回收的残余物的安全处置。

欧盟已经认识到废弃物应当从影响环境资源转变成有实际社会效益、经济效益的原料来源，对废弃物必须仔细分类和分离，以求得最有效的回收和处理的方法，其中废弃包装材料被视为主要问题。不过包装材料具有利于销售积极的一面，又有产生包装废弃物的不利的一面，但要减少包装废弃物数量的明确观念已经形成，欧洲委员会颁布的指令要求包装废弃物90%回用、共混或焚烧，其中至少60%回用。

8.5
废旧聚氯乙烯塑料的再生利用技术

我国塑料原料十分短缺，进口量大，与此同时废旧塑料再生利用率却很低。废旧塑料处理和回收有利于解决我国塑料工业原料紧张和环境污染问题[2]。在国内，我国废旧塑料回收网点已遍布全国各地，形成了一批较大规模的再生塑料回收交易市场和加工集散地[3]。《塑料制品的标志》（GB/T 16288—2008）对塑料制品的标志做了明确规定，标准中对可回收再利用塑料制品的界定为废弃后可再回收再加工利用的塑料制品，其品种包括聚酯、高密度聚乙烯、聚氯乙烯、低密度聚乙烯、聚丙烯、聚苯乙烯和其他[2]。不同于聚烯烃塑料，聚氯乙烯在回收时往往要根据其老化程度和回料的用途，加入适当的助剂，以改善再生料的性能。废旧聚氯乙烯塑料的回收方法主要是直接回收，此外，填充和共混改性回收也有一些小规模的回收厂在应用[4]。

8.5.1 废旧硬质聚氯乙烯塑料制品的再生利用

废旧硬聚氯乙烯的回收再生主要集中在瓶类和压延或挤出片材，尽管在建材产品上的应用量很大，回收再用的潜力很大，但由于其使用寿命长，回收率还相当低[5]。

8.5.1.1 塑料瓶

随弃式聚氯乙烯塑料瓶开始时仅用来装油，由于它具有质量轻、卫生性好、价格低廉等特点，使用范围不断扩大，现在在欧洲不仅用于装油，而且用于装矿泉水和其他不充气的饮料[6]。聚氯乙烯瓶大量应用于饮料、食品、农药等的包装上，尽管现在由于PET等材料的兴起，其使用量已经有所减少，但数量还是很可观的。与所有随弃式包装一样，聚氯乙烯塑料瓶也成了废料问题。首先是体积问题，废旧聚氯乙烯塑料瓶加重了城市垃圾的处理负荷，因为垃圾处理的场地有限，建造焚烧炉的费用又很昂贵，因此，生活垃圾（尤其是聚氯乙烯瓶）减容十分必要。通过分类回收这些易识别的塑料，可以有效解决这个问题。废旧聚氯乙烯塑料瓶一般都是和各种垃圾混在一起的，目前均用手工挑选，但由于卫生的原因，应尽量避免采用这种方法挑选。在德国，有些地方已使用机器挑选，但是尚不能令人满意。德国要求每个家庭使用专用垃圾袋，将玻璃、金属、纸张、塑料分类存放，定期回收。在加拿大、法国和比利时的一些地区，已经这样分类集中垃圾，每周回收1次。

20世纪70年代，国外许多城市已经把随弃的玻璃瓶集中分类，解决了不易燃的玻璃瓶在垃圾中的灰化问题。现在利用现有的随弃玻璃瓶的集中系统，可将废旧聚氯乙烯塑料瓶集中分类。将玻璃瓶和废旧聚氯乙烯塑料瓶分开后，回收公司把废旧聚氯乙烯塑料瓶就地磨成碎片（为了减小体积），装袋送至塑料加工厂，这样就地处理可减少运输费用。在塑料加工厂，首先将聚氯乙烯碎片清洗干净，去除瓶盖和标签后干燥，然后粉碎成小于0.5mm的小片，待用。除聚氯乙烯塑料瓶外，在比利时、意大利、美国等国还用聚酯瓶装饮料，在集中时如果没有分拣，在磨碎前必须分类。德国已制造出能分辨并自动分选聚氯乙烯和聚酯瓶的设备。在聚氯乙烯中含有5%以下的聚酯不影响聚氯乙烯的加工，因为聚酯的加工温度在250℃以上，所以在聚氯乙烯的加工温度（约200℃）时聚酯不熔融而作为聚氯乙烯填料。反之，混在聚酯中的聚氯乙烯则不能超过1%，因为在聚酯的加工温度时聚氯乙烯已降解。目前，德国的回收加工聚氯乙烯废料的设备及工艺已达到很高的水平。其中污染物含量小于1%，获得的聚氯乙烯二次粉碎料可以用各种方法加工成诸多产品。

在美国，估计每年有90 kt聚氯乙烯用于包装植物油、调料、药品和化妆品等，因而废旧聚氯乙烯塑料瓶在美国的回收潜力很大。美国塑料工业协会聚氯乙烯协会正推动聚氯乙烯的回收工作，拟从聚氯乙烯塑料瓶的回收开始，然后推广至其他聚氯乙烯制品。美国主要的聚氯乙烯生产厂家BF Goodrich公司的研究人员Pazur通过试验，采用新聚氯乙烯和回收聚氯乙烯的共挤出措施，以及纸标签与盖的并用等，进一步提高了废旧聚氯乙烯塑料瓶利用的潜力。试验结果表明，回收聚氯乙烯保留了新料的优良性能，可在性能要求不高的场合应用，消费后的聚氯乙烯瓶存在污秽物（包括纸标签和非聚氯乙烯瓶盖），在某些非重要应用中可以不经洗涤。通过对比试验发现，在未使用过的聚氯乙烯塑料瓶碎片中加入纸标签和植物油后，冲击强度稍有降低；如果所含高密度聚乙烯牛奶瓶碎屑量低于3%，所含植物油量低于1%时，则影响很小。

美国新泽西州Rutger大学塑料回收中心（CPRR）的研究人员还找到一种将聚氯乙烯塑料瓶与其他废弃容器分离的方法。据称，这一新工艺的关键在于使用了一种X射线荧光探测仪，这种仪器是由Asoma仪器公司研制的。CPRR研究人员已研制出了一套计算机系统。它使用一种来自放射性同位素的X射线，激发化合物中所有的电子，含氯分子受辐射后即发出X射线荧光分析仪容易显示的X射线反射图像。分离工作由一个机械装置来完成。它既可以通过传送带将所有含有氯原子的瓶移出，也可将不含氯原子的瓶移出。这种X射线荧光分析仪也能测试其他含氯聚合物如聚偏二氯乙烯（PVDC），各种含氯聚合物制品可以是瓶、薄膜及层压制品。回收聚氯乙烯瓶料可用来加工成型材和管材。目前，美国生产异型材和管材每年需要聚氯乙烯树脂逾2Mt，因此，瓶用聚氯乙烯回收潜力很大。BF Goodrich 公司还利用聚氯乙烯瓶回收料和聚氯乙烯新料进行多层材料的共挤出研究。为减少废旧聚氯乙烯塑料瓶回收中的分离工序，该公司还进行了聚氯乙烯瓶标签和聚氯乙烯盖的并用研究。BF Goodrich 和Occidental Chemical 公司投入了大量的财力，争取在聚氯乙烯废料回收上获得领先权，采用经济手段回收聚氯乙烯饮料瓶、共挤出夹心板、建筑用壁板、折叠板等将是很好的出路。

我国聚氯乙烯塑料瓶的产量在千吨级范围内。20 世纪 80 年代以来，各地引进了先进的注拉吹生产线，使我国聚氯乙烯塑料瓶的生产进入了一个新阶段，产品的产量、质量、品种规格和应用领域都有很大发展[7]。各地引进的设备主要是德国巴登费尔德公司和日本日精公司的注拉吹或挤拉吹制瓶机。我国聚氯乙烯塑料瓶主要用于食醋、食油、矿泉水、洗发水、防晒液、护肤膏、家用清洁剂等的包装[2]。目前主要靠废品收购站回收，出售给废旧塑料加工厂。

聚氯乙烯瓶回收时最大的困难是分选，尤其是与 PET 的密度相近，都是 1.30 ~ 1.35g/cm³，无法用一般的密度法分选，而两者的加工温度相差很大，在 PET 的加工温度下，聚氯乙烯早已分解，而在聚氯乙烯的加工温度下，PET 则尚未熔化。聚氯乙烯被分离后，由于是热敏性材料，可能要加些稳定剂和润滑剂等助剂，并尽可能减少其受高温的时间。回收过程与其他塑料一样，不需要特别的设备和工艺。典型的废旧聚氯乙烯瓶再生工艺如图 8-1 所示。

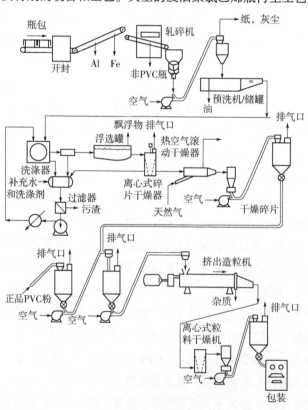

图 8-1　废旧聚氯乙烯瓶再生工艺流程

首先打开瓶包，由传送带输送，人工拣出大块杂质、铝盖和铝环等，铁质金属由磁性滑轮分出，再由 X 射线自动分拣机拣出其他塑料瓶，将废旧聚氯乙烯瓶送入轧碎机破碎成 13mm 以下的碎片，经空气分选机除去纸屑和灰尘等，在预洗机中除去油性残渣后进入洗涤槽，用含洗涤剂的热水清洗，然后在振动筛上脱水，再送入浮选罐，除去胶黏剂、标签等，碎片在离心干燥器中干燥，再经热空气滚动干燥，可与新聚氯乙烯料混合挤出造粒。

回收废旧聚氯乙烯瓶所需主要设备在表 8-1 中列出。

表8-1　回收废旧聚氯乙烯瓶所需主要设备

名称	规格	结构材料
热水加热器	燃气	碳钢
空气分选机		碳钢
碎片缓冲料箱	2个各1h能力	环氧树脂涂覆
热水储罐		不锈钢
正品PVC储器	4个各28.3m³	环氧树脂涂覆
共混料箱	2个各28.3m³	环氧树脂涂覆
产品储器	4个各28.3m³	环氧树脂涂覆
开包机	带32个刮刀的旋转筒	
轧碎机	6.35mm孔，37.3kW	不锈钢
预洗器/储罐		不锈钢
洗涤器		不锈钢
浮选罐	带卸料运输带	不锈钢
离心干燥器	4.5kW排风扇	不锈钢
热空气滚动干燥器		不锈钢
自动瓶分拣器	X射线荧光	
挤出/造粒机	待改进的自动转换筛	
离心粒料干燥器	电加热	碳钢
包装机		
运包带	1.5m×9.8m，7.4kW	碳钢
检验带	0.9m×6.71m，3kW	碳钢
振动筛	0.37m²	碳钢
双层过滤器		碳钢
再循环泵		碳钢
气动输送带	7条	铝

8.5.1.2　压延片材

虽然聚氯乙烯大量用作包装膜，但增长最快的是硬压延片材或挤出泡罩片材和食品包装片材。到目前为止，美国收集计划只包括瓶，但泡罩片材的边角料仍是工业上计划回收的废料之一。生产泡罩片材时，从大的片材上切割下来，用剩下的毛边或残料或落地料生产出洁净的高冲击材料，这已是几年来边角料市场上的大宗产品。压延片材回收料的典型用途是将这些废料挤塑成下水管或装饰模制品以及压延成用于冷却塔或净水装置的板材。

8.5.1.3 建筑产品

在美国回收这种类型的材料（管、壁板和窗型材）几乎没有得到应有的重视，但在欧洲已引起关注。尽管这些产品的使用寿命长达 25 年以上，但仍需要在聚氯乙烯使用寿命之后提出有关处理聚氯乙烯方法对环境影响的调查报告。在德国一些城市，政府宣布了在新建筑中使用聚氯乙烯产品的免税范围，直至能提出合理的处理方法为止，然而长寿命产品的合理处理绝非聚氯乙烯工业的独有任务。管、壁板和窗型材等切割后余下大量的聚氯乙烯塑料边角料，但收集量小、分散量大是目前存在的一个大问题。

8.5.1.4 回收应用实例

用直接回收的方法利用废旧聚氯乙烯塑料，此方法同样适用于回收废旧聚氯乙烯建筑材料，如管材、门窗型材等。

（1）配方

用废旧硬质聚氯乙烯生产农具的配方见表 8-2。

表8-2　用废旧硬质聚氯乙烯生产农具的配方

原料名称	配比量/份	原料名称	配比量/份
废旧PVC塑料	100	稳定剂（硬脂酸钡、单酯铅、三盐基硫酸铅）	0.8~1
增塑剂（氯化石蜡、石油酯）	5	填充剂（碳酸钙、滑石粉）	30

（2）设备

在生产塑料农具时，小制品用 ϕ50mm 挤出机及 30~50t 机械压机，较大制品用 ϕ90mm 挤出机及 100t 左右机械压机。

（3）生产工艺

1）选择和清洗

回收的硬聚氯乙烯塑料主要是工业配件，硬板管、容器等，需捡出其他材质的塑料及杂质，特别是附加在这些废旧制品上的金属件，同时要进行清洗，除去上面附着的污物及黏着物。

2）粉碎

较大的废旧塑料应先用铁锤敲成小块。利用粉碎机进行粉碎，应避免未除净的金属物进入粉碎机，以免损坏设备及飞出伤人。

3）混合配料

在常温下进行机械搅拌。根据废旧塑料组成不同，添加一定量的稳定剂、增塑剂、填充剂。制品中加入填充剂的目的是降低成本，此外对提高制品耐热性、刚性等也有一定的作用，但填充过量会使制品强度下降，且需相应增加增塑剂用量干燥的木粉也可作为硬聚氯乙烯塑料的填充剂。

4）热挤出

混合好的物料，加入挤出机初步塑化成条状，目的是进一步混合均匀并除去水分，以利于下步成型加工。挤出温度为 170～180℃，由于是初塑化，故挤出的条状物宁可"生"一些，而不可有"焦"的现象出现。

5）粉碎和磁选

初步塑化后的条状料加入粉碎机再一次粉碎，粉碎后的粒度不宜过大，然后再次磁选。

6）塑化压制

经上述处理后的物料，经挤出机塑化后切下，放入压力机内进行压制，物料在模具内冷却成型。

挤出机由四段加热，温度在 190～195℃之间。

模具需通入冷却水冷却，模温一般在 40～45℃之间，制品出模后放入冷却水槽冷却，或用风扇冷却，以免制品变形。压制品的成型时间为 1～2min。

8.5.2 废旧软聚氯乙烯塑料制品的再生利用

在美国，一个时期中城市固体垃圾的收集计划没有包括废旧软聚氯乙烯塑料，因此回收大量的或易于分离的软聚氯乙烯塑料制品是可行的，特别是被指定作为非城市固体垃圾处理的软聚氯乙烯塑料制品。

8.5.2.1 汽车废弃物

在美国，聚氯乙烯汽车产品通过非城市固体垃圾而成为废弃物。聚氯乙烯内装潢、缓冲垫、门板、车身侧面板和电线绝缘层作为汽车碎片废弃物（称作无价值）的一部分。在压碎和切割汽车之后，金属组分已被利用，剩下的废弃物中还含有玻璃、纤维、塑料和污物，其中塑料（包括热固性塑料、热塑性塑料及泡沫塑料）占有很大的比例。

以前，汽车废弃物采用掩埋的方法处理，但存在掩埋费用高、占用的土地面积大以及潜在的危险性等问题，迫使有关部门和人员探索更好的解决办法。这种兼有热固性塑料和热塑性塑料的混合材料是特别难以回收的。

8.5.2.2 电线和电缆护套

美国每年大约有 0.227Mt 聚氯乙烯进入电线和电缆绝缘市场，由于拆毁、重建和改造电气和通信设备，每年有好几万吨到使用期限的电线和电缆废料进入非城市固体垃圾[8]。除剖开取出铜和铝芯外，还剩下聚氯乙烯绝缘层和交联高密度聚乙烯、纸、织物和金属的混合物，其隐患是作为热稳定剂的含铅化合物。铅稳定剂用于电线和电缆的绝缘层，因为在加工时,它提供极佳的抗热降解保护作用而不产生盐,但会降低绝缘层的介电性能。铅是一种有毒金属,美国环境保护局特别将此作为替代目标,这是因为已发现它对地下水有污染,因而严格禁止填埋。焚烧也是被限制的,因为在空气中可能散发出含铅化合物,在灰分中也含有铅。再者,残留铜的存在又使人们联想到它是飞灰中形成二噁芑的一种催化剂。已有几种回收电线、电缆绝缘层的方法,包括溶剂或漂浮分选和掺混加工。

由于电线、电缆废料经处理能除去金属和高密度聚乙烯,在美国专门有公司购买这类废料在离岸不远处回收处理后制成鞋底。虽然这不是最后处理的结果,因为鞋底使用后也将进入城市固体垃圾中,且无疑地将被填埋或焚烧,然而无论哪一种方法均可认为是能被接受的。

1990年美国有关部门曾要求将铅从这种材料中除去。目前有如下4种可能的处理方法:a.像电线护套那样重新使用;b.溶剂回收聚合物,采用过滤方法回收不溶解的铅;c.在可以回收铅的特殊装置中焚烧;d.挤出加工成一种合乎填埋面积/体积比小的制品。

简单地将这种材料返回到商业中是不允许的,而且制造商必须对其产品提出处理方法。目前至少有两家公司(BF Goodrich 和 Vista 化学公司)对这种材料有合适的处理对策。

8.5.2.3 包装薄膜

软聚氯乙烯包装薄膜包括半硬破损明显的薄膜以及肉类或消费品的包缠膜[9]。在美国,所有这些薄膜废料均按城市固体垃圾来处理。回收这些薄膜废料要看它们是否包括在路边收集计划中,从整个废料中是否机械分选,或者是否在混合薄膜方面掺混成功。

8.5.2.4 农用薄膜

在农用聚氯乙烯塑料薄膜的回收与利用方面,很多国家(如日本、德国)都很重视。我国在塑料废弃物的回收与利用中农用废塑料薄膜占了很大比例。

日本的农用塑料薄膜主要用于生产蔬菜和水果的园艺设施,品种有聚氯乙烯、聚乙烯和乙烯-乙酸乙烯共聚物,一般使用1~3年,在更换新薄膜时废弃。聚氯乙烯在日本广泛地用作农用薄膜,通过撕碎和清洗,与欧洲各国回收聚乙烯薄膜相同的方法,完成了废旧农用薄膜的再加工。这种是有效利用废旧农用聚氯乙烯薄膜广泛采用的处理方法。但在制取碎片前,首先要解决农用薄膜的收集和筛选问题。再生利用的最大问题是废旧农用塑料薄膜的收集,在日本由各县促进妥善处理,协会牵头探讨和解决这方面的问题。筛选对其后续的处理影响极大。废旧农用聚氯乙烯薄膜中常混有聚乙烯和其他塑料薄膜,还有玻璃、铁丝、钉子、砂石、泥土等。混入其他塑料将直接降低产品质量,而金属和砂石等进入撕碎或粉碎工序将损坏刃具,提高处理费用,因而必须彻底进行清除。用超声波清洗,清洗效果较好,因这种方法可以减少水洗时难以除掉的细微黏附物,得到透明度较好的碎片。此外,废旧农用聚氯乙烯薄膜带有特别的臭气,一般认为在水洗过程中吸入臭氧的方法除臭效果较佳。废农用塑料碎片,以往用作猪舍外廊地板、U形槽、桩、人造革、板材和鞋的配料等成型品的原料,但由于原料是聚氯乙烯塑料废弃物,曾在严酷条件下长时期使用,已老化，所以成品质量差。补加增塑剂和稳定剂等可起到改性作用，但会增加产品成本。当前，在日本采用的最经济的回收方法是用废旧农用聚氯乙烯薄膜直接制成板，用于覆盖果树的根部，以防止肥料等物的流出。其他的有效利用方法如萃取增塑剂，将剩下的硬质聚氯乙烯作为原料使其再生。在废旧农用软聚氯乙烯薄膜中，残留的增塑剂约30%，用有机溶剂萃取、精制后增塑剂可重新使用。

德国对废旧农用塑料薄膜回收技术十分重视，特别在回收废旧农用薄膜的机械方面获得很大的成功。例如，德国的克洛斯玛菲公司生产的塑料废料回收设备，莱芬豪舍公司生产HKS系列回收造粒机，WH公司生产的塑料回收机都在世界上都享有一定的声誉。所采用的回收技术包括洗涤、粉碎和再生利用。其特点是采用预清洗和湿法造粒。在收集到的捆好的脏的农用薄膜包中，通常粘有砂、土、石，在造粒时不可避免地会损坏造粒机。为保护设备，采用预清洗系统，它包含3个部分，即存包仓、预破碎和预清洗槽。存包仓可以存放很多薄膜包，以便系统自动操作，连续供料。将废旧农膜包破碎成碎片送至预清洗槽中，从预破碎的产品中，自动分选出下沉物（石、砂、铁等）。湿法造粒是一种特别设计的造粒机，在喂料时带入大量的水（$2\sim5m^3/h$），这种方法已获得专利。脏的薄膜废料在尺寸减小的装置中能得到彻底的清洗，这是因为在磨碎过程中产生摩擦作用，保证了薄膜的充分清洗。将清洁的薄膜碎片送入机械干燥机中进行干燥，然后在造粒工序进行造粒。

我国在回收废旧农用聚氯乙烯薄膜方面起步较晚，目前尚未完善。废旧农用薄膜回收技术的复杂性在于：从农民手中收购来的废旧农用薄膜往往夹带大量泥沙、土、石和草根、铁钉、铁丝等，给清洗、分离和粉碎带来了较大的困难。近年来，由于推广了地膜和大棚膜使农业生产达到了增产的目的，但由于土地中废旧农用薄膜未清除干净而导致植物根系生长受阻，已引起我国政府特别是农业和有关部门对废旧农用薄膜再生利用的重视。目前我国主要采用的还是熔融回收技术。对废旧农用聚氯乙烯薄膜的回收处理方法如下：a.将分选出的废旧农用聚氯乙烯薄膜经破碎、水洗和干燥等工序制成碎片或粒料；b.用废旧农用聚氯乙烯薄膜直接生产塑料制品；c.用溶剂萃取出增塑剂并生产硬质聚氯乙烯制品。

用粒料经挤塑成型，生产出的产品有农用再生水管。用粒料经挤塑，配以转盘式鞋底模具，生产出鞋底。用粒料经挤出吹塑成型生产化肥等包装膜。由于重复再生利用的废旧农用聚氯乙烯薄膜被多次加温加工以及机械作用，不可避免地会产生部分降解，强度随之降低，为保证产品的质量，需添加部分新聚氯乙烯树脂和相应的助剂。用废旧农用聚氯乙烯薄膜直接生产塑料制品，将废旧农膜分拣经清洗、干燥后，通过密炼、二辊、四辊机收卷制成二级塑料薄膜。如在密炼过程中加入不同色料，可制成不同颜色的压延薄膜。或经挤出吹塑成膜制成可大量使用的黑色垃圾袋。还可采用废旧农用聚氯乙烯薄膜制造压延人造革。此外，从废旧农用聚氯乙烯薄膜中回收增塑剂和硬聚氯乙烯原料方面，在废旧农用聚氯乙烯薄膜中残留的增塑剂（主要是DOP）约30%，可以进行回收，精制后可重新使用；回收的聚氯乙烯树脂经简单的化学物理改性可制成速率制品。

由于农用聚氯乙烯薄膜在自然环境中使用，受到日光照射而产生老化现象，回收的聚氯乙烯树脂性能降低，尤其是热稳定性变差，所以要采用适当方法进行改性。改性的方法很多。在树脂中添加炭黑、硅酸铝或二氧化硅等吸油性高的充填料，制成的材料的热变形温度可提高50℃。由于回收的聚氯乙烯树脂的分子量低，其热性能和机械强度都低，采用四季戊四醇巯基丙烯酸交联剂、过氧化苯甲酰或硫醇化合物，使其与树脂进行交联反应，则可使树脂的热性能明显提高，强度也相应提高，可制成硬聚氯乙烯板。

8.5.2.5　回收应用实例

8.5.2.5.1　直接回收

软聚氯乙烯的产品形式很多，且大多要分离后才能回收，所以比硬聚氯乙烯的回收要困难。回收比较好的制品是农膜，尤其是在日本等聚氯乙烯农膜产量较大的国家。

用聚氯乙烯微孔拖鞋边角料和废旧薄膜生产微孔泡沫鞋片的有关情况如下。

（1）配方

配方中应加入各种助剂，其用量可用计算法或根据经验初步确定，再经试验加以修正。

表8-3为用聚氯乙烯微孔拖鞋边角料和废旧薄膜生产微孔泡沫鞋片（厚底）的配方。

表8-3　PVC微孔拖鞋边角料和废旧薄膜生产微孔泡沫鞋片的配方

原料名称	配比量/份		
	1#①	2#	3#
PVC树脂	100		
边角料	100	100	
废旧膜			100
DOP	30	18	8
DBP	40	34	17
氯化石蜡		15	5
三盐铅浆	5	4.5	4
二亚盐铅			0.5
硬脂酸钡	0.6		
硬脂酸	0.8　　1	1	0.6
AC浆	13　　8.5	`	9.5
CaCO₃		11	

① 下述分成2列，原因是采用的基础材料不同，分别采用PVC树脂及拖鞋边角料作为主体成分。

（2）原辅材料

1）聚氯乙烯微孔拖鞋边角料

边角料有坡跟、薄底和厚底3类，各种原辅材料配比不同，颜色有深有浅。因此，必须进行分类选择。

2）废旧聚氯乙烯薄膜

由于聚氯乙烯微孔拖鞋边角料或回收的废旧薄膜一般附着泥土、砂砾和油污等，必须进行清洗。洗涤干净的聚氯乙烯拖鞋边角料或聚氯乙烯废旧薄膜，干燥后进行破碎，颗粒度控制在 4mm 以下（主要指边角料），以增大颗粒的比表面积。颗粒相差太大，会影响各组分分散的均匀性，从而影响制品的质量。

3）聚氯乙烯树脂

为使聚氯乙烯微孔拖（凉）鞋的微孔细致、外观美观、色泽鲜艳、富有弹性和穿着舒适，以及达到物理性能和加工工艺的要求，应使用一定数量的聚氯乙烯树脂。一般选用 XS-3 型，黏度为 0.0018 ~ 0.0019 Pa·s。

4）增塑剂

聚氯乙烯微孔拖鞋宜选用邻苯二甲酸二辛酯和邻苯二甲酸二丁酯为主增塑剂，氯化石蜡为辅助增塑剂。通常增塑剂用量为 60% ~ 65%。

5）稳定剂

可使用三盐基硫酸铅和三盐基亚磷酸铅。三盐基硫酸铅还可作为偶氮二碳酰胺（AC）发泡剂的活化剂。三盐基亚磷酸铅对含氯增塑剂类有特效稳定力，故使用氯化石蜡为辅助增塑剂就必须采用它。

6）发泡剂

选用 AC 发泡剂。再生过程中，必须考虑降低边角料原体系中所含 AC 发泡剂的分解速率和提高分解温度。一般选用硬脂酸钡为 AC 发泡剂的阻滞剂。

7）润滑剂

在回收配方中，选择硬脂酸和石蜡作为内外润滑剂。

硬脂酸另一作用是对填充剂碳酸钙表面进行活化处理，其工艺是预先将碳酸钙在 110℃下干燥后，在 50℃以上加入 20%硬脂酸进行搅拌。

8）填充剂

选用轻质碳酸钙作为填充剂。用硬脂酸进行活化处理，增加碳酸钙与聚氯乙烯树脂表面亲和力。

9）着色剂

尽量不用易变色的着色剂，并掌握拼色技术。

（3）加工工艺

将已洗净、分类的边角料和废膜先切碎，再依照配方要求加入各种功能助剂，通过捏合工序，使各组分变为均匀的混合料。如能造粒则更理想。捏合后经塑炼进一步混合和预塑化，再按产品要求进行称量，组成色层胶片，然后加压塑化。热处理后定型、冲裁，最后装配成产品。

1）捏合

捏合操作和加料顺序因原料不同而有所不同。

用聚氯乙烯微孔拖鞋边角料的捏合操作是先将边料粉与色浆、硬脂酸钡一起投入卧室捏合机冷拌 5min，然后使用 0.2 ~ 0.3MPa 蒸汽加热，温度控制在 80℃以下，搅拌 10 ~ 15min，再投入 AC 发泡剂浆料，搅拌 15min 转入适当的冷却搅拌。在搅拌过程中需严格控制温度。

用聚氯乙烯废膜破碎料的捏合操作与用聚氯乙烯树脂料基本相同。将辅助料（包括稳定剂、AC发泡剂、润滑剂、色浆等）、氯化石蜡、一部分邻苯二甲酸二辛酯、一部分聚氯乙烯树脂或破碎膜，先打浆使其分散，经15min后，加邻苯二甲酸二丁酯和余下的邻苯二甲酸二辛酯以及聚氯乙烯树脂或破碎膜在Z形捏合机中，蒸汽压力控制在0.3MPa左右，捏合时间约40min。

在选用聚氯乙烯树脂中加碳酸钙填充剂时，先将聚氯乙烯树脂和增塑剂混合，使树脂完全溶胀，然后再借助机械搅拌使聚氯乙烯树脂与碳酸钙充分混合。

2）塑炼

采用二辊机塑炼，前辊温度控制比后辊高。操作过程调节至最小辊距。薄通2~3遍，使聚氯乙烯边料粉薄通均细。在高弹态的温度下再经过三道粗炼与精炼可获得最佳混合状态的预塑均匀片坯。预塑化好的片坯，还必须及时冷却以防堆放散热不良。

3）加压塑化成型

用0.65~0.7MPa的蒸汽加热20~25min，在热的作用下，增塑剂渗入聚氯乙烯聚合物，膨胀、扩散，AC发泡剂分解产生的气体，形成许多大小均匀的微孔。在规定的模塑压力范围内产生均匀微细的气孔结构。在塑化完全后冷却15min左右至室温，以提高塑料流体的黏度，防止泡孔壁进一步减薄，稳定发泡体。

4）热处理

将油压塑化冷却后的片坯，在80~100℃温度范围内的蒸汽箱中及时进行热处理，获得均匀孔径的发泡体。

（4）性能测试

按《聚氯乙烯微孔泡沫塑料拖鞋》（SG77—73）标准进行试验，其结果见表8-4。

表8-4 发泡体的性能

指标名称	规定值	测定值		
		1#	2#	3#
邵氏硬度	18~35	8.6	18.0	23.3
拉伸强度/MPa	2.4	2.8	2.3	3.3
断裂伸长率/%	130	205	167	206
密度/（g/cm³）	0.25~0.40	0.3127	0.309	0.3762

8.5.2.5.2 填充改性

用泥炭填充废旧聚氯乙烯生产防水卷材的案例如下。

（1）原料与配方

① 采用废旧聚氯乙烯大棚膜、水稻育秧薄膜或其他软质废旧聚氯乙烯薄膜，经粉碎后使用。

② 泥炭在自然条件下呈黑色或黑褐色，含有未完全分解的植物残体和分解物形成的黑色腐殖质等物质。使用前泥炭要过0.25mm筛。

③ 其他添加剂有增塑剂、稳定剂、软化剂、改性剂。软化剂采用一种不易挥发的石油馏分，兼起润滑作用。

④ 用泥炭填充生产防水卷材的配方见表 8-5。

表8-5　用泥炭填充生产防水卷材的配方

原料	规格	配比量/份
废旧PVC膜	软质	100
泥炭	0.25mm	50～80
邻苯二甲酸二辛酯	工业级	5
邻苯二甲酸二丁酯	工业级	15～20
氯化石蜡		1～8
泥炭改性剂	工业级	适量
三盐基硫酸铅	工业级	2～3

（2）工艺流程

用泥炭填充生产防水卷材的工艺流程如图 8-2 所示。

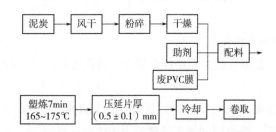

图 8-2　用泥炭填充生产防水卷材的工艺流程

（3）设备

高速捏合机、炼塑机、三辊压延机。

（4）产品性能

用泥炭填充生产防水卷材的产品性能见表 8-6。

表8-6　用泥炭填充生产防水卷材的产品性能

项目	性能	项目	性能
色泽	黑色	伸长保持率（纵/横）/%	86.0/69.2
每卷（20m²）质量/kg	13～14	吸水率/%	0.3
拉伸强度（纵/横）/MPa	9.0/7.15	燃烧性	离火自熄
伸长率（纵/横）/%	127.2/121.6	不透水性	
柔性	−30℃可绕 ϕ10mm轴对折	动水压力/MPa	0.15
热老化（80℃±2℃，168h）		保持时间/min	>40
拉伸强度保持率/%	117.6/87.2	耐高温（120℃，5 h）	不起泡、不黏

8.5.2.5.3 共混改性

聚氯乙烯废膜与丁腈橡胶共混生产鞋料的案例如下。

用聚氯乙烯薄膜和丁腈橡胶进行机械共混，制成颗粒，生产的材料耐油性、耐酸性好，低温耐屈挠性和抗滑性好。有橡胶手感，黏合牢度和抗撕性能优良，可在绝大多数注塑机上加工。可用作运动型、劳保鞋的鞋底和其他制品。

（1）配方

PVC废膜与丁腈橡胶共混生产鞋料的配方见表8-7。

表8-7 PVC废膜与丁腈橡胶共混生产鞋料的配方

原料名称	配比量/份	原料名称	配比量/份
PVC废膜	100	丁腈橡胶-30	7~10
稳定剂	1.92~2.2	其他	5~6
混合增塑剂	20~30		

（2）设备

250L捏合机，XK-40混炼机，ϕ90造粒机。

（3）生产工艺

1）聚氯乙烯废膜捏合塑化

按配比将聚氯乙烯废膜在捏合机中捏合塑化，蒸汽压0.3~0.5MPa，时间1~1.7h。

2）塑炼

速比1：1.5，辊温45℃±5℃，辊距0.5~1mm，丁腈橡胶塑炼在小辊距低温下进行，采取一段直接填料法共混，塑炼时间视丁腈橡胶中丙烯腈含量而定。将丁腈橡胶炼至包辊，调距3~4mm，添加聚氯乙烯捏合料进行共混，翻动均匀，再以1mm辊距薄通3次。

3）挤出造粒

挤出机供料区的温度为80℃，压缩段为150~160℃，计量段为140℃，机头为90~100℃。

8.5.3 废旧聚氯乙烯增塑产品的回收

8.5.3.1 瓶盖

回收废旧塑料瓶的一个复杂问题是瓶盖、垫圈和瓶是连在一起的，而瓶、标签、盖和垫圈的成分是不同的。为了密封得更好，采用一种发泡的或紧固的垫圈放在瓶盖中或采用一种插入物作为机械密封，但无论在何种情况下，聚氯乙烯是一种占优势的材料[10]。最早，聚酯瓶的回收商注意到聚氯乙烯密封垫和金属盖污染了他们的产品，在处理中，通过清洗虽然金属盖可以除去，但聚氯乙烯不能除去[11]。随着工业的发展，这个问题在很大程度上已不复存在，因为乙烯-乙酸乙烯共聚物作为软饮料瓶盖的衬里已获得认可。

8.5.3.2　地板

国外聚氯乙烯增塑糊树脂的一种非常大的用途是作片材聚氯乙烯地板，一种典型的地板结构，具体见表8-8。

表8-8　典型的片材聚氯乙烯地板结构

层	材料	厚度/μm
面层	聚氨酯	25
耐磨层	聚氯乙烯	508
泡沫层	聚氯乙烯	762
底层	聚氯乙烯，"有机毡"	635

目前，在美国的实际情况是在木质毛地板上或现有的地板上面铺水泥地面材料。当今，泡沫层和耐磨层的聚氯乙烯不能从底层分离，整个复合层是不易从毛地板上去掉，所以木头或水泥残留物会污染它。将来，所有复合材料可能由聚氯乙烯制造，由于聚氯乙烯地板只是和毛地板的周边粘住，而不是全部粘住，所以能较容易地回收聚氯乙烯地板。

采用工厂里的边角料进行回收的方法是：将边角料切割，破碎后在辊炼机上塑化，再经压延，得灰色材料，可用作地面材料的底材。

在国外，废旧聚氯乙烯的再生利用正在发展中，而且发展的速度将继续加快，其中包括材料的再生利用是第一目标，但建筑制品的再生利用将会很快赶上。

参考文献

[1] 卫生部，国家环保总局. 医疗废物专用包装物、容器标准和警示标识规定[J]. 中国护理管理，2004，4（1）：16-17.

[2] 易长海，陈强，刘莺. 废旧塑料处理和再生利用技术国内研究进展[J]. 荆州师范学院学报（自然科学版），2003，26（2）：87-90.

[3] 钱伯章. 英国的塑料回收再利用[J]. 国外塑料，2006，24（3）：45-47.

[4] 陈旭东. 废旧塑料再生利用技术进展[J]. 化工时刊，1993（2）：20-22.

[5] 方灵灵，王光辉，胡焕新. 废旧塑料再生与利用的途径[J]. 信阳农业高等专科学校学报，2001，11（2）：27-28.

[6] 宗大全，朱弟雄. 硬质PVC塑料废制品的回收与利用[J]. 塑料加工，1994（3）：23-25.

[7] 黄云翔. PVC塑料瓶的特性与加工配方[J]. 聚氯乙烯，1989（3）：31-35.

[8] 朱俊. 低碳经济驱动废旧塑料回收再生大市场[J]. 橡塑资源利用，2010（02）：0-37.

[9] 陈文瑛. 塑料包装当前发展动向浅析与思考[J]. 国外塑料，1992，3：1-3.

[10] 孙亚明. 废旧塑料再生利用的现状及发展[J]. 云南化工，2008（02）：36-40.

[11] 李彩虹，杨文志. 废旧塑料回收及其综合利用[J]. 内蒙古石油化工，2007（25）：25-26.

第 **9** 章

废旧聚苯乙烯塑料的污染控制及资源化利用

9.1
废旧聚苯乙烯塑料的来源与污染现状

聚苯乙烯是苯乙烯的均聚物，是一种热塑性通用塑料，产量仅次于聚乙烯、聚丙烯、聚氯乙烯。聚苯乙烯的应用范围很广，可大致分为以下4个方面[1]。

（1）通用聚苯乙烯

为无定型高透明度塑料，一般用注射或挤出成型，产品大量应用于日用制品以及家电、计算机、医疗等透明制品上。通用聚苯乙烯的最大缺点是脆性，耐冲击强度较低，为11~27J/m² （缺口）。

（2）高抗冲聚苯乙烯

大大提高了其冲击强度和断裂伸长率，产品广泛用于电气配件、家电外壳、食品容器等。

（3）挤出发泡聚苯乙烯片材及其热成型制品

密度一般为48~160kg/m³。厚的板材主要用作绝热、隔声、防震材料。热成型制品则大量用于食品包装以及快餐食品容器。

（4）可发性聚苯乙烯泡沫制品

密度一般在16~60kg/m³，产品用于电器的防震包装，建筑、冷冻等行业的绝热材料。

这些聚苯乙烯塑料材料很多都是一次性使用，用完后即随意废弃，因而废弃量很大。这些垃圾质量轻、体积大、化学性质稳定，在自然环境中经久不腐烂、不降解转化，直接污染环境[2]。聚苯乙烯泡沫塑料世界产量仅次于聚氨酯泡沫塑料，2015年全球总共约产生620万吨聚苯乙烯，其中仅有不到40%被回收利用[3]。据不完全统计，日本和北欧国家废旧聚苯乙烯塑料回收再生利用率约为72%，韩国废旧聚苯乙烯塑料回收再生利用率约为64%，而其余国家和地区的废旧聚苯乙烯塑料回收再生利用率仅为10%~30%[4, 5]。其中我国每年约产生180万吨，而废旧聚苯乙烯塑料的回收率只有不到40%。大量的聚苯乙烯泡沫塑料废物构成了"白色污染"的主要因素，对环境和生态造成了巨大压力，并且进一步威胁到人类和其他动物的生命安全[6-8]。严峻的资源危机和环境污染，迫使人们必须加大资源的回收与再利用，走循环回收再利用的绿色发展之路。

9.2
废旧聚苯乙烯塑料的控制技术

9.2.1　焚烧技术

焚烧是目前废旧塑料处理中较常使用的一种方式，而焚烧中以石灰焚烧最为常见。该方法是通过焚烧过程中，燃料油热值和塑料热值间的差异，将产生的热量进行回收利用，将废旧塑料转化成热能，供应相关领域使用。不过在废旧塑料焚烧过程中，容易产生硫和灰分，生成较多的二氧化硫，需要对其加以科学处理，避免再次污染。另外，在焚烧技术研究中也应注重金属元素的科学处理，防止污染物的再次排放，达到环境工程目标。

9.2.2　填埋技术

填埋技术的优势在于所需时间较短、处理难度低，不会带来较大的工作压力。填埋技术主要是将产生的废旧塑料利用机械设备运送到指定地方进行填埋，利用自然环境或土壤性能，促进垃圾分解。但该方法不适用于大体积或不容易分解塑料的填埋处理，可能会给周边环境及土壤资源带来破坏。对此，需要采取适当的方法缩短填埋时间。与其他的处理技术相比，填埋技术操作简单，但应该在合适的情况下使用，以节约资源，保护环境。

9.3
废旧聚苯乙烯塑料的再生利用技术

当前国内外对废旧聚苯乙烯的再生利用一般有以下几种方法：a.脱泡熔融挤出回收聚苯乙烯粒料；b.复合再利用；c.热分（裂）解回收苯乙烯和油类；d.利用废旧聚苯乙烯泡沫制成涂料、黏合剂类产品；e.直接再利用废旧聚苯乙烯泡沫。

对普通聚苯乙烯和高抗冲型聚苯乙烯废料回收，清洗后可直接破碎熔融挤出造粒，如果是不含杂质的干净边角料，可直接加入新料中使用，但回收的废旧聚苯乙烯制品往往含有不同程度的杂质，使再生制品不透明或有杂色。通常用于生产非食品接触性制品，其使用效果依然很好。

废旧聚苯乙烯泡沫的回收则比较麻烦。若回收的泡沫比较干净，也可获得较干净的粒料，可直接掺混于聚苯乙烯新料中使用。但大量的聚苯乙烯泡沫垫块、各种快餐饭盒和饮料杯都较肮脏，表面沾满了尘土及原来的内容物的残渣渍液，还有相当多的容器表面还复合有纸、铝箔等其他物质，假如不对它们进行清洗与分离是无法再生利用的[2]。

9.3.1　国内外废旧聚苯乙烯塑料再生利用现状

聚苯乙烯泡沫塑料是20世纪50年代由德国BASF公司首先开始工业化生产，因其原料成本低廉，性能优异，用途广泛，而发展很快。聚苯乙烯泡沫制品因密度小、质量轻、保温隔热性能好、安装便捷，被广泛用于各种建筑物及冷库的保温隔热层和一次性使用的包装材料，如各种家用电器、工业配件及产品的运输包装。另外，还有相当一部分被用于一次性使用的快餐饭盒、食品包装盒、冷冻自选食品的包装盒、盘、酸奶饮料杯容器。这类制品由于用后即扔，所形成的垃圾不仅数量大而且不便回收；又由于不能自行分解，此类泡沫塑料垃圾已成为全球性的公害。

德国在回收塑料包装废弃物方面的法规是全世界最为完善的。1990年6月，德国政府颁布了第一部包装废弃物处理法规，即《包装废弃物的处理法令》，它规定对不可避免的一次性塑料包装废弃物必须进行再利用或再循环，并强制性要求各企业承担回收责任，但也可以委托回收公司代替完成。美国是世界塑料生产大国，也是世界上展开废旧塑料再生利用研究最早的国家之一。在美国，包装废弃物通过路边回收、零散回收和分散回收系统实现。到2002年，美国从地方部门、县到州基本都已制定了限制使用和丢弃塑料制品的法规。日本是循环经济立法最全面的国家，其目标是建立一个资源"循环型社会"，鉴于此，日本对废旧塑料的再生利用一直保持积极态度。1992年，日本政府起草了《能源保护和促进回收法》，该法于1993年6月正式生效。就包装而言，该法强调有选择地收集可回收废弃物，并依靠遍及全国的回收站进行回收，以使包装废弃物处理向乐观的方向发展。1997年日本的《容器包装再生利用法》出台。这一法规对塑料包装的再生利用作出了严格的规定：PET瓶生产商和使用PET瓶的饮料生产商都要承担相应的回收费用[9]。

改革开放前，我国废弃物的回收工作主要是靠各个城镇的"废品收购站"。改革开放后，出现了很多个体的"废品收购点"。但这些收购点缺乏科学管理，更未形成网络系统。我国借鉴了发达国家的良好经验，已于1989年颁布了《中华人民共和国固体废弃物污染环境防治法》和国务院关于《环境保护若干问题的决定》，规定产品生产者应当采取易回收、处理、处置或在环境中易消纳的产品包装物，并要求按国家规定回收、再生和利用。但是，在该法的实施过程中主要存在2个问题：

① 该法没有规定"易回收处理、处置或在环境中易消纳的产品包装物"的具体标准，也没有明确按哪项"国家规定"回收、再生和利用；

② 从客观环境来看，该法各项规定得以实施的条件尚不具备，包装废弃物如何回收、如何存放、如何处理的相应配套机构与设施还很不健全[10]。

因此，要解决我国包装废旧聚合物的回收问题，最主要的是要不断健全现有的回收模式，建立一个能被民众接受并且符合当地再利用条件的合理的收集系统，加大包装废弃物的回收管理力度，规范行业行为，使我国的包装废弃物再生利用朝着健康、繁荣的方向发展[11]。

9.3.2 混合废旧塑料的分离

废旧塑料的利用，首先要将其中所含的各种垃圾分离出去，然后再进一步分类、清洗、破碎、加工。垃圾中的废旧聚苯乙烯制品主要是各种快餐盒、盘、饮料杯、罐及食品托盘，还有各种家用电器的泡沫包装垫块等，这其中有些是纯聚苯乙烯板、片制造的，有发泡与不发泡的，还有的是与其他材料复合在一起的，这种复合料回收难度要大得多，我们将分别叙述。废旧聚苯乙烯塑料的再生利用与其他废旧塑料的再生利用既有其相同处也有不同之处，主要是聚苯乙烯发泡制品废弃物的回收较其他废塑料要相对困难一些。

混合废旧塑料的分拣，目前一般是将混合废旧塑料统一送往回收工厂，由工厂分拣处理，对于表面黏附的剩余食品可以用水及洗涤剂清洗。废旧塑料与其他物质的分离，目前国外已经研究了不少方法。例如，纸与塑料混合在一起的，回收时可以先通过 80 ~ 100℃ 的温度处理，使塑料收缩结团，再通过空气分离器或旋风分离器，使纸与塑料分离。再一种方法是利用纸张与塑料的吸水性不同，把混合废塑料放入水中，纸张吸水后撕裂强度降低，在高速摩擦与切削中与塑料分离，再利用纸、塑料的密度不同将其分离[12]。挪威 Sintof 公司开发了一种废旧塑料分离机，其特点是将废旧塑料多次分离后利用空气筛分，再经洗涤、脱水、干燥，原理也是利用纸张吸水后密度增加，将其与不吸水的塑料分开，吸水的纸下沉，不吸水的塑料浮在上层，就可以分别回收。要求高的可以再进一步利用塑料的密度不同，在水中沉降，把包括聚苯乙烯在内的聚烯烃类塑料与其他塑料分开。瑞士 Rehsif SZ 公司研制了一种专门回收废旧聚苯乙烯泡沫的 Repro 设备，它能够处理混有 20% 的纸或铝箔的废旧聚苯乙烯。德国也研制了一种借用成熟的选矿工艺来分离废旧塑料的方法，即利用选矿工艺中的浮选法来分选。试验已证明可以利用水力旋流器来有效地分选各类塑料。方法是先把废旧塑料破碎成 20 ~ 30mm 见方的碎片，再用水力旋流器利用离心力不同而使之分离。德国还研究了一种干法分选，即先破碎→筛选→空气分离，此法可得到纯度为 80% 的废旧塑料片。日本近几年研究了近红外光分选废塑料的技术，近红外光有辨认有机材料的功能，用近红外技术可准确区分通用塑料中的聚氯乙烯、聚乙烯、聚丙烯、聚苯乙烯和聚酯，经过破碎的混合废旧塑料碎片通过近红外光谱分析仪时，装置能自动分离出上述 5 种塑料，速度为 20 ~ 30 片/min，速度有待提高[13]。

总结国外目前所采用的分选废旧塑料的技术均为如下流程。

粗分选→粗破碎→细破碎→细分选→清洗→干燥→造粒或以碎片形式供应再加工

其中，分选包括磁选、气动分选、水力分选及其他介质分选。清洗也是要经过多次，而且要用洗涤剂，水一般采用循环。有的回收料还需要加入一些改性助剂以提高其性能。如英国 Phillips Petroleum 公司就在回收的废旧聚苯乙烯料中添加一种热塑性弹性体，以提高再生制品的韧性。对于有些与纸复合在一起的废旧塑料，也可以不用上面那些方法。有些公司对收集来的废旧塑料索性不分离就将其细细粉碎直接造粒，把纸作为添料，再加上一定的改性剂，可以生产出性能类似木材的板材、垫板等产品[14]。

9.3.3　直接再生利用

9.3.3.1　直接热熔 PS 再生利用

对 PS 边角料及下脚料可直接热熔成再生 PS 粒料；对 PS 泡沫废制品可先破碎，用螺旋推进器强制喂进挤出机挤出造粒，制成 PS 再生料。由于 PS 再生料的颗粒色泽和性能未发生明显变化，性能好，所以仍可作 PS 原料与新 PS 配合使用，重新制作 PS 发泡制品。据中国专利 CN1096735A 介绍，将废 PS 泡沫浸入到高沸点混合溶剂中使其消泡并成为凝胶料后，可与改性树脂、助剂混合，经多级排气挤出机挤出造粒，得到 PS 再生料，其中的溶剂经冷凝得以回收[15]。这种 PS 再生料可用于制作文具、玩具和多种日用品如鞋底和电子零部件等再生塑料制品。

9.3.3.2　填充改性其他材料

将一般 PS 泡沫废旧塑料或一次性废弃餐盒粉碎成小块，填充于水泥中或添加黏结剂，可制作水泥隔板、轻质屋顶隔热板、轻质混凝土等各种轻质建筑材料。

水泥聚苯板是以 PS 破碎料、水泥、起泡剂等材料经搅拌、成型和养护而制成的一种新型保温板材[16]。它质量相对轻，保温隔热性能好，有一定的强度，施工简单，适用于砖墙、混凝土墙的保温、阳台保温和屋面保温。

采用废旧聚苯乙烯泡沫塑料、水泥、增黏剂等为主要原料，生产混凝土保温砌块[4]。用该生产工艺生产的混凝土保温砌块自质轻，保温性能好，强度高，消化了大量难以降解的废旧泡沫塑料，有利于环境保护和节约能源[17]。当水泥选用 42.5 级，水泥用量为 300kg/m³，增黏剂掺量为水泥质量的 10%，砂子和水适量。按一定配比和工艺制做的保温砌块表观密度为 610kg/m³，抗压强度平均值为 3.26MPa，抗压强度单块最小值为 2.95MPa。试验表明：保温混凝土砌块的保温性能明显优于加气混凝土砌块，更优于普通黏土砖[18]。

PS 轻质混凝土就是一种通过 PS 颗粒或废弃 PS 破碎料作混凝土骨料的矿物质胶结混凝土，PS 轻质混凝土是轻质混凝土的一个新品种。由于 PS 颗粒与硅酸盐胶凝材料的表面性质相异，再加上两者之间显著的密度差异，新拌混凝土中的 PS 颗粒很容易上浮，造成 PS 轻骨料混凝土匀质性变差，进而影响硬化 PS 轻骨料混凝土的性能。目前一些研究结果表明，通过掺加矿物添加剂，如粉煤灰或硅灰，掺加减水剂、引气剂和增稠剂可以改善 PS 轻质混凝土工作性能。同样，颗粒形状、颗粒大小以及所应用的 PS 骨料的表面特性也影响混凝土的表观密度和强度。通过选择混凝土表观密度能够实现承重、隔声、保温和防火等性能的最佳组合。PS 轻质混凝土与普通混凝土相比，具有轻质高强、热导率小等优点；与陶粒、膨胀珍珠岩等轻骨料混凝土相比，轻珠混凝土吸水率更低。检测结果表明：轻珠混凝土的密度等级为 $300 \sim 1800 kg/m^3$，强度为 $0.5 \sim 30 MPa$，热导率为 $0.081 \sim 0.723 W/(m \cdot K)$。低密度 PS 轻质混凝土的密度为 $300 \sim 600 kg/m^3$，抗压强度为 $0.3 \sim 3 MPa$，热导率为 $0.08 \sim 0.140 W/(m \cdot K)$，主要用于保温隔热和轻质回填、墙体填充工程等；普通密度 PS 轻质混凝土：密度为 $600 \sim 1200 kg/m^3$，抗压强度为 $2 \sim 8 MPa$，热导率在 $0.140 W/(m \cdot K)$ 以上，主要用于保温隔热、填充，不返潮室内地面混凝土，通道和地面垫层、房屋内隔墙、轻质墙板等；中密度 PS 轻质混凝土：以 PS 轻珠取代部分砂、石料配制而成，密度为 $1200 \sim 1800 kg/m^3$，抗压强度为 $5 \sim 30 MPa$。主要用于轻质内外墙体、地面回填，屋面垫层，旧房改造，加层屋盖梁、板等[19]。

复合保温内、外墙板和复合保温屋面板可采用回收的聚苯颗粒或再生水泥聚苯板作的保温芯材，以钢筋混凝土用热轧光园钢筋和热轧带肋钢筋作受力筋，以快硬硫铝酸盐水泥为胶凝材料并配以外加剂，以玻璃纤维网格布或玻璃纤维短丝为增强材料作基材复合而成。废聚苯乙烯泡沫塑料可占复合外墙内保温板体积的 30% ~ 40%。生产工艺采取混合搅拌、浇铸成型。产品具有质量轻、强度高、热工性能好、不燃、施工简单、安装方便等优点，适用于公共建筑、工业厂房、大型仓库等建筑内外墙和屋面保温结构[19]。

此外，德国在黏土中添加 6% ~ 20% 的 PS 再生颗粒生产出轻质保温砖。这种多孔保暖砖要比普通保暖砖的保温性能提高 1 倍以上。日本用 2 ~ 3cm 大小的 PS 再生颗粒代替土建中的石子。芬兰公路研究中心通过粉碎、加热等途径，将 30% 的 PS 为主的废塑料添加到沥青中用于筑路，这种路富有弹性，与车轮摩擦时产生的噪声极小。此外，在墙壁或夹板间填充 PS 泡沫塑料小颗粒，有较好的隔声效果[20]。

9.3.3.3 模型制备聚苯乙烯泡沫塑料

化工部成都有机硅中心也对废旧聚苯乙烯泡沫进行了研究，他们将废旧聚苯乙烯泡沫再生成可发性聚苯乙烯（EPS），然后模塑制成聚苯乙烯泡沫塑料[21]。工艺方法是：将废旧聚苯乙烯泡沫在 100℃ 下加压，使其软化收缩，再投入可发性凝胶液中，凝胶液由发泡剂（石油醚）和溶剂组成，废旧聚苯乙烯泡沫收缩成凝胶料团，再对料团进行捏合、挤出、造粒，在常温下风干，即成为可发性聚苯乙烯产品。这种工艺采用的溶剂属于易燃易爆品，用量大，必须进行回收。

9.3.3.4 防水材料

湖南湘潭新型建筑材料厂研究了一种利用废旧聚苯乙烯泡沫塑料生产用于房室建筑防水材料的方法。该法是将废旧聚苯乙烯塑料与重苯、煤油按一定比例置于一定温度的熔化釜内，搅拌熔融后，稍加冷却，去掉水分，制成聚苯乙烯改性材料，再加入适量的无机填料与惰性材料制成聚苯乙烯改性防水材料。调整配方可以生产出聚苯乙烯塑料油膏、聚苯乙烯冷胶料、聚苯乙烯嵌缝膏、聚苯乙烯无基材防水片材。产品使用性能好、延伸率大、耐寒性好、不易龟裂老化、成本低廉，可替代沥青、油毡、聚苯乙烯防水片材，而且施工方便，是一种性能很好的建筑防水材料。

9.3.3.5 溶剂法再生利用

在合成革生产中会产生相当数量的块状废旧聚苯乙烯，由于其中含有大量的甲苯、十八醇、山梨醇等无法分离与再生利用。山东烟台化工研究所已研究出有机溶剂萃取回收聚苯乙烯的方法。该方法是以 $C_4 \sim C_8$ 脂肪醇作为萃取剂，在密闭的容器中加入废聚苯乙烯塑料和萃取剂，在一定的温度下回流，萃取废旧聚苯乙烯，然后分离萃取混合液和聚苯乙烯，即得到聚苯乙烯和其他化工原料。分离后的聚苯乙烯烘干造粒就是聚苯乙烯粒料，性能指标基本上符合部分聚苯乙烯标准。另外，回收的甲苯、十八醇、山梨醇均是有用的化工原料，萃取液可以充分使用。这种方法如果能工业化生产，可以解决多年来困扰合成革厂处理废聚苯乙烯的难题。

美国纽约的 Rensselaer 聚合物技术研究所研究了一种用溶剂分离的方法回收废旧聚苯乙烯泡沫。工作原理是把废聚苯乙烯泡沫在高温下溶于溶剂中，操作时把聚苯乙烯泡沫块投入循环的溶剂中，这种含有聚苯乙烯泡沫块的混合剂被不断加热，在闪点被蒸发，而纯聚苯乙烯则被回收。填料、增塑剂及纸、金属等则在过滤阶段被排除。回收的聚苯乙烯质量非常纯净，可造粒后供重新使用。全套工艺为闭式回路，溶剂循环使用，所以回收成本很低，富有竞争力[2]。

日本水处理研究所研制出一种废旧聚苯乙烯泡沫塑料的回收装置，其方法是将废旧聚苯乙烯泡沫溶于氯类有机溶剂中，再将溶剂蒸发即能得到聚苯乙烯塑料。有机溶剂可以重复利用，$1m^3$ 溶液可以溶解 $40m^3$ 废聚苯乙烯泡沫。

9.3.4 热分解回收苯乙烯和油类

热分解回收是近年来国内外都非常注重研究的一种回收方法，目前被认为是最有效、最科学的回收废旧塑料方法。

聚苯乙烯的热分解过程主要是无规降解反应，聚苯乙烯受热达到分解温度时就会裂解成苯乙烯、苯、甲苯、乙苯，通常苯乙烯占50%左右，因此可使不便清洗或无法直接再生的废旧聚苯乙烯泡沫塑料通过裂解工艺来回收苯乙烯等物质。通常的回收工艺是将废旧聚苯乙烯泡沫塑料投入裂解釜中，控制温度使其裂解生产粗苯乙烯单体，再经过蒸馏、精馏即可得到纯度在99%以上的苯乙烯。如果将包括聚苯乙烯在内的废旧聚烯烃类塑料在更高的温度下热裂解和催化裂解，可变为汽油或柴油。由于将废旧塑料油化的方法不仅对环境无污染，又能将原先用石油制成的塑料还原成石油制品，能最有效地利用能源，所以近年来国内外在这方面的研究相当活跃。

废旧塑料油化的技术是在20世纪70年代石油危机时就开始试验并确认分解可以油化。但由于石油价格的下降，生成油的价格较高，该技术研究也就一时中断。近年来，因环境保护的原因，废旧塑料热分解油化技术作为一种废物回收技术而再度复活。在热分解时添加改性用的催化剂即可得到具有高附加值的轻油、重油[22]。

废旧塑料热分解油化就是以石油为原料的石油化学工业制造塑料制品的逆过程。通常，将废旧塑料热分解油化有以下 3 种方法[23]。

① 在无氧、近 650 ~ 800℃的高温下单独热分解的方法。这种情况得到的液状产物量低于 50%。

② 先在 200℃左右的催化罐里面催化热分解，再对经热分解生成的重油在 400℃左右做进一步热分解，可生成轻质油，液状产物量高达 80%。

③ 在 9.8 ~ 39.2MPa 的高压釜中，在 300 ~ 500℃的温度下可使用多种原料的加水法。

各种塑料的热分解情况，因塑料的种类不同而异。热分解产物也因塑料的种类不同而有较大的差异。

废旧塑料热分解油化，工艺过程如图 9-1 所示，由 1 ~ 7 个工序组成。

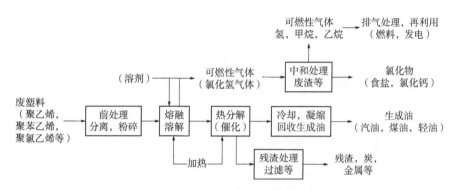

图 9-1　废旧塑料热分解油化工艺过程

（1）前处理工序

分离出废旧塑料中混入的异物（罐、瓶、金属类）后，将废旧塑料送入熔融滚筒中破碎成大块。

（2）熔融工序

将废旧塑料在 200 ~ 300℃下加热，使其熔融为煤油状液态。在此工序中有少量的热分解，特别是含有聚氯乙烯的废旧塑料，首先在 250 ~ 300℃时聚氯乙烯就会分解，产生氯化氢气体。本工序产生的氯化氢被送至中和处理工序处理[24]。

（3）热分解工序

提高温度，分解反应速率也会加快，但液状生成物产率下降，并会产生不利的炭化现象。因此，选定什么样的温度范围即成为工艺设计中的关键。将液状废旧塑料加热至 300 ~ 500℃使其分解。为了尽量多地得到在常温下呈液状的石油组分，有时使用催化剂。使用催化剂，不仅可以提高油的产率，特别是轻质油的产率，还可以提高油的质量。

（4）生成油回收工序

将热分解工序产生的高温热分解气体冷却至常温成为液状即得到了油。生成油的质量、性质、产率均随投入塑料的种类、反应温度、反应时间的不同以及是否使用催化剂等而有很大差异。

（5）残渣处理工序

在热分解工序中不能分离的少量异物（砂子、玻璃、木屑等）以及热分解中生成的炭化物等都必须从炉子中去除。尽量减少残渣量，保持正常运转是化工研究开发的一种重要技术。

（6）中和处理工序

对于聚氯乙烯塑料来讲，因热分解时会产生氯化氢气体，作为盐酸来回收，用烧碱、熟石灰等碱中和无害后再回收。

（7）排气处理工序

这是处理热分解工序中难以凝集的可燃性气体（一氧化碳、甲烷、丙烷等）的工序。可采用明火烟囱直接烧掉或作热分解用的燃料。另外，也可以作为电力蒸汽的能源在系统内再利用。

日本富士回收公司于 1992 年建立了一套处理能力为 5kt/d 的废旧塑料油化装置，其工艺流程如图 9-2 所示。这套装置以热塑性塑料为原料，1kg 废塑料可回收 1L 石油制品，其中汽油约 60%，柴油约 40%，可作燃料及溶剂使用，工艺过程如下。

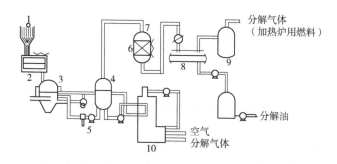

图 9-2　富士回收公司的废旧塑料油化装置工艺流程

1—料斗；2—挤出机；3—原料混合槽；4—热分解罐；5—沉积罐；6—催化分解罐；

7—冷却器；8—储罐；9—分解储气罐；10—加热炉

1）前处理工序

为提高油的回收率，废塑料投入前必须尽可能地将异物除去，以获得最高的回收率。适合油化的塑料因含氢量大、密度比水小，粉碎后置于水中利用密度差进行分选。密度比水大的不适合油化的沉底，适合油化的密度比水小的浮在水面上。根据密度分选后不适合油化处理的仅占 10%，这部分混入物在油化装置内处理后可排出。

2）油化过程

将经过前处理工序粉碎的废塑料由料斗定量供给挤出机。然后将料斗供给的料加热至 230～270℃，呈柔软的团状，投入原料混合槽。另外，因聚氯乙烯中有的氯具有在较低温度（170℃）下就游离的性质，因此，在前处理工序中未能除净的聚氯乙烯中的氯有90%可在此阶段被去除。

原料混合槽经常是热分解罐送来的液状热分解物循环，由挤出机不断投入的熔融塑料与这部分热分解物混合，再升温至280~300℃后由泵送入热分解罐。另外，在原料混合槽升温阶段残留的氯大部分可被汽化排掉。

将送入热分解罐的熔融塑料加热至350~400℃，使之热分解气化。气化后分子量不能变小的热分解物重新进入混合槽，在系统内继续热分解，最终成为气态的氢再送往催化分解罐。

由热分解罐至原料混合槽的循环管路中设有沉积罐，使在沉积罐循环的液状热分解物流速降低，炭和异物就分离，然后将其排放，从而解决以往技术上的最大难题——结焦问题，设备可以连续运转。

在催化分解罐中加入ZSM-5合成沸石催化剂，由热分解罐送来的气态烃，经催化分解，被送往冷却器。

在冷却器中进行简单的分馏即可分馏出汽油和柴油，生成油被送入储罐，气体就作为这套油化装置的能源使用。

这套油化装置若只用于处理聚烯烃类废旧塑料，可获得85%的油制品，10%的气体，仅剩5%的残渣。若处理的废旧塑料全部为聚苯乙烯，则生成油的回收率在90%以上，其中芳香族化合物占90%，乙苯占40%，苯、甲苯各占20%。残余物也是其他的芳香族化合物。

9.3.5 制备涂料和黏合剂

9.3.5.1 高分子快干漆

将废旧聚苯乙烯泡沫盒一些配料加入反应釜中，搅拌，使聚苯乙烯泡沫溶解，经研磨过滤，加入填料、颜料，在一定温度下继续搅拌，最后经过过滤即得产品。这种主要用废旧聚苯乙烯泡沫生产快干漆的工艺优点很多，成本很低，而且所需设备少。产品的防水性、抗老化性及低温性都很好，而且耐磨，对金属、木材、水泥、纸张、玻璃等均有良好的黏结力，既可作为保护漆又可作为黏结剂，用于金属的表面喷涂有很好的防腐作用[25]。

9.3.5.2 防潮涂料

将废旧聚苯乙烯泡沫塑料洗净、破碎、溶解，加入增塑剂、溶剂、水、表面活性剂、增稠剂和消泡剂等制成一种水乳涂料[25]。其工艺流程如下所示：

废旧聚苯乙烯泡沫→清洗→破碎→溶解→配制油相液→乳化→过滤→成品

这种涂料目前主要用作瓦楞纸箱的表面防潮涂料，而且使用性能优于现在使用的纸箱防潮剂[22]。

9.3.5.3 防水涂料

用废旧聚苯乙烯泡沫制造防水涂料的生产设备及操作方法都比较简单，所生产的苯乙烯防水涂料性能很好，施工不受季节限制，涂层寒冬不脆裂，炎夏不流淌，黏结性强，防水性好，耐酸碱，耐老化。

如中国专利 CN1082575A 公开的化学溶解法制备涂料，是这样实现的：按质量比例其原料组成为：废旧聚苯乙烯泡沫塑料 10~40 份，混合有机溶剂（可为芳香烃，如甲苯、二甲苯；酯类如乙酸乙酯、乙酸丁酯；碳烃类如汽油、煤油等。它们可为两种或两种以上的混合溶剂，并以芳香烃为主溶剂）30~60 份，松香改性树脂 10~18 份，增黏剂（可为异氰酸酯、环氧树脂）0.5~2 份，自制分散乳化剂（为碳水化合物经水解、氧化制得的水溶性黏稠状物质）3~20 份，增塑剂（为二丁酯或二辛酯）0.2~2 份。按上述比例，将混合有机溶剂倒入反应锅中，在搅拌下加入松香改性树脂，再将废旧聚苯乙烯泡沫（经洗净晾干）破碎成小块放入反应锅中直至完全溶解。加入增黏剂和自制分散乳化剂在 30~65℃ 条件下搅拌 1~2.5h，再加增塑剂继续反应 0.5~1h，停止加热和搅拌后取出冷却至室温，便得该防水涂料。

9.3.5.4 防腐涂料

聚苯乙烯分子中具有饱和的 C—C 键惰性结构，并带有苯基，因而对许多化学物质有良好的耐腐蚀性，但脆性大，附着力和加工性差[26]。因此，对聚苯乙烯改性是至关重要的一步。林金火等通过大量实验得出用邻苯二甲酸二丁酯（DOP）作改性剂制得防腐涂料有较好的物理机械性能、耐化学腐蚀性、光泽度。其具体制备方法如下：在装有温度计、搅拌器和冷凝管的 1000mL 三口瓶中，加入 190g 聚苯乙烯和 540g 混合溶剂（二甲苯：乙酸乙酯：200 号溶解汽油=70：15：15），在搅拌下加热至 55~60℃，待聚苯乙烯完全溶解后加入 45g 改性剂（DOP），继续搅拌至溶液清澈透明，冷却至室温，出料。与适量颜料混合后于锥型磨中研磨至细度≤50μm，即得该成品。

9.3.5.5 胶黏剂

能将同种或两种或两种以上同质或异质的制件（或材料）连接在一起，固化后具有足够强度的有机或无机的、天然或合成的一类物质，统称为胶黏剂或黏结剂、黏合剂、习惯上简称为胶。按应用方法可分为热固型、热熔型、室温固化型、压敏型等。胶黏剂的主要性能指标是胶液的黏合强度。按照 GB1742—79，在 SWY 型液压式万能强度试验机上测试剪切强度，每种胶液测试 5 次，取测试平均值作为剪切强度。具体步骤是用厚度为 5mm 的铝合金板制备 8 字形剪切试样，每个剪切试样由两个分体试样在工作面处用胶黏剂搭接黏接而成，搭接面积为 10mm×5mm，分体试样工作面的截面为 5mm×5mm。分体试样清洗干燥后，在搭接面上涂胶，组合成剪切试样，用压块压在搭接面上，室温晾干 30min 后，移入 80℃ 烘箱中保温 30min，再升温至 150℃ 后保温 60min，降至室温后取出，去压后 24h 测试强度。利用废旧聚苯乙烯泡沫塑料制备胶合剂的一般过程是选择适当的溶剂来溶解聚苯乙烯泡沫塑料，然后加入一定量的改性剂，进行改性共聚反应，再加入其他助剂（如增塑剂、填料等）搅拌混合即可。使用的溶剂多数是高聚物的有机溶剂，除了使用单一溶剂外，经常使用混合溶剂，混合溶剂对高聚物的溶解能力比使用单一溶剂好。溶剂的选择要求其对溶质溶解性能好、经济、无毒、挥发适当等。张忠明等通过实验研究发现溶剂配比为甲苯：丙酮：乙酸乙酯的体积比为 4：6：4，废旧 EPS（g）与溶剂（mL）比在 0.357 时，胶黏剂黏结强度较高；用作改性剂的邻苯二甲酸二丁酯可提高胶液强度，在其加入量占溶剂体积 7% 时效果最好；胶液中加入增塑剂甘油后，胶液黏度下降，强度降低，可通过加入甘油调整胶液的强度和黏度。

将废旧聚苯乙烯泡沫与溶剂、辅料按一定比例熔融后制成不干胶，这种不干胶的成本较目前采用天然胶制成的低得多，而且使用性能很好，重复粘贴性很好，耐酸碱、耐低温，通过配方调整可以控制不干胶的干湿快慢程度。据报道，浙江省劳动保护研究所以废旧聚苯乙烯泡沫为主，加入 SBS 共聚物、松香、甲苯、汽油、松节油等制成黏合剂，该黏合剂可粘贴木材、瓷砖，因此可用于家具、地板、马赛克、瓷砖的粘贴。这种黏合剂的毒性低，而且耐水性好[26]。

9.3.5.6 保护漆

按常规工艺回收废旧聚苯乙烯泡沫，聚苯乙烯回收塑料的透光性、防水性、耐腐蚀性、隔热性、电绝缘性均接近聚苯乙烯新料，但性脆、附着性差。经过试验制得的聚苯乙烯保护漆（涂料），其生产过程如下：

配料→搅拌反应→沉析分离→加入添加剂→成品

该保护漆吸收了喷漆、烤漆、防锈漆的长处，使用效果很好，具有光亮、耐水、耐腐蚀、不起泡、不失色、不脱落等优点。

9.3.5.7 塑料漆

用旧废聚苯乙烯泡沫生产塑料漆的工艺过程如下：

清洗→干燥→溶解→搅拌→过滤→成品

这种塑料漆中废旧塑料含量为 15% ~ 40%。溶剂视所用废旧塑料种类而选用苯、甲苯等一种或多种。产品与珠光漆类似，可根据需要分别制成适用于家具及金属制品的表面涂饰漆及防锈漆。根据所选溶剂与填料，还可制成耐酸碱的防护漆。生产工艺极其简单，可在常温下生产，不需加热，能耗极少[26]。

9.3.5.8 聚苯乙烯清漆

将废旧聚苯乙烯泡沫溶于溶剂中，再配以其他树脂，制成性能优于"685"醇酸清漆，可作为塑料电镀时的底漆。

9.3.6 国内外废旧聚苯乙烯塑料再生利用的问题

大型封闭式的回收工厂有其无可争议的先进性，但回收成本很高，而且只适合于有大量废旧聚苯乙烯特别是大量废聚苯乙烯泡沫的地方。就一般废旧聚苯乙烯泡沫来讲，很难大量集中，所以投资兴建大规模回收工厂或车间的方法目前在我国有一定的困难，倒是一些小型而又简单的回收设备比较适合我国的情况[27]。

比较国内外各种设备回收的聚苯乙烯树脂，不可避免的其性能均低于新树脂。因为经过一定的回收温度后分子链总会有些断链、降解，一些助剂也会因较高温度的影响而降解或挥发，使回收树脂的性能下降。回收料总是不可避免的含有无法除净的杂质，所以回收料一般只能少量渗入新料中使用，若完全使用回收料则只能生产低档产品。另外，从卫生角度来考虑也只能用于生产非食品接触型产品。针对回收料性能下降这一缺点，特别是性脆的问题，某些生产企业通常是加入一些助剂以提高这方面的性能。对塑料加工厂来讲，这种方法比较容易做到，不必增加任何设备，而且费用也不会过高，但这种方法对于提高回收料的性能有限。如果想提高聚苯乙烯回收料的使用价值，可将其与其他韧性高分子材料共混改性，但这种方法在技术上有一定难度，非一般塑料制品企业能做到。若由专门的工厂和设备进行这项工作，无疑将导致成本上升，就目前国内情况来看尚不具备这方面的条件[27]。

对于一般塑料加工企业来说，通常都是把本厂产生的废旧塑料去污后破碎、熔融、挤出造粒，再少量掺入新料中用掉，这是最简单的回收法。它的优点是成本低，基本上不需要另外添置设备。如果从社会上回收废旧聚苯乙烯泡沫块，也可以采用这种方法，只是要先去掉或清洗污浊部分。对于作为餐饮具的聚苯乙烯泡沫容器，可清洗干净后用上述方法回收。但实际上要完全清洗干净是非常困难的，多少会含有一定量的油污、食物及汁液，影响再生树脂的性能，这种情况最好是热分解回收苯乙烯或油类。废旧聚苯乙烯泡沫热分解回收苯乙烯，以前普遍存在苯乙烯产率不高的问题，近年来通过研究发现，适当加入某些金属催化剂即可提高苯乙烯产率。热分解得到的产物经精馏等工序可得到纯度很高的苯乙烯，而且最后剩下的残余物可作为建筑物的防水材料使用，几乎可完全利用。回收废旧聚苯乙烯也必须要有专门的回收设备，主要是裂解反应设备。若专为回收而设置设备，则可回收的废旧聚苯乙烯泡沫量必须很大，否则成本很高，不合算。若能利用化工厂的旧设备加以改造，则可大大减少设备投资。国内研制催化裂解回收苯乙烯工艺的单位很多，有的已取得较好成果，不仅产率高，而且苯乙烯含量在99%以上，设备投资也比较划算[27]。

利用废旧聚苯乙烯泡沫用溶剂熔融后制成各种保护漆及黏合剂的方法，一般来说工艺相对简单，成本也相对低，它比较适合我国聚苯乙烯泡沫使用分散、废弃分散的情况，可以因地制宜地在当地回收处理[27]。

随着我国原料工业的发展，制品工业也会有更大的发展，同时废旧塑料也会大量增加，对环境将会造成更大的危害，所以回收工作必须随之有较快的进展。随着经济的发展，对聚苯乙烯泡沫的使用与需求也会越来越多，废旧聚苯乙烯泡沫也会随之增长，如不做好废旧聚苯乙烯泡沫的回收工作，不仅仅是污染环境，浪费资源，还会引起社会舆论以致影响塑料工业的发展[27]。

当今世界上许多国家与地区已禁止在某些方面使用塑料制品，以减少废旧塑料对环境造成的危害。意大利是最早做出这方面规定的，该国早在 1991 年就宣布完全禁止使用塑料袋。德国与瑞士虽未完全禁止，但也在逐步减少塑料在包装方面的用量。美国原来的塑料包装已有 1/2 改为新型纸质包装。日本为了避免塑料量的增长，已在许多方面禁止或减少塑料包装的使用，并对现有聚苯乙烯饮料杯盒类产品只许减量生产而不许扩大与增加生产能力。各国目前对塑料包装所采取的禁令，皆是因废旧塑料回收不好而引起环境污染的情况下采用的措施。早些年，塑料的发展与应用均获得各国、各方舆论的交口赞誉，人类也都享受到了塑料发展带来的许多方便。近年来，当塑料废物回收处理工作尚未跟上时，却又遭到各方舆论的口诛笔伐，似乎成了破坏人类环境的罪魁祸首[27]。

几年来，在工业发达国家中塑料垃圾的产量非常惊人，1990 年北美的塑料垃圾量达到 11.8Mt，占当年塑料产量的 49%。而欧洲塑料垃圾量达到 13.6Mt，占当年塑料产量的 46%[26]。由此可见，塑料垃圾数量非常巨大。为了减少塑料垃圾，促进废旧塑料的再生利用，欧美等工业发达国家都相继制定了回收和应用再生塑料的法规与政策，这些法规和政策都规定了废旧塑料的再生率和完成这些规定采用的处理方法。

截至 2020 年中旬，我国废旧塑料产量已经达到 6300 万吨左右，但这些废旧塑料中仅有 9% 被重新回收利用、12% 被焚烧处理、剩余 79% 被直接填埋或堆积在自然环境中。废旧塑料的整体回收率较低，造成了大量的资源浪费[28]。而这其中，使用周期很短的膜、袋、绳、瓶、盒、杯等占塑料包装的 50% 以上。这类制品很快就废弃，废旧塑料在日积月累下对环境造成了相当程度的危害。所喜的是全国各地有不少有识之士与单位对废旧塑料的再生利用进行了研究工作，有些已经取得了成功的经验，例如废聚苯乙烯泡沫现在已经完全可以回收再利用了。目前尚有困难的是聚苯乙烯挤出发泡的快餐饭盒的回收，这主要是因为用过的快餐饭盒上黏附有食品及汁液，很难去除；若直接回收，这些污物显然都将进入回收料中，使回收料无法使用。我们不妨借鉴其他物质的清洗方法，先将其破碎或切成 20mm 见方的小块（片），再用洗涤剂与水清洗干净并干燥，通过清洗除掉污物的废料，再用其他的回收工艺来回收是完全可行的。对废旧塑料的清洗目前也不难，借用常规的洗涤机械或简易的洗涤机均可；洗涤可用普通洗涤剂，也可用专用洗涤剂。

由上述各种方法来看，回收废旧聚苯乙烯泡沫也并非难事，应该说现有的各种方法与设备是完全可用回收的，但目前仍有许多废旧聚苯乙烯泡沫不能完全回收。例如说大块的废旧聚苯乙烯泡沫容易回收，而零星散落的就不易回收；工厂内部废旧聚苯乙烯泡沫容易回收，散落在铁路沿线的快餐盒不易回收。为了保护环境和充分回收废旧聚苯乙烯泡沫，国家可以制定一些条例法规来限制聚苯乙烯泡沫在某些方面的使用以减少废气量，还可以制定回收法规。另外，对废旧聚苯乙烯塑料回收工作，国家应当予以鼓励和支持，给企业一些优惠政策，以调动企业的积极性。

参考文献

[1] 包梓饔. 塑料包装容器的防滑结构设计研究[D]. 株洲：湖南工业大学, 2011.

[2] 宋学君. 聚苯乙烯泡沫塑料回收与改性利用的研究[D]. 沈阳：东北大学, 2006.

［3］ Mangalara S C H, Varughese S. Green recycling approach to obtain nano-and microparticles from expanded polystyrene waste[J]. ACS Sustainable Chemistry & Engineering[J]. 2016, 4(11): 6095-6100.

［4］ Sekhar V C, Nampoothiri K M, Mohan A J, et al. Microbialdegradation of high impact polystyrene (HIPS), an e-plastic withdecabromodiphenyl oxide and antimony trioxide[J]. Journal of Hazardous Materials, 2016, 318: 347-354.

［5］ Kubowicz S, Booth A M. Biodegradability of plastics: challenges and misconceptions[J]. Environmental Science & Technology,2017, 51(21): 12058-12060.

［6］ Mattsson K, Ekvall M T, Hansson L A, et al. Altered behavior,physiology, and metabolism in fish exposed to polystyrene nanoparticles[J]. Environmental Science & Technology, 2015, 49(1): 553-561.

［7］ Hong S M, Hwang S S, Jeon B H, et al. Polypropylene/polyamide-6 blends based on commingled plastic wastes[J]. Journal of Materials Science, 2005, 40(14): 3857-3859.

［8］ Guo X, Wang J. The chemical behaviors of microplastics in marine environment: a review[J]. Marine Pollution Bulletin, 2019,142: 1-14.

［9］ 丽琴. 英、德、美、日的塑料包装回收[J]. 中国包装工业, 2005(11): 2.

［10］ 王国华. 可再用包装逆向物流网络构建研究[D]. 南昌: 南昌大学, 2007.

［11］ 方长青, 李铁虎, 经德齐. 包装废弃聚合物的回收及再利用技术研究进展. 材料导报, 2007, 21(3): 47-49.

［12］ 吴贵青. 废旧塑料颗粒摩擦静电分选[D]. 上海: 上海交通大学, 2013.

［13］ 杜彬. 通用塑料在汽车工程中的应用及发展[J]. 机械管理开发, 2007(S1): 71-73.

［14］ 王晖, 顾帼华, 邱冠周. 废旧塑料分选技术[J]. 现代化工, 2002, 22(7): 48-51.

［15］ 刘英俊. 聚苯乙烯泡沫塑料再生利用技术研究进展[J]. 塑胶工业, 2006(6): 8-10.

［16］ 孙泉. 钢结构住宅中煤矸石轻骨料混凝土外墙板系的研究[D]. 太原: 太原理工大学, 2007.

［17］ 丁小东. 废弃聚苯乙烯泡沫塑料在建筑保温材料中的应用[J]. 建筑节能, 2008, 36(2): 38-40.

［18］ 蔡丽朋, 赵磊. 泡沫塑料混凝土复合保温砌块的试验研究[J]. 新型建筑材料, 2006(10): 21-22.

［19］ 四川省住房和城乡建设厅科技处. 地震灾区板房材料再生利用研究[J]. 建设科技, 2010(9): 61-63.

［20］ 熊晓红, 周彦豪, 陈福林. 废旧泡沫聚苯乙烯的再资源化[D]. 广东工业大学学报, 2004, 21(3): 21-27.

［21］ 王天杭. 外墙外保温材料的优缺点分析[J]. 中国化工贸易, 2015, 7(33): 387.

［22］ 胡炳镛, 关肇基, 刘湘宁. 合成树脂发展与环境的协调[J]. 石化技术与应用, 2001, 19(3): 139-143.

［23］ 蔡玮玮, 汪群慧. 废塑料资源化技术及其研究进展[J]. 环境保护与循环经济, 2012(8): 8-10.

［24］ 刘凤花. 几种典型废塑料的热分解动力学研究[D]. 天津: 天津科技大学, 2008.

［25］ 李超. 废聚苯乙烯泡沫塑料的降解、接枝及应用[D]. 武汉: 武汉理工大学, 2006.

［26］ 肖鑫, 邓继勇, 郭贤烙, 等. 废旧泡沫塑料制备防腐涂料[J]. 电镀与涂饰, 2001, 20(1): 35-37.

［27］ 王海涛. 天然溶剂回收废聚苯乙烯泡沫塑料的研究[D]. 天津: 天津轻工业学院, 2001.

［28］ 刘昌会,黄文博,顾彦龙,饶中浩. 废弃聚苯乙烯塑料在环境与能源中的高值化应用进展[J]. 化工学报, 2020,71(7): 2956-2972.

第 **10** 章

废旧工程塑料的回收与利用

10.1 概述

10.1.1 工程塑料的应用

工程塑料是指一类可以作为结构材料，在较宽的温度范围内承受机械应力，在较为苛刻的化学、物理环境中使用的高性能的高分子材料[1]。一般指能承受一定的外力作用，并有良好的机械性能和尺寸稳定性，在高、低温下仍能保持其优良性能，可以作为工程结构件的塑料[2]。工程塑料有3类：a.亚工程塑料，如聚丙烯、丙烯腈-丁二烯-苯乙烯共聚物（ABS）等，其价格低，用量大，应用广；b.通用工程塑料[3]，如聚酰胺（PA）、聚碳酸酯（PC）、聚甲醛（POM）、聚苯醚（PPO）、聚对苯二甲酸乙二酯（PET）和聚对苯二甲酸丁二酯（PBT）等，其性能优异，可以代替木材、金属材料等作结构材料；c.特种工程塑料[4]，如聚苯硫醚（PPS）、聚醚醚酮（PEEK）、聚酰亚胺（PI）等，其耐高温性能和机械强度均高于前两种，但价格高，应用不多。

工程塑料广泛用于汽车、机械工业、办公用品和办公设备、电子电器等领域[5]。随着人们对工程塑料的深入研究和不断开发，其生产和应用呈增长的趋势。我国工程塑料的用量仅占塑料总用量的 0.5% 左右，与世界平均水平（1.9%）相距甚远，主要原因是树脂品种少，生产规模小，其应用受到限制。

10.1.2 废旧工程塑料再生利用现状

与通用塑料相比，工程塑料的用量要少得多，因此目前人们尚未更多地意识到其回收的重要性和意义，且在回收方面与通用塑料相比也存在着一定的差距。两者的回收有两点不同之处：一是两者的回收、分离方法不同；二是工程塑料制品的回收价值高，例如回收的 POM、PA、PC 的价值是聚烯烃和聚苯乙烯的 3 ~ 4 倍。

就全球来看，人们关注的主要是汽车用塑料的回收，这在一些发达国家已实现工业化，而其他工程塑料的耐用消费品如冰箱、微波炉和空调等所用塑料制品的回收近乎零。

10.2
废旧工程塑料的来源及污染现状

废旧工程塑料主要有两大来源[6]：一是工业废料，即工程塑料生产中产生的废料，包括树脂生产中产生的废料、塑料制品生产中产生的废料；二是消费后的工程塑料。除聚酯饮料瓶外，大多数废旧工程塑料并不是存在城市固体垃圾中，而主要存在于各种消费后的电器、电子产品、汽车、办公用品和办公设备、机器设备等中。据统计，2019 年我国产生废旧塑料 6300 万吨，仅回收利用 1890 万吨，回收率仅为 30%。

10.2.1 工业废料

10.2.1.1 树脂生产过程中的废料

树脂生产过程中的废料包括：不合格的树脂、聚合过程中反应釜内壁形成的附壁物；运输、贮存过程中的落地料和掉渣料等。

10.2.1.2 塑料制品加工中的废料

塑料制品加工中会有不合格产品和边角料产生。热塑性塑料加工过程中产生的废料，如注射成型时产生的飞边；制膜产生的引料、废料；热压成型和压延成型生产的切边；纺丝产生的引料、废坯、废丝等。热固性塑料加工时也会产生废料，如废品、边角料、接头料等厂家很难消耗，不能进行加工而成废料；或由于运输、贮存或加工不当，发生固化，使材料失去使用性能而形成废料。

10.2.1.3 二次加工中的废料

二次加工通常是将从成型加工厂购买来的塑料半成品经过转印、封口、热成型等加工制成成品，往往要比成型加工厂产生的废料更加难以处理。

10.2.2 消费后的废料

工程塑料主要用于耐用品中，目前其回收仅是一些特定塑料件拆卸后回收等。

10.2.2.1 废汽车上的塑料件

表 10-1 为不同汽车零件所用的工程塑料。目前还没有有效的方法回收汽车上的塑料件。表 10-2 给出了美国产 1981 型汽车分离出金属和其他材料后非金属汽车碎片残留物（简称 ASR）中的塑料组分。

表10-1 汽车上工程塑料的分布

零件名称	材料
内部零件	
装饰条	ABS，ABS 合金
仪表板	RIM-PUR
仪表板台	ABS/PVC 合金
操纵台	ABS
外部零件	
保险杠装饰条	RIM-PU，RRIM-PU，PC/PBT 混合物，热塑性聚烯烃（TPO），热塑性弹性体[7]，PA6/EGMA 合金[8]
车体板	不饱和聚酯（SMC，BMC），聚酯/PBT 混合物，TPO
外装饰条	PPO/PS，PC 和 PC/聚酯混合物
功能性内部零件	
散热器集流箱	PA66
制动闸储油器	PA
分流盖器	PBT
燃料移动板	各种高性能专用聚合物
功能性外部零件	
前灯玻璃框	改性聚酯
车轮盖	改性聚酯

表10-2 ASR中的塑料成分

材料	所占比例/%	材料	所占比例/%
聚氨酯（泡沫）	22.6	聚酰胺	3.7
不饱和聚酯（SMC，BMC）	21.9	聚丙烯酸酯类	2.5
聚丙烯	19.2	酚醛	2.1
聚氯乙烯	15.5	其他	5.2
ABS/SAN	7.3	总计	90

10.2.2.2 民用及其他消费品中的废旧工程塑料件

民用消费品中的废旧工程塑料主要有 PC、PET 饮料瓶等[8]。与通用塑料相比，电子工业、通信业、交通运输业、机械工业和其他耐用品工业中废旧工程塑料的回收几乎是零。当然原因是多方面的，主要原因是没有收集系统以及不同组分的塑料件分布太广。

10.3
废旧工程塑料的污染控制技术

从回收方法看，以往用于通用塑料的回收和处理技术，如材料回收、化学回收、能量回收和填埋处理等技术（图10-1）同样适用于工程塑料的回收与处理。但是，有一点需要指出的是，用于薄的包装材料的生物降解的方法不适用于厚的工程塑料件的处理，因为在无光照、干燥、无氧的土里，生物降解的速度极慢，据测量完全降解需要数十年。

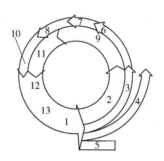

图 10-1　废旧塑料再生利用技术

1—废塑料收集、分类、分离；2—材料回收（一次回收，二次回收）；3—化学回收；4—热回收，能量利用；

5—填埋处理；6—单体回收；7—单体；8—聚合；9—改性；10—原材料；11—回收料分类；

12—加工新零件；13—生产可回收的拆卸零件

由于不同聚合物的化学结构、性能及应用不同，因此不同工程塑料件的具体回收技术史不同的，本章将分别讨论主要的废旧热塑性工程塑料，如汽车塑料、PC、PA、ABS、POM、PET等的回收与利用技术。

10.3.1　工业废料

10.3.1.1　树脂生产过程中的废料

树脂生产过程中的废料视其质量而采取不同的处理方法，如焦料等只能做填埋处理，技术指标略低的可降级使用。

10.3.1.2　塑料制品加工中的废料

塑料制品加工中的废料大多数由生产车间回收，将其粉碎后直接加到原料中使用，有的也可以由回收厂回收，回收成本低。但如果废料已经发生交联反应，则其很难再生利用。

10.3.1.3 二次加工中的废料

二次加工中的废料往往要比成型加工厂产生的废料更加难以处理,如经印刷、电镀等处理后的废品,要将其印刷层、电镀层取出的难度和成本都很大,而直接粉碎或造粒得到回收料,其价值则要低得多。经热成型、机械切削加工而产生的废边、废粒,回收再生就比较容易,且回收废料的价值也比较高。

10.3.2 消费后的废料

10.3.2.1 废汽车上的塑料件

再生利用汽车塑料的一种最佳方法是将汽车零件拆卸而不是将其粉碎。拆卸的零件可以利用,或者利用现有的技术将其回收。

10.3.2.2 民用及其他消费品中的废工程塑料件

民用消费品中的PET饮料瓶已开始大量回收[9]。"白色消费品",如冰箱、洗衣机、微波炉、加湿器等,有些部门已开始研究冰箱内衬板ABS的回收,有的冰箱厂、洗衣机厂也开展了以旧换新业务,回收已淘汰的或不用的冰箱、洗衣机,将其上的有价值的零件拆卸下来,进行再生利用。

10.4
消费后工程塑料的再生利用技术

消费后工程塑料的回收与利用技术包括以下几个方面:
① 收集、拆卸、分类;
② 清洗、干燥;
③ 加工处理技术;
④ 利用技术。

废旧工程塑料的收集只要集中在某些特定产品的回收,如废汽车上的塑料件等。这些废旧塑料件收集的一个主要问题是如何拆卸。现在人们正在从塑料件的设计出发采取措施,以方便其拆卸。另一个问题是其分类,不过现在人们已达成共识,即在塑料件及有关产品上标明塑料件所用材料,这样就可以方便地对其进行分类。

回收件清洗的难易与工艺取决于消费后塑料件的污染程度。对于汽车上一些工程塑料件如受污染的水箱、齿轮等的清洗就是其再生利用的关键,而如保险杠、高密度唱盘等塑料上涂料的清除则成为其再生制品性能好坏的关键。

清洗、干燥后的塑料件的技术主要有机械回收(包括破碎、造粒)和化学回收如水解、醇解、裂解等。机械回收成本低，相对来说比较容易；而化学回收的设备和工艺复杂，成本高，但是再生制品的附加值高。

废旧工程塑料再生利用的主要问题是回收料的热性能和机械性能被大大削弱。大多数结晶型工程塑料与其他树脂不相容，回收的混合物中存在着大量的弱的分子缺陷[10]。在混合物中加入相容剂，可以减少分子间缺陷，加强混合物间的物理和化学联接，提高混合物的性能。例如，在聚酯/高密度聚乙烯混合物中加入功能性的苯乙烯-乙烯/丁二烯-乙烯弹性体，可以大幅度提高聚酯/高密度聚乙烯混合物的抗冲击性能。再如，将回收的聚酰胺6（PA6）与马来酸酐改性的三元乙丙橡胶（EPDM）混合，当 EPDM 含量达 20% 时回收 PA6 的冲击强度和注射后耐削离的能力大大改善。

除了相容剂能够改善混合物的性能外，采用适当的机械设备也可以在一定程度上改善混合物的性能。例如，同向旋转双螺杆挤出机能够对不相容的树脂进行很好的混合，但要求树脂间要有相近的熔点。

10.4.1 废汽车上塑料件的再生利用技术

10.4.1.1 回收对策——树脂品种单一化

为了有效地回收汽车塑料件，一些先进国家都制定了一些法规。如德国于 1992 年制定一项法规，要求所有汽车生产厂商或其代理商都必须将废汽车从用户中收回，以进行回收。

但是，汽车塑料件所用树脂种类繁多，回收时需要分类等诸多工序，费用高，人们难以接受。行之有效的方法是使汽车用树脂品种单一化。树脂品种单一化，一方面可降低塑料回收费用，另一方面可提高回收料性能。减少树脂品种，可以简化回收工作，在材料选择上已开始出现这种趋势，尤其是一些大小件如仪表板、保险杠等。减少聚氯乙烯的使用，用单一树脂生产多种构件，优先选用可回收的树脂，是提高汽车塑料件可回收性的最优方案。目前汽车塑料件所用树脂品种多达 20 种，估计可减至 4~9 种，其中聚丙烯占主要部分，聚丙烯的回收已商业化，回收问题不大，而且其配方设计灵活，可用作特殊汽车塑料件。聚丙烯在汽车上的应用情况[11]见表 10-3。

表10-3 聚丙烯在汽车上的应用实例

零件名称	树脂类型[①]	加工方法[②]	应用状况[③]
发动机箱体			
电池盖，隔热屏	冲击型聚合物	IM	D
保护衬垫	冲击型聚合物	IM, TF	D
保险丝盒盖	均聚物	IM	D
电线配线盖	冲击型聚合物	EX	C
加热器，蓄电池罩	MF-PP	IM	D
风挡清洗液存储器	均聚物	IM	D

零件名称	树脂类型①	加工方法②	应用状况③
散热器过流存储器	冲击型聚合物		
散热器风扇罩	MF-PP	IM	C
空气清洁器进口管	TPO	BM	D
空气清洁器	GR-PP	IM	C
外部构件			
仪表盘	TPO	IM	C
仪表盘支座	多种④	多种⑤	D
车体内衬	TPO	IM	C
散热器栅板	TPO	IM	C
竖直表盘	MF-TPO	IM	X
头尾车灯座和盖	GR-PP	IM	C
保险杠	TPO，GR-PP	IM	D
内部构件			
仪器表盘	多种④	多种⑤	X
仪表盘	GR-PP，MF-PP	IM	C
仪表盘，弯垫木		IM	D
仪表盘，缓冲板		IM	D
工具箱		IM	C
加热器，存储器导管		IM	D
加速器踏板		IM	D
背座		IM	C
后箱架		TF	D
箱体内衬		EX，IM，TF	D
车内地毯		EX，IM	C
支持箱		IM	D

① 树脂类型包括冲击型聚合物、均聚物、热塑性聚烯烃（TPO）和玻璃纤维增强（GR）或矿物（云母或滑石粉）填充（MF）材料。

② IM 指注射成型；TF 指热成型；EX 指挤出成型；BM 指吹塑成型。

③ D 指在市场上受到青睐的；C 指集中竞争材料之一；X 指实验性的。

④ 包括 IM/TPO、IM/GR、IM/MF 以及压制玻璃增强 PP 板材。

⑤ 先用玻璃或矿物填充的或冲击型 TPO 注射成型为仪器表盘结构，然后以此为阳模，用热成型的方法使压层 TPO 外壳和挤出基丙烯发泡板热成型到具有仪器表盘结构的阳模上。

　　但是，聚丙烯并不能代替汽车上的全部塑料件，因此提高树脂的相容性可以简化回收工作。例如，通用电气塑料公司正在试制一种仪表板，使用改性聚苯醚和相容性高聚物的共混物，其目的是取消仪表板上的一小部分零件用的 POM 和 PA 这类材料，使这一小部分零件与仪表板上的大部分零件用树脂相容；否则，在回收之前必须将不相容的塑料件拆除，降低回收效率，增加拆卸费用和回收成本。为此而采取的另一个重要措施是，美国汽车制造商及全世界的同行都一致同意建立一套标码系统，对汽车塑料件进行分类，在质量超过 8.5g 的塑料件上模塑出或做出永久性标记来区别多达 120 种热塑性塑料和热固性塑料，并说明标记所标示塑料件的长期使用性能。为彻底解决汽车塑料件的回收问题，汽车设计师一致同意设计时应遵守以下设计准则：a.设计的零件要便于拆卸；b.所用塑料可以回收；c.减少汽车塑料件所用树脂种类；d.采用统一标码系统，以简化分选；e.采用高强度塑料件以保证塑料件的拆卸；f.在组合件中采用相容性树脂。

10.4.1.2　再生利用技术

（1）塑料件的拆卸和分类

目前汽车上塑料件的拆除主要是人工借助于有效的工具来完成的。最近研制出一种新型的拆卸方法——应力开裂拆卸法，其原理是将废汽车放在输送带上，在输送带的一定区域内喷射腐蚀塑料保持架中塑料件的种类、保持架材料的种类和不同敏感性的溶剂，传送带经过不同的喷射区，每个区域内脱落一种材料的塑料件，这样就形成了一套自动分类拆卸的装置。

上面已经提到，现在全球范围内的汽车设计师都愿意在塑料件设计时采用标码系统并采用标准的设计形式，这样塑料件的分类就简化多了。

（2）汽车碎片残留物的回收

将汽车上可以拆卸的零件拆除后，通常采用粉碎的方法回收汽车上的钢和铝等金属材料，但残留物中仍然含有 25%的碎片，即 ASR。ASR 中 2/3 是玻璃、橡胶、污垢等，1/3 是塑料件，但现在这一比例还在增加，平均每辆车上使用的塑料已达 95kg。

ASR 主要是采取填埋的方法处理，但污染了土地，并不是 ASR 的最佳处理方法。目前美国一研究机构正在研究 ASR 中热塑性塑料件的机械分选和溶剂熔融技术，减少 ASR 的填埋处理。其原理如下：用振动筛和真空处理技术清除聚氨酯泡沫，然后将剩下的混合物通过一孔径为 6mm 的筛子分离出来，在室温下用丙酮清洗，去除油、油脂和黏合剂，之后将其置于沸腾的二氯乙烯中。将溶于二氯乙烯的塑料的溶剂蒸发掉，得到一种近 50%ABS 和 50%聚氯乙烯的混合物（质量分数）。将二氯乙烯萃取后的可溶性固体置于二甲苯中，过滤和沉淀二甲苯的已溶物，可得到还含有聚乙烯的高纯度聚丙烯。

ASR 的另一个有效的回收途径是热分解和氢化。图 10-2 为 ASR 中废旧塑料的热分解工艺流程图。工艺过程如下：在无氧或接近无氧的情况下加热 ASR，以驱除其中的挥发性物质，所得产品为可燃性气体或原料油，可用于维持上述过程的进行或者用作化学工业的原料。

图 10-3 为 ASR 中废旧塑料的氢化工艺流程图。工艺过程如下：将氢气升温后在中压下通过 ASR，将其转化为油（如烃类化合物）。这种方法回收量非常高，但目前仍然处于实验阶段。在今后原油紧缺的情况下这种工艺将得到发展。

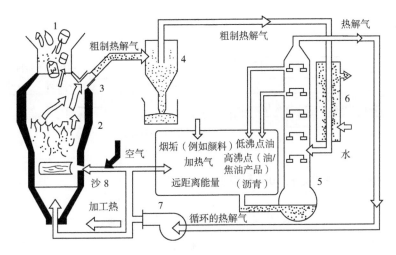

图 10-2　ASR 中废旧塑料的热分解工艺流程

1—废塑料；2—流化床反应器；3—气体出口；4—烟尘分离器；5—蒸馏塔；6—冷却器；

7—鼓风机；8—1/3 加工热、2/3 干线加热系统

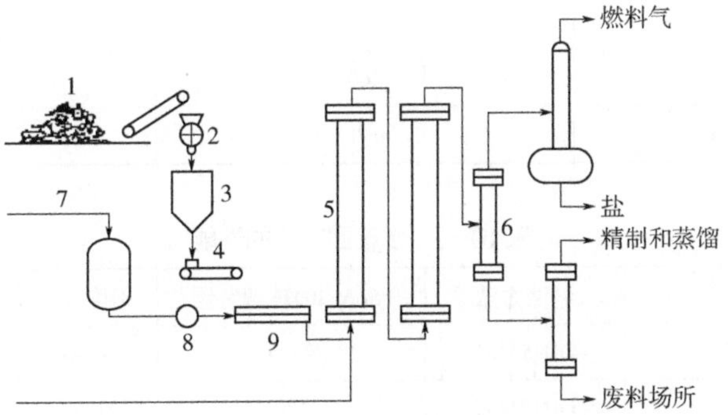

进入　　　　预处理　多级氢化作用　洗涤和中和　输出

图 10-3　ASR 中废旧塑料的氢化工艺流程

1—含碳废料；2—造粒机；3—中间品储罐；4—计量装置；5—氢化反应器；6—分离器；

7—流体废料；8—计量泵；9—加压装置

（3）拆卸下的塑料件的回收

1）冷却水箱

冷却水箱一般用一种树脂［主要是聚酰胺 66（PA66）］加 30%的玻璃纤维增加制作。冷却水箱置于发动机中，与含有防冷冻作用的乙二醇的水接触。乙二醇和水的存在对冷却水箱有两个不利影响：一是可能影响水箱材料（PA66）的长期使用性能；二是水箱长时间承受压力作用（包括压力变化）、热老化和由于接触水-乙二醇冷却介质而受的化学老化作用，是一个受巨大应力作用的模塑件。此外，水箱表面被油严重污染，还有氧化铝和灰尘等覆盖，因此需要特殊的处理工艺。另外，还有一点需要注意的是水箱中还有部分内嵌件存在，金属残留物达 5%，还有少量的 POM 和弹性体，乙二醇的平均含量为 1.4%。回收工

艺过程如下:

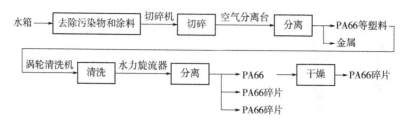

回收料的组分和性能见表10-4和表10-5。

表10-4 水箱回收料的物理化学性能

组分	回收料	原料级PA66
灰分/%	30.8	30.0
密度/（g/cm³）	1.37	1.36
玻璃纤维长度/μm	166	200
黏度/（cm³/g）	120	135
DSC分析		
T_m/℃	260	260
乙二醇含量/%	0.20	—

表10-5 水箱回收料的性能

性能	测试方法	PA66+30%玻璃纤维	回收料	50%PA66+50%回收料
拉伸弹性模量/MPa	DIN53457	9800	9300	9400
拉伸强度/MPa	DIN53455	180	151	170
断裂伸长率/%	DIN53455	3.2	2.8	3.1
弯曲模量/MPa	DIN53452	8400	8400	8400
弯曲强度/MPa	DIN53452	270	251	265
冲击强度/（kJ/m²）				
冲击强度（+23℃）/（kJ/m²）	DIN53453	45	32	43
冲击强度（-30℃）/（kJ/m²）	DIN53453	45	31	35
Izod 抗冲击强度（+23℃）/（kJ/m²）	ISO180	11	7	9
热变形温度/℃	DIN53461	>250	242	248

从表10-4可以看出，回收料中乙二醇含量为0.2%，所以气味已基本上消除。采用涡轮机清洗、挤出机脱气和高温干燥等方法均可以去除回收料中的乙二醇，但不同方法的脱气效果不同，如图10-4所示。

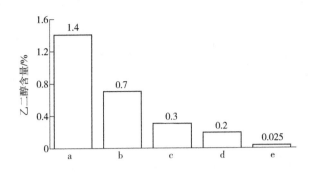

图 10-4　不同处理方法乙二醇的脱除效果

a—回收料（未脱除乙二醇）；b—注射后乙二醇含量；c—挤出脱除后乙二醇含量；

d—涡轮机清洗后乙二醇含量；e—150℃、干燥 16h 后乙二醇含量

从图 10-4 可以看出，涡轮机清洗时即可将回收料中大部分乙二醇清除掉，但是如要继续降低乙二醇含量就要采取高温干燥的方法。PA66 在常用的干燥条件下（75℃、16h）不足降低乙二醇含量，因为乙二醇（沸点 198℃）的挥发度低于水，延长干燥时间不如提高干燥温度更有效：在 150℃下干燥 16h，可以将乙二醇含量减少到 0.1% 以内。

从表 10-5 可以看出，回收料的性能低于相同配方的原料级的性能[12]。这是因为回收过程中玻璃纤维长度缩短、PA66 机体材料的热性能有一定程度的下降所致。机械的再加工过程（研磨、清洗、分离等）并不影响纤维的长度，但注射和挤出会缩短纤维的长度。不同的加工过程对纤维长度的影响如图 10-5 所示。

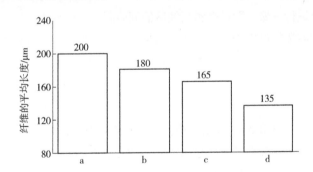

图 10-5　不同处理过程对玻璃纤维长度的影响

a—原料级 PA66 中的玻璃纤维长度；b—一次注射后（即废零件）的玻璃纤维长度；

c—二次注射后（回收料注射样）的玻璃纤维长度；d——次注射、二次注射后的玻璃纤维长度

表 10-6 为挤出脱除乙二醇后回收料中玻璃纤维长度和物理性能变化情况。从图 10-5 和表 10-6 可以看出，加工次数越多，玻璃纤维长度越短。因此，在回收过程中应尽量减少加工次数，避免玻璃纤维长度变短和回收料性能下降。

表10-6 挤出脱除乙二醇后回收料的物理性能及玻璃纤维长度变化情况

物理性能	回收料		原材料	
	未挤出	挤出后	未挤出	挤出后
玻璃纤维平均长度/μm	65	135	200	151
拉伸强度/MPa	146	132	180	143
拉伸弹性模量/MPa	9300	8280	9800	8400
冲击强度/（kJ/m^2）				
冲击强度（+23℃）/（kJ/m^2）	33	33	45	40
冲击强度（−30℃）/（kJ/m^2）	30	27	45	36

水箱回收料经改性后仍然可以用于生产水箱。在水压破坏实验条件（130℃、92%乙二醇）和静压长期实验条件（130℃、0.13MPa、50%乙二醇）下的实验表明，仅对水箱进行机械加工处理就可以满足水箱的短期性能要求。混合物（50%回收料+50%原料级PA66）制造的水箱性能接近原料级PA66生产的水箱的性能。

经过清洗、干燥后的回收料还可以在双螺杆挤出机上与其他材料共混，提高回收料的性能。

另外，还可以采用化学方法回收水箱，即将PA66解聚，然后再将单体合成聚合物。

2）蓄电池外壳

目前蓄电池外壳一般是以聚丙烯为原料，高密度聚乙烯和弹性体（SBS、BR等）为改性剂，与其他助剂共混后注射成型的[13]。其回收首先是将聚丙烯外壳与其他材料拆卸、分类，然后将其粉碎、清洗。为提高回收料的纯度，可在清洗后采取重力分离等方法再次分类、清洗，然后再进行干燥，即可得到高纯度的回收料。

回收的废旧聚丙烯料可用于汽车工业、园林等[14]。欧洲一些汽车制造商已用这种聚丙烯回收料生产内轮护板。采取有效措施提高回收料的流动性后可以注射薄壁塑料件，如园林上使用的容器等。

3）散热器栅板

过去散热器板几乎仅由ABS注射而成，但近几年也有由丙烯腈-苯乙烯-丙烯酸酯共聚物（ASA）制成的散热器栅板[15]。不过ABS和ASA混合物的互溶性良好，因此，其回收不需要大量的分选工作。将散热器板上的金属件拆卸后，其回收工艺相对简单：粉碎→清洗→干燥→再加工→回收料。

表10-7为散热器栅板回收料的物理性能。从表10-7可以看出，尽管散热器栅板在室外使用数年，但由于表面的漆保护层不受气候老化的影响，因此，回收料的力学性能可与原料级ABS的性能相比，而且回收料注射件的表面性能非常好，只是缺口冲击强度略微下降。恒定的流动性能表明材料没有明显的降解，但含有杂质的回收料的性能很差。表10-8为杂质对回收料物理性能的影响情况[16]。从表10-8看出，涂料和杂质等使回收料的物理性能有明显的下降，但只要采用适宜的去漆工艺也可以得到高性能的回收料。

表10-7 散热器栅板回收料的物理性能

物理性能	测试方法	材料[①]				
		A	B	C	D	E
冲击强度/（kJ/m²）	ISO 180/1A					
冲击强度（室温）/（kJ/m²）	ISO 180/1A	27	7	15	18	23.7
冲击强度（-40℃）/（kJ/m²）	ISO 180/1A	11	4	6	8	9.9
室温下落锤实验		t[②]	b[③]	b[③]	t[②]	t[②]
硬度/（N/mm²）	DIN53456	92	101	97	98	96
维卡软化点/℃	DIN53450	105	107	105	106	106
熔体流动指数（220℃，10kg）/（cm³/10min）	DIN53455	3.8	5.2	4.2	4	3.7

① A—原料级 ABS；B—使用 5 年后的散热器栅板回收料，但含 4%玻璃纤维增强 PA；C—50%A+50%B；D—使用 5 年后的散热器栅板回收料；E—50%A+50%D。

② t—脆-韧。

③ b—脆。

表10-8 杂质对回收料物理性能的影响情况

物理性能	测试标准	材料[①]				
		A	B	C	D	E
冲击强度/（kJ/m²）	ISO 180/1A					
冲击强度（室温）/（kJ/m²）	ISO 180/1A	25	12	15	20	22
冲击强度（-40℃）/（kJ/m²）	ISO 180/1A	12	6	7	9	10
硬度/（N/mm²）	DIN53456	94	96	96	95	96
维卡软化点/℃	DIN53450	106	105	106	106	107
熔体流动指数（220℃，10kg）/（cm³/10min）	DIN53455	3.7	5.2	4.8	4	3.7

① A—原料级 ABS；B—喷漆的散热器栅板回收料；C—50%A+50%B；D—被污染的散热器栅板回收料；E—50%A+50%D。

回收料仍然可以用于生产散热器栅板，如将 30%的回收料与原料级 ABS 混合生产的零件的表面质量很好；同时也可以根据汽车设计需要将零件喷漆，因为回收料与漆的黏结力与原料级树脂一样。

4）车灯罩

汽车车灯罩主要是由聚甲基丙烯酸甲酯（PMMA）、ABS 和 PC 生产的。从图 10-6 可以看出，这三者是相容的，保证了车灯罩的易回收性。

废灯罩中除了 PMAA、ABS 和 PC 外，还夹杂着许多金属（如铁、铝、锌、铜等）和一些非金属物质，如 PA 栅板、不饱和聚酯、EPDM 和有机硅密封材料、聚氨酯黏合剂等，所有杂质在灯罩破碎前都必须用手工拆除或机械破碎后分离，如重力分离等。废灯罩的回收工艺流程如图 10-7 所示。

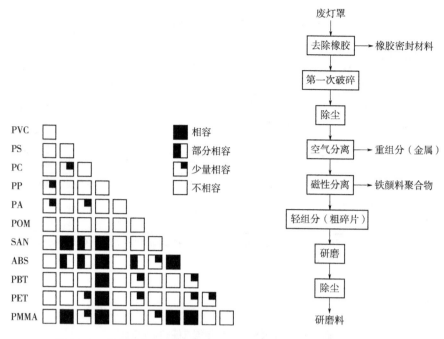

图10-6 热塑性塑料间的相容性　　图10-7 废旧灯罩的回收工艺流程

PC/PMMA 回收料的性能如表 10-9 所列。从表 10-9 可以看出，回收料可以代替原料生产灯罩。

表10-9　PC/PMMA回收料的性能

性能	材料种类		
	原料级 PMMA	原料级 PC	PC/PMMA 回收料
拉伸强度/MPa	72	70	65
断裂伸长率/%	3	90	13
弹性模量/MPa	3600	2500	2740
Izod缺口冲击强度/（kJ/m²）			
Izod缺口冲击强度（+23℃）/（kJ/m²）	2	80	5.5
Izod缺口冲击强度（−23℃）/（kJ/m²）	2	30	4.8
维卡软化点/℃	119	145	133
热变形温度/℃	109	125	108

ABS 灯罩的回收工艺与 PC 或 PMMA 灯罩的回收工艺相似。表 10-10 为 ABS 灯罩回收料的 DSC 分析结果。三种材料的 T_g 和 T_m 几乎相同，说明注射、老化和粉碎后的 ABS 热性能没有变化。

表10-10 ABS回收料的DSC分析结果

性能	材料种类①		
	原料级ABS	原料级A	回收料B
$T_g/℃$	106	106	106
$T_m/℃$	133	134	135
重均分子量（Mg）	183900	167800	163000
数均分子量（Mn）	47100	51100	53200
Mg/Mn	3.9	3.252	3.064

① A—注射后未使用的灯罩的粉碎料，以下同；B—人工老化后的灯罩的粉碎料，以下同。

从图10-8可以看出回收料的黏度变化与原料级ABS的黏度。当剪切速率高于$500s^{-1}$时3条曲线重合。这说明注射、粉碎和老化过程中ABS的分子量保持相对稳定，变化极小。从表10-10可以看出，注射和粉碎后重均分子量有些下降，这说明注射和老化过程中有极少量分子裂解；数均分子量的增加表明高聚物中部分添加剂在加工中挥发掉。从表10-11可以看出，回收料的性能，除Izod缺口冲击强度有少许下降外，其他性能几乎不变。缺口冲击强度的下降是由于加工助剂的挥发所致。

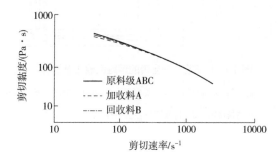

图10-8 回收料的剪切黏度与剪切速率间的关系

表10-11 ABS灯罩回收料的力学性能

性能	材料种类		
	原料级ABS	原料级A	回收料B
拉伸强度/MPa	51.4	51.1	49.5
断裂伸长率/%	4.3	34	3.9
拉伸弹性模量/MPa	2393	2241	2369
Izod缺口冲击强度/（kJ/m²）	1224	998	972

5）安全带

安全带一般是由PET丝线编织而成的，有花色的和黑色的，其分选可根据切边分析结果进行。黑色安全带的切边全是黑色的，花色安全带只有表面是染色的，而中间部分是白色的。

必须将安全带上的与 PET 不相容的零件如 PA、聚丙烯带夹、金属座带扣等拆卸下来。另外，有些安全带是用 PA 制作的，而 PET 和 PA 是不相容的，必须将两者分开，可以采用近红外光谱对两者进行鉴别。

PET 安全带的回收工艺有两种[17]：一种是直接再加工利用技术，如再熔融、附聚、后缩聚等；另一种是化学回收，包括热解、醇解、水解等。

安全带的直接再加工利用，首先是将安全带粉碎，然后在挤出机上连续熔融挤出，如图 10-9 所示。也可以粉碎研磨后直接送至后缩聚装置中（见图 10-10），在反应器中回收料以熔融相进行后缩聚，在黏度接近原料黏度时反应终止。回收料的性能见表 10-12。

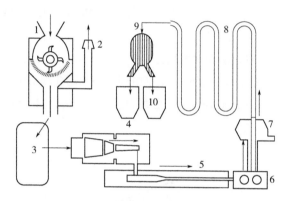

图 10-9　PET 安全带的熔融回收工艺流程

1—切碎机；2—除尘器；3—储料仓；4—加料器；5—再生挤出机；6—熔融过滤装置；

7—造粒机头；8—冷却系统；9—分装站；10—袋装站

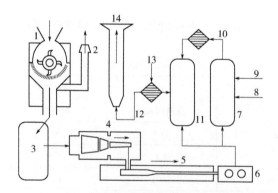

图 10-10　PET 安全带的后缩聚回收工艺流程

1—切粒机；2—除尘；3—储料仓；4—加料器；5—挤出机；6—熔融过滤装置；7—高压反应器；

8—乙二醇；9—催化剂；10—过滤器；11—低压反应器；12—过滤器；

13—催化剂；14—粒料或纤维生产

表10-12　PET安全带回收料的性能

性能	材料种类			
	原料级PET	研磨后附聚、缩聚		熔融挤出后缩聚
		黑色	白色	
断裂伸长率/%	2.0	2.3	2.2	2.2
断裂强度/MPa	180	167	175	163
弯曲强度/MPa	250	263	256	263
缺口冲击强度（+23℃）/（kJ/m²）	9.5	7.4	7.0	7.6
特性度/（dL/g）	1.75	1.76	1.83	1.80

从表10-12可以看出，回收料的性能与原料级PET的性能接近，但冲击强度低，对替代原料级PET树脂有一定的限制。不过将回收料干燥，加入助剂如交联剂、成核剂和玻璃纤维后再挤出，可以得到PET模塑料，其性能与原料级树脂非常接近。这种PET模塑料可以生产汽车加热系统中的机械零件、滑动件、驱动齿轮、加热阀门等。

另外，将PET安全带回收料深加工后可以生产聚酯丝线，线团韧度值达700mN/tex，与生产汽车安全带的标准丝硬度范围相同，安全性能能够满足汽车安全带的要求[18]。

如果回收量太少，不便于分选加工，那么可用下述几种工艺处理：a.将回收物加工成短纤维，作纤维涂料；b.将回收物加工成纤维束，然后加工成PET半成品；c.与相容材料如PBT、PC一起加工成混合物。

6）保险杠

在保险杠应用初期主要使用聚氨酯。1976年左右，意大利和德国等国汽车开始采用聚丙烯生产保险杠[19]。1981年，日本丰田汽车公司用乙丙橡胶和无机填料与聚丙烯共混，生产可涂饰的保险杠，之后聚丙烯保险杠应用越来越多。由于聚丙烯的特殊性能、塑料回收的要求以及聚丙烯的易回收性，聚丙烯保险杠的用量在不断增长。聚丙烯保险杠有两大类：一类是无涂层的；另一类是有涂层的。

① 无涂层保险杠。无涂层聚丙烯保险杠的回收相对简单，将其破碎、清洗、干燥后即可利用。现在使用的保险杠的成型热稳定性极优异，在加工、回收中性能变化较少。如图10-11所示，聚丙烯老化只在最表层的50μm处，再深处几乎不老化，物理性能降低很少。

② 有涂层保险杠。有涂层聚丙烯保险杠如表面涂层经交联反应而固化的厚度超过100μm涂膜不进行处理直接再造粒，回收料的冲击强度、脆化温度、伸长率等降低，再生制品的表面性能达不到使用要求[20]。因此，必须对涂层进行无害化处理，即使残留的涂膜粒径变小或减少残留量等。

聚丙烯保险杠用的涂料主要有丙烯酸/蜜胺构成的蜜胺型和有聚酯/氨基甲酸酯构成的异氰酸酯固化型两类。涂料的主要特性如下：相对密度约为1.7（白色涂料），较聚丙烯高；玻璃化转变温度为-8~10℃，较聚丙烯高；与聚丙烯不相容；热固性树脂；具有水解性。

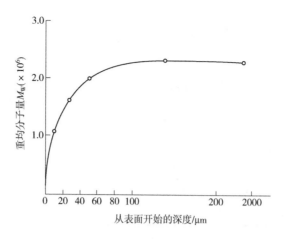

图 10-11　使用 5 年后的聚丙烯保险杠的聚丙烯重均分子量

表 10-13 为典型的涂膜无害化技术。这里值得一提的是，多数无害化技术为除去涂膜后再回收 PP 基体材料，只有水解法不需除去涂膜，而是使涂料低分子量化后再分散到再生材料中。

表 10-13　聚丙烯保险杠图层无害化技术[①]

方法	无害化技术	技术关键	质量	生产性	环境
机械法	密度分级法	密度分级	×	○	○
	挤出机分级法	过滤分离	□	○	○
	喷沙发	削离分离	□～○	□	○
	喷水法	削离分离	□～○	×	○
	振动压缩法	削离分离	□	○	○
化学法	碱法	溶解分离	○	□	×
	有机盐法	分解分离	□～○	□	×
水解法	高温加水分解法	有机填料法	○	○	○

① ×—不好；□—一般；○—好。

Ⅰ.机械法。涂料机械法无害化技术有涂层分离及涂层削离两种技术。

A.涂层分离法：图 10-12 为挤出机过滤分离法的工艺流程图。工业上是先将涂有丙烯酸/三聚氰胺的保险杠粉碎，再滴入表面活性剂的水溶液，利用密度差将涂层分离。这种方法可分离出约 18% 的涂层。分离后的聚丙烯保险杠的粉碎料中残留较多的 100μm 以上的涂料粒子，其注射制品的表面质量即使目测也明显不好。

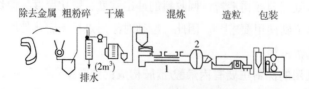

图 10-12　挤出过滤分离法的工艺流程

1—双螺杆挤出机；2—自动换网器

B.涂层削离法：涂层削离法是采用喷沙或喷水机械削离表面涂层的方法。喷沙法是用压缩空气将硬粒子吹到保险杠表面，削离涂层。喷水法是喷射高压水削离涂层的方法，但要考虑必要的压力。如通过喷射 20～30MPa 的高压水，可削离涂层，但聚丙烯表面粗糙，留有涂层碎片。

喷沙法和喷水法均可削离涂层，但要优先解决保险杠形状的适应性和大批量处理的问题。

Ⅱ.化学法。化学法是用酸、碱或特殊溶剂分解并溶解涂层，将涂层和聚丙烯基体分离的方法。

和挤出过滤分离法比较，化学法回收的聚丙烯保险杠料 50～100μm 的涂料粒子大幅度减少。用注射成型进行表面质量评价发现，回收料的性能接近原料级的水平。

但是从环境污染的观点看，溶解涂层的废液必须进行分离，工业化生产时处理费用提高。

Ⅲ.水解法。水解法是在高温下将涂膜水解，降低涂料的分子量，然后在挤出机中熔融混合，分散于聚丙烯中。图 10-13 为涂膜水解示意。

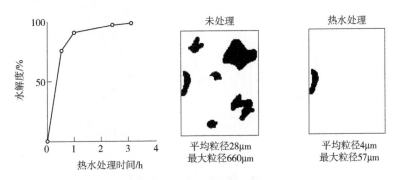

图 10-13　涂膜水解示意

涂膜水解的机理是涂料树脂即丙烯酸/三聚氰胺树脂、醇酸/三聚氰胺树脂的交联点二甲基醚键（—CH$_2$—O—CH$_2$—）被切断，分解成丙烯酸树脂、醇酸树脂和三聚氰胺树脂，三聚氰胺树脂进一步分解而低分子量化[21]。

水解工艺一般是使用高压釜，无废水，不会造成环境污染，容易实现工业化，而且再生材料的力学性能、表面质量、耐候性、涂饰性等良好，可以满足保险杠性能要求，可以说是回收保险杠的有效途径。

7）汽油箱

汽油箱可以使用 PE，但是聚乙烯易透过汽油，所以多使用多层汽油箱。一般将不易透过汽油的 PA 作汽油阻隔层，外包两层黏接性聚烯烃，黏接聚乙烯和 PA，最外层和最内层用超高分子量高密度聚乙烯，共 5 层，如图 10-14 所示。

由于高分子聚乙烯和 PA 是不相容的，因此单纯将飞边粉碎利用的制品强度降低，这种方法是不可行的。

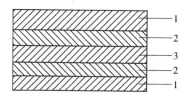

图 10-14　5 层油箱的构成

1—PE；2—黏接层；3—PA

另外，将粉碎的飞边用挤出机造粒，过度混炼使 PA 或聚乙烯劣化或因空气中的水分造成 PA 水解，因此，这种方法也不能获得满足使用要求的再生材料。

为了实现多层油箱飞边的再生利用，最近以聚合物合金制造技术为基层，通过混炼机的最佳设计，加入适量相容剂，选择最佳的混炼条件，可以防止各种组分性能的劣化，将力学性能降低控制到最小，提高了再生料的性能。图 10-15 为这一技术的示意。图 10-16 为挤出次数与 Izod 缺口冲击强度（-40℃）的关系。

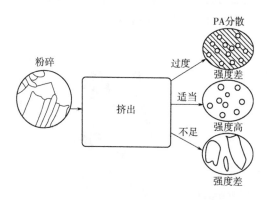

图 10-15　油箱的合金化回收技术示意

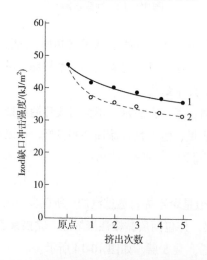

图 10-16　挤出次数与 Izod 缺口冲击强度间的关系

1—飞边 50%；2—飞边 100%

8）仪表板

目前的汽车仪表板主要使用聚氨酯，但日本和欧洲普遍使用聚丙烯。聚丙烯仪表板的回收与聚丙烯保险杠的回收相似，这里不再介绍。

10.4.1.3 汽车塑料回收料制品开发

从汽车塑料件回收料性能看，大部分回收料能够满足再生制品使用要求。但是，回收料的应用受到两个因素的制约：一是主观因素，即人们总是认为回收料的性能远低于原树脂的性能，不能满足使用要求；二是客观因素，即由于废旧塑料回收成本高，售价与原树脂接近，这样再生制品的费用增加，人们不愿使用回收料生产的新制品。因此，汽车回收料除了少部分用于生产汽车塑料件外，大部分降级使用，生产非结构件。为不使工程塑料回收料大材小用，各大汽车公司和树脂公司都在研究如何利用回收料生产新汽车塑料件。例如，美国联合信号公司和德国 Hoechst 公司均使用 PET 地毯回收料模塑尼龙联接件。General Motor 公司在车门压入钮、前灯座、车顶轨等处都使用了 PET 回收料。另外，General Motor 公司正在试图在所有汽车内表盘使用的 SMC 中，均采用 SMC 回收料作填料代替 1/2 碳酸钙减轻零件质量，降低材料成本，其材料强度、刚度与原料级相当，而且可以适当减少昂贵的玻璃纤维增强材料的使用。Ghrysler 公司用 PC 耐冲击盘料模塑仪表板。美国道化学公司正在积极探索 ABS 和 PC/ABS 回收的可能性。其研究表明，汽车上已使用 10 年的 ABS 内饰件的力学性能足以代替通用型 ABS 作非外部构件使用。加入冲击改性剂，100% 的 ABS 回收料可以满足涂饰零件的工业冲击标准。通用电器塑料公司已开始商业化使用回收料，制品中回收料的最小含量为 25%。其第一种产品是由保险杠回收料和边角料生产 PC/PBT 合金，用于生产汽车尾灯罩（尾灯罩一般使用高耐热的 ABS）和其他外部构件。福特公司也正在利用联合信号公司用 PET 饮料瓶回收料生产的 PC/PET 合金加工栅板的加强筋。

随着汽车设计原则的实施、相容性材料的使用、回收设备的不断发展和人们对塑料回收的不断努力，会有更多的回收料与原料级树脂进行竞争，开辟其新的应用领域。

10.4.2 废旧聚对苯二甲酸乙二酯的再生利用技术

废旧 PET 塑料的来源主要有工业废料和消费后塑料。工业废料主要是树脂生产中的废料、加工中的边角料、不合格品等。消费后塑料有 PET 工程塑料和民用消费品如 PET 饮料瓶、薄膜、包装材料等。工业废料相对集中且清洁，其回收比较容易，一般在生产车间即可回收[22]。而消费后 PET 废料的收集和回收要难得多，也是现在人们关注的热点。

由于环境保护的要求、公众环境保护意识的增强、能源危机、资源利用的迫切需要和土地资源的减少，PET 的回收已成为其应用时必须解决的问题。

国外 PET 瓶的回收技术已达到相当高的水平，回收技术主要有机械回收法和化学回收法，其中机械回收法有重力分选、清洗、干燥、造粒等工艺，化学回收法是在机械回收的基础上将干净的 PET 分解、醇解、水解等[23]。

PET 回收中的一个主要问题是要清除其中的杂质，以防止其加速 PET 的水解。毫无疑问，在清洗时也应该避免使用碱性清洗剂。水解的催化剂是酸或碱，酸或碱提高了水解的温度，一旦发生水解，反应就是自催化的。PET 水解形成小分子聚合物，这些聚合物是以羧酸为端基的，进一步加速了水解。

考虑到 PET 的结构，挤出回收 PET 时都会对其进行干燥（相对湿度小于 0.005% 或更低），但是 PET 仍然会有轻度分解，如固有黏度下降 0.02~0.03 个单位。每挤出 1 次，PET 的固有黏度都会下降 1 次。

难除去的是 PET 中的黏合剂，其水解产物会加速 PET 的水解，而且这些黏合剂在挤出 PET 的高温下会变黑，使回收的 PET 脱色。

为便于 PET 瓶的回收，减少其中的杂质，保证回收料的质量，对制瓶提出了以下基本要求[22]：a.用 100% 的 PET 材料，透明、不涂漆、颜色自然；b.用高密度聚乙烯制作瓶盖，最好用白色的且不印刷，用溶性标签，无密封内嵌物；c.用纸标签，用可溶性聚乙烯胶或聚乙烯、聚丙烯袖型标签；d.瓶底座用 100% 的透明 PET，最好是可回收的，用水溶性胶或 PET 基热熔胶。

PET 塑料的再生利用技术有机械法和化学法。机械法回收的 PET 大多数用于纤维，但也有一些直接用于塑料生产的，包括用其生产非食品包装容器；也有一些用于化学法回收，其主要产品用于再聚合或用于其他制品的生产[24]。

10.4.2.1 工业废料

（1）机械法回收

1）与聚烯烃共混

在 PET 工业废料中加入 0.5%~50% 的聚乙烯，可以改善制品的冲击性能[25]。如果向 PET/PE 共混物中加入少量聚丙烯，可改善制品的尺寸稳定性且不降低制品的冲击强度。

聚烯烃的加入可大大改进由 PET 废料生产的薄膜对弯曲而形成裂纹的稳定性。如向 PET 工业废料中加入 16% 的聚乙烯，在挤出后进行双向拉伸，薄膜抗裂纹稳定性比未经改性的要高出 100 倍左右。在这种共混体系中，聚烯烃以单个微片分散在 PET 薄膜中。除聚乙烯外，还可使用聚丙烯、聚丁烯或环氧丁烷。

由于聚烯烃是非极性聚合物，与 PET 的相容性差，需先对 PET 进行改性。例如，接枝极性单体或向大分子中引入酸酐等能与 PET 发生反应的官能团来改善共混物的相容性。也可以采用与聚乙烯、PET 均有良好相容性的 EVA 对 PET/PE 进行共混改性。实验表明，在 PET/LLDPE/EVA 共混体系中，当 EVA 含量大于 LLDPE 时，屈服强度和伸长率均较高。在 PET/LDPE/EVA 共混体系中，先将 PET 边角料与 EVA 共混，再与低密度聚乙烯进行二次共混，效果比较好[26]。共混设备主要有高效混合机和挤出机等。

2）与 PC 共混改性

将 10%~60% 的 PC 掺入 PET 废料中，通过挤出机共混，制得 PET/PC 共混物，其耐热性、韧性和耐化学性能优异，拉伸强度可达 40MPa，可用于生产汽车保险杠、汽车轮盖、办公用品等[26]。其工艺过程如下：

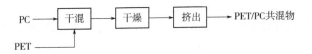

3）与其他共混物共混

在 PET 工业废料中掺入总量小于 25%，每种聚合物含量小于 20%的聚酰胺和聚酯酰胺，可在不降低 PET 软化点的情况下改进 PET 的柔性。

共混用的聚酯酰胺用下述方法制备：将 100 份己内酰胺、7.7 份对苯二甲酸、0.3 份水放在一热压釜内，在 225℃下加热 6h，并用乙二醇（14.4 份）、癸二酸双（乙羟乙基）酯（5.3份）和 Sb$_2$O$_3$（0.02 份）处理。将此混合物在 200℃下加入 40min，除去水，在 245℃、133.3Pa下聚合 2.5h，得到聚酯酰胺，其软化点为 193℃，特性黏度为 0.96dL/g（在氯甲苯酚中测定）。

将软化点为 260.3℃、固有黏度为 0.65dL/g 的 PET 废料与制备的聚酯酰胺和聚酰胺 6（软化点为 205℃，特性黏度 0.81dL/g）以不同的的比例在挤出机中于 280℃下共混 5min，熔融纺丝，可得到软化点为 260.3～261.1℃、特性黏度为 0.55～0.58dL/g 的纤维。表 10-14 中给出了共混物组成对纤维性能的影响。从表 10-14 可以看出，单纯使用聚酰胺起不到改善柔性的作用。

表10-14　共混物组成对纤维性能的影响

PET 废料：聚酯酰胺：PA6	韧度/（mN/tex）	伸长率/%
85：5：10	274	27
82.5：2.5：15	344	29
82.5：0：7.5	431	27
100：0：0	344	29

4）玻璃纤维增强改性

PET 工业废料用玻璃纤维增强后，其耐热性可与热固性塑料相比，热变形温度达240℃；力学性能可与铸造用轻合金相比；弯曲强度可与玻璃纤维增强 PA 相比，达209.7MPa。

5）PET 废料与纯 PET 混合使用

为防止 PET 废料发生水解和氧化降解，降低固有黏度，在挤出前应先将其干燥处理，然后与纯 PET 料混合使用，PET 废料加入量可达 60%。将挤出料反复加到挤出机中，直到挤出料的黏度与纯料的黏度相同。

如在挤出前将 PET 废料加热处理，可提高分子量。工艺如下：在 200～235℃、0.133～1333Pa 的真空中或在 101kPa 的氮气保护下加热 4～6h，得到一种橡胶状的聚酯。这种聚酯可模塑拉伸强度大于 68.6MPa、伸长率大于 100%的制品。而未经热处理的同样制品的拉伸强度小于 54.9MPa、伸长率为 0。另外，结果热处理后的聚酯的物理性能得到改善，对水、无机酸和含水溶剂稳定。

（2）化学法回收

其化学回收与消费后的 PET 废料的化学回收相同，将在后者的回收中详述。

10.4.2.2 消费后废料

消费后的 PET 目前回收较多的是 PET 瓶和 PET 薄膜，下面将分别阐述其回收技术。

（1）机械法回收

1）PET 瓶

常用的 PET 瓶有两种：一种是瓶体全部由 PET 制作；另一种是瓶体的一部分是 PET，一部分是高密度聚乙烯[27]。其机械回收技术有以下几种。

① 生产 PET 共混物。废 PET 瓶可用来生产下述 2 种共混物。

生产PET/HDPE/SEBS共混技术：SEBS 为 SBS 氢化产品，热塑性弹性体。相对瓶体为 PET、瓶底为高密度聚乙烯的饮料瓶来说，最为简单的方法是将 PET 与高密度聚乙烯共混生产 PET/HDPE 共混物。工艺流程如下：

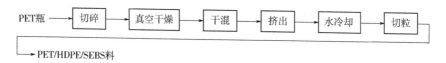

由于 PET 与高密度聚乙烯的高度不相容性，PET/HDPE 共混物的力学性能极差，为提高其性能，必须对其进行改进。常用的方法是在其中加入热塑性弹性体增溶剂来改善共混物的性能。实验表明[28]，在 PET∶HDPE=3.5∶1 的共混物中加入 13% 的 SEBS，缺口冲击强度达 6.7J/m²，可用来输出各种仪表外壳、汽车零部件等，用途广泛。

生产PET/PC共混物技术：这一工艺与 PET 工业废料与 PC 共混工艺相似，只不过事先要将 PET 瓶体与瓶底分离，分离出高密度聚乙烯。工艺流程如下。

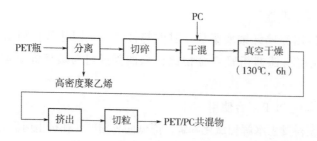

用废 PET 瓶生产 PET 共混物，工艺相对简单，成本低且共混物性能优良，用途广泛，经济性好，值得推广使用。

② 生产 PET 纯料。由废 PET 瓶生产 PET 纯料有以下几种技术。

水浮选器/水力旋流器分离技术：这种分离回收技术的原理是根据瓶上各种组分的相对密度不同，利用气流分流分选器、水溶液洗涤剂、水浮选器/水力旋流器、静电分离器等分离出标签、胶、高密度聚乙烯、铝等，最后得到纯PET。工艺流程如下：

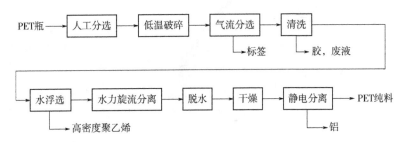

下面将详述这种水浮选器/水力旋流器分离技术[29]。

第一步，对收集的PET瓶分类，根据瓶的颜色进行人工分选，分出其中的聚氯乙烯瓶。

第二步，用破碎机将PET瓶破碎成20~30mm的碎片，然后在低温下破碎至3.2~9.5mm的碎片。在低温下黏合剂很脆，被粉碎成极细的粉末，用筛子将其与PET分开。在破碎中大多数标签与塑料分离，用气流分选器将其与PET、高密度聚乙烯、胶、铝等分开。

第三步，将碎片计量加到搅拌清洗箱中，加入热的不发泡的清洗剂清洗，可以使用多个清洗箱连续清洗，经过实验确定最佳的固相浓缩剂、清洗温度和清洗周期。在废旧塑料回收中，塑料的水溶液清洗从物理上看与液相混合相似，主要是悬浮或分散。在清洗过程中，塑料碎片悬浮在清洗液中用搅拌桨加速两相界面即液相和固相界面间的杂质交换。在固相悬浮体系中，保持固相运动速度和固相的质量分数是至关重要的。

清洗可以清除所有的标签，将黏合剂分散、溶解。用筛子将聚合物从聚合物粉末、脏物和细小的标签中筛出，然后用清水洗净。

第四步，在水浮选器中将PET和铝与高密度聚乙烯分离。由于高密度聚乙烯的密度小于水的密度，而PET和铝的密度大于水的密度，因此，高密度聚乙烯浮于水上而PET和铝沉于水下。水力旋流器是一种离心分离装置，可以提高高密度聚乙烯和PET的分离率，分离的效果取决于固体的浓度和离心速度。

第五步，将已分离出的PET和铝在旋风干燥器和热风干燥器中脱水和烘干。在带有滤网的挤出机中将得到的高密度聚乙烯挤出，以清除其中的黏合剂和标签等杂质，得到颗粒料。

第六步，用静电分离器将PET和铝分离。分离原理如下：将一层薄的PET和铝加到静电分离器的一系列滚动辊筒上，置于高压电流下。由于塑料的导电性很差，所以塑料端拥有电荷，而铝片被电荷排斥，PET附于滚筒上，直到一旋转的纤维刷将其扫走，而铝片被旋转的滚筒抛到一槽中。这一过程不断重复，将第一滚筒处得到的塑料置于第二个旋转的滚筒上（最好使用四级装置）进一步分离。这种方法分离得到的PET中铝含量一般为(25~100) ×10^{-6}。残留的铝在PET挤出造粒过程中被滤网滤出。图10-17为一种新型金属探测器/分离器分离简图，可以将PET中的铝含量从(25~100) ×10^{-6}降低至5×10^{-6}以下。这种装置是在运输带上的PET流动板上探测金属。当探测到金属颗粒时，一股气流使其离开流动板。

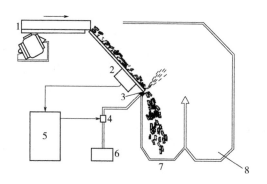

图 10-17　金属探测器/分离器分离简图

1—加料装置；2—探测器线圈；3—压缩空气入口；4—电磁阀；5—控制装置；

6—压缩空气储罐；7—不含金属的 PET 碎片；8—铝

水浴/水力旋流器分离技术：该技术与水浮选器/水力旋流器分离技术基本相同，不同之处有两点。一是人工分选后的 PET 瓶挤压后连续通过一温度为 70～100℃的热水浴，时间为 1.0～1.5min。通过热水浴后，经过模塑取向的 PET 瓶体收缩，而高密度聚乙烯底座、标签等并不收缩，与 PET 瓶体脱离。二是脱离后的组分由振动筛将标签与 PET 瓶体和高密度聚乙烯底座分开，另一筛子将 PET 瓶体与高密度聚乙烯底座分开，然后 PET 瓶体和高密度聚乙烯底座分别进行破碎、分选和清洗。

经过上述 6 个步骤回收的 PET 纯度很高，其使用价值可以与纯 PET 相比。

溶剂/浮选技术：该技术与水力浮选器/水力旋流器分离工艺中的浮选工艺相似，不同之处是该工艺采用氯代烷烃作溶剂，经过一系列浮选/下沉，完成回收工作。工艺流程如下：

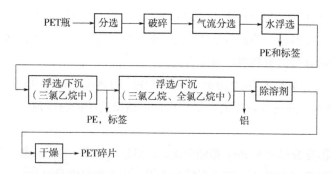

③ 回收料的性能。回收料的性能与其纯度有关。一般来说，机械法回收 PET 瓶料的纯度很高，但仍含有一定量的杂质如铝、高密度聚乙烯、黏合剂等。例如，一瓶体为 PET、瓶底为高密度聚乙烯的瓶，经过机械法回收后 PET 的含量高达 99.9%，高密度聚乙烯、铝和黏合剂含量可分别降至 0.03%、0.01%和 0.06%。回收料的最重要指标是固有黏度、铝含量及其颜色，如一种 PET 瓶回收料的固有黏度可达 0.74dL/g、铝含量可达 $25×10^{-6}$。

一般要求标签上的纸和底座上的高密度聚乙烯含量要极低，因为高密度聚乙烯与 PET 不相容，会使得到的 PET 呈雾状。标签上的油墨会使 PET 有轻微的着色，回收时应注意这一点。另外，回收中还要注意危害性极大的黏合剂，因为黏合剂会使 PET 呈雾状，在加热中脱色，一般产生褐色，在挤出中使 PET 降解，使得到的树脂的固有黏度很低，也会变色。

分离技术的提高和塑料瓶盖的使用可以将回收料中的铝含量将低到 5×10^{-6}。

2）PET 薄膜

PET 薄膜有 X 射线膜、金属版印刷膜和相纸膜。从经济角度看，人们对 PET 废膜感兴趣的是其中所含的银。其回收技术有两种：第一种方法是焚烧和灰化，利用其热量，同时将焚化后的灰加到银回收装置中回收银；第二种方法是机械清洗，将含银的相纸与基膜分离，然后分别回收银和 PET 薄膜。对于 PET 膜的清洗，酶处理技术优于化学物质清洗。多数脱银工艺是用酶破坏膜上的凝胶，释放出银。工艺流程如下：首先将废旧薄膜在粉碎机上破碎成为 $100 \sim 150 mm^2$ 的小片，然后将其送到清洗箱中，脱去含银层、黏合剂层。用蛋白水解酶将硬的凝胶从薄膜上清洗掉，然后将富银的废水排放到一装置中回收银。清洗后还要对碎片进行强制漂洗，进一步降低其杂质含量，然后在离心机中脱水。脱水后碎片的湿含量为 3%～6%，在流化床中干燥，湿度控制在 0.5%～1.0%。最后将 PET 碎片造粒。造粒分两步，首先用切粒机将其切碎，然后挤出造粒。塑化温度控制在接近软化点但未达到软化点温度，这样可保证 PET 不会发生降解及黏度降低。回收料的性能如表 10-15 所列。

表10-15　PET薄膜回收料的性能

性能	测试值	性能	测试值
特性黏度/（dL/g）	≥0.58	体积密度/（g/cm³）	>0.50
羧基官能团/（mmol/kg）	30～40	熔点/℃	255
挥发物含量/%	<0.50	颜色	无色，蓝色

（2）化学法回收

PET 有两种合成方法[30]。一种是对苯二甲酸与乙二醇的缩聚反应，反应式如下：

$$nHOOC \longrightarrow \!\!\!\!\bigcirc\!\!\!\!\longrightarrow COOH + nHOCH_2CH_2OH \xrightarrow{\text{催化剂}}$$

$$\left[\!\!\begin{array}{c} O \\ \| \\ C \end{array}\!\! \longrightarrow \!\!\!\!\bigcirc\!\!\!\!\longrightarrow \!\!\begin{array}{c} O \\ \| \\ C \end{array}\!\! -O-CH_2CH_2-O \right]_n + 2nH_2O \tag{10-1}$$

另一种是对苯二甲酸二甲酯与乙二醇的交换反应，生成对苯二甲酸乙二酯单体的酯交换反应，反应式如下：

$$H_3COOC \longrightarrow \!\!\!\!\bigcirc\!\!\!\!\longrightarrow COOCH_3 + 2HOH_2C-CH_2OH \xrightarrow{\text{催化剂}}$$

$$HOCH_2CH_2-O-\!\!\begin{array}{c} O \\ \| \\ C \end{array}\!\! \longrightarrow \!\!\!\!\bigcirc\!\!\!\!\longrightarrow \!\!\begin{array}{c} O \\ \| \\ C \end{array}\!\! -OCH_2CH_2OH + 2CH_3OH \tag{10-2}$$

对苯二甲酸二酯自缩聚生成 PET：

$$n\left[HOCH_2CH_2-O-\!\!\begin{array}{c} O \\ \| \\ C \end{array}\!\! \longrightarrow \!\!\!\!\bigcirc\!\!\!\!\longrightarrow \!\!\begin{array}{c} O \\ \| \\ C \end{array}\!\! -OCH_2CH_2OH \right] \xrightarrow{\text{催化剂}}$$

$$\left[\!\!\begin{array}{c} O \\ \| \\ C \end{array}\!\! \longrightarrow \!\!\!\!\bigcirc\!\!\!\!\longrightarrow \!\!\begin{array}{c} O \\ \| \\ C \end{array}\!\! -OCH_2CH_2-O \right]_n + (n-1)HOCH_2CH_2OH \tag{10-3}$$

上述反应均为可逆反应，在过量水或醇的作用下，在一定条件下其逆反应就会发生。因此，可以将废旧 PET 解聚或裂解成单体或均聚物，利用单体再合成食品级 PET 树脂。用乙二醇代替水，还可以得到芳香族多元醇，可用其与异氰酸酯或不饱和二元羧酸合成聚氨酯或不饱和聚酯等。

PET 的化学回收是利用机械法回收的 PET 碎片，因此，机械法回收的 PET 质量很重要，尤其是其中含有其他塑料如聚氯乙烯和聚乙烯时应予以重视。杂质对裂解反应的不利影响如下：a.金属杂质是降解和变色的催化剂；b.夹杂在 PET 中的聚烯烃使 PET 发脆，降低材料的性能；c.聚乙烯的热稳定性比 PET 差，其热解产物氯化氢会使 PET 水解，使 PET 变脆、脱色；d.热熔胶中的蜡、乙烯-乙酸乙酯共聚物和烷烃等不溶于水，在水中呈棕色，如清洗不彻底，会使 PET 变色。

为保证回收料的质量，可采取下述措施。

① 去除金属杂质：电磁检测去除大的金属块；滤出固体杂质；将金属盐溶于热水中；制瓶时应避免使用内嵌金属件。

② 颜料：乙二醇醇解工艺不能将有色 PET 加工成无色 PET，可事先将有色瓶分离出。

③ 聚氯乙烯：用电磁辐射法分离出聚氯乙烯瓶。

④ 聚烯烃（聚乙烯、聚丙烯）：根据密度不同将其分离；尽可能使用纯 PET 瓶，不用其他树脂作底座。

⑤ 热熔胶：不用热水或碱性液体清洗；用收缩标签或水溶性胶。

1）水解/甲醇醇解工艺

将 PET 碎片加热至 150~250℃，在过量水中用乙酸钠作催化剂，在 4h 内 PET 即可水解成对苯二甲酸和乙二醇，反应为 PET 缩聚的逆反应。酸（如硫酸）或碱（如氨水）亦可以作为水解的催化剂。

用甲醇醇解 PET 可以得到对苯二甲酸二甲酯和乙二醇（PET/甲醇=1∶4），反应式如下：

$$\left[CH_2CH_2OOC-\underset{}{\bigcirc}-COO\right]_n + 2nCH_3OH \xrightarrow[\text{加热}]{\text{催化剂}}$$

$$nCH_3O-\overset{O}{\underset{\|}{C}}-\underset{}{\bigcirc}-\overset{O}{\underset{\|}{C}}-OCH_3 + nHOCH_2CH_2OH \qquad (10\text{-}4)$$

工艺过程如下：将熔融的 PET 和甲醇混合，在催化剂作用下，于 2.03~3.04MPa 下，将混合物加热至 160~240℃，保持 1h，得到的裂解产物为 99% 的单体。单体再聚合，得到的 PET 可用于食品包装。

甲醇醇解允许的杂质含量比乙醇醇解的高。例如，甲醇醇解可以用绿色的 PET 制得无色的食品级 PET，而乙二醇醇解只能用无色的 PET 生产无色的食品级 PET。利用甲醇将 PET 解聚为对苯二甲酸二甲酯和乙二醇，然后将其合成食品级 PET，生产各种新的 PET 瓶，使塑料瓶"闭环"回收计划得以实施[31]。

2）二醇醇解工艺

在过量二醇作用下，PET 会发生酯交换反应。用二醇如丙二醇加热 PET，在催化剂作用下可以将长链 PET 变成短链组分。典型的催化剂有胺、烃氧化物或金属的乙酸盐。在聚酯分子链上,通过链断裂和二醇交换,自由的丙二醇代替了乙二醇,最后 PET 被裂解为以烃基为端基的短链组分,主要是双羟基乙基对苯二甲酸酯和双羟丙基对苯二甲酸酯、混合的乙二醇/丙二醇、对苯二甲酸二酯和一些自由的乙二醇和丙二醇[32]。反应式如下:

$$\left[O-CH_2CH_2-O-\overset{O}{\underset{\parallel}{C}}-\text{〇}-\overset{O}{\underset{\parallel}{C}}-O-CH_2CH_2-O\right]_n +$$

$$n\text{HOCH}_2\text{CH}_2\text{CH}_2\text{OH} \xrightarrow[\text{加热}]{\text{催化剂}}$$

$$\left[O-CH_2CH_2-O-\overset{O}{\underset{\parallel}{C}}-\text{〇}-\overset{O}{\underset{\parallel}{C}}-O-CH_2CH_2CH_2-O\right]_n + \tag{10-5}$$

$$\left[O-CH_2CH_2CH_2-O-\overset{O}{\underset{\parallel}{C}}-\text{〇}-\overset{O}{\underset{\parallel}{C}}-O-\right.$$

$$\left.CH_2CH_2CH_2-O\right]_n + n\text{HOCH}_2\text{CH}_2\text{OH}$$

反应工艺条件如下:反应温度 200℃,醇解时间 8h,丙二醇/PET=1.5∶1,反应过程中连续通入氮气,以阻止得到的多元醇分解。得到的多元醇的平均分子量为 480,羟基数量为 480。可以用这些多元醇与不饱和二元醇或酸酐生产不饱和聚酯。若要得到高分子多元醇,应降低丙二醇/PET 比,即每摩尔 PET 中丙二醇含量要少。

另外,也可以采用乙二醇醇解 PET,工艺条件如下:乙二醇/PET=1∶3,催化剂为乙酸锰,反应温度为 205~220℃,反应时间为 3.5h,反应过程中通入氮气,以防止热氧老化。反应得到的多元醇的平均分子量为 556,羟基数为 202,可用于生产聚氨酯,并能提高聚氨酯的性能。

3）PET 水解的反应挤出技术

PET 水解和醇解均在反应釜中进行,所需设备多且不能连续生产,而在挤出机上进行 PET 的水解反应就可以连续生产,而且克服了容器式反应过程中反应产物性能不稳定等难题[33]。图 10-18 为用于 PET 水解的同向旋转双螺杆挤出机,螺杆直径 25mm,长径比 28∶1。机筒分为 6 段,分别装有加热、冷却和温度控制系统。挤出机分为加料段、熔融段、反应挤出段、排气段和计量段。螺杆上有输送、捏合和混合盘等元件,其中输送元件和捏合

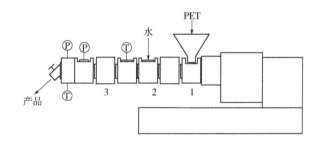

图 10-18 PET 水解的反应挤出机

1—加料段；2—熔融段；3—反应挤出段

元件共同完成 PET 的熔融;捏合盘和混合盘及输送件共同完成 PET 水解反应。在注水点前,采用反向元件提高 PET 熔融后的压力,在加料段的末端形成一密封环,防止反应物的泄漏。熔融段长约为螺杆直径的 10 倍,反应段紧靠排风口反向元件处或者置于挤出机末端机头节流阀处。用以冷凝器收集由于膨胀而排出的热挥发性物质和过量的水蒸气。反应产物通过 −3mm 双层线材挤出机头挤出。挤出机的喂料采用定量加料。

目前该技术仍处在实验阶段,但有 3 点是可以肯定的:

① 在定量加料中,用冷的和热的饱和水对 PET 水解的反应挤出是无效的,但用高压饱和蒸汽和高背压可以大大提高 PET 水解的分解率;

② 水解温度越接近蒸汽入口处熔体温度,水解反应效率越高;

③ 优化螺杆转速,可以提高水解反应转化率。

10.4.2.3　PET 回收料的应用

（1）生产纤维

用 PET 回收料生产粗的短纤维,可以作枕头、睡袋、滑冰服绝热材料、垫肩等的纤维填料,还可用于地毯衬、无纺毯和一些铺地织物的生产[34]。纤维填料只要求 PET 瓶回收料的固有黏度在 0.58～0.65dL/g,而且纤维填料的价格相对较低,降低了制品成本。不过纤维填料要求回收料的纯度要高,不能含黏合剂、纸和金属。

铺地织物可以作铁轨和铺路用的减震材料,也可以用作防腐和护墙材料。铺地织物一般做成黑色,因此可以使用绿色 PET 瓶回收料。

用纤维作两层塑料的夹心,做绝热材料非常节能。冬天用于建筑上可以保持固化浇注水泥所需的温度,还可以作冷冻、冷藏食品的绝热材料,也可以使用绿色 PET 瓶回收料。

（2）生产板材

用 PET 回收料生产的板材可以用作 PET 软饮料瓶的底座。底座用超声波与瓶体焊接在一起,不使用黏合剂,简化了回收工作。这种板材还可以用来生产透明的蛋托,而且还可以使用绿色 PET 瓶回收料。另外,还可以用来生产热塑杯、磁带盒和波纹形遮阳篷等。用 PET 回收料生产的板材、片材可与工业上热成型包装所用的 PVC 板材竞争。因为结晶、透明的 PET 耐冲击性能好。

用 PET 回收料生产的发泡板材可以作绝热材料。这种发泡 PET 的绝热性能与发泡聚苯乙烯一样,但是成本/性能比、燃烧性能要优于聚苯乙烯,且燃烧时不会产生黑烟。生产时需要在其中加入添加剂提高 PET 的熔体黏度指数、加入高熔体流动指数树脂包裹发泡剂产生的气泡、加入成核剂发泡稳定剂。

（3）生产塑料合金复合材料

生产塑料合金复合材料是提高 PET 回收料高附加值的应用[35]。在 PET 中加入 PC,可以克服 PET 注射时的自由结晶,避免注射件变脆、翘曲、失效。PC/PFT 合金是一种可以注塑的复合材料,美国通用电器公司多年来一直用其生产汽车保险杠,还将其作为车体材料,还可以生产汽车挡泥板、办公机器罩、复印机纸盒等。这种合金还可以代替 ABS,且成本低得多。

（4）PET分解产物-多元醇的应用

多元醇，尤其是二甘醇醇解PET得到的多元醇广泛用于硬质聚氨酯/聚异氰尿酸酯泡沫的生产[36]。这种泡沫具有良好的成本/价格比，不仅成本低，而且泡沫的压缩强度、模量和阻燃性能等都有了显著的提高，燃烧时产生的烟雾及泡沫的脆性也小了。但是，由于这种多元醇的官能团和羟基数比较少，因此在聚氨酯生产中一般与其他多元醇混合使用。得到的泡沫塑料可用作屋顶和墙体的绝热材料。

多元醇可用于软质聚氨酯泡沫生产中作改性剂。与其他多元醇混合使用，可提高泡沫的剪切强度、断裂伸长率和压缩强度等[37]。二甘醇或丙二醇醇解得到的多元醇与不饱和二元羧酸如马来酸酐反应，可得到不饱和聚酯。生产不饱和聚酯时，二元醇醇解和酯化反应可在一个反应器中进行。冷却后醇解得到的多元醇和残留的丙二醇与马来酸酐反应生产聚酯。酯化反应可用苯二甲酸酐或异苯二甲酸。丙二醇和多元醇与马来酸酐的反应速度快于苯二甲酸酐或异苯二甲酸间的反应速率。用PET回收生产不饱和聚酯需要12h左右，不饱和聚酯的分子量为2000~2500，酸值为25~30mg KOH/g。而传统的不饱和聚酯生产方法需要20h左右。反应式如下：

$$nHOOCRCOOH + nHOROH \xrightarrow{加热} HOOCRCOOR_nH + (2n-1)H_2O \tag{10-6}$$

式中　HOOCRCOOH——饱和或不饱和二元酸；

　　　　HOROH——二元醇或醇解后的二元醇。

工艺流程如下：

用PET废膜生产不饱和聚酯的配方和产品性能见表10-16和表10-17。工艺如下：用通用的不饱和聚酯生产装置，将PET、乙二醇、催化剂加热到近乙二醇沸点，回流醇解废料[38]。醇解完全后，丙二醇温度降至140℃；加入苯酐，待其完全融化后降至100℃；加入顺酐，升温至160℃，回流30min，继续升温至190~210℃，进行脱水酯化，直到酸值合格。整个反应过程中通入氮气或二氧化碳气体保护。酯化反应完成后降温，在150℃加入稳定剂，在80℃加入苯乙烯，最后得到的浅黄色黏稠液体为不饱和聚酯。

表10-16　PET废料生产不饱和聚酯的配方

原料名称	物质的量比①	
	1#	2#
PET废料（按链段计）	0.30	0.40
乙二醇	0.60	0.60
1, 2-丙二醇	0.40	0.70

原料名称	物质的量比[①]	
	1#	2#
顺丁烯二酸酐	0.60	0.60
邻苯二甲酸酐	0.30	0.60
苯乙烯	0.82	1.20
催化剂[②]/%	0.40	0.40
环己醇		0.06

① 相对于PET的物质的量比。

② 催化剂用量为相对于PET的质量分数。

表10-17 PET废料生产的不饱和聚酯的性能

项目	液态聚酯	项目	液态聚酯
外观	浅黄，透明或不透明	80℃稳定性/h	730
酸值/（mg/g）	18～30	室温稳定性/月	8
相对密度（25℃）	1.16	相对密度（25℃）	1.24
黏度（25℃落球式）/（Pa·s）	12.3～6.4	断裂伸长率/%	−1
固体含量/%	53～64	体积伸长率/%	−7.50
分子量（端基分析）	1900～2300	Barcal硬度/度	33
高温固化时间（80℃）/min	4～5.5	热扭变温度/℃	85
低温固化时间（20℃）/min	8.5～12.5	吸水率/%	0.16
储藏稳定性		煮沸吸水率/%	0.30

（5）生产瓶和容器

1）生产非食品包装容器

PET回收料生产非食品包装容器在20世纪80年代初就已经开始使用，如拉伸模塑的网球盒、各种废食品包装容器等。

2）生产食品包装容器

包括单层食品包装容器和多层食品包装容器。

① 单层食品包装容器。PET回收料生产的单层食品包装容器主要是指用化学法回收的单体再合成的PET树脂生产的容器，其成型与原料级PET树脂完全相同。

② 多层食品包装容器。多层食品包装容器是用机械法回收的PET和原料级PET树脂，采用共注塑技术生产的容器，有五层共注即PET/EVOH/PET回收料/EVOH/PET和三层共注即PET/PET回收料/PET，但三层共注要求回收料层间至少应有1mm的原料级树脂，起到阻隔层的作用，防止回收料中的杂质掺到食品中。而且，食品应在低温下装入瓶中，一般不用于苏打饮料、矿泉水和水基食品等的包装，不宜用于高脂肪食品包装。共注塑工艺与传统的共注塑工艺相同。不同回收料的允许使用范围见表10-18。

表10-18　不同回收料的允许使用范围

使用范围	机械法回收的PET树脂 （100%或混合物）	机械法回收的 PET作夹层	化学法回收的 PET树脂
非食品包装	可以	可以	可以
食品、液体、长期稳定品	可以	一定范围	可以

10.4.3　废旧ABS塑料的再生利用技术

ABS工业废料如边角料、残次品等的回收相对比较简单，一般在生产车间粉碎后直接加到原料中使用，对制品的性能影响较小，这里不再介绍。

消费后的ABS主要来自办公用品、电子、电器、工业零件等，其中办公用品、电子、电器产品所用的ABS大部分都采用有机溴化物等作阻燃剂。燃烧时，有机溴化物如溴化联苯醚（PBDE）会放出有毒的溴化二噁烷和溴化呋喃[39]。因此，人们关心其回收过程中溴化二噁烷和溴化呋喃的含量。实验表明，PBDE阻燃的ABS回收料中含有大量的溴化二噁烷和溴化呋喃，因此生产ABS制品时应尽量采用无溴阻燃剂和其他代用品。

另外，回收过程中还需注意ABS性能的变化。如将ABS壳体破碎、清洗和干燥后，发现其熔体流动指数（220℃，0.98MPa）由玻化转变温度下降，这说明使用过程中ABS老化，加工过程中ABS降解，使其中的小分子物质增多，分子量下降。但透射电子显微镜分析表明，ABS的结构并没有发生变化，说明降解程度很低。图10-19～图10-21表明降解和杂质使回收料的韧性下降，但强度并未变化。

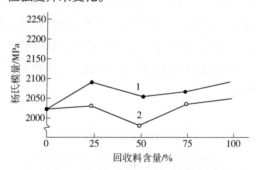

图10-19　回收料含量与杨氏模量的关系

1—干净的ABS；2—不干净的ABS

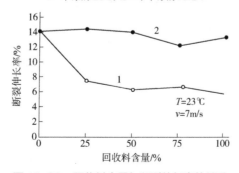

图10-20　回收料含量与断裂伸长率的关系

1—干净的ABS；2—不干净的ABS

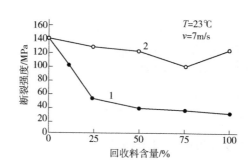

图 10-21　回收料含量与断裂强度的关系

1—干净的 ABS；2—不干净的 ABS

办公用品、电子、电器壳体等在使用中一般不承受冲击载荷，所以回收料仍可作壳体材料使用。

10.4.4　废旧聚碳酸酯塑料的再生利用技术

汽车用 PC 和办公用品用 PC 已在上文中讨论过，这里讨论 CD 盘和计算机壳的回收技术。

10.4.4.1　PC 高密度盘

CD 盘的制造精度高、制造工艺复杂，生产的产品将近 10%不合格。CD 盘本身的性质决定了其不易回收。如图 10-22 所示，CD 盘是一种多层复合产品，其中一层是热塑性塑料（PC），另外两层为涂层。涂层主要是涂料、漆和印刷物，仅占整个光盘的很小一部分，镀铝层仅有 15 ~ 70nm 厚，漆和印刷物占总厚度的 20μm，回收前必须将涂层清除，这样回收的 PC 料才能具有好的性能。

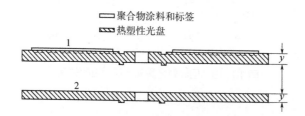

图 10-22　处理前后的 CD 盘结构

1—加工前的多层光盘；2—加工后的光盘

清除涂层的方法有三种：一是化学回收；二是熔体过滤；三是机械分离。

化学回收是利用粒料、采用化学品将涂层清除掉，但化学回收的缺点多于优点，因为 PC 和化学品之间可能会发生作用，降低最终产品的性能，而且可能会对环境带来不利影响。

熔体过滤可以回收 PC 粉碎料。但熔体过滤有一缺点，即过滤中 PC 要经受高温加热，而 PC 的热稳定性又较差，回收料不会有足够的光学和力学性能保证其回收价值[40]。另外，银粉碎料颗粒尺寸大小不一，熔体过滤并不能清除光盘的全部杂质。

机械分离是一种安全、有效、简单的方法，厂家自身就可以采用这种方法进行回收，但机械分离只能分离方形、圆形等形状简单的 PC 产品，而不能分离多组分、形状复杂的制品，如计算机外壳等。分离设备如图 10-23 所示，这种分离设备有一转动刷来清除涂料，一运输带带动光盘连续运动。刷子清除掉的涂料被一特质的过滤器回收其中的铝。在清除涂料过程中，光盘夹持架处保持真空以保持运动的稳定性，同时光盘表面要用压缩空气、惰性气体或水蒸气冷却，以防止 PC 因摩擦生热熔融。涂料清除干净后，将光盘清洗、干燥，然后将其切成 5mm 大小的颗粒。表 10-19 和表 10-20 为回收料的性能。从表 10-19 可以看出，未清除涂料的 CD 盘的平均熔体流动指数较低，而已清除涂料的较高。据估计这是由于未处理的 CD 盘的密度略高于处理过的 CD 盘。从表 10-20 可以看出，在给定剪切速率下，处理过的 CD 盘料的黏度较低。从图 10-24 可以看出，在给定波长范围内，未处理的 CD 盘料的透光率为 42%～46%，而处理过的为 82%～88%，远高于前者，这是因为未处理的料中含有铝。在 780nm 处的透光率很重要，因为这是二极管读取 CD 盘上的信息的波段。未处理的料在 780nm 处的透光率仅为处理过的 1/2，处理过的为 88%，与原料级 PC 的透光率（90%）接近。

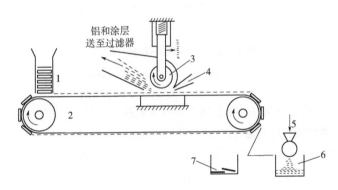

图 10-23　CD 盘机械分离设备简图

1—待处理光盘；2—真空夹持架；3—电子轮；4—空气、惰性气体或蒸汽入口；

5—造粒机；6—粒料；7—处理后的光盘

表 10-19　机械分离回收的 CD 盘料的性能

性能	未处理的 CD 盘料		处理过的 CD 盘料	
	271.1℃	293.3℃	271.1℃	293.3℃
密度/（g/cm³）	1.07	0.996	1.04	0.963
熔体流动指数/（g/10min）	50	83	55	91

表10-20 CD盘回收料的表观黏度值（271℃）

lg γ/s⁻¹	未处理的 CD 盘料的 g η/ [a/（Pa·s）]	处理过的 CD 盘料的 l g η/ [a/（Pa·s）]
3.00	2.186	2.176
2.699	2.217	2.206
2.301	2.238	2.227
2.000	2.264	2.244
1.699	2.312	2.294

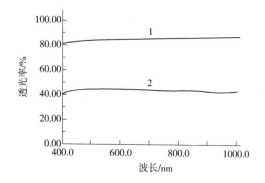

图10-24 CD盘回收料的透光率

1—处理过的 CD 盘料；2—未处理的 CD 盘料

从上述分析看，机械分离法回收的 PC 料质量较高，可用于多种产品的生产。不过由于 PC 盘对 PC 树脂的性能有特殊要求，回收料还不能用于生产 CD 盘，但可以将其与其他材料共混，生产其他制品。从表10-21和图10-25可以看出，100%的 CD 盘回收料是一种硬且脆的材料，应变低，没有屈服点。加入玻璃纤维后虽然可以提高回收料的刚度和强度，但屈服应力下降的更多。而吹塑级 PC 回收料和 ABS 可以提高 CD 盘回收料的韧性。50%CD 盘回收料/50%ABS 和 50%CD 盘回收料/50%吹塑级 PC 混合物性能最佳，可用于注塑件的生产。

表10-21 CD盘回收料与其他数值的混合物的性能

混合物种类	σb/MPa	ε b/mm⁻¹	Izod冲击强度/（J/m²）
100%CD回收料	46.3	0.041	13.2
50%CD回收料/50%PC矿泉水瓶回收料	48.1	0.123	53.4
80%CD回收料/20%玻璃纤维（GF）	50.0	0.026	28.2
20%CD回收料/80%/ABS	37.5	0.058	53.8
50%CD回收料/50% ABS	40.5	0.129	121.0
80%CD回收料/ 20%ABS	45.5	0.103	107.0

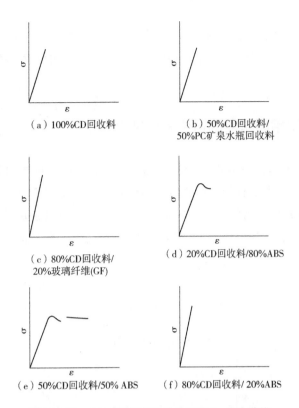

（a）100%CD回收料　　　　　（b）50%CD回收料/
　　　　　　　　　　　　　　　　50%PC矿泉水瓶回收料

（c）80%CD回收料/　　　　　（d）20%CD回收料/80%ABS
20%玻璃纤维(GF)

（e）50%CD回收料/50% ABS　　（f）80%CD回收料/ 20%ABS

图10-25　CD盘回收料混合物的应力-应变曲线

10.4.4.2　计算机外壳

计算机外壳是PC/ABS混合物，但为了屏蔽，表面镀铜。有效地清除镀铜是回收计算机外壳的关键。方法之一是熔体过滤。从表10-22可以看出，过滤后PC/ABS的性能甚至低于未过滤的PC/ABS回收料。这是因为在注射成型和熔体过滤中，混合物中的部分聚合物降解所致。未过滤的PC/ABS回收料的屈服强度和弯曲程度高于原料级PC/ABS，这是因为其中的铜起到增强填充剂的作用；但其冲击强度和断裂伸长率低于原料级PC/ABS，是因为铜破坏了基体材料的韧性。

表10-22　熔体过滤后PC/ABS回收料的性能

性能	测试方法	原料级PC/ABS	未过滤铜的PC/ABS回收料	已过滤铜的PC/ABS回收料
屈服强度/MPa	ASTM D638	69.7	71.7	65.3
断裂伸长率/%	ASTM D638	6.53	6.2	4.4
断裂强度/MPa	ASTM D638	56.4	56.0	50.0
弯曲强度/MPa	ASTM D790	95.9	98.7	83.0
Izod冲击强度/（kJ/m^2）	ASTM D265	0.46	0.46	0.097
热变形温度/℃	ASTM D648	112		
0.462MPa		105	109	103
1.848MPa			100	93

尽管过滤后 PC/ABS 回收料的性能低于未过滤的回收料，但为了开发 PC/ABS 回收料的用途，如与其他树脂共混，利用前必须将镀铜层清除，以防止镀铜对过滤后共混材料性能带来不利影响。

10.4.5　废旧聚甲醛塑料的再生利用技术

POM 常用的回收方法有两种：一是再熔融造粒；二是化学回收。但在熔融造粒过程中聚合物会发生显著的降解，性能受到破坏，这从图 10-26 中体积流动指数（MVI）的变化即可看出。MVI 是测量聚合物分子量损失的一种方法。随着 MVI 的增加，POM 的热性能下降。与原料级相比，在热应力作用下，随着加工次数的增加，质量损失更多（见图 10-27）。当然，回收工程应该避免这种破坏发生，否则则难以保证 POM 的其他性能不发生变化。而采用化学法回收就可以避免上述破坏发生。我们知道，POM 是甲醛的均聚物或甲醛与三氧杂环和环醚的共聚物，POM 主链上几乎全部是 CH_2O 单元，如下式所示：

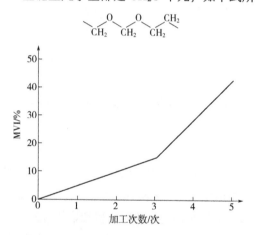

图 10-26　POM 加工次数与 MVI 的关系

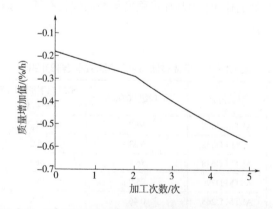

图 10-27　POM 在热应力作用下质量损失与加工次数的关系

POM 在所有通用溶剂中都非常稳定，但与一定的酸接触后就会完全分解。人们正是利用 POM 的这一特性进行化学回收，在一定条件下可以得到三氧环己烷和甲醛单体，然后将单体合成 POM，反应式如下：

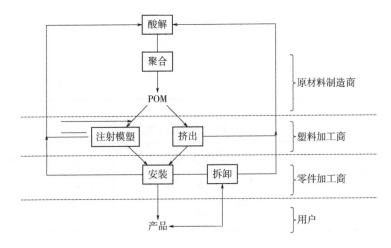

$$(10\text{-}7)$$

上述反应中得到的甲醛在一闭环系统中转化为三氧杂环己烷，可以得到充分利用。此外，这种工艺还得到了环己缩醛，可以合成 POM 共聚物的共聚单体。酸解反应得到的所有产品又都可以进入材料循环中，如图 10-28 所示。

图 10-28　POM 的酸解回收循环

POM 的酸解只需要一定量的酸作催化剂，所有反应中仅残留少量的酸，不需要有机溶剂将其清除。这种方法可以回收各种 POM 废料。

10.4.6　废旧聚酰胺塑料的再生利用技术

PA 的种类繁多，应用领域相当广泛，这里仅介绍几种 PA 产品的回收技术。

10.4.6.1　机械回收

（1）玻璃纤维增强 PA66 注塑件的回收
玻璃纤维增强 PA66 是汽车发动机中常用的材料，如散热器端盖、涡轮冷却器和空气吸入管等。一般来说，在加工和回收工程中，PA 的降解使其性能大幅度下降。另外，在加工和使用过程中，不同助剂如稳定剂等的消耗严重影响了材料的热性能和力学性能。

玻璃纤维增强 PA66 在回收中性能的下降，除了上述两个原因外，另一个影响因素是随着加工次数的增加，玻璃纤维不断变短，如表 10-23 所列。实验表明，3mm 纤维在挤出造粒中缩短至 800μm 以下，这是螺杆高速剪切造成的。注塑在几个挂件过程中使纤维进一步缩短，如在螺杆预塑区，纤维与固/熔态聚合物表面黏结；在流动过程中纤维与其纤维间的相互作用；在压缩、固化阶段的熔体破裂等致使注射后纤维长度下降 29%。纤维断裂主要发生在挤出和第一次注射后，回收料中纤维长度的变化较小。从表 10-24 可以看出，回收料的断裂伸长率增加约 15%，而拉伸强度下降 10%，这是由于纤维的断裂所致。另外，杂质和材料的降解也会影响材料的力学性能。

表10-23　加工过程对纤维平均长度的影响

加工过程	平均纤维长度/μm	纤维长度>230μm 的纤维的体积分数/%
纤维原长	432	74
注射后	309	68
注射后粉碎	257	53
粉碎后再注射	248	48

表10-24　回收料的性能

材料	拉伸强度/MPa	断裂伸长率/%
注塑件	136.5	5.5
回收料	122.8	6.3

从图 10-29 和图 10-30 可知，回收料的氧化诱导期短，氧化起始温度低，因此回收料的热氧化稳定性差，这是回收过程中聚合物的降解和稳定剂的消耗所致。

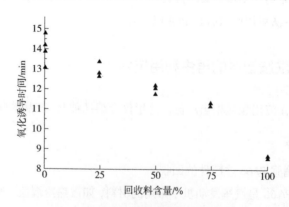

图 10-29　氧化诱导时间与回收料含量间的关系

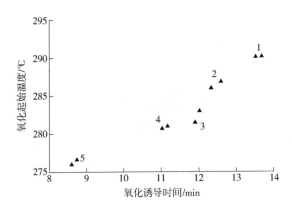

图 10-30 氧化起始温度与氧化诱导时间的关系

1—回收料含量为 0；2—回收料含量为 25%；3—回收料含量为 50%；4—回收料含量为 75%；5—回收料含量为 100%

（2）PA 多层复合薄膜的回收

为了提高塑料对不同物质的阻隔性，多层或多种聚合物如 PE/PA 复合材料广泛用于农药、化学品和工业品等的包装。这种复合薄膜不能用传统的方法分离。

对 HDPE/PA6/粒子聚合物（组成比为 78%/18%/4%，熔体流动指数分别为 1.1g/10min、32.5g/10min、5.0g/10min 的三层复合薄膜）的回收实验表明（见表 10-25 和表 10-26），由于加工过程中的氧化，随着加工次数的增加，挤出物的颜色由白色变成黄色，挤出物表面的粗糙度也越来越严重。而且随着加工次数的增加，双螺杆挤出机消耗的电流量减小，熔体流动指数增加，黏度下降（见图 10-31），力学性能下降，这说明每加工 1 次，大分子就会降解 1 次。

表 10-25 不同加工过程中工艺参数和熔体流动指数的变化情况

挤出次数	电流消耗变化值/%	熔体温度/℃	熔体压力/MPa	熔体流动指数/（g/10min）
1	18	284	11	2.69
2	16	280	9.7	3.14
3	15	265	9.4	3.33
4	15	260	9.2	4.97
5	14	260	9.1	5.88

表 10-26 混合物的力学性能随着加工过程的变化

挤出次数	1	2	3	4	5
屈服强度/MPa	27.9	25.9	25.7	24.5	24.0
断裂强度/MPa	24.3	23.4	23.3	22.9	22.4
屈服伸长率/%	18.0	16.4	13.2	8.2	7.1
断裂伸长率/%	24.9	20.6	17.9	8.5	7.2
弹性模量/MPa	1074	1047	1048	1084	1057
Izod 缺口冲击强度/（kJ/m²）	11.0	9.5	7.4	2.2	2.0

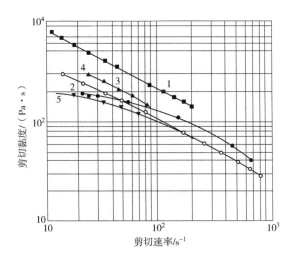

图 10-31 剪切黏度和剪切速率与加工过程的关系

1—高密度聚乙烯；2—PA6；3——次加工；4—三次加工；5—五次加工

DSC 分析表明，加工过程中热性能几乎不变（见表 10-27），但混合物中的 PA6 的熔融热比纯 PA6 低 30%还多，其结晶温度低于纯 PA6，这说明混合物中的 PA6 的结晶温度受到其他组分如高密度聚乙烯的影响，但加工过程中混合物的结果并没有发生变化。不过，加工 4 次后出现附聚现象，这说明混合物的相容性下降，这可能是由于离子聚合物的降解所致。

表 10-27 混合物的热性能随加工过程的变化情况

挤出次数	混合物中的高密度聚乙烯		混合物中的 PA6	
	熔融热/（J/g）	结晶温度/℃	熔融热/（J/g）	结晶温度/℃
1	153.5	129.8	61.5	219.4
2	156.8	129.7	63.0	219.5
3	150.3	130.0	60.5	219.6
4	156.6	129.9	64.5	219.4
5	163.0	129.8	66.5	219.5

上述分析表明，聚乙烯/聚酰胺/离子聚合物至少可以挤出回收 2 次，当然要正确选择工艺参数和改性措施，保证回收达到再生制品的使用要求。

（3）PA 渔网的回收

在各种海洋塑料残留物中，废旧渔网是对海洋生物造成不利影响的主要污染物[41]。可以用不同方式处理由废旧渔具造成的海上污染问题，如采用可循环回收的塑料渔具代替现有渔具，建立激励机制促进回收等。但现在大多数渔具和塑料仍然是不可降解的，因此应大力提倡回收。

渔网所用材料有高密度聚乙烯、PA6 和 PA66，其回收可采取熔融工艺。

1）分类

分两步进行。首先，将三种渔网用溶剂分辨出 PA6 和 PA66。由于 PA66 仅溶于 30%盐酸，而 PA6 溶于 14%盐酸，因此可以首先将高密度聚乙烯和 PA6 及 PA66 分开。然后，利用近红外光谱将高密度聚乙烯和 PA 鉴别出来。

2）尺寸减小

首先是人工将大块的渔网切成小块，然后在切碎机中将其切成碎片，密度为 40～50kg/m³。

3）清洗

在挤出之前还需要将其中的沙石和杂质清洗。小批量生产时可用压缩空气和振动筛清除。大规模回收时，首先需要在高速搅拌机中处理，然后在挤出机上熔体过滤，滤网目数为 100 目或更细。如碎片超湿，在挤出前需要将其干燥。

4）加密

PA66 和 PA6 碎片可以在同向旋转双螺旋杆挤出机上加密。将少量加密过的粒料加到料斗中，在螺杆长的 60%处用振动筛加入碎片，这样可以防止沙土在熔融段处对挤出机的破坏。挤出工艺参数如表 10-28 所列。

表10-28　不同渔网在双螺杆挤出机中的挤出工艺参数

网料	T1（加料段）/℃	T2/℃	T3/℃	T4/℃	T5/℃	T6（机头处）/℃
HDPE HDPE-g-MAH HDPE+GF	100	150	180	190	190	210
PA6 PA6+冲击改性剂	210	235	235	235	240	240
PA66 PA66+冲击改性剂 PA66+GF	220	270	275	275	275	275
TPU TPU+PA6 TPU+PA66	120	125	140	160	170	180

高密度聚乙烯渔网可以用直径为 152mm 的单螺杆挤出机加密。螺杆长径比为 30∶1，机筒温度为 180～205℃，经过 60 目的筛网过滤后造粒。

回收工艺流程如下所示：

渔网 ——→ 破碎 ——→ 研磨 ——→ 干燥 ——→ 挤出 ——→ 颗粒料

回收的 PA6、PA66 和高密度聚乙烯料还需要进行改性，常用的改性剂有丙烯酸芯/壳增韧剂（简称 IM-1）、马来酸酐接枝的三元乙丙橡胶（简称 IM-2）和马来酸酐接枝的 SBS（简称 IM-3）。利用聚酰胺中的酰胺基团通过界面反应在聚酰胺基体和自由分散的改性剂间形成一更强的黏着力。大批量生产中一般用 IM-2 作改性剂。另外，在加密后，HDPE 用马来酸酐接枝后，与 PA66、PA6 原料级和回收料在双螺杆挤出机上共混。马来酸酐的引入提高了非极性高密度聚乙烯与极性较大的 PA 和玻璃纤维的黏着力，提高了混合物的性能（见图 10-32 和图 10-33）。

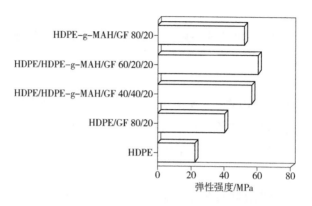

图 10-32　高密度聚乙烯渔网回收料和改性料的弹性强度

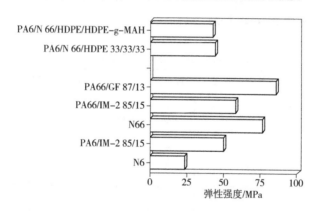

图 10-33　PA 渔网回收料和改性料的弹性强度

从图 10-34 和图 10-35 中可以看出，经冲击改性剂 IM-2 改性后，PA66 回收料的脆性大大降低，而且制品表面光泽和光滑度提高了，PA6 的弹性模量也提高了，这可能是发生了一些反应和链增长。IM-2 的加入也提高了 PA 混合物的冲击强度，而未改性的回收料的缺口相当敏感。改性后回收料的力学性能可与原料级共混物相比。

废旧渔网的另一种再生利用途径是用渔网作熔点低于 PA 的塑料的增强材料，提高塑料的刚度和强度[42]。例如，将 PA6 和 PA66 纤维切成 50mm 长的小段后，将其加入具有高应变、低应力功能的同向旋转的啮合型三段式双螺杆挤出机中，增强热塑性聚氨酯（TPU）。这种结构的螺杆挤出机可以保证纤维均匀分布于基体材料中而发生熔融。PA6 和 PA66 的熔点分别为 220℃ 和 265℃，因此加工温度控制在 200℃ 以下。加工工艺如下：将经过预干燥的 TPU 颗粒加入挤出机的第一段，在第二段处将切碎的干燥 PA 人工计量加入，在第三段熔体脱气，机筒温度为 160～180℃，PA6 和 PA66 纤维的加入量分别为 11% 和 10%，得到的复合材料的性能如表 10-29 所列。

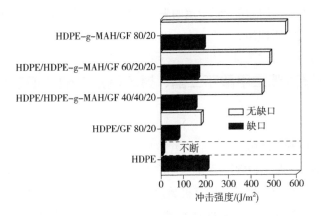

图 10-34　高密度聚乙烯渔网回收料和改性料的冲击强度

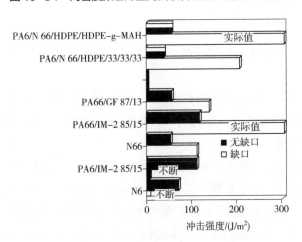

图 10-35　PA 渔网回收料和改性料的冲击强度

表 10-29　渔网纤维增强的 TPU 的性能

性能	TPU	TPU+11%PA6	TPU+10%PA66
拉伸模量/MPa	6.1	22.3	29.3
断裂伸长率/%	1850	390	390
弹性模量/MPa	24.5	106.9	72.5
耐磨性/（m·s/kg）	$9.5×10^{-5}$	$6.6×10^{-5}$	$8.3×10^{-5}$

　　混合物的电镜照片表明，基材中没有空隙，没有纤维束，这说明纤维和机体材料间的黏着力良好，纤维分散均匀。增强后的 TPU 的模量和耐磨性也大幅度提高。

10.4.6.2　化学回收

　　聚酰胺的合成反应是可逆的，即在一定条件下解聚成其合成单体。用 PA6 废料常压连续解聚生产己内酰胺单体已经实现工业化。

与 PET 的化学回收一样，PA 的化学回收也是利用机械法回收，解聚需要一定的反应釜，投资大，成本高，推广应用受到一定的限制。但化学回收后合成的 PA 的性能与原树脂一样，可作为原料级树脂使用。

10.4.7　废旧聚对苯二甲酸丁二酯、聚苯醚及其他废旧工程塑料的再生利用技术

（1）聚对苯二甲酸丁二酯

聚对苯二甲酸丁二酯（PBT）是由二甲基对苯二甲酸与 1，4-丁二醇合成的，广泛用于汽车和电子行业，如作分流器盖、计算机键盘灯。PBT 废料有的是单一组分的 PBT，有的是合金。目前还没有商业性回收 PBT 的行动。实验室中已成功地对 PBT 进行了甲醇醇解，回收的对苯二甲酸可用于 PBT 合成[43]。

（2）聚苯醚

聚苯醚是 2,6-二甲基苯酚的聚合物，改性聚苯醚一般是聚苯醚用苯乙烯系树脂共混或接枝共聚而成的。

改性聚苯醚的力学性能可与聚碳酸酯媲美，广泛用于汽车工业（作内、外部件，如轴承、仪表板等）、机械电子工业（作机器罩、键盘等）、通信业和商业机械等。

（3）其他工程塑料

聚芳酯、聚四氟乙烯、聚亚苯基硫醚、聚砜等工程塑料，大部分零件体积小、质量轻、应用分散，常见于汽车、电子和航空工业，难以收集、分类。另外，这些塑料的加工温度极高，目前还未对其进行大规模的回收。但这类工程塑料的热/水解稳定性极高，可以再熔融多次而力学性能不发生明显的变化，其模塑废料如浇道料等可以在模塑中直接利用，目前仅限于边角料的回收[44]。

10.4.8　废旧混合工程塑料和聚合物合金的再生利用技术

（1）混合工程塑料

工程塑料一般用于永久性消费品上，因此城市固体垃圾中消费后的工程塑料较少。混合工程塑料常见于汽车残留物中。

汽车残留物处理方法有 4 种。

① 选择一种可与各种组分相容的相容剂，将近似相容的混合塑料共混。如含氯量为36%～40%的氯化聚乙烯（CPE）与聚氯乙烯、聚乙烯、聚丙烯、聚苯乙烯、ABS、EVA 等都有良好的相容性，可作为这些废旧塑料的相容剂。另外，还可以采用改性的苯乙烯-乙烯/丁二烯-乙烯弹性体作相容剂，可以大幅度提高 PET/HDPE 共混物的冲击性能。

② 用其生产塑料木材，即用木粉填充聚乙烯、聚丙烯、聚氯乙烯、PA、ABS 等的复合材料，用基础、压制和注塑等方法生产各种木塑制品。这种木塑制品质感接近木材，力学

性能提高，加工方便，还可进行二次加工，可代替木材作护栏、支架、活动房屋用材等。

③ 焚烧处理。由于与燃料油（热值为 48846kJ/kg）相比，汽车残留物的热值相对很高（23260～41868kJ/kg），因此在欧洲，人们称其为"白色的煤"。日本废旧汽车塑料中 65%被焚烧处理，用于发电。

④ 填埋。随着环境保护要求的严格和可供填埋的土地越来越少，填埋将受到更多的限制。

（2）聚合物合金

聚合物合金是指两种或两种以上的聚合物通过机械或化学方法混合形成的共混物。聚合物合金的经济可行的回收方法是将其机械熔融。因为聚合物合金大多是完全相容性聚合物合金和微相分离型聚合物合金，合金成分间存在着相当强的亲和力，形成热力学稳定系统，因此机械分离法实际上是不可行的。而机械熔融是不分离聚合物合金各组分，直接加工成粒料使用如 PC/ABS、PA/PE、PA/ABS、PA/PP、PET/ABS 等合金。采用这种方法回收，再生制品附加值高，且经济可行。例如 PA6/ABS 合金的再生制品价格比 ABS 树脂约高 20%，而比 PC/ABS 合金的低 20%左右。另一个例子是车门内衬组合构件的芯材使用的 PET/ABS 合金，与 PET 织物有相容性，其混合物再生制品可重新用作芯材，回收制品的性能与原材料级性能几乎相同（见表 10-30），因此机械熔融法是聚合物合金回收的有效途径。

表10-30　PET/ABS合金再生制品性能

性能	原料级 PET/ABS	PET/ABS 再生制品（含10%PET织物）
维卡软化点/℃	95	97
挠性模量/MPa	2000	2030
冲击实验（-40℃）	不破坏	不破坏

另外，还可以采用化学法回收聚合物合金。例如，热解回收烯烃系合金，解聚回收解聚型聚合物如 PET、PA6、PA66、POM 等的合金。但是，不能用于解聚型聚合物与非解聚型聚合物的合金，如 PET/ABS、PA/ABS、PA/PE 等的回收。因此，其应用受到一定的限制。

从全球的回收行动看，目前还没有经济性动力促使人们回收耐久性消费品中的工程塑料。客观地讲，目前工程塑料的回收还没有什么压力，政府和公众尚未认识到大量的废旧工程塑料正有待于填埋或焚烧处理。回收废旧工程塑料的主要动力：一是政府的支持和大众的要求；二是聚合物本身的价值。工程塑料的价格高于通用塑料，如果能够采取适当的收集措施，开发出回收设备，废旧工程塑料的回收加工是很有价值的，回收商也会有积极性。

参考文献

[1] 夏厚胜, 李成, 杨桂生. 非金属矿物填料在工程塑料中的应用[J]. 中国非金属矿工业导刊, 2012(2): 16-19.

[2] 李培和. 工程塑料在机械配件中的应用研究——以烟机配件为例[J]. 塑料工业, 2017,45(8): 62-65.

［3］乔广慧. 热致液晶高分子增强通用工程塑料的研究进展[J]. 黑龙江科技信息,2012(20)：92.

［4］张丽. 我国工程塑料产业现状分析与发展建议[J]. 化工新型材料,2018,46(12)：16-22.

［5］王玉忠,陈力. 新型阻燃材料[J]. 新型工业化,2016,6(1)：38-61.

［6］李环宇, 赵安, 袁彩虹,等. 塑料废弃物的危害及回收利用技术研究[J]. 城市建设理论研究：电子版,2014(23)：2839-2840.

［7］徐光. 汽车保险杠用增韧聚丙烯(PP)复合材料的研究[D]. 武汉：武汉理工大学, 2008.

［8］王喜梅, 张振, 赵志鸿, 等. 2015 年我国工程塑料应用进展[J]. 工程塑料应用,2016,44(06)：114-123.

［9］张华, 温宗国. 北京市居民 PET 饮料瓶的消费及回收行为研究[J]. 再生资源与循环经济,2014, 7(5)：19-22.

［10］孔萍,刘青山. 塑料回收技术——特殊废料的回收与造粒[C]. 2007 塑料老化与防老化技术交流会. 2007.

［11］王滨, 刘志伟, 蒋顶军. 全球汽车轻量化推动发泡聚丙烯的发展[J]. 国外塑料,2013, 31(12)：34-38.

［12］郝晓秀, 杨淑蕙. 防伪纤维防伪纸的研究[J]. 天津造纸,2005, 27(3)：19-22.

［13］姜兴剑, 詹庆松. 聚丙烯产品的性能及应用进展[J]. 油气田地面工程,2005, 24(5)：56-58.

［14］薛志宏,刘鹏,高叶玲. 废旧塑料回收与再利用现状研究[J]. 塑料科技,2021,49(4)：107-110.

［15］张方. ASA 的低温乳液聚合及聚苯乙烯 Pickering 乳液聚合的研究[D]. 合肥：合肥工业大学, 2013.

［16］高红梅, 孙永峰, 隆翊. 热固性复合材料回收材料的性能评价及用途[C]. 玻璃钢/复合材料学术年会. 2003.

［17］王兴原. 基于在线红外光谱研究聚对苯二甲酸乙二醇酯(PET)的解聚反应过程[D]. 杭州：浙江大学, 2012.

［18］王铁, 邵丽青. 我国安全带行业发展现状与趋势[J]. 汽车与配件,2014(28)：40-43.

［19］邱丽莎. 汽车保险杠用改性聚丙烯(PP)复合材料性能研究[D]. 武汉：武汉理工大学, 2010.

［20］程慧青, 黄宝铨, 肖荔人,等. 电子废弃物和废旧汽车中的塑料件回收再生[J]. 塑胶工业,2007(3)：15-17.

［21］崔岳崧, 沈球旺. 高固含高甲醚化三聚氰胺树脂在汽车面漆中的应用[J]. 现代涂料与涂装,2008,11(9)：10-12.

［22］陈士宏, 张玉霞. PET 瓶的再生利用技术进展[C]. 2005 中国塑料工业与环境保护协调发展论坛. 2005.

［23］李铭, 王万钢. 用杯式燃烧器测定气体灭火剂的灭火体积分数[J]. 消防科学与技术,2005, 24(2)：218-219.

［24］陈之贵, 张五九. PET 啤酒瓶应用技术研究[J]. 啤酒科技,2006(9)：35-37.

［25］田朋. 超亚临界甲醇及其共溶剂体系中 PET(催化)解聚研究[D]. 杭州：浙江工业大学, 2008.

［26］吴涛. 茂金属聚乙烯制备高性能膜材料的研究[D]. 成都：四川大学, 2003.

［27］张林, 王益龙, 王润桥. PET/PBT 共混物的结构与特性黏度变化[J]. 现代塑料加工应用,2013, 25(1)：13-16.

［28］赵均. 高性能 PET 的研究[D]. 北京：北京化工大学, 2003.

［29］刘均科. 塑料废弃物的回收与利用技术[M]. 中国石化出版社, 2000.

［30］顾逸清. PET 缩聚用氧化铌/凹凸棒土催化剂的制备与表征及其催化活性[D]. 衡阳：东华大学, 2014.

［31］王媚娴. 超亚临界水中聚对苯二甲酸乙二醇酯解聚研究[D]. 杭州：浙江工业大学, 2010.

［32］逯德木. 废 PET 制备环氧/聚酯粉末涂料用聚酯[D]. 杭州：浙江大学, 2007.

［33］Poulakis J G, Papaspyrides C D. Dissolution/reprecipitation：A model process for PET bottle recycling[J]. Journal of Applied Polymer Science, 2001, 81(1)：91-95.

［34］陈士宏, 杨惠娣, 张玉霞. PET 瓶回收应用进展[C]. 中国包装联合会塑料包装委员会第二次年会暨国内外塑料包装材料新技术研讨会. 2007.

［35］李永真, 王贵珍, 吕静,等. 废 PET 瓶回收再生技术及应用进展[J]. 化学工程与装备,2010(6)：145-146.

［36］周冬杰, 顾尧. 新型聚异氰脲酸硬质泡沫材料的制备及性能研究[J]. 上海塑料,2013(2)：28-32.

［37］刘桦. 聚氨酯泡沫塑料的阻燃及纳米改性研究[D]. 广州：广东工业大学, 2014.

［38］王泉源. 超临界流体技术解聚废弃 PET 的研究[D]. 杭州：浙江工业大学, 2002.

［39］Awaja F, Daver F, Kosior E. Recycled poly(ethylene terephthalate) chain extension by a reactive extrusion process[J]. Polymer Engineering & Science, 2004, 44(8)：1579-1587.

［40］郭福全, 付新建, 谢富春,等. 光学级聚碳酸酯的应用及循环利用技术现状[J]. 化学推进剂与高分子材料,2008, 6(4)：11-15.

［41］王壮凌. 海洋废弃物污染不容小觑[J]. 资源与人居环境, 2007(3)：48-53.

［42］吴滚滚, 冯美平. 废聚酰胺纤维再生利用的研究进展[J]. 合成纤维工业, 2014, 37(2)：51-55.

［43］刘明华. 废旧高分子材料再生利用技术[M]. 北京：化学工业出版社, 2015.

［44］孙小波, 王枫, 冯颖,等. 保持架用工程塑料的热性能[J]. 轴承, 2013(1)：55-59.

第 11 章

废旧热固性塑料的污染控制及资源化利用

11.1
废旧热固性塑料概述

一般我们所说的塑料回收均是指热塑性塑料的回收，而热固性塑料由于固化成型后形成交联结构，不能再次融化成型，所以回收比较困难，实际回收应用也较小。但是现在热固性塑料的用量约占全部塑料的 15%，绝对数量很大，因此对其再生利用也显得越来越重要和紧迫。

热固性塑料是指在加工过程中分子之间发生反应而形成交联结构，制品具有不溶不熔的特点的一类塑料[1]。常用的热固性塑料种类并不多，主要有聚氨酯、酚醛树脂、环氧树脂、不饱和聚酯、蜜胺和脲醛树脂等。其中又以聚氨酯、酚醛树脂用量最多，各占热固性塑料总量的 1/3 左右。消费后热固性塑料在城市固体废弃物中数量很少，而主要应用在工业和商业中。热固性塑料由于具有很多优点，如价格低、剪切模量和杨氏模量高、刚性好、硬度高、压缩强度高、耐热、耐溶剂、尺寸稳定、抗蠕变、阻燃和绝缘性好等，广泛地应用于电器和电子工业、机械、车辆、滑动元件、密封元件及餐具生产。以前，其发展速度不如热塑性塑料快，但进入 20 世纪 80 年代后热固性塑料的应用有所回升，每年增长速度大于 3%[2]。

热固性塑料由于非可逆的固化反应特性，非线性的网状体型结构，再次加热后无法熔融，不能在化学溶剂中溶解，因此无法再次塑性成型或塑性加工。这种性质使热固性塑料及其制品具有优良的机械性能和耐久性。但是，热固性塑料制品废弃后其不熔化不溶解的性质却成为再生利用的最大障碍，是有效回收必须解决的关键问题。长期以来，人们一直认为废旧热固性塑料不能再生利用，因而将其当作垃圾处理，不仅造成环境污染，还会耗费大量人力[3]。

11.1.1 废旧热固性塑料的来源及污染现状

热固性塑料包括热固性树脂及其增强塑料或材料（也称复合材料）。在热固性树脂中，聚氨酯占绝大多数，其次是酚醛树脂，环氧树脂用量相对较小。热固性树脂的应用方式比较多，有黏合剂、涂料、复合材料、密封剂等。增强塑料大多是不饱和聚酯、环氧树脂和酚醛树脂等热固性树脂与玻璃纤维、碳纤维等制成的复合材料，典型的复合材料是不饱和聚酯树脂增强塑料。下面分别介绍各类塑料的成分来源。

11.1.1.1 聚氨酯

聚氨酯是由异氰酸酯和多元醇在催化剂作用下合成的，其消费量仅次于聚乙烯、聚氯乙烯、聚丙烯、聚苯乙烯。聚氨酯一直被称作"万用材料"，其产品有多种，如软质泡沫塑料、硬质泡沫塑料、吸能泡沫、热固性和热塑性弹性体、黏合剂、涂料、纤维和薄膜等[4]。

目前大量的聚氨酯废料主要来源于聚氨酯软质泡沫塑料和聚氨酯硬质泡沫塑料。软质泡沫塑料主要有床垫、汽车坐垫、防护材料等。硬质泡沫塑料主要有建筑用板材、冰箱和冷库用绝热材料、包装材料等[5]。聚氨酯弹性体用作滚筒、传送带、软管、汽车零件、鞋底、合成皮革、电线电缆和医用人工脏器等。此外，聚氨酯还可制成乳液、磁性材料等。另外，体育用品也是聚氨酯废料的一个主要来源。工业废料，如聚氨酯生产中高达10%左右的废品，泡沫二次加工产生的大量边角料，反应注射成型（RIM）生产中的浇道料、飞边等也是不可忽视的废料来源。

11.1.1.2 酚醛树脂

酚醛树脂是酚类化合物和醛类化合物缩聚而得的高聚物[7]。最常用的酚类化合物是苯酚，其次是甲酚、二甲酚和对苯二酚等；最常用的醛类是甲醛，其次是糠醛，其中最重要的是苯酚和甲醛制得的酚醛树脂[8]。酚醛树脂成本低，但强度高，在很宽的温度范围内机械性能保持率高，使其成为第二大热固性塑料，仅次于聚氨酯。酚醛树脂主要作黏合剂使用。酚醛模塑复合物广泛用于家电手柄和电子、汽车零件及日用品等。酚醛泡沫的绝热性好，耐火性好，燃烧时烟少，可作屋顶材料。

酚醛塑料具有力学强度高、性能稳定、坚硬耐腐、耐热、耐燃、耐大多数化学药品、电绝缘性良好、尺寸稳定性好、价格低廉等优点[6]。酚醛塑料主要用于电绝缘材料，故有"电木"之称。当用碳纤维增强后能大大提高耐热性，已应用于飞机、汽车等方面。在宇航中可作为烧蚀材料以隔绝热量，防止金属壳层熔化。

11.1.1.3 不饱和聚酯

不饱和聚酯（UP）是指在主链中含有不饱和双键的一类聚酯，是由不饱和二元酸或酐（主要为顺丁烯二酸或其酸酐，另有反丁烯二酸等）和一定量的饱和二元酸（如邻苯二甲酸、间苯二甲酸等）与二元醇或多元醇（如乙二醇、丙二醇、丙三醇等）缩聚得到的线型初聚物，当然，随着原料种类和配比的不同可获得不同性能的产品[9]。加入饱和二元酸的目的是调节双键密度和控制反应活性。在这种树脂中加入苯乙烯等活性单体作为交联剂，并加入引发剂和促进剂，可以在低温或室温下交联固化，并可加入玻璃纤维增强形成复合材料，称之为玻璃纤维增强不饱和聚酯塑料，因其力学强度很高，在某些方面接近金属，故称为玻璃钢。在玻璃钢中，以不饱和树脂为最重要（约占80%）。

UP主要用作玻璃纤维增强塑料，其相对密度为1.7~1.9，仅为结构钢材的1/5~1/4，为铝合金的2/3，其比强度高于铝合金，接近钢材，因而在运输工业上用作结构材料，能起到节能作用[10]。UP树脂的主要优点是可在常温、常压下固化，其制品制造方法可用手糊法、喷射法、缠绕法、模压法等，但以手糊法为主；加工设备简单、操作方便，因此适用于制大型、异型的结构材料，特别是大型壳体部件如车体、船体、通风管道等。此外也可用作建筑材料、化工防腐蚀设备、容器衬里及管道等。除此之外，还用于制造非玻纤增强制品，如纽扣、涂料、人造玛瑙、人造大理石等[11]。

由于不饱和聚酯树脂材料特别是玻璃钢在工业上的用量大，以及在生产加工过程中所产生的边角废料及工业品的老化废弃，当废不饱和聚酯树脂无地堆积时，便将其倒入江河湖泊或就地掩埋，这样会对土质、水质造成严重破坏[12]。

11.1.1.4 环氧树脂

环氧树脂是一类分子结构中含有环氧基的树脂，由多酚类与环氧氯丙烷缩聚而成[13]。保护性涂料是环氧树脂的最大用途，其次是增强材料，如层压印刷电路板、雷达安装用复合材料、商用设备和飞机、汽车等所用的复合材料等。由于其强度高、尺寸稳定性好，还可用于机床工业如铸造和模塑等。电子零件的绝热材料、黏合剂等也是其主要应用[14]。

11.1.2 国内外废旧热固性塑料的再生利用现状

近年来，随着热固性塑料的用量越来越大，以酚醛塑料为例，在中国，其原料酚醛树脂2020年产量约为143万吨，同比增长4.9%；酚醛树脂产能约为175.2万吨，同比增长6.8%。庞大的市场不可避免产生数以万吨的废料，对废旧热固性塑料的再生利用也显得越来越重要和紧迫。研究表明热固性塑料废料是可以再回收利用的，但由于回收效率低，成本高，造成的经济效益低而未被广泛推广。

热固性塑料的回收技术有机械回收（如将其粉碎后作热塑性或热固性塑料的填充剂）和化学回收（如水解/醇解回收原材料）、能量回收等。不管采用哪一种回收方法，固化的热固性复合材料必须首先切碎成可用的块状，以后是否需进一步切小取决于其最终的用途[15]。采用化学回收法，即高温分解法时，通常块体尺寸约取为5cm×10cm。采用重新碾磨颗粒回收时，需进一步切小块体尺寸[16]。

目前废旧塑料再生利用方法主要有物理法、化学法和能量法。物理法的应用最为广泛，是将热固性塑料废料粉碎后充当填料加到新料中制作成新的塑料，充当补强材料加入到热塑性塑料中或者直接作为无机新材料使用，回收过程只发生物理变化。化学法是通过化学手段将热固性废料分解成各种单体原料来达到回收再利用的目的，目前应用比较成熟的有溶解和热分解两种。能量回收法适合所有的塑料，简而言之，是直接将废旧热固性塑料进行集中燃烧，通过回收燃烧过程产生的热量用于生产生活，但燃烧过程能量回收率低，并且会产生 SO_2、NO_x 等有毒气体，危害环境与人体健康。

11.2
废旧热固性塑料的污染控制技术

11.2.1 物理方式

物理方式主要是指机械回收，是在不破坏热固性塑料的化学结构、不改变其组成的情况下，采用机械粉碎或黏接方法直接回收。本节介绍采用机械重新加工不饱和聚酯片状模塑料（SMC）而不改变 SMC 化学性能的回收方法。如果 SMC 来源确定且不含杂质，重新碾磨可能是最为合适的回收方法，但通过重新碾磨回收热固性塑料不是一种新方法[16]。

11.2.1.1 聚氨酯

（1）PU 软质泡沫

用软质聚氨酯泡沫生产垫子时产生大量的废料（8%～10%），废料的多少取决于泡沫料的形状和切制品的复杂程度。模塑的座垫也产生一些边角料。其机械回收有以下几种方法。

1）黏合剂涂覆、后模塑技术

将纯净的泡沫切成适宜尺寸的碎片，用黏合剂涂覆。黏合剂是一种异氰酸酯预聚物，由二异氰酸甲苯酯与聚醚多元醇制得[17]。黏合剂用量为泡沫质量的 10%～20%。经过催化作用和充分混合，将泡沫黏合剂混合物放入一模具中压塑。在热和蒸汽作用下，泡沫在压缩中固化，密度可达 40～100kg/m³。

2）用作填充剂

软质泡沫塑料的另一种回收技术是将其粉碎，在泡沫生产中作填充剂。工艺如下：将软质泡沫塑料在深冷温度下（<-150℃）粉碎，研磨成适宜的粉料，然后将其与多元醇混合，比例为每 100 份多元醇加入粉料 15～20 份[2]。混合的多元醇/泡沫粉料糊可以在常用的泡沫加工设备中处理。为了得到最佳的性能，需调整催化剂和异氰酸酯的比例。实验表明，含回收料的软质泡沫的性能与不含填料的泡沫性能接近，且可以降低成本。

（2）反应注射成型的聚氨酯（RIM-PU）

1）作为填料

① 用于 RIM-PU 制品。用于生产 RIM-PU 制品时，首先要对回收的材料进行粉碎，通常有两种方法：一是用粉碎机将其粉碎，料屑的尺寸为 6～9mm；二是在精密磨盘上研磨成 180μm 的微粒。然后采用一种"三股流"工艺回收，如图 11-1 所示，回收料的加入量为 10%，多元醇、异氰酸酯和 RIM-PU 制品回收料分三股流入混合头中，混合后形成制品。从制品性能看，回收料对弹性体的性能影响很小，基本上与不含填料的制品性能相同，而且

涂漆后制品表面光滑，可与不含填料的制品相媲美，且成本降低5%。

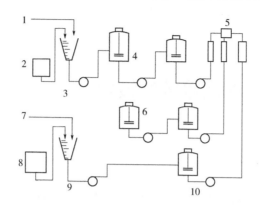

图11-1 RIM-PU回收料的"三股流"再生利用工艺流程

1—多元醇1；2—玻纤；3—预混站；4—多元醇料箱1；5—三股流混合头；6—异氰酸酯；

7—多元醇2；8—RIM回收料；9—预混站；10—多元醇料箱2

② 用于热塑性弹性体。RIM-PU回收料和PP的混合料注塑结果表明（见表11-1），回收料的加入降低了PP的物理性能，但使回收料在PP中均匀分散，可提高制品表面性能。为提高混合物的性能，填料在加入前需进行改性，主要方法如下。

表11-1 含RIM-PU回收料的PP的性能（混合比例为1∶1）

性能	材料	
	PP	RIM-PU/PP混合物
密度/（g/cm³）	0.91	0.89～1.0
拉伸强度/MPa	25	9.4～13.8
断裂伸长率/%	250	25～35
弯曲弹性模量/MPa	850	750～858

Ⅰ.活性处理：将热固性塑料用氨基硅烷等偶联剂进行表面活性处理。

Ⅱ.加相容剂：用马来酸酐接枝聚烃烯和丙烯酸接枝聚烃烯等相容剂可促进回收料与PP的相容。

Ⅲ.加无机填料：在混合物中加入10%～20%的硅烷处理的超细（1.8μm）滑石粉，可促进回收料与PP的相容性。

RIM-PU回收料作为热塑性弹性体的填料不仅仅可降低制品成本，重要的是可改善其性能，如改善耐热性和阻燃性、提高耐磨性和制品尺寸稳定性及耐蠕变性等。RIM-PU（玻璃纤维增强）的热变形温度可高达300℃以上，因此，当其加入通用热塑性塑料后可改善其耐热性。RIM-PU的耐磨性好，摩擦系数低（0.01～0.03），加入到非耐磨塑料中可提高其耐磨性，如加入到PVC鞋底料中可生产耐磨性鞋底。RIM-PU回收料属阻燃性填料，可改善热塑性塑料的阻热性能[18]。

③ 用于热固性塑料和弹性体。在聚酯模塑复合材料如 BMC 或热固性聚酯复合材料中加入低密度的 RIM-PU 回收料后可扩大其应用领域。一方面玻纤含量高的 RIM-PU 回收料对上述材料具有增强作用，另一方面加入 10%的 RIM-PU 回收料后，复合材料的密度下降了 3%，而收缩率、弯曲强度和冲击性能未受到影响，但加入 RIM-PU 后，聚酯复合材料的耐热性能下降，如改性的 RIM-PU 回收料填充的不饱和聚酯的最高使用温度仅在 100℃[19]。

2) 压缩模塑

压缩模塑是回收 RIM-PU 废料的另一个途径。在压缩模塑过程中不使用任何添加的黏结剂而直接将研磨过的 RIM-PU 料压缩模塑成需要的形状。工艺如下：在一定的温度、压力 [如 185~195℃（持续 7min）、30~80MPa（持续 1.5min）] 和高剪切力作用下，RIM-PU 粉料发生流动，颗粒间聚结在一起。压力越高，模塑件的性能越好[20]。与热塑性塑料的注塑模塑（冷模）相比，这种压缩模塑技术可以在热状态下充模和脱模，温度保持在恒定温度（190±5）℃，不需要使用脱模剂。制品性能低于原制品，但可将其用作气流转向器、挡泥板等，价格上可与聚烯烃、SMC 等竞争。

3) 用捏合机回收

捏合机回收 PU 的原理是通过热力学作用把分子链变成中等长度链，在这一反应过程中硬质的弹性的 PU 材料被转化为软质的塑性状态，但并不是熔融态[21]。实现这一状态转变的关键是将捏合机温度升高到 150℃，对其中的 PU 物料施以大量的摩擦热，这样温度才能达到 200℃，实现热裂解。部分裂解产物中还有许多官能团，能同高浓度的异氰酸酯交联，得到的材料硬度可高达 80，拉伸强度可高达 30MPa，但断裂伸长率较低（6%~8%）。这种材料适合作强度高、硬度高但不需要高的断裂伸长率的塑料件，如用作汽车上的工具箱等[22]。

11.2.1.2　酚醛树脂

废旧酚醛树脂主要是用作填充剂，填料的多少和填料颗粒大小对酚醛树脂性能的影响如表 11-2 所列。酚醛树脂中加入回收料后，混合物整体性能下降。下降最大的是无缺口冲击强度（为 35%），即使回收料含量仅为 5%时也是如此，但用粒径小的回收料后性能有少许提高。令人感兴趣的是，含有回收料时，材料的缺口冲击强度反而有所提高，弯曲强度不受回收料量和颗粒尺寸的影响。另一方面拉伸强度值较低，即使在回收料含量较低时也是如此，在回收粒径较大时尤为严重。介电强度、吸水率和热变形温度基本上不受回收料含量和颗粒大小的影响。使用时应慎重，掌握混合物性能的变化。

表11-2　酚醛树脂回收料对酚醛树脂性能的影响

材料组成	性能				
	弯曲强度/MPa	拉伸强度/MPa	缺口冲击强度/（J/m²）	无缺口冲击强度/（J/m²）	热变形温度/℃
酚醛树脂	85.8	46.7	752	3154	115
酚醛树脂+5%大粒径回收料	74.0	23.1	904	1955	110
酚醛树脂+5%中粒径回收料	81.2	40.6	1135	2039	107

材料组成	性能				
	弯曲强度 /MPa	拉伸强度 /MPa	缺口冲击强度/（J/m²）	无缺口冲击强度/（J/m²）	热变形温度 /℃
酚醛树脂+5%小粒径回收料	79.1	37	967	2376	109
酚醛树脂+10%中粒径回收料	80.5	—	736	2039	107
酚醛树脂+15%中粒径回收料	78.8	—	820	2018	111
酚醛树脂+20%中粒径回收料	77.0	—	749	1998	109

11.2.1.3　环氧树脂

将环氧树脂回收料加到环氧树脂配方中后，混合物的黏度增加，加工难度增大，强度和冲击性能下降，如表 11-3 所列。混合工艺有两种：一种是在固化前将回收料粉与环氧树脂干混；另一种是在固化前将回收料在体系中于 90℃下浸泡 1h，然后在室温下浸泡 4d。回收料增加了混合物的硬度，但降低了其他大部分性能。含有浸泡过的回收料的多胺固化试样的落锤冲击强度和热变形温度提高。对于多胺固化试样，加入干回收料后弯曲强度只有少许下降，体积电阻增加。在酸酐固化配方中，加入浸泡过的回收料后环氧树脂与铝的黏结力大大增加。

表11-3　回收料对环氧树脂性能的影响

材料	性能					
	硬度 /HB	挠曲模量 /MPa	弯曲强度 /MPa	落锤冲击强度/（J/M）	热变形温度/℃	体积电阻 /（10^{15} Ω·cm）
多胺固化材料	120	3272	111	1.13	103	1.700
含20%的干回收料	129	2315	39	<1.13	90	1.340
含20%浸泡的回收料	128	2239	46	2.23	108	0.024
聚酰胺固化材料	118	2638	84	3.39	60	0.690
含20%的干回收料	121	2507	82	<1.13	54	2.300
含20%浸泡的回收料	113	1626	40	1.13	46	0.870
酸酐固化材料	121	2467	83	2.26	70	12.100
含20%的干回收料	122	2535	47	1.13	71	7.190
含20%浸泡的回收料	126	1681	50	<1.13	65	8.010

注：回收料粒径的 70%～80%为 200～500μm，其余的粒径小于 200μm。混合比例为：环氧树脂：回收料=8：20。

11.2.1.4　不饱和聚酯

不饱和聚酯片状模塑料（SMC）的再生利用主要是作填充剂，如将 SMC 粉碎，将其作预制整体模塑料（BMC）的填料。实验结果表明，含大粒径 SMC 回收料的 BMC 的拉伸强度、模量和冲击强度等性能下降，而含小粒径的性能下降不大[23]。

SMC 回收涂料除可以用于 BMC 外，还可以将其与聚乙烯、聚丙烯共混，混合比例可分别为 15%、30%、50%。测试结果表明，SMC 回收料填充的试样缺口冲击强度和热变形温度得到提高，当 SMC 含量为 50%时热变形温度由 63℃提高到 94℃。从总的实验结果看，SMC 起到了填料的作用而非增强剂的作用。

SMC 的另一个用途是将其磨碎至 200 目，代替碳酸钙作 SMC 的填充剂，如每 100 份 SMC 用 88 份 SMC 回收料，黏度的限制妨碍了更多回收料的使用。结果表明，回收料含量较低时对 SMC 的性能影响不大，含量较高时制品性能尤其是表面质量下降较大，但不会严重影响材料的使用性能[24]。SMC 还可以回收其中的纤维。

11.2.2 化学回收

化学法回收是在不同的介质中对废旧热固性塑料进行加热，或者通过化学反应，将热固性树脂基体分解成原料单体或低分子聚合物，从而达到与增强材料分离、实现回收再利用的目的。热固性塑料的化学回收方法主要有水解、醇解和热裂解，只有含有羧基官能团的聚合物水解或醇解才可得到其合成单体。裂解是将聚合物的大分子链断裂，生成小分子物质。裂解有热热解、催化裂解及加氢裂解等[18]，而热裂解可回收各种材料。化学回收工艺是高温分解，高温分解是在无氧的环境下通过加热（不燃烧）的方法将一种材料化学分解为一种或多种可再生的物质[25]。

高温分解是将塑料降解为可以重新利用的有机产品，而焚烧是在有氧的环境下燃烧，释放出所有的热量，但留下的废渣必须填埋。因此，不要将高温分解与焚烧相混淆[25]。

11.2.2.1 聚氨酯水解/醇解

聚氨酯的水解与 PET 的水解不同，不是其聚合的逆反应，水解得到的是其合成组分之一，即二异氰酸酯与水的反应产物（二胺和多元醇），同时还得到二氧化碳。

$$—R—NH—\overset{\overset{\displaystyle O}{\|}}{C}—O—R^1 + H_2O \longrightarrow —R—NH_2 + HO—R^1— + CO_2$$

二胺可以转化成二异氰酸酯。聚氨酯水解之所以得到二胺，是因为其中含有的官能团，如软质泡沫塑料中的脲官能团、硬质泡沫塑料中的异氰酸酯官能团，水解成二胺和二氧化碳。如下式表示：

$$—R—NH—\overset{\overset{\displaystyle O}{\|}}{C}—NH—R— + H_2O \longrightarrow 2—R—NH_2 + CO_2$$

$$+ 3H_2O \longrightarrow 3—RNH_2 + 3CO_2$$

含有氨基甲酸酯或脲或异氰酸酯键的聚氨酯水解的诱人之处是可以将其中的所有成分都转化为二胺或多胺和多元醇。聚氨酯水解的主要缺点是二胺和多元醇在再利用之前需分离。

（1）蒸汽水解

软质聚氨酯泡沫塑料在高压蒸汽作用下可以水解为二元醇和二氧化碳。水解温度是决定聚氨酯水解产物质量和产量的关键参数。实验证明，聚氨酯水解得到多元醇并保证其质量的最佳水解温度为288℃[26]。回收的多元醇可用于软质聚氨酯泡沫塑料的生产[27]，当回收多元醇含量为5%，软质聚氨酯泡沫塑料性能最佳。

（2）醇解

醇解法的基本原理是利用烷基二醇为分解剂，在150~250℃温度范围内使聚氨酯废料中的氨基甲酸酯基断裂，即氨基甲酸酯基团与烷基二醇进行酯交换反应，氨基甲酸酯基团被短的醇链取代，释放出长链多元醇。与此同时，由于聚氨酯结构复杂，参与反应的基团比较多，还会发生很多副反应，主要的副反应是在醇解剂的作用下，脲基断裂生成胺和多元醇。另外，Kim等对聚氨酯降解产物中气体 CO_2 和亚硝气进行了分析，认为聚氨酯醇解时也会像水解一样产生 CO_2[29]。

使聚氨酯发生醇解反应的试剂是醇解剂。常用的醇解剂包括二甘醇、乙二醇、二乙二醇、丙二醇、二丙二醇、丁二醇、聚乙二醇等。国内研究学者对不同醇解剂做过对比实验，醇解后都得到聚酯（或聚醚）多元醇。当醇解剂为二元醇，助醇解剂分别是叔胺和乙醇胺，分解温度为150~200℃时，分解主要产物为多元胺和多元醇；分解温度为175~200℃时，产物是多元醇。此外，用叔胺和乙醇胺作助醇解剂，反应时间也比用二元醇的反应高出近1倍；比较好的分解方法是采用二元醇和二元胺的混合物作醇解剂、碱土金属氢氧化物作助醇解剂，优点是反应温度较低（60~160℃），分解废料的倍数也高（30~50倍），分解时间较短（1~5h），得到的多元胺和多元醇产物可直接用于聚氨酯泡沫的生产；也有研究人员用分子量为400~3000的聚丙二醇和磷酸酯作分解剂，在175~250℃下反应3~5h得到多元醇和磷酸胺[29]。

此外，还可使用助醇解剂，如醇胺、叔胺、碱金属和碱土金属的钛酸盐等，优点是反应温度较低，分解时间短，分解效率也比较高。使用碱金属的氢氧化物及盐类作助醇解剂时，多元醇对碱土金属离子比较敏感，要求碱金属离子质量分数少于 $1.0×10^{-5}$，否则可能产生凝胶；用乙二醇或二甘醇作为醇解剂，降解产物分层明显，产物颜色较浅，体系黏度较小，降解效果比丙二醇和丁二醇好，但乙二醇沸点较低，体系温度最高只能升至190℃左右，且由于接近沸点，有大量回流。因此，使用二甘醇比乙二醇对醇解反应更有利[29]。

醇解工艺通常是在有回流冷凝条件下进行醇解反应。投料之前充入氮气以排尽容器中的空气，并在整个反应实施过程中保持氮封[29]。

总之，选择合适的降解剂和降解条件可以获得高质量的多元醇，解决聚氨酯回收问题。这种方法可以用来回收硬质泡沫（热绝缘性材料）、微孔弹性体（鞋底）和结构泡沫、柔性弹性体等，并且在回收硬的鞋底废料和聚氨酯泡沫中已得到了工业化的应用，Bayer 公司、BASF 公司和 ICI 公司在这方面都取得了一定的进展，江苏油田和胜利油田用复合降解剂对废 PU 泡沫降解也进行了试生产[22]。

醇解产物的分离：醇解的目的就是回收多元醇，因此，如何将目标产物从复杂的降解产物中分离出来是研究的一个重点问题。醇解结束后静置一段时间，产物分为两层。上层产物主要是高分子量多元醇及过量降解剂（如小分子二元醇），下层产物主要含有脲、氨基甲酸酯等[29]。

20世纪90年代，日本本田技研株式会社在专利中提出了从降解产物中分离回收多元醇的4种方法及工艺：a.将有机二羧酸或其酸酐加入到含胺的分解和回收多元醇中，除去沉淀物的工艺；b.将异氰酸酯化合物加入到含胺的分解和回收多元醇中的工艺；c.将氧化物加入到含胺的分解和回收多元醇中的工艺；d.将脲加入到含胺的分解和回收多元醇中的工艺。这些工艺的主要目的就是通过加入某种物质以便除去醇解的副产物胺，从而分离、纯化多元醇[28]。

英国帝国化学工业公司将醇解完成并冷却一定时间后，将分层的两相分别收集处理。先将上层产物用低相对分子质量多元醇如乙二醇进行萃取，多次萃取后再进行蒸馏操作可得到较纯的大分子量多元醇；下层产物主要含有脲、氨基甲酸酯、胺以及其他一些低相对分子质量化合物，可通过烷氧基反应掉胺基，然后经蒸馏提纯，所得产物可用于制备聚氨酯硬质泡沫[28]。

降解回收的多元醇的纯度一般根据后续制品的要求而确定，对于一些纯度要求不太高的制品，醇解产物甚至都不需要特别处理，如韩国三星电子株式会社将回收所得的多元醇用于制备聚氨酯硬质泡沫，其醇解的产物只需要除去不溶性杂质，然后与一定量市售的多元醇混合作为后续反应的原料，这样从另一个角度来看，确实降低了多元醇中杂质的含量，且省去了繁琐的分离处理[28]。

11.2.2.2 不饱和聚酯水解/醇解

不饱和聚酯大量地用于生产片状模塑料。SMC是将切断的玻璃粗纱（长25～50mm）分散在不饱和聚酯和乙烯基单体（如苯乙烯）的混合物中，添加交联剂、催化剂、增厚剂（如碳酸钙、氧化镁）等制得的。

固化的不饱和聚酯在225℃下水解2～12h后，过滤得到间苯二甲酸（理论上可得到60%）、苯乙烯与酸的共聚物及未水解的反应材料等。

SMC醇解可以得到油，产率最高可达18.3%，有的油的热值为45～53MJ/kg，可作燃料油使用。于400℃下，SMC在空气中醇解得到的油可作为环氧树脂的增韧剂。随着醇解油含量的增加，环氧树脂的拉伸强度和压缩强度下降，伸长率和压缩变形率增加，而基体的黏度下降。这种醇油与环氧树脂的相容性很好，固化过程中和固化后都没有出现相分离和油析出，即使在室温下加压也不会产生上述现象。

SMC醇解得到的玻璃纤维-碳酸钙残留物中玻璃纤维长5～10mm，直径约18μm，可用作环氧树脂的填充剂。实验表明，在环氧树脂中加入30%的玻璃纤维-碳酸钙残留物不影响环氧树脂的性能[12]。

11.2.2.3 热裂解

（1）聚氨酯

聚氨酯的热解温度为250～1200℃。丙二醇和二异氰酸甲苯酯生产的聚氨酯在一定气氮下，于200～250℃下的热解使聚氨酯键自由断裂成异氰酸酯和羟基。温度升高，醚键断裂，产生一系列的氧化产品。在类似的条件下，软质泡沫塑料在300℃时失去其中的大部分氮，同时失重约1/3。对于硬质泡沫塑料而言，温度（200～500℃）越高，失氮和失重越多。在200～300℃时，硬质聚氨酯泡沫塑料产生异氰酸酯和多元醇，比例相同。二异氰酸甲苯酯生产的软质泡沫塑料可分解为聚脲，二苯基甲烷-4,4'-二异氰酸酯生产的硬质泡沫塑料热分解得到聚碳二酰亚胺。当温度高于600℃时，聚脲和聚碳二酰亚胺可进一步分解为腈、烃和芳香族复合物。

（2）不饱和聚酯片状模塑料

不饱和聚酯片状模塑料热裂解产生的燃料气体足够维持热分解反应。热解的固体副产物如碳、碳酸钙和玻璃纤维排出反应器，冷却，分离。实验表明，20%的固体副产物可代替碳酸钙用于SMC中而不损害产品的性能和表面质量。

（3）酚醛树脂

酚醛塑料热解后可产生活性炭。工艺如下：将温度升至600℃（升温速率为10～30℃/min），保持30min，酚醛树脂即可被碳化形成碳化物。用盐酸溶液将碳化物中的灰分溶解掉，增大活性炭产品，产率为12%，产品的比表面积达1900m²/g。这种活性炭的吸附能力较强，对十二烷基苯磺酸钠的吸附能力为通用活性炭的3～4倍。

（4）氨基塑料

蜜胺塑料和脲醛塑料也可以热裂解，生产活性炭。在碳化温度600℃，碳化时间30min、活化用水蒸气温度为1000℃条件下，脲醛塑料的活性炭产率为2.6%，产品比表面积为750m²/g。

11.2.2.4　加氢裂解

加氢裂解是使大分子中的C=C键被氢化，抑制高温下炭析出，防止炭化发生。同时需使用催化剂，常用的催化剂为分解和加氢两组分双功能型催化剂，如铂/二氧化硅、钒/沸石、镍/二氧化硅等[18]。

酚醛塑料在440～500℃下加氢裂解时，如不使用催化剂，得到30%的小分子液体；以铂/活性炭作催化剂，则可得到80%的小分子液体，其中含有40%～50%的苯酚单体，其余为甲酚、二甲酚、环己醇、烃类气体和水等小分子物质。催化剂提高氢化产率的原因在于酚醛骨架结构中的羟基或醚键的氧及游离羟甲基被吸附在铂的活性表面上，促进加氢作用的发生。

蜜胺塑料在氧化镍作用下也会发生加氢裂解。在200℃时分解反应就开始发生；持续升温至300℃时分解速率加快；升温至400℃时，蜜胺会全部加氢裂解。其裂解产物为气体，裂解气化率达68%，其中37%是氨气，31%是甲烷。

11.2.3　能量回收

能源回收是通过焚烧炉焚烧硬质聚氨酯泡沫塑料释放的热能的有效利用来达到回收目

的的方法。有些物质如 PP、尼龙和聚氨酯能量含量极高，其热值等于或高于煤，但 SMC 的有机物、能量含量很低并且灰渣含量很高，不利于用焚烧法处理 SMC[25]。聚氨酯燃烧时的发热量为 28～32MJ/kg，而且通过焚烧方法能使废弃物的体积减小 99%，许多欧洲国家将家用、商用以及工业中产生的废料都当作燃料。

废旧热固性塑料的焚烧既安全又经济，且得到环境部门的认可，同时还可以回收热量。聚氨酯泡沫塑料、含有聚氨酯和聚氯乙烯的混合塑料、汽车塑料残留物等的焚烧排放物含量均在环境部门认可的范围内。

废旧热固性塑料的能量回收现仅限于研究阶段。现有的技术已经可以做到安全经济的焚烧这些材料而对环境无害。即焚烧像聚氨酯泡沫、聚氯乙烯、汽车塑料件的混合物，也可以控制其排出的有害气体浓度在允许的范围内。硬质聚氨酯泡沫废料在 700℃ 燃烧时，焚烧彻底，聚氨酯完全分解，体积减小在 85% 以上，排出的有害气体为：$NO_x\ 80×10^{-6}$，氯化氢 $0.25×10^{-6}$，另有少量的三氯氟甲烷，不含一氧化碳、异氰酸酯、氢氰酸、酚、甲醛及光气等物质。

Voest-Alpine 公司热固性混合塑料的能量回收工艺是较成功的一种。先将废旧塑料在一个已加热到 1600℃ 的炼焦炉中气化，使之产生氢气和一氧化碳。该混合体温度非常高，通过热交换装置使之冷却，而热量则用于产生蒸汽。不燃烧材料变成液态渣，从反应炉中排出到水槽中冷却。冷却后的炉渣似碎玻璃状，是一种很好的建筑材料。从炉中冷却得到的混合气体还可以燃烧产生很高的能量。该工艺的综合能量回收效率为 80%～85%。燃烧排放的有毒气体很少且能严格符合空气质量要求。焚烧设备有流化床、旋转窑等，每种设备对废料都有不同的要求，且都需要清洁的废料。排出的有毒气体很低，甚至比煤和油燃烧都低。

11.3
废旧热固性塑料的再生利用途径

11.3.1　废旧热固性塑料用作填料

废旧热固性塑料成本十分低，又易粉碎成粉末状，因此可用作填料[30]。

由于热固性填料本身具有聚合物结构，因此同塑料的相容性好于无机填料。如果将热固性填料加入同类塑料中（如 PF 填料加入 PF 树脂中），则这种填料可不必经过处理而直接加入，相容性很好，但如果将热固填料加入其他各类塑料中，则其相容性往往不够理想。因此，填料在加入前往往要进行改性处理，处理方法如下。

（1）活性处理
将热固性填料用偶联剂进行表面活性处理。可选用的偶联剂有氨基硅烷等[18]。

（2）加相容剂

相容剂可促进聚合物类填料同聚合物的相容性，可选用的相容剂有马来酸酐改性聚烯烃和丙烯酸改性聚烯烃。

（3）加无机填料

超细（1.8μm）滑石粉，用硅烷处理，可促进热固性填料同塑料的相容性，加入量为10%～30%[18]。废旧热固性填料不仅起降低成本的作用，更主要的是改善其如下性能。

1）改善耐热性

废旧热固性填料的耐热性都很好，其热变形温度在150～260℃范围内，填充玻璃纤维的还要高，可达300℃以上。因此，这种填料加入通用热塑性塑料中可改善其耐热性[18]。

2）提高耐磨性

废旧热固填料的耐磨性都很好，其PV值高，摩擦系数低（0.01～0.03）。这些填料加入到非耐磨塑料中，可提高其耐磨性。例如，加入PVC鞋底中可制成耐磨鞋底。

3）改善阻燃性

热固性填料大都属于自熄性难燃填料，如脲醛、三聚氰胺甲醛、有机硅、聚氨酯及聚酰亚胺等。酚醛塑料填料属于慢性填料。因此，这种填料加入后可提高塑料的阻燃性能。

4）提高尺寸稳定性和耐蠕变性

不管加入何种塑料中，热固性填料在改善其性能的同时降低了其流动性。因此，在这种填料中，要加入适量润滑剂，主要有聚四氟乙烯蜡（可用于PF）、羟甲基酰胺（可用于氨基塑料、PF）等。这种填料除可用于所有塑料外，还可用于水泥、陶瓷、沥青等建材中[18]。

11.3.2　废旧热固性塑料生产塑料制品

废旧热固性塑料不能通过重新软化使之流动而重新塑成塑料制品，但可将其粉碎后，混入黏合剂而使其互相黏合为塑料制品，此制品仍然具有很好的使用性能[30]。

废旧塑料的粒度影响产品质量。粒度太大，产品表面粗糙；粒度太小、产品表面无光泽、且强度太小，并需消耗大量黏合剂，增加成本。要求粒度大小适中，一般为20～100μm；粒度还应呈正态分布，不应完全均匀[30]。

黏合剂可以选用环氧树脂类、酚醛树脂类、聚氨酯和异氰酸酯类等。

例如，废聚氨酯热固性塑料的再生方法为：先将废料粉碎至8～10mm粗粒，再用另一粉碎机进一步粉碎至50～80μm细粒，与黏合剂按85:15的比例，在搅拌器内混合均匀，按制件所需的重量，取一定量此混合物置于成型模具内，在压力为100～120kg/cm²、温度为140～150℃条件下热压1～3min，即可得到新的模塑制品，可用作汽车挡泥板。此制品的拉伸强度为200～250kg/cm²，伸长率为110%～140%，疲劳试验可达70000次，密度为1.17g/cm³，外观平滑并有光泽[30]。

11.3.3　废旧热固性塑料生产活性炭

活性炭是一种重要的化工产品，可广泛用于吸附、离子交换剂。用废旧热固性塑料生产活性炭成本低、性能好。

用废旧塑料生产活性炭的研究从 1940 年就已开始，其技术关键在于高温处理形成的碳化物，使具有乱层结构并难以石墨化的碳化物形成具有牢固键能的主体结构，需要采取的措施有：a.注意碳化时的升温速率不能太快，一般以 10～30℃/min 为宜；b.应引入交联结构；c.加入适当添加剂。

形成立体结构的碳化物还要进行活化处理，以增大其比表面积，提高吸附能力。在碳化温度 600℃、碳化时间 30min，活化用水蒸气于 1000℃时；酚醛塑料的活性炭生产率为 12%，产品比表面积 1900m^2/g；尿醛塑料的活性炭生产率为 5.2%，产品表面积为 1300m^2/g；蜜胺塑料的活性炭生产率为 2.6%，产品比表面积为 750m^2/g[18]。

如用酚醛废旧塑料生产活性炭的工艺为：先将废旧塑料粉碎成粉末，在炉内升温，升温速率为 10～30℃/min，升温到 600℃，持续 30min 即可被碳化形成碳化物；将此碳化物用盐酸溶液进行处理，使其中灰分被溶解除掉，从而增大碳化物比表面积。将处理过的碳化物，再升高到 850℃，用水蒸气进行活化，即得到活性炭产品。该产品的吸附能力好，对十二烷基苯磺酸钠的吸附力大于市售活性炭的 3～4 倍。

11.3.4　废旧热固性塑料裂解小分子产物

废旧塑料的裂解方法有热裂解、催化裂解及加氢裂解等，其共同机理为分子链断裂，生成小分子产物，如单体等。

废旧热固性塑料一般采用加氢裂解的方法，使其中 C═C 键被氢化，抑制高温下炭析出，防止碳化现象产生。在加氢裂解时也需采用催化剂，常用的催化剂为分解和加氢两组分双功能型，如铂-二氧化硅、钒-沸石、镍-二氧化硅等。加催化剂可提高液体产量是因为 PF 骨架结构中的氢氧基或醚键的氧及游离羟甲基，被吸附在催化剂的活性表面上，促进加氢作用的发生。

废旧蜜胺塑料在氧化镍存在下也可以发生氢裂解。这种裂解在反应温度为 200℃时即开始发生，持续升温达到 300℃时，裂解速度加快，再升高到 400℃，蜜胺会全部加氢裂解。与酚醛不同的是，其裂解产物不是液体，而是气体；其裂解气化率可达 68%，其中 37%为氨气，31%为甲烷。

11.3.5　废旧热固性塑料降解生产低聚物

废旧热固性塑料具有的交联主体结构，使其不溶不熔而不能重新加热塑化成型。如果采取适当方法使其交联结构破坏，降低交联度或成为线型聚合物，则又可重新模塑成新的制品。降解的方法主要有热降解、机械降解、辐射降解和氧化降解，但这方面见过的报道很少，所以不详细叙述。

热固性聚酰亚胺膜是一种新兴的功能膜。其回收方法为：先将 PI 膜进行碱化处理，再进行酸化处理；酸碱处理后，再用水洗并干燥；最后，将此膜溶于溶剂中，即制成 PT 溶液。此溶液可用于制漆，如生产包线漆、浸渍漆或重新用作 PI 膜生产原料。上述方法回收率可达 95%。

11.3.6　废旧热固性塑料生产改性高分子

废旧热固性塑料中含有苯环、氨基等可反应基团。利用这些可反应基团进行高分子反应可生成新的高分子材料。例如，将废旧 PF 塑料用浓硫酸进行磺化反应，得到的新聚合物可用作阳离子交换剂。将其先氯甲基化后，再进行胺化，可得到阴离子交换剂[18]。

参考文献

[1] 张士兵. 废弃热固塑料资源化利用管理对策研究[D]. 上海：东华大学，2008.

[2] 吴皓. 共混改性废弃热固性 SAN 塑料制备复合再生板材的研究[D]. 天津：天津大学，2014.

[3] 石磊. 基于机械物理法的废旧热固性塑料再生工艺及实验研究[D]. 合肥：合肥工业大学，2013.

[4] 潘绍波. 热固性酚醛树脂机械活化再生及应用研究[D]. 合肥：合肥工业大学，2014.

[5] 刘红梅. 植物油聚氨酯泡沫塑料制备与性能研究[D]. 北京：北京化工大学，2007.

[6] 杨贵忠，齐暑华，陈晓蕾，等. 聚砜、复合增韧剂改性酚醛模塑料的耐油性研究[J]. 合成材料老化与应用，2003，31（4）：7-9.

[7] 危冬梅. 大孔酚醛吸附树脂的合成与应用研究[D]. 长沙：湖南师范大学，2013.

[8] 王烽屹. 硼硅改性酚醛树脂的制备及其性能研究[D]. 武汉：武汉理工大学，2014.

[9] 王庆. 不饱和聚酯树脂固化和增稠特性的研究[D]. 南京：南京工业大学，2006.

[10] 乔艳党. 连续玻璃纤维增强热塑性 PVC 层压板工艺研究[D]. 哈尔滨：哈尔滨工业大学，2009.

[11] 孙晓牧，梅弘进. 不饱和聚酯树脂市场分析及预测[J]. 化学工业，2002，20（3）：22-27.

[12] 马洪霞. 不饱和聚酯废弃物的再生利用[J]. 热固性树脂，2010，25（2）：38-42.

[13] 肖艳. 环氧树脂分类、应用领域及市场前景[J]. 化学工业，2014，32（9）：19-24.

[14] 许文娇. 废弃环氧树脂再生技术及应用研究[D]. 上海：东华大学，2011.

[15] 徐佳，孙超明. 树脂基复合材料废弃物的再生利用技术[J]. 玻璃钢/复合材料，2009（4）：100-103.

[16] 李林楷. 热固性塑料的再生利用[J]. 国外塑料，2004，22（6）：69-72.

[17] 杨略. 热固性酚醛树脂废料的再生利用及其性能研究[D]. 武汉：湖北大学，2019.

[18] 陈荣圻. 水性聚氨酯及其应用于纺织助剂[J]. 印染助剂，2014，31（2）：1-9.

[19] 王智灵. 热固性废旧塑料的再生利用[J]. 华章，2012（2）.

[20] 曾广胜，徐成，庞立楠，等. 植物纤维增强 LDPE 复合材料的性能研究[J]. 包装学报，2011，03（3）：1-5.

[21] 王建和. 灌水器精密注塑模具设计理论与方法[D]. 武汉：华中科技大学，2006.

[22] 肖永清. 废旧聚氨酯再生利用[J]. 化学工业，2013，31（Z1）：25-27.

[23] 王静荣，陈大俊. 聚氨酯废弃物再生利用的物理化学方法[J]. 弹性体，2003，13（6）：61-65.

[24] 王颖. 废旧塑料的分离方法和再生利用[J]. 塑料，2002，31（4）：29-32.

[25] 朱俊. 废旧塑料的循环利用[J]. 化学工业，2013，31（2）：28-31.

［26］李林楷. 热固性塑料的再生利用[J]. 国外塑料，2004，22（6）：69-72.

［27］鹿桂芳，丁彦滨，赵春山，等. 国内外化学法回收废旧聚氨酯研究进展[J]. 化学工程师，2004，18（10）：45-48.

［28］孙少芳. 微孔聚氨酯弹性体的合成及阻尼性能研究[J]. 青岛：青岛科技大学，2014.

［29］胡朝辉，王小妹，许玉良. 醇解废旧聚氨酯回收多元醇研究进展[J]. 聚氨酯工业，2008，23（4）：9-11.

［30］赵延伟. 塑料包装废弃物综合治理研究[J]. 湖南包装，2000，12（4）：16-21.

第**12**章

废旧泡沫塑料的污染控制及资源化利用

12.1
废旧泡沫塑料污染现状

12.1.1　废旧泡沫塑料概况及污染的产生

12.1.1.1　泡沫塑料概况

泡沫塑料也叫多孔塑料，是由大量气体微孔分散于固体塑料中而形成的一类高分子材料。以树脂（聚苯乙烯、聚氯乙烯、聚氨基甲酸酯等）为主要原料制成，具有质轻、绝热、吸声、防震、耐腐蚀等特点，且介电性能优于基体树脂。泡沫塑料广泛用作绝热、隔声、包装材料及制车船壳体等[1]。

泡沫塑料分闭孔型和开孔型两类：闭孔型泡沫塑料中的气孔互相隔离，有漂浮性；开孔型泡沫塑料中的气孔互相连通，无漂浮性。微孔间互相连通的称为开孔型泡沫塑料，互相封闭的称为闭孔型泡沫塑料。泡沫塑料有硬质、软质两种。按美国试验和材料学会标准，在 18 ~ 29℃温度下，在时间为 5s 内，绕直径 2.5cm 的圆棒一周，如不断裂，测试样属于软质泡沫塑料；反之则属硬质泡沫塑料。泡沫塑料还可分为低发泡和高发泡两类。通常将发泡倍率（发泡后比发泡前体积增大的倍数）小于 5 的称为低发泡，大于 5 的称为高发泡。几乎各种塑料均可做成泡沫塑料，发泡成型已成为塑料加工中一个重要领域[2]。

20 世纪 60 年代发展起来的结构泡沫塑料，以芯层发泡、皮层不发泡为特征，外硬内韧，比强度（以单位质量计的强度）高、耗料省，日益广泛地代替木材用于建筑和家具工业中。聚烯烃的化学或辐射交联发泡技术取得成功，使泡沫塑料的产量大幅度增加。经共混、填充、增强等改性塑料制得的泡沫塑料，具有更优良的综合性能，能满足各种特殊用途的需要。例如，用反应注射成型制得的玻璃纤维增强聚氨酯泡沫塑料，已用作飞机、汽车、计算机等的结构部件；而用空心玻璃微珠填充聚苯并咪唑制得的泡沫塑料，质轻而耐高温，已用于航天器中。

（1）泡沫塑料特点

泡沫塑料因其密度和结构的不同，性能也有所差异。泡沫塑料一般具有以下特点。

1）质量轻

泡沫塑料相对于同材质量实芯塑料密度小，质量轻，所消耗的原料少，降低了生产成本。

2）绝热好

泡沫塑料中含有大量微小泡孔，具有优良的绝热性能，是很好的绝热材料。

3）防震强

泡沫塑料具有很好的冲击吸收性能，防震效果佳，能有效地保护被包装的物品，可根据被包装物品的重量来选择性能不同的泡沫塑料。

4）回弹佳

泡沫塑料具有良好的物理机械性能，特别是软泡所具有的良好回弹性能，使之成为很好的垫层材料。

5）易加工

加工性能优良，既可以制成不同密度的软质和硬质泡沫塑料，又可以按包装物品的外形、尺寸模压成各种包装容器，还可以把泡沫板（块）材用黏合剂黏接，制成各种缓冲结构材料。

6）吸湿少

有很好的耐水性和很低的吸湿性，即使在较湿的情况下也不会出现变形和毁体，影响其吸收外力的能力。

7）强度高

高密度的硬质泡沫塑料，能承受相当高的压力，可作仿木材料，节约资源。

8）易燃烧

泡沫塑料一般情况下比同类非发泡产品容易燃烧。

（2）泡沫塑料的发泡方法

泡沫塑料是以合成树脂为基体，加入发泡剂及其他添加剂，经发泡作用形成的一种具有细孔海绵状结构的物质。常用的发泡方法有机械发泡法、物理发泡法和化学发泡法等，所形成的气泡结构分两种：一种是独立气泡，亦称闭孔结构，一个个气泡各成薄壁独立状；另一种连通气泡，亦称开孔结构，各气泡相互连通成一体。不过无论采用什么方法发泡，其基本过程都是：a.在液态或熔态塑料中引入气体，产生微孔；b.使微孔增长到一定体积；c.通过物理或化学方法固定微孔结构。

1）机械法

这种发泡方法是采用强烈的机械搅拌使空气卷入树脂乳液、悬浮液或溶液中成为均匀的泡沫体，然后再经过物理或化学变化使之胶凝，固化成为泡沫塑料。为缩短成型周期可通入空气和加入乳化剂或表面活性剂。其特点是无需特别加入发泡剂，但缺点是所需设备要求较高。通常应用于脲醛、聚乙烯醇缩甲醛、聚乙酸乙烯、聚氯乙烯溶液等泡沫塑料。工业上主要用此法生产脲醛泡沫塑料，可用作隔热保温材料或影剧中布景材料（如人造雪花）。

2）物理法

利用物理原理发泡的方法，包括以下3种。

① 在加压下把惰性气体压入熔融聚合物或糊状复合物中，然后降低压力，升高温度，使溶解的气体释放膨胀而发泡。目前聚氯乙烯和聚乙烯塑料等有用这种方法生产的。优点是气体在发泡后不会留下残渣，不影响泡沫塑料的性能和使用；缺点是需要高的压力和比较复杂的高压设备。

② 利用低沸点液体蒸发气化而发泡。把低沸点液体压入聚合物中或在一定的压力、温度下，使液体溶入聚合物颗粒中，然后将聚合物加热软化，液体也随之蒸发气化而发泡。目前采用该方法生产的聚苯乙烯泡沫塑料和交联聚乙烯泡沫塑料。常将低沸点烃类或卤代烃类溶入塑料中，受热时塑料软化，同时溶入的液体挥发膨胀发泡。如聚苯乙烯泡沫塑料，可在苯乙烯悬浮聚合时，先把戊烷溶入单体中，或在加热加压下把已聚合成珠状的聚苯乙烯树脂用戊烷处理，制得所谓可发泡性聚苯乙烯珠粒。将此珠粒在热水或蒸汽中预发泡，再置于模具中通入蒸汽，使预发泡颗粒二次膨胀并互相熔结，冷却后即得到与模具型腔形状相同的制品。它们广泛用作保温和包装中防震材料。

③ 在塑料中加入空微球后经固化而制成泡沫塑料，此种泡沫塑料称为组合泡沫塑料。中空微球法是将熔化温度很高的空心玻璃微珠与塑料熔体相混，在玻璃微珠不致破碎的成型条件下，可制得特殊的闭孔型泡沫塑料。

3）化学法

利用化学方法产生气体来使塑料发泡，一般可分为2类。

① 采用化学发泡剂，它们在受热时分解放出气体。常用的化学发泡剂，如偶氮二甲酰胺、偶氮二异丁腈、N,N'-二亚硝基五亚甲基四胺、碳酸氢钠等。许多热塑性塑料均可用此法做成泡沫塑料。例如聚氯乙烯泡沫鞋，就是把树脂、增塑剂、发泡剂和其他添加剂制成的配合料，放入注射成型机中，发泡剂在机筒中分解，物料在模具中发泡而成。

② 利用聚合过程中的副产气体，典型例子是聚氨酯泡沫塑料，当异氰酸酯和聚酯或聚醚进行缩聚反应时，部分异氰酸酯会与水、羟基或羧基反应生成二氧化碳。只要气体放出速度和缩聚反应速度调节得当，即可制成泡孔十分均匀的高发泡制品。聚氨酯泡沫塑料有两种类型：软质开孔型形似海绵，广泛用作各种座椅、沙发的坐垫以及吸声、过滤材料等；硬质闭孔型则是理想的保温、绝缘、减震和漂浮材料。

12.1.1.2　废旧泡沫塑料的污染

随着生活节奏的加快，社会生活正朝着便利化和卫生化方向发展。为满足人们的需求，一次性泡沫塑料饭盒、塑料袋、筷子、水杯等开始频繁进入人们的日常生活。这种使用方便、价格低廉的包装材料的出现给人们的生活带来了许多便利。但是另一方面，这些包装材料在使用后经常被丢弃，造成"白色污染"，对环境造成危害，成为严重的环境问题。

每年产生数百万吨的泡沫塑料，它们既不会腐烂转化也不会自己降解消失，一方面造成严重的环境污染，另一方面也浪费了宝贵的不可再生资源。怎样对废旧泡沫塑料进行合理、有效的回收利用已引起世界各国科研人员的广泛关注。

12.1.2 废旧泡沫塑料回收的经济和社会问题

泡沫塑料主要用作包装材料，在废弃物数量中占垃圾总量的比例是有限的，仅为家庭垃圾的 0.2%，包装材料的 1%，废旧塑料中的 3%。但是，塑料在发泡成型后体积扩大 50~80 倍，表面容积可达 75~120 L/kg，非常之大[3]。泡沫塑料的体积庞大是造成垃圾处理场能力下降的原因之一。再者，抛弃的废泡沫塑料长时间不降解，且混合在土壤中的塑料制品影响农作物吸收养分与水分导致减产，所以对于废旧泡沫塑料大多进行焚烧处理，但是在焚烧处理时因发热量大（1.05×10^4 kcal/kg），往往毁坏焚烧炉，并由于冒出黑烟，一般认为这是造成环境污染的根源，是所谓塑料公害的典型代表。简言之，废旧泡沫塑料主要面临回收难、处理难、利用难等问题[4]。

目前，虽然没有完全掌握这些泡沫塑料废物的总体处理或处置的现状，但对于排放比较集中的全国中央批发市场的泡沫聚苯乙烯塑料鱼箱的有关报道，比例最高的处理方式是场内焚烧，占 42%，其次是委托处置，占 35%，场内熔融固化合计占 22%。据相关专家介绍，今后将向熔融固化后的再生利用这一方向发展。

在废旧泡沫塑料的处理上最大问题仍是回收成本，即如果原封不动地收集和装运，就如同是在"运送空气"，所以最好能适当集中，在排出现场进行脱泡处理。

由于处理能力的限制，我国的很多大城市包括杭州和北京等已禁用聚苯乙烯泡沫快餐盒，而采用价格较贵，强度较差的纸质快餐盒。仅从废弃后对环境的影响程度来说，易于腐烂的纸制品无疑比聚苯乙烯泡沫要小得多，但考虑得再深一点，我们知道制造纸质快餐盒的优质纸浆需要消耗大量的树木，而且造纸厂对环境的污染也远比塑料厂要大。

所以说回收泡沫塑料还有着极为重要的社会意义。废旧泡沫塑料回收与再生的方法概括起来有以下几种方法[5]：a.脱泡熔融挤出回收聚苯乙烯粒料；b.复合再利用；c.热分（裂）解回收苯乙烯和油类；d.利用废旧聚苯乙烯泡沫制成涂料、黏合剂类产品；e.直接再利用废旧聚苯乙烯泡沫。

12.2
混合废旧塑料的分离

废旧聚苯乙烯制品主要是各种快餐盒、盘、饮料杯、罐及食品托盘，还有各种家用电器的泡沫包装垫块等，其中有些是纯聚苯乙烯板、片制造的，有发泡与不发泡的，还有与其他材料复合在一起的。所以废旧聚苯乙烯泡沫的回收比较麻烦。如果回收的泡沫较干净，也可以获得较干净的粒料，可直接掺混于聚苯乙烯新料中使用，但大量的聚苯乙烯泡沫垫块、快餐饭盒和饮料杯都较肮脏，表面沾满了尘土及原来的内容物的残渣渍液，还有相当多的容器表面还复合有纸、铝箔等其他物质，如不清洗与分离是无法再生利用的。

废旧塑料的分离筛选，最简单的方法是人工分拣，但该法费时费力。为了提高分拣效率，世界各国及大生产厂商都致力于开发与应用科学的分离技术，诸如利用各类塑料静电发生状态及带电情况不同的静电筛选法；从倾斜筛下部鼓入空气，使废旧塑料碎片流动而分离的流动式风力筛选法；根据塑料的密度差，利用水或其他液体进行分离的湿式重力筛选法。目前废旧塑料的分离技术有利用 X 光及热源识别分离 PVC、利用水力旋风分离塑料、溶剂的分离技术等。

（1）仪器识别与分离技术

通常要将密度相近且相混的塑料如聚对苯二甲酸乙二醇酯（PET）和聚氯乙烯（PVC）进行分离是非常困难的。这两种塑料都大量用作制瓶原料，但 PVC 在再生加工时容易分解，因此，在回用时必须将其与 PET 分开。美国得克萨斯州 Asoma 乙烯基塑料瓶分选器公司与 CPRR 合作，开发出光辐射传感装置，用来识别和扫描 PVC 瓶，瓶子通过检测器，发现含有氯原子的瓶子就弹出来，并让其他瓶子通过，分离 PVC 瓶。由美国国家回收技术公司（NRT）制造的 X 光探测器已用于比利时、英国等的一些 PVC 回收工厂。

利用热源识别也是近年开发成功的一种分离方法。德国 Refrakt 公司根据各种塑料的熔融温度不同的特性，利用加热将在较低温度下熔融的 PVC 从混合塑料中分离出来。美国的 Sonoco Graham 公司用这种方式回收废旧塑料已达商业化规模。

近两年研究了近红外光分选废旧塑料的技术，采用近红外线技术的光过滤器识别塑料的速度可达 2000 次/s 以上，近红外光具有辨认有机材料的功能，用近红外技术分辨通用塑料中的聚氟乙烯、聚乙烯、聚丙烯、聚苯乙烯、聚酯可被准确地区分出来，经过破碎的混合废旧塑料碎片通过近红外光谱分析仪时，装置能自动分离出上述 5 种塑料，分离速率为 20～30 片/min。

（2）水力旋风分离器分离塑料

水力旋风技术根据旋风分离原理和塑料的密度差，混合的废旧塑料［如聚乙烯（PE）与 PVC］经破碎、洗净等前处理后，通过储槽上方的料斗吸入储槽，然后定量定速地输至搅拌槽，混合料在此被均匀分散成浆状物，并通过离心泵将其定量地送入水力旋风分离器。在分离器上部将密度小的塑料（如 PVC）浆料排出，引流至各振动筛脱水。分离得到的水可循环回储槽再用。整个分离过程可连续运行，亦可间歇运行。该水力旋风分离器由甲基丙烯酸酯或不锈钢制成，其底部可为平底形或圆锥形。若运行条件（流入速度、粒子浓度等）选择适当的话，分离装置能有效地将密度小于水或大于水的塑料分离出来，尤其是厚度大于 0.3mm、相对密度差为 0.5 左右的塑料（如 PP、PVC），一次分离率就可达 99.9%以上。平底型分离器可用于密度大于水的塑料的分离。如果采用多级分离器或同一分离器的多次反复分离，则可以达到极高的分离率。

利用该技术建成的一套废旧塑料分离的中试装置，获得了较好的分离效果。装置年处理能力为 4000t，设备投资 1500 万元/日。每吨废旧塑料的分离操作费约 4000 日元，电耗 28kW·h。美国 Dow 化学公司也开发了类似的分离技术，他们以液态烃类化合物取代水来分离混合废旧塑料，取得了更佳的效果。

（3）溶剂分离技术

美国凯洛格公司与伦塞勒综合技术学院共同开发出一种利用溶剂选择性分离回收废旧塑料的技术。该技术不需人工分拣即可使混杂的废旧塑料得到分离，例如将切碎的混合废旧塑料加入某种溶剂中，在不同温度下溶剂能有选择地溶解不同的聚合物而将它们分离。目前已能分离 PVC、聚苯乙烯（PS）、低密度聚乙烯（LDPE）、高密度聚乙烯（HDPE）、PP 和 PET 六种常用塑料。应用的溶剂以二甲苯为最佳，操作温度也不太高。溶剂可重复使用，且损耗很少。

从混合废旧塑料中分选与分离聚苯乙烯的方法与其他塑料的分离方法基本相同。在这里应该提及的是瑞士 Rehsif Sz 公司研制了一种专门回收废旧聚苯乙烯泡沫塑料的 Repro 设备，它能够处理混有 20%的纸或铝箔的废聚苯乙烯。

（4）其他

除了上述方法以外还有几种不常用的处理方法，如浮选分离法、电分离技术等。

12.3
废旧泡沫塑料的回收与利用

12.3.1 直接热熔 PS 再生利用

对普通聚苯乙烯和高抗冲型聚苯乙烯废物回收并清洗后，可直接经破碎、熔融、挤出和造粒。如果是不含杂质的干净边角料，可直接加入新料中使用，但通过社会回收的 PS 废品往往含有不同程度的杂质，使再生制品不透明或有杂色，通常用于生产非食品接触性制品，其使用效果依然很好。据研究表明，高抗冲型聚苯乙烯在多次受热加工后，分子链发生断裂，平均分子量降低，而橡胶组分则局部发生交联，经过 5 次以上的回收后仍能保持高达 80%的冲击强度、90%的断裂伸长率。据中国专利 CN1096735A 介绍，将废旧 PS 泡沫浸入到高沸点混合溶剂中使其消泡并成为凝胶料后，可与改性树脂、助剂混合，经多级排气挤出机挤出造粒，得到 PS 再生料；其中的溶剂经冷凝得以回收。这种 PS 再生料可用于制作文具、玩具和多种日用品、鞋底和电子零部件等再生塑料制品。目前主要回收方法是把 PS 从其他废旧塑料中分拣出来，然后切碎清洗，再加工成粒料，制成板材、小型工业产品的包装箱、绝缘体、托盘、玩具、日用品和垃圾箱等制品。

12.3.2 破碎填充利用

12.3.2.1 破碎填充在农业生产中的应用

（1）土壤改良剂

碎片聚苯乙烯泡沫可促进排水，减轻土壤质量，改善园艺土壤的吸水性，无味、化学惰性，不会对作物生长造成不利影响，是公认的土壤改良剂。德国1977年颁布的肥料法规将聚苯乙烯泡沫塑料碎片视为土壤调节剂，广泛用于果园、葡萄园和屋顶花园，并将其作为土壤混合料用于苗圃和花园以促进植物生长。

（2）堆肥助剂

废旧聚苯乙烯泡沫碎片可作为堆肥助剂加速堆肥过程。聚苯乙烯泡沫在有机肥中加入，可以起到膨胀剂的作用，从而通过改善透气性提高土壤中的微生物活性，快速达到肥料中有机物分解的温度范围，可对肥料进行完全卫生处理。

12.3.2.2 破碎填充在建筑材料中的应用

废旧聚苯乙烯泡沫破碎后可用于各种建材。它可以有效地减轻材料质量，降低传热系数，改善隔声效果，解决聚苯乙烯泡沫白色污染，同时还可以实现节能减排。伴随着我国城市建设步伐的加快，城市中出现了大量的建筑工地，建筑材料包装产生了大量的废旧聚苯乙烯泡沫，同时城市垃圾回收站回收的聚苯乙烯泡沫可以方便地运到工地，从而大大降低运输成本。所以，将废旧聚苯乙烯泡沫破碎后作为建筑填充材料的一个重要方面。

（1）轻质水泥

废旧聚苯乙烯泡沫破碎成 1 ~ 4mm 的颗粒后，可用来生产轻质隔热水泥。把破碎后的废旧聚苯乙烯泡沫按适当比例加入水泥混合物中搅拌均匀，注入固化后再包覆在水泥基质中，形成不同形状的水泥预制件；而水泥密度可以从 1000 kg/m³ 降低到 300 kg/m³。废旧聚苯乙烯泡沫碎屑可用于生产各种不同密度、不同绝热和降低噪声水平的建筑材料。另外，废旧聚苯乙烯泡沫颗粒还可以用来制备玻纤增强水泥聚苯轻隔墙板。

（2）黏土砖的成孔剂

聚苯乙烯泡沫废液作为黏土砖成孔剂的一种已得到广泛应用。将废旧聚苯乙烯泡沫颗粒添加到黏土砖中，在高温烧制过程中聚苯乙烯泡沫在高温下发生分解，原来被聚苯乙烯泡沫占据的空间变成空穴，聚苯乙烯泡沫的加入降低了黏土砖的密度，提高了其绝热性能[6]。

12.3.3 去泡再利用

12.3.2.1 机械破泡发

旋转式脱泡机是典型的机械脱泡方法，其的外形如图12-1所示，机器尺寸为长3.4m，宽4.56m，高1.4m，有两个轧辊平行排列。该机器在处理泡沫PS时，轧辊内用丙烷气加热至表面温度约为220℃，将泡沫PS放入两辊之间，加热并压缩，黏附的PS可用刮取机刮出。机器处理能力每小时可达80～100kg。控制轴辊温度，可使两辊表面温度相差约30℃。通过温差使附于两辊上的PS熔体向高温轧辊集中，从而易于刮取。这种机器体积小，能装上卡车，便于泡沫塑料的现场处理。

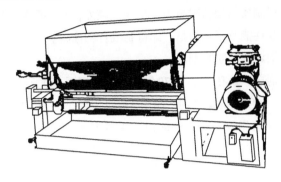

图12-1　旋转式脱泡机

12.3.2.2　熔融破泡法

熔融破泡法顾名思义是将泡沫加热熔融、加压，以此缩小泡沫塑料的体积。一般步骤是将泡沫体加热至110℃并保持7min，体积可减少到原来的40%；如果进一步减压至1.33kPa后，体积将减到原来的6.5%，密度达65kg/m³。经实验表明，粉碎后的泡沫（直径约1～2cm），在100～120℃烘0.5h，泡沫粒子尺寸将缩小到2～5mm，体积可缩小50%。

加热方式可以利用压缩摩擦热，也可使泡沫塑料在瞬时熔融凝固。按照此法用风扇从料斗吸入泡沫PS细粒（15～30mm），受右侧半球面体高速旋转（直接180mm，转速25～30r/s）的离心力和气压作用，细粒被压入两个球面体摩擦面的间隙，受摩擦热作用在瞬时间内熔融，凝固后被弹出外部。用此法设备费用可减少2/3，维护费用节省1/2。

还有一种简易方法，是把废旧泡沫塑料块放入150～190℃的烘箱中加热10～15s，使泡孔融缩化，体积收缩至1/30～1/5，密度达到0.2～0.8g/cm³，脱泡后的泡沫变得又硬又脆，可以用普通粉碎机粉碎。加热烘烤可以因地制宜，采用红外线加热器或电烘箱。需要注意的是，废旧聚苯乙烯泡沫块在加热烘烤是会放出易燃气体，必须采取特效的方法将气体排出，否则易出危险。粉碎后的废旧塑料泡沫可直接用挤出机挤成料条切粒，也可以加到聚苯乙烯新料中使用，只要回收时注意将污染的和含有杂质的废旧塑料泡沫块去掉即可以得到很干净的回收料。

12.3.4　改性利用

12.3.4.1　溴化改性制备阻燃剂

聚苯乙烯分子中含有苯环结构，苯环上的氢原子可以被亲电剂取代。有研究者把回收的聚苯乙烯泡沫塑料清洗干燥后溶于二氯甲烷溶液中，在三氯化铝的催化下与液溴发生亲电取代反应，制得溴化聚苯乙烯，其含量可高达6%。溴化聚苯乙烯与其他有机阻燃剂相比，用量小，阻燃效果好，燃烧过程中不释放二噁英等有毒致癌物质，是一种性能优良的阻燃剂。但是由于阻燃剂本身的用量并不大，该方法不适用于废旧聚苯乙烯塑料的大量回收工作。

12.3.4.2 接枝改性制备涂料

聚苯乙烯泡沫是以有机高分子为原料，经溶剂溶解后可用作涂料底料，且耐水、绝缘性能好。聚苯乙烯基料制备的涂料附着力、成膜性较差，只要改性处理后，加入适量交联剂、增塑剂，改善成膜性能及膜层质量，即可制成各种涂料。

12.3.4.3 聚苯乙烯泡沫改性胶黏剂

世界范围内黏合剂总产量在20世纪70年代中期已接近500万吨，近几年以每年30万吨左右的速度持续增长。在所有的黏合剂产品中，建筑用胶黏剂占25%~35%。伴随着我国国民经济的快速发展，建筑用胶有很大的缺口，用废聚苯乙烯制成胶黏剂满足市场对物美价廉的需求，一举两得。20世纪80年代末，我国科研工作者开始从事这方面的研究，现已取得一定成就[7]。

12.3.4.4 防水材料

湖南湘潭新型建筑材料厂研究了一种利用废旧聚苯乙烯泡沫塑料生产房室建筑防水材料的方法。该方法是将废旧聚苯乙烯塑料与重苯、煤油按一定比例置于一定温度的熔化釜内，搅拌熔化后，稍加冷却，去掉水分，制成聚苯乙烯改性材料，再加入适量的无机填料与惰性材料制成聚苯乙烯改性防水材料。调整配方可以生产出聚苯乙烯塑料油膏、聚苯乙烯冷胶料、聚苯乙烯嵌缝膏、聚苯乙烯无基材防水片材。这些产品使用性能好，延伸率大，耐寒性好，不易龟裂老化，成本也低廉。可替代沥青、油毡、聚苯乙烯防水片材，而且施工方便，是一种性能很好的建筑防水材料。

12.3.5 溶剂法再生利用

在合成革生产中会产生相当数量的块状废聚苯乙烯，由于其中含有大量的甲苯、十八醇、山梨醇等无法分离与再生利用的物质。山东烟台化工研究所研究出有机溶剂萃取回收聚苯乙烯的方法。该方法是以 C_4~C_8 脂肪醇作为萃取剂，在密闭的容器内加入废旧聚苯乙烯塑料和萃取剂，在一定的温度下回流，萃取废聚苯乙烯，然后分离萃取混合液和聚苯乙烯，即得到聚苯乙烯和其他化工原料。分离后的聚苯乙烯烘干造粒即是聚苯乙烯粒料，性能指标基本上符合聚苯乙烯标准。另外，回收的甲苯、十八醇、山梨醇均是有用的化工原料，萃取液可重复使用。这种方法如能工业化生产则可以解决多年来困扰合成革厂处理废聚苯乙烯的这一难题。

美国纽约的 Rensselaer 聚合物技术研究所研究了一种用溶剂分离来回收废聚苯乙烯泡沫的方法。工作原理是把废聚苯乙烯泡沫在高温下溶于溶剂中，操作时把聚苯乙烯泡沫块投入到循环的溶剂中，这种含有聚苯乙烯泡沫块的混合机被不断加热，溶剂在闪点被蒸发，而纯聚苯乙烯则被回收，填料、增塑剂及纸、金属等则在过滤阶段被排除。回收的废聚苯乙烯质量非常纯净，造粒后可重新使用。全套工艺为闭路式回路，溶剂循环使用，所以回收成本很低，富有竞争力。

国外还有一些直接利用废旧聚苯乙烯泡沫塑料的例子。例如，日本出光石油化学公司用本公司制造的无纺布缝制成袋子，然后将粒状废旧聚苯乙烯泡沫填入地基内，再填上土即成为人工地基，具有很好的排水效果。与以前使用的排水材料相比，成本降低30%，而且质轻，施工方便。日本还将废旧聚苯乙烯泡沫塑料用于土壤改良，方法是将废旧聚苯乙烯泡沫破碎后再加热，与泥土混合，形成无定形土粒块，这种土块可用于园艺栽培，效果很好。

12.3.6 废旧泡沫塑料的裂解回收

12.3.6.1 裂解制油、气方法

热分解回收是近年来国内非常重视的一种回收方法，目前被认为是最有效、最科学的废旧塑料回收方法。

聚苯乙烯的热分解过程主要是无规降解反应，聚苯乙烯受热达到分解温度时就会裂解成苯乙烯、苯、甲苯、乙苯，通常苯乙烯可占90%左右[8]，因此，可以使不便清洗或无法直接再生的废旧聚苯乙烯泡沫塑料通过裂解工艺来回收苯乙烯等物质。通常的回收工艺是将废旧聚苯乙烯泡沫塑料投入裂解釜中，控制温度使其裂解生成粗苯乙烯单体，再经过蒸馏、精馏即可得到纯度在99%以上的苯乙烯。如果将包括聚苯乙烯在内的废聚烯烃类塑料在更高的温度下热裂解和催化裂解，可变为汽油或柴油[9]。由于将塑料油化的方法不仅对环境无污染，又能将塑料还原成石油制品，能最有效地利用能源，所以近年来国内外在这方面的研究相当活跃[10]。

废旧塑料油化的技术是20世纪70年代在石油危机时就开始试验并确认分解可以油化[11]。但是由于石油价格的下降，生成油的价格较高，该技术研究也就一时中断。近年来，因环境保护的原因，废旧塑料热分解油化技术作为废物回收技术而再度复活。在热分解时添加改性用的催化剂即可得到具有高附加值的轻油、重油。

可以认为废旧塑料热分解油化就是以石油为原料的石油化学工业制造塑料制品的逆过程。通常，将废塑料热分解油化有以下3种方法。

① 在无氧、近650～800℃的高温下单独热分解的方法。这种情况下获得的液状产物不低于50%。

② 先在200℃左右的催化罐里催化热分解，再对经热分解生成的重油在400℃左右进一步热分解，可生成轻质油，液状产物量高达80%。

③ 在9.8～39.2MPa的高压氢中，在300～500℃温度下可使用多种原料的加水法。

各种塑料的热分解情况，因塑料的类别不同而异。热分解产物也有较大的差异。

废旧塑料热分解油化，工艺过程如图12-2所示，由1～7个工序组成。

1）前处理工序

分离出废旧塑料中混入的异物（罐、瓶、金属类）后，将废旧塑料送入熔融滚筒中破碎成大块。

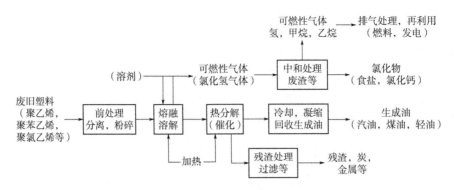

图12-2　废旧塑料热分解油化工艺过程

2）熔融工序

将废旧塑料在 200~300℃下加热，使其熔融为煤油状液态。在此工序中有少量的热分解，特别是含有聚氯乙烯的废塑料，在 250~300℃会分解产生氯化氢气体。本工序产生的氯化氢被送至中和处理工序处理。

3）热分解工序

提高温度，分解反应速率也会加快，但液状生成物产率下降，并会产生不利的炭化现象。因此，选定什么样的温度范围成为工艺设计中的关键。将液状塑料加热至 300~500℃使之分解。为了尽量多地得到在常温下呈液状的石油组分，有时使用催化剂，不仅可以提高油的产率（特别是轻质油的产率），还可以提高油的质量。

4）生成油回收工序

将热分解工序产生的高温热分解气体冷却到常温成为液状即得到了油。生成油的质量、性质、产率均随投入塑料的种类、反应温度、反应时间的不同以及是否使用催化剂等而有很大差异。

5）残渣处理工序

在热分解工序中不能分离的少量异物（砂子、玻璃、木屑等）以及热分解中生成的炭化物等都必须从炉子中除去。尽量减少残渣量，保持运转正常是化工研究开发中的一种重要技术。

6）中和处理工序

对于聚氯乙烯塑料来讲，因热分解时会产生氯化氢气体，作为盐酸来回收，用烧碱、熟石灰等碱中和无害后再回收。

7）排气处理工序

这是处理热分解工序中难以凝集的可燃性气体（一氧化碳、甲烷、丙烷等）的工序。可采用明火烟囱直接烧掉或作热分解的燃料。另外，也可以作为电力蒸汽的能源在系统内再利用。

日本富士回收公司于 1992 年建立了一套处理能力为 5kt/d 的废旧塑料油化装置，其工艺流程如图 12-3 所示。这套装置以热塑性塑料为原料，1kg 废旧塑料可回收 1L 石油制品，其中汽油约60%，柴油约40%，可作燃料及溶剂使用，工艺过程如下。

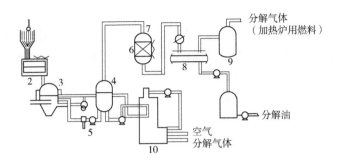

图12-3　富士回收公司的废旧塑料油化装置流程

1—料斗；2—挤出机；3—原料混合槽；4—热分解罐；5—沉积罐；6—催化分解罐；

7—冷却器；8—储罐；9—分解储气罐；10—加热炉

① 前处理工序。为提高油的回收率，废旧塑料在投入前必须尽可能地将异物除去，以获得最高的回收率。适合油化的塑料因含氢量大、密度比水小，粉碎后置于水中利用密度差进行分选。密度比水大的不适合油化的会沉底，适合油化的密度比水小的浮在水面上。根据密度分选后不适合油化处理的仅占10%，这部分混入物在油化装置内处理后排出。

② 油化工程。将经过前处理工序粉碎的废旧塑料由料斗定量供给挤出机。然后将料斗供给的料加热至230～270℃，呈柔软的团状，投入原料混合槽。另外，因聚氯乙烯中有的氯具有在较低温度（170℃）下游离的性质，因此，在前处理工序中未能除净的聚氯乙烯中的氯有90%可在此阶段除去。

原料混合槽是将由热分解罐送来的液状热分解物循环起来，由挤出机不断投入的熔融塑料与这部分热分解物混合，再升温至280～300℃，使之热分解气化。气化后分子量没有变小的热分解物重新进入混合槽，在系统内继续热分解，最终成为气态氢再送往催化分解罐。

由热分解罐至原料混合槽的循环管路中没有沉积罐，使在沉积罐循环的液状热分解物流速降低，炭和异物就分离，然后将其排放，使以往技术上的结焦难题得以解决，设备可以连续运转。

在催化分解罐中加入ZSM-5合成沸石催化剂，由热分解罐产生的气态烃,经催化分解,被送往冷却器。

在冷却器里进行简单的分馏即可馏出汽油和柴油，生成油被送入储罐，气体就作为这套油化装置的能源使用。

这套油化装置若只用于处理聚烯烃类废旧塑料，可获得85%的油制品和10%的气体，仅剩5%的残渣。若处理的废旧塑料全部为聚苯乙烯，则生成油的回收率在90%以上，其中芳香族化合物占90%，乙苯占40%，苯、甲苯各占20%，残余物也是其他的芳香族化合物。

12.3.6.2 PVC 泡沫塑料裂解回收

（1）HCl 的脱除及利用

与其他塑料不同，PVC 废旧塑料中含有约 59% 的氯裂解时，氯乙烯支链先于主链发生断裂，产生大量 HCl 气体，对设备造成腐蚀，并使催化剂中毒，影响裂解产品的质量。因此，在裂解 PVC 时首先应做 HCl 脱除处理。

常用的 HCl 脱除方法有以下 3 种。

1）裂解前脱除 HCl

在 350℃ 以下时，脱 HCl 活化能为 54~67kJ/mol，PVC 降解的主要反应是脱 HCl 反应，且脱出的 HCl 对继续脱 HCl 反应有催化作用，使脱除速度加快，生成的挥发物中 96%~99.5% 为 HCl。350℃ 以上脱 HCl 的活化能为 12~21kJ/mol，但此时主要是碳碳键的断裂。因此，可以在较低温度下（如 250~350℃）先脱去大部分的 HCl，然后再升高温度进行裂解。

2）裂解反应中除去 HCl

这种方法是在裂解物料中加入碱性物质，如 Na_2CO_3、CaO、$Ca(OH)_2$，使裂解出的 HCl 立即与上述碱性物质发生反应，生成卤化物，以减少 HCl 的危害。在碱中脱 HCl 速率顺序是 $NaOH > KOH > Ca(OH)_2$。

3）裂解反应后除去 HCl

这种方法是在 PVC 裂解后，收集产生的 HCl 气体，以碱液喷淋或鼓泡吸收的方式加以中和。如日本富士公司、三菱重工业公司及日本理化研究所的废旧塑料裂解装置采用这种脱氧法。它是将废旧 PVC 置于不锈钢反应器中，在 200~300℃ 下热裂解，生成的混合物中有机成分在冷凝柱中冷凝，Cl_2 与 HCl 气体混合物鼓泡通过两串联的中和捕集器，捕集器内有 NaOH 溶液，使 HCl 气体与 NaOH 反应生成 NaCl。其中日本理化研究所的方法中当 PVC 占 20%（质量分数）时，HCl 脱除率为 99.91%，裂解生成的油中氯含量在 10^{-4} 以下。

在脱氯剂作用下对 PVC 及含 PVC 混合塑料热降解行为的研究，目前国内在这个领域涉猎较少，而日本在这个领域取得了较大进展。主要采用了 PVC、PVC-PS、PVC-PP、PVC-PE、PVC/PS/PE/PP 体系。在脱氯的使用与研究方面，Cheng 等[12]报道采用金属氯化物如 $ZnCl_2$、$BaCl_2$ 等降低 PVC 裂解温度及固体残渣含量。Blazsó 等[13]认为，使用铁、镁、氧化铜及二氧化钛能抑制氯化氢气体的形成。Kaminsky[14]采用石灰对 HCl 进行固定。Horikawa 等[15]研究了金属氧化物，如 CaO、TiO_2、Fe_2O_3、MgO、CoO 对 HCl 的固定效果及再生能力，得出 CaO 对氯离子的固定和释放效果最好。Sakata 等[16]认为，铁氧化物，特别是 FeOOH、Fe_3O_4 能非常有效地脱除 PVC 裂解产物中的无机氯及有机氯，其中 Fe_3O_4 既起着氯吸附剂的作用，也起着脱氯催化剂的作用。Yanik 等[17]则采用生产氯化铝的副产物红泥进行脱氯，发现其具有优良的固定氯的效果，但没有催化裂解效果。复合催化剂如 Fe-C、Ca-C、$FeCl_2$-SiO_2 等也是近几年研究的热点。

（2）聚氯乙烯裂解制油、气

经初步脱除氯化氢后的 PVC 产生具有共轭多烯结构的物质，同时伴生少量芳香烃，主要为苯；进一步热解（>360℃）后生成一系列烃类产物，如甲苯、甲基萘等；最后得到焦炭状残渣。

所以其裂解油的回收率很低，而且 PVC 分解时产生的 HCl 对设备有腐蚀性，虽然已通过上述方法予以除去，但不可能完全脱除干净。因此，工业上通常不会单独裂解废旧 PVC，而是将其与 PE、PP、PS、PET 等以一定比例混合，再进行裂解。

对混合废塑料的裂解，目前世界上已有多种装置，大体可分成高温裂解、催化裂解、加氢裂解三类，主要回收汽油、柴油、可燃气体及 HCl。

1）高温裂解

高温裂解一般在槽式反应器中进行。将废旧塑料在槽内隔绝空气加热到 400~450℃，将熔融废旧塑料干馏气化。分解槽上部有冷凝器，回流温度在 200~300℃，分解气经过时，高沸点物质被冷凝，从裂解槽下部返回继续热解，未冷凝的气体经冷却气冷至常温后，液体进入储油罐。分解生成的油及其他气体进入吸收塔，用水吸收生成盐酸，经油水分离器分离后进入盐酸储罐。裂解炉可采用多种形式，以下对常见的几种反应器加以简述。

① 槽式反应器。东芝公司开发的两段式废旧塑料处理装置可处理 PVC 含量达 50% 的废旧塑料。将粉末状废塑料加入螺杆挤出机，然后加热到 250℃，以 HCl 形态脱除 95% 的氯，经出口管路排出，在吸收塔内回收。在常压分解器内加入碱水溶液，450℃分解，脱除剩余的 5% 的氯，250℃冷凝分离 HCl 后，液体在加压分解器中 0.1MPa、450℃条件下进行二次分离，得到的燃油用蒸馏法分离。

槽式反应器法的特点是在分解过程中进行混合搅拌，物料处于充分混合状态，外部加热可以通过温度调节控制生成油品性状。缺点是由于分解槽内既有已分解的油分，又有刚加入的分子量大的高聚物物料，分子量分布广，停留时间较长；外部加热消耗分解出的油与气体，使实际回收率降低；而且加热管上有炭形成，降低了传热效率，需定时排除形成的炭和固体。

② 流化床反应器。住友重机采用流化床法分解废旧混合塑料，将固态废旧塑料（其中含 PVC 20%~23%）以 90kg/h 的投料速率直接投入分解炉，流化床鼓入空气，在 460℃、炉内压力 4.9kPa 条件下进行裂解反应，蒸馏塔回流温度 130℃，得到回收油 51.6kg/h，油的回收率达 57.3%，回收 13% 的盐酸 62.0kg/h。

流化床反应器的特点是温度、压力较稳定，实际的油收率较高，得到的油的黏度较大，如需要可用蒸馏釜重新加热使轻质化；缺点是在分解 PVC 时，生成的炭化物接近 50%。

③ 螺旋式和挤出机反应器。三洋电机塑料裂解装置的反应器是螺旋式炉，采用两段式分解流程。废旧塑料混合物（PVC 含量 20%~23%）首先在熔融炉内用微波加热到 250~270℃熔融，脱除 HCl，然后进入螺旋式反应器，在 510~560℃、略低于标准大气压的压力下进一步分解，得到的油品经蒸馏分离成轻油与重油。

这种方法的优点是用螺旋搅拌混合，能提高传热效率。缺点是熔融槽需大量热量，且高黏度聚合物不易混合，需较大的搅拌动力；分解反应在减压下进行，物料停留时间不稳定；高温分解使塑料气化与炭化的比例增加，使油的收率降低；采用外部加热，燃料用量最大。

2）催化裂解

催化裂解是使用催化剂使废旧塑料在较低的温度下即发生降解。

混合废旧塑料经料斗定量加入挤出机，粉碎并加热到 230 ~ 270℃，然后挤出送到原料混合槽。PVC 中 90% 的氯在此脱出，从原料混合槽顶排出，用碱中和或回收盐酸方法处理。原料混合槽中除去挤出机挤入的物料外，还有从热分解槽循环来的未分解的物料，二者混合后加热到 280 ~ 300℃，送入热分解槽，在 350 ~ 400℃下发生热分解，产生的气态烃在回流冷凝器中分离出重烃，余下的进入填满 ZSM-5 催化剂的催化裂解槽催化裂解。裂解后的物料经冷却器进入气、油、水分离槽。分解气用作加热炉的燃料，分解油在分馏塔中分离成汽油、柴油、煤油等馏分，产率在 80% ~ 90%。

为解决裂解中的结焦问题，在从热分解槽道原料混合槽的循环管路中装有离心沉降器，将熔融物料进行循环并加热，同时形成槽内熔融物的搅动，使炭和其他固体残渣沉积下来，然后定期清除。用热分解物料循环而不用搅拌装置，是富士分解法的独到之处。

德国 BASF 公司也采用两段式催化裂解装置，催化剂也是 ZSM-5，但要求 PVC 含量小于 5%，在挤出机中 250 ~ 380℃脱氯。熔融槽温度为 300 ~ 400℃，第二段裂解温度为 400 ~ 500℃，产物是油、气、烯烃，产率 90%。

3）加氢催化裂解

PVC 加氢催化裂解是将粉碎并除去金属及其他杂质的废旧 PVC 碎料与油或类似物质混合形成糊状，然后在氢化裂化反应器中于 500℃、400MPa 高压氢气氛下进行热裂解，脱出 HCl。裂解产物在洗涤器中除去无机盐，液体产物经分馏得到化工原料、汽油及其他产品，挥发性的烃类化合物作为裂解供热用的气体燃料。与一般裂解方法相比，气体和油的收率更高。

德国 Veba 公司以减压渣油、褐煤、废旧塑料混合物为原料，以褐煤为催化剂，在氢气加压下进行裂解，反应条件类似于原油加氢反应。在反应物中加入 Na_2CO_3、CaO 中和 PVC 裂解产生的 HCl，裂解产物为 C_1 ~ C_4 的气态烃、C_5 以上烷烃、环烷烃、芳香烃，年处理能力 4 万吨。这种方法因使用加压氢气，投资与操作费用昂贵。

又例如，在氮气氛中于 300℃加热 PVC 24h，除去 HCl，然后在 470℃、初始 H_2 压力为 6.9MPa 下液化 60min，使用 $NiMO/Al_2O_3$ 作催化剂，得到油的收率为 40%，主要有苯、甲苯、二甲苯等产物。

4）其他裂解方法

超临界水废旧塑料油化方法是一种新型的裂解方法，与现有的热裂解法相比，这种方法可以加速塑料分解，减小设备尺寸，且不需任何催化剂和反应药品，成本低[17]。

使用超临界水作反应溶剂将废旧塑料转化成汽油或润滑脂的过程相当容易，只需控制处理时间与温度及水的添加量，反应时间很短，油化率极高。如 400 ~ 500℃、压力 25 ~ 30MPa 下只需几分钟，80% 以上的废旧塑料都可以回收，产品主要是轻油，几乎不产生焦炭及其他副产物。作反应性溶剂使用的水可以重复使用，油化产生的油和瓦斯可作油化反应器的热源，对环境没有不利影响。目前这种方法还处于试验室阶段，形成工业生产规模还需时日。

12.3.6.3 PE 泡沫塑料裂解回收

PE 泡沫塑料可分为交联和无交联两种，交联泡沫塑料约占 PE 泡沫塑料市场的 50%，并以每年 25% 的速度增长。交联发泡 PE 塑料广泛应用于：a.包装行业，由于其良好的缓冲性，能防震、防碎，常用于包装精密仪器和易碎器皿；b.工业上常用于一些管道的隔热保温、包裹腐蚀环境中的管道、潮湿环境下对金属的保护等；c.建筑工程领域用作冷藏库屋面的保温材料，广泛用于工厂、仓库、体育馆等建筑物的屋顶上；d.体育用品上常用作防护设备、运动鞋的内衬、文娱玩具、救生游泳用品、游泳场的蒙皮等；e.交通运输领域用于各种汽车、火车、轮船、飞机的装饰保温材料等。由于以上广泛的运用，产生的这种废塑料也比较多，有必要探究其再生利用问题。

废聚乙烯裂解再生分为产气、产油和产蜡技术，是将聚乙烯经热分解或催化裂解，制成小分子化合物。通过这个途径将聚乙烯经过化学处理成能源、化工原料等。

制气与制油技术是在无氧条件下，高温加热使废聚乙烯分解，用来制备有机气体或油类。燃料气和燃料油是废聚乙烯热裂解的主要产物。反应温度越高越有利于气态烃类化合物的生成。废聚乙烯的成分以及所要制得的产品类型取决于热分解温度。当温度超过 600℃ 的时候，主要产物是 H_2、CH_4 等低分子气态烃的混合燃料气；当温度在 400~600℃ 时主要产物为混合烃、石脑油、重油、煤油等混合燃料液态产物和蜡。利用热裂解法、催化裂解法等手段将废聚乙烯再生成可以车用的汽油及柴油，可以将废聚乙烯综合再利用，解决环境和能源问题。

（1）废旧 PE 塑料裂解制取燃料油的工艺方法

1）热裂解法油化工艺

热裂解法即通过提供热能，克服废旧塑料聚合物裂解所需活化能使之分解为小分子的烃类化合物，伴随有不饱和化合物的产生和聚合物交联乃至结焦。该方法反应温度高、时间长，所得到的液体燃料是沸点范围较宽的烃类物质，其中汽油和柴油馏分含量不高。由于该方法难以得到有经济价值的油品，目前已较少应用。

2）催化裂解油化工艺

由于热裂解反应温度高，反应时间长，塑料的导热性能又差，因此造成反应设备利用率低，反应物易析炭、结焦。为了降低裂解反应温度，将催化剂与废旧塑料混合在一起进行加热，使热裂解与催化裂解同时进行，这就是催化裂解法。另外，催化剂的选择性作用还可以改善产品分布。使用催化剂进行催化裂解反应，所生成的油料品质比热分解的有所提高。催化裂解的产品碳数分布较窄，液相产品中含有大量异构烷烃和芳香烃，它们是汽油中的理想组分。

该工艺优点是温度低，全部裂解所用时间短，液体收率高，设备投资少。缺点是所生产的油品质量不稳定，难以满足高使用性能要求，使该法受到限制。

3）热解-催化改质法及催化裂解-催化改质法油化工艺

由于在高温下的催化裂解所产生的油品质量不稳定，难以满足高使用性能要求，因此必须对热解产物进行催化改质，得到油品，以进一步改善油品质量，所以又称二步法。该工艺在废旧塑料处理行业应用最多，如日本的富士公司回收法、KU-RATA 法、德国 BASF 公司回收法。为了缩短裂解时间，降低裂解温度，可在二步法的热解段加入少量催化剂，使之成为催化裂解-催化改质工艺。

（2）聚乙烯催化裂解机理

对于聚乙烯的裂解已经做了大量研究，其裂解机理主要是发生自由基无规则降解反应，及断链反应在聚合物链的任意部位随机发生，生成分子量大小不一的裂解产物。催化裂解反应中既有催化裂解反应又有热裂解反应，是碳正离子和自由基共同作用的结果。目前普遍认为固体酸作用下的聚乙烯的裂解属于碳正离子机理。按碳正离子机理所进行的催化裂解反应，需要催化剂有强的酸性，提供碳正离子产生的质子，才能表现较高的活性。

1）链引发

在聚合物链上的"弱键"上引发裂解反应。聚合物链上的烯键受酸催化剂上的质子攻击发生加成反应，形成碳正离子。

2）链断裂

在固体酸催化剂活性中心及其他碳正离子的攻击下，聚合物分子链断裂，分子量降低，生成多聚物为 $C_{30} \sim C_{80}$，多聚物进一步裂解，生成分子量更小的液体或气体为 $C_{10} \sim C_{25}$。

3）异构化

在裂解产物中可以发现有烯烃和环烷烃生成，这是因为在裂解过程中聚乙烯发生了异构化，在反应过程中，碳正离子能够发生重排反应，出现烯烃的双键异构以及芳环化，从而产生烯烃及环烷烃。

（3）裂解反应的影响因素

催化剂是影响裂解反应中产品分布的重要因素。裂解催化剂应具有高活性和选择性，既要保证裂解过程中生成较多的低碳烯烃，又要使氢气、甲烷以及液体产物尽可能低，还要求催化剂具有高的热稳定性、机械强度和低成本。所以，制备和选择高性能的催化剂成了废聚乙烯裂解的关键。目前所采用的裂解催化剂主要是分子筛催化剂，例如 Cax、USY、HASM-5、REY、MCM-41、KFS-16、H-galllosilicate 等。虽然它们在裂解过程中都表现出较强的活性，但由于强酸位数过多反而会降低裂解率。太强的酸位可能会使催化剂在短时间内就失活，并且分子筛的孔径过大容易结焦，过小不利于充分利用表面。二氧化锆是一种同时具有酸碱性和氧化还原性的高熔点、高沸点材料，既可用作催化剂可也用作催化剂载体。它是具有酸位和碱位协同作用的双功能催化剂，而且具有较大的比表面积，分裂 C—H 键的活性，较更强酸性的 $SiO_2\text{-}Al_2O_3$ 高，也较更强碱性的 MgO 高。在断裂 C—H 键以后形成碳正离子后容易在 β 位断裂 C—C 键，因此 ZrO_2 对于聚烯烃的裂解反应是很有利的。但在用 ZrO_2 作催化剂时要选择最佳条件，其最高可使聚乙烯的裂解率达到 46.73%。

参考文献

［1］张军, 许益美. 硬质聚氯乙烯泡沫塑料的配合技术及生产工艺[J]. 塑料制造, 1991(3): 29-33.

［2］周洋帆. 泡沫塑料发泡剂的发展现状与展望[J]. 大科技, 2015(36): 339.

［3］王加龙. 废旧塑料再生利用实用技术[M]. 北京: 化学工业出版社, 2010.

［4］王媛. 废弃泡沫塑料的再利用[J]. 现代教育科学, 2009(S1): 393-394.

［5］庞桂花, 张春丰, 李俊锋, 等. 废旧聚苯乙烯功能化重塑的方法[P]: CN 101701073 B[P]. 2012.

［6］刘建卫, 贾润礼, 刘志伟, 等. 废弃聚苯乙烯泡沫塑料的回收及再利用[J]. 塑料科技, 2014, 42(2): 122-126.

［7］王媛. 废弃泡沫塑料的再利用[J]. 现代教育科学, 2009(S1): 393-394.

［8］刘贤响, 尹笃林, 黄文质. 废聚苯乙烯的热裂解与催化裂解[J]. 石油化工, 2009, 38(2): 189-192.

［9］陈志勇. 废塑料裂解、催化改质及其产物表征[D]. 长沙: 中南大学, 2002.

［10］杜昭晖. 废塑料油化还原技术的发展[J]. 石油化工高等学校学报, 1995(1): 29-32.

［11］国洁. 抓紧油价高昂的时机加速废塑料油化[J]. 资源再生, 2007(2): 60-61.

［12］Cheng W H, Liang Y C. Catalytic pyrolysis of polyvinylchloride in the presence of metal chloride[J]. Journal of Applied Polymer Science, 2000, 77(11): 2464-2471.

［13］Blazsó M, Jakab E, Blazsó M, et al. Effect of metals, metal oxides, and carboxylates on the thermal decomposition processes of poly (vinyl chloride)[J]. Journal of Analytical & Applied Pyrolysis, 1999, 49(1): 125-143.

［14］Kaminsky W, Kim J S. Pyrolysis of mixed plastics into aromatics[J]. Journal of Analytical & Applied Pyrolysis, 1999, 51(51): 127-134.

［15］Horikawa S, Takai Y, Ukei H, et al. Chlorine gas recovery from polyvinyl chloride[J]. Journal of Analytical & Applied Pyrolysis, 1999, 51(1): 167-179.

［16］MA Uddin, Yusaku Sakata, Yoshitaka Shiraga, et al. Dechlorination of Chlorine Compounds in Poly(vinyl chloride) Mixed Plastics Derived Oil by Solid Sorbents[J]. Industrial & Engineering Chemistry Research, 1999, 38(4): 1406-1410.

［17］Yanik Jale, And Mau, Sakata Y. The Effect of Red Mud on the Liquefaction of Waste Plastics in Heavy Vacuum Gas Oil[J]. Energy & Fuels, 2001, 15(1): 163-169.

第13章

废旧透明塑料的回收与利用

13.1
透明塑料的概述

透明塑料是指具有高度透过可见光能力的塑料。这里的透明塑料是指制品在较厚情况下透明的塑料品种，如PS、PMMA、AS等，而不包括制品在很薄时透明的薄膜类的塑料品种，如PE、PP等塑料在制成薄膜类制品时呈现透明性能，而制成较厚的制品时就不透明了。

透明塑料的品种是单一的，也就是说如果这种透明塑料是PS，那就是单一的PS，不可能由其他透明塑料共混而制成。因为两种透明塑料共混后，制品的透明性会下降。所以，透明塑料回收料的改性相对就容易得多。

常用的透明塑料主要有聚苯乙烯（PS）、苯乙烯丙烯腈（AS或SAN）、聚碳酸酯（PC）、聚甲基丙烯酸甲酯（PMMA）等。

（1）聚苯乙烯（PS）

PS、PMMA和PC并称为三大透明塑料。它的光学性能相较PMMA更差些，但其吸湿率低。PS制品经过长时间的存放或者受到阳光照射容易变黄。普通聚苯乙烯为无色透明的颗粒，没有延展性，在敲打或产品掉在地上时会有洪亮的响声产生，所以聚苯乙烯也被称为"响胶"。

（2）苯乙烯丙烯腈（AS或SAN）

AS为20%～30%的丙烯腈单体与苯乙烯单体共聚。与PS相比，AS的折射率低，但透光率相当。AS的使用温度比PS高，耐候性和力学性能也比较好。

（3）聚碳酸酯（PC）

PC是一种常见的透明工程塑料，性能优异，其光学性能仅低于PMMA。PC的耐候性好，使用温度范围广，其力学性能在−135～120℃内保持稳定。

（4）聚甲基丙烯酸甲酯（PMMA）

PMMA俗称有机玻璃，在塑料中其光学性能最佳。PMMA的力学性能和电学性能一般，吸湿性高，热膨胀系数是无机玻璃的8~10倍，可在80℃下长期使用。

13.2
用SBS对PS回料改性及其应用

13.2.1 PS的基本特性

PS一般为头尾结构，主链为饱和碳链，侧基为共轭苯环，使分子结构不规整，增大了分子的刚性，使PS成为非结晶性的线型聚合物。由于苯环存在，PS具有较高的玻璃化温度（80~105℃），所以在室温下是透明而坚硬的，由于分子链的刚性，易引起应力开裂。聚苯乙烯无色透明，能自由着色，密度也仅次于PP、PE，具有优异的电性能，特别是高频特性好。另外，在光稳定性方面仅次于甲基丙烯酸树脂，且抗放射线能力是所有塑料中最强的。PS最重要的特点是熔融时的热稳定性和流动性非常好，所以易成型加工，特别是注射成型容易，适合大量生产。成型收缩率小，成型品尺寸稳定性也好[1]。

13.2.2 废旧PS的来源及污染现状

PS在高分子材料领域占据着不可或缺的地位。近年来，PS泡沫材料常用于建筑外墙保温材料。由于各类建筑的更新重建，造成了许多建筑垃圾的堆积，其中的PS泡沫材料造成了浪费。

作为一类优异的聚合物树脂材料，高抗冲聚苯乙烯（HIPS）在工程（特别是电器和计算机）材料领域表现出巨大的优势：a.具有良好的尺寸稳定性；b.耐热性强，具有良好的冲击韧性强度；c.易加工，可以通过添加合适的填料来开发新型功能型材料等。然而，基于科技创新化发展，电子产品的发展日新月异，塑料材料的大量废弃造成了高分子材料资源的流失和自然环境的破坏[2]。

据统计，日本和北欧国家废弃的PS塑料回收再生利用率约为72%，韩国PS塑料回收再生利用率约为64%，而其余国家仅有10%~30%的PS塑料被回收再生利用。而在我国，年产180万吨的PS的回收率目前还不到40%。大量的废旧PS泡沫对环境和生态造成了严重的污染，并且将进一步威胁到人类和其他动物的生命安全。

13.2.3 PS的回收利用技术[3]

PS塑料的化学稳定性强、难以分解。在我国，有60%以上的PS塑料废弃后仅通过填埋或者焚烧处理后进入大自然，这对环境产生了很大的影响。随着科技的进步，对于废旧PS材料进行了广泛研究。目前传统的废旧PS塑料的回收再利用主要包括：

① 物理溶解或熔融再生；

② 加工处理为建筑保温材料；

③ 高温热解汽化制备燃烧燃油或燃气。

由于PS的传统回收工艺需要耗费大量的能量，导致大多数的废旧PS塑料未经处理而随意排放，因此急需一种能耗小、排放少的回收方法将废旧PS制备成更高价值的有机材料。

13.2.4 热塑性弹性体的概念

热塑性弹性体（TPE或TPR），又称人造橡胶或合成橡胶[4]。其产品既具备传统交联硫化橡胶的高弹性、耐老化、耐油性各项优异性能，同时又具备普通塑料加工方便、加工方式广的特点。可采用注塑、挤出、吹塑等加工方式生产，水口边角粉碎后100%直接二次使用。既简化加工过程，又降低加工成本，因此热塑性弹性体材料已成为取代传统橡胶的最新材料，其环保、无毒、手感舒适、外观精美，使产品更具创意；其也是一种更具人性化、高品位的新型合成材料，也是世界化标准性环保材料。

目前，TPE的种类日趋增多，根据其化学组成通常分为4大类。

（1）热塑性聚氨酯弹性体（TPU）

按其合成时所用的二元醇聚合物不同又可分为聚醚性和聚酯型两种。

（2）苯乙烯嵌段类热塑性弹体（TPS）

典型品种为热塑性SBS弹性体（苯乙烯-丁二烯-苯乙烯嵌段共聚物）和热塑性SIS弹性体（苯乙烯-异戊二烯-苯乙烯嵌段共聚物）。此外，还有苯乙烯-丁二烯的星形嵌段共聚物。

（3）热塑性聚氨酯弹性体（TPEE）

该类弹性体通常是由二元羧酸及其衍生物（如对苯二甲酸二甲酯）、聚醚二元醇（分子量为600～6000）及低分子二元醇的混合物通过熔融酯交换反应而得到的均聚无规嵌段共聚物。

（4）热塑性聚烯烃弹性体（TPO）

该类弹性体通常是通过共混法来制备。如应用特级的EP（D）M（即具有部分结晶EPM或EPDM）与热塑性树脂（PE、PP等）共混，或在共混的同时采用动态硫化法使橡胶部分得到交联甚至在橡胶分子链上接枝PE或PP。另外，还有丁基橡胶接枝PE而得到的TPO。

除了上述4大类热塑性弹体外，人们还在探索热塑性弹性体的新品种，例如聚硅氧烷类TPE、共混型或接枝型热塑性天然橡胶、离子键共聚物、热塑性氟橡胶以及PVC类TPE。

13.2.5 热塑性弹性体的结构特征和性能

我国热塑性工程塑料的多数研究都是在原技术基础上做出微小调整或补充，主要的研究重点是纳米填料改性、生物塑料以及材料加工工艺。将现有的聚合物或单体经过特种催化剂改变结构，通过合金化、共混、改性等技术制成新材料，尤其是降解材料，可满足市场的不同需求[5]。

热塑性弹性体的结构特征包括以下几点：

① 良好抗冲击和抗疲劳性能；

② 高冲击强度和良好的低温柔韧性；

③ 温度上升时保持良好的性能；

④ 良好的对化学物质，油品，溶剂和天气的抵抗能力；

⑤ 高抗撕裂强度及高耐摩擦性能；

⑥ 易加工且具经济性；

⑦ 良好的可回收性。

目前，热塑性弹性体工业已发展到相当高水平，特别是双物料的应用、黏接等，商业地位也日益重要，已具有广泛的市场潜力和无限的发展空间。其主要的特征体现在：

① 环保、无毒、无污染（有欧洲无毒标准证书）；

② 不用硫化、简化生产加工过程；

③ 具有优良的耐低温、耐高温性；

④ 触感柔软、表面质量优异；

⑤ 宽广的硬度范围为 0 ~ 100A；

⑥ 水口料、边角料可循环使用；

⑦ 可依客户要求调整；

⑧ 加工过程无毒性，不会产生令人不愉快的气味；

⑨ 对环境及设备无伤害。

然而，热塑性弹性体在实际应用中也有不足，它属于新技术，普通橡胶加工厂对它不熟悉；热塑性弹性体所需的加工设备热固性橡胶加工厂不熟悉；一些热塑性弹性体需要在加工前进行干燥；低硬度热塑性弹性体能买到的不多；热塑性弹性体在温度升高时会熔化，使之不能应用于短暂的高温条件下；只有大批量生产，才能使热塑性弹性体具有经济性。

13.2.6 SBS的基本特性

SBS属于热塑性弹性体，目前是世界产量大、与橡胶性能相似的一种热塑性弹性体。SBS苯乙烯类热塑性弹性体是SBCs中产量大（占70%以上）、成本低、应用较广的一个品种，是以苯乙烯、丁二烯为单体的三嵌段共聚物，兼有塑料和橡胶的特性，被称为"第三代合成橡胶"。与丁苯橡胶相似，SBS可以和水、弱酸、碱等接触，具有优良的拉伸强度，表面摩擦系数大，低温性能好，电性能优良，加工性能好等特性，成为目前消费量大的热塑性弹性体。SBS在加工应用拥有热固性橡胶无法比拟的优势：可用热塑性塑料加工设备进行加工成型，如挤压、注射、吹塑等，成型速度比传统硫化橡胶工艺快；不需硫化，可省去一般热固性橡胶加工过程中的硫化工序，因而设备投资少，生产能耗低，工艺简单，加工周期短，生产效率高，加工费用低；边角余料可多次再生利用，节省资源，有利于环境保护。目前SBS主要用于橡胶制品、树脂改性剂、黏合剂和沥青改性剂四大领域。在橡胶制品方面，SBS模压制品主要用于制鞋（鞋底）工业，挤出制品主要用于胶管和胶带；作为树脂改性剂，少量SBS分别与聚丙烯（PP）、聚乙烯（PE）、聚苯乙烯（PS）共混可明显改善制品的低温性能和冲击强度；SBS作为黏合剂具有高固体物质含量、快干、耐低温的特点；SBS作为建筑沥青和道路沥青的改性剂可明显改进沥青的耐候性和耐负载性能。

13.2.7　SBS在PS回收料中的改性效果

通用高分子材料的工程和工程高分子材料的高性能是高分子材料研究与开发的主要方向之一，核心技术是高分子材料的同时增强、增韧。PS的生产工艺简单，原料来源丰富，因而用途十分广泛。它具有熔融时热稳定性和流动性好，易成型加工，成型收缩率小，成型品尺寸稳定性好等优点。但是纯PS由于存在脆性大、冲击强度低、耐热性较差等缺点限制了其使用[6]，其回料的性能更是难以达到应用要求，因而研究者们做了大量的工作对其进行改性，发现用SBS改性PS回料，可以使改性后的PS回料兼具SBS和PS的优点，显著提高PS的韧性和冲击强度，具有良好的应用前景（目前橡胶增韧脆性塑料总是以牺牲材料的刚度、强度、热变形温度等重要性能为代价）[7]。对于无机刚性粒子增韧，面临的最大困难是如何改善无机粒子和有机高分子的界面相容性，进而在材料的韧性与填料的填充量取得平衡，得到超强韧的聚合物复合材料。日前改善相容性的方法主要是从两个方面着手：一是通过接枝性极性单体提高聚合物极性；二是通过表面包裹或接枝改性降低无机粒子表面极性。

13.3
用SBS对AS回料的改性及其应用

13.3.1　AS的基本特性

AS是丙烯腈与苯乙烯的共聚物，亦称SAN。AS耐气候性中等，不受高湿度环境影响，耐一般性油脂、去污剂及轻度酒精，耐疲劳性较差，不易因内应力而开裂，透明度颇高，流动性好于ABS。AS比聚苯乙烯（PS）有更高的冲击强度和优良的耐热性，耐油性，耐化学腐蚀性。不易产生内应力开裂，透明度很高，其软化温度和冲击强度比PS高。AS中加入玻璃纤维添加剂可以增加强度和抗热变形能力，减小热膨胀系数。

13.3.2　SBS 在 AS 回料中的改性效果

AS 塑料的脆性大、对缺口敏感、耐动态疲劳性及热稳定性差、熔体黏度大、吸水率高、易降解变色。

因此，AS 新料的成塑加工有一定难度，AS 回料的成型加工就更为困难。由于 AS 在成型加工中易变色，若用回料生产透明制品，对透明性有严重影响；又因 AS 的脆性较大，因此，AS 回料必须增韧改性，才能在某些非透明制品中作为为韧性材料应用。

AS 塑料的增韧性改性方法较多，有人用氯化聚乙烯（CPE）对 AS 改性，以形成共混物，再加入适量的助溶剂，可使共混物的缺口冲击强度和热变形温度得到大幅度提高[8]。此法的缺点是 CEP 的热稳定性较差，因此共混物的变形加工温度不能高（为 150～160℃）；而在此温度下，AS 组分的熔体黏度又较大，故此法应用时宜谨慎。也有人用 HIPS 或 ABS 对 AS 加以增韧改性，再加上其他助剂的配合，制品能完好脱模，不会变色，取得了较好的改性效果，并且共混物的成型加工温度也比较高。该法的不足之处是 HIPS 的添加量要很高时（AS 比例约 1∶1）才能得到满意的改性效果[9]。也有资料报道，利用丙烯酸酯橡胶改性得到的丙烯腈-苯乙烯-丙烯酸酯共聚物，也收到良好的效果[10]。

SBS 热塑性弹性体是苯乙烯-丁二烯-苯乙烯三嵌段共聚物，与 AS 同有一种结构单元——苯乙烯；根据结构相似相容的原理判断；SBS 与 AS 应具有较好的相容性。SBS 这种热塑性弹性体（也称为热塑性橡胶），在成型加工时不需要专门的硫化工程。

用 SBS 对 AS 进行增韧改性，可以使材料的韧性得到显著提高，当 SBS 含量为一定时就具有一定的实用性，但共混物冲击强度的缺口敏感性仍较强。并且，AS/SBS 共混物的拉伸强度随 SBS 用量的增大而下降，该材料适用于拉伸强度较低的场合。其次，在一定温度下，AS/SBS 共混物中组分的均匀性与开炼时间有关。因此。在对 AS 回料增韧改性时共混工艺对共混物性能的影响较大。用 SBS 增韧改性 AS 后。共混物的热性能有所下降，略低于 ABS 和 HIPS，而加工流动性则优于 ABS 和 HIPS。最后，AS/SBS 共混物中某些性能规律性不很强，还有待进一步研究。

13.4
PC 塑料回料的改性

13.4.1　PC 的基本特性

聚碳酸酯（PC）是一种非晶的热塑性工程塑料，学名 2, 2-双（4-烃基苯基）丙烷聚碳酸酯，最常用的是双酚 A 型聚碳酸酯。它与 ABS、PA、POM、PBT 及改性 PPO 一起被称为六大通用工程塑料。PC 由于具有优异的综合性能，尤其以耐冲击强度高被誉为"塑料之冠"。PC 树脂的可见光透过率在 90% 以上，并且具有优异的电绝缘性、延伸性、尺寸稳定性及耐化学腐蚀性，还有自熄、易增强阻燃性、无毒、卫生、着色性好等优良性能。PC 广泛应用于机械、汽车、航天航空、电子、电器、建筑、信息储存、体育、包装、光学仪器、通信、医疗、照相器材、办公用品、安全用品、家庭用品、农业、交通运输等各个领域[11]。

PC 通过共聚、共混、增强等途径发展了很多改性品种。PC 的抗冲击韧性为一般热塑性之冠，尺寸稳定性很好，耐热性较好，可以在-60~120℃下长期使用，热变温度为 130~140℃，玻璃化温度为 149℃，热分解温度大于 310℃。PC 由于极性小，玻璃化温度高，吸水率低，收缩率小，尺寸精度高，对光稳定，耐候性好，熔融黏度和注射温度低，因而易于加工成形。

13.4.2 废旧PC的来源及污染现状[12]

PC 是一种综合性能优异的塑料，冲击韧性好、透明度高、尺寸稳定性好、有电气绝缘性、耐蠕变性、耐候性、无毒性以及较宽的使用温度范围。PC 是一种重要的工程塑料，在光盘制造业、玻璃组装业、汽车工业、医疗设备和食品包装等领域有着重要的地位。随着 PC 的巨大消耗，大量的废旧 PC 已经造成了严重的环境污染和资源浪费。因此，废旧 PC 材料的回收利用问题已成为现阶段需解决的重要问题之一。

PC 的回收主要有两种方式：一种是机械回收，附加值较低；另一种则是化学方法，即将废旧 PC 材料通过一定的化学反应，生成相应的产物，可作为合成化工产品的原料，从而实现资源的回收利用。目前，化学方法主要有热降解法、水解法、醇解法、超（亚）临界法、离子液体法等。

13.4.3 PC塑料的增强改性

PC 塑料回料的改性方法较多，有增强改性、共混改性等。PC 塑料典型用途有净水桶、车灯等。PC 塑料经过加工后，分子量降低较多，因此回料的力学强度较差。

在 PC 塑料一级回料中加入玻璃纤维，可制精密注塑成型用作塑料材料，且机械强度相当高。

（1）增强PC塑料制备方法

采用双螺杆挤出机经过熔融挤出，造粒而得。短纤维增强，可将 PC 塑料回收和短纤维直接加入挤出机中；长纤维增强，可借助于螺杆的转动将纤维从挤出机中部纤维入口处引入挤出机，玻璃纤维被螺杆切断后，和 PC 熔体混合挤出。

（2）玻璃纤维增强PC塑料的控制因素

① 玻璃纤维性质的影响，有含碱量、玻璃纤维粗细和玻璃纤维长短 3 个方面的因素的影响。

② 玻璃纤维表面处理方法的影响，有脱蜡处理和偶联处理两种。

③ 其他因素，如分子量等。

13.4.4 PC 塑料回料的共混改性

PC 树脂通过共聚、共混、增强等途径发展了很多改性品种[13]。PC 树脂与聚烯烃共混后，具有更高的冲击韧性、耐沸水性和耐老化性能，熔融黏度和注射温度降低，因而易于加工成形。PC 与 20%~40% 的 ABS 树脂共混后具有优良的综合性能，它既有 PC 树脂的高机械强度和耐热性，又具有 ABS 的流动性好，便于加工的特点，各项性能指标大都介于 PC 和 ABS 之间。

PC 是一种应用日益广泛的工程塑料，它具有综合稳定的力学性能、热性能及电性能。但 PC 的价格较贵，加工温度高，残余应力大，流动性差，在很大程度上限制了其应用。相对于 PC 而言，丙烯腈-丁二烯-苯乙烯共聚物（ABS）价格低廉、性能优良，具有光泽性，易于成型加工，但耐热性较差。将 PC 和 ABS 共混，可得到综合性能好，性能价格比较高的合金[14-17]。PC 的溶解度参数为 19.5（J/cm³）$^{1/2}$，ABS 的溶解度参数为 19.6~20.5（J/cm³）$^{1/2}$，两者较为接近，所以 PC 与 ABS 有较好的相容性，易获得性能良好的改性材料。现在 PC/ABS 合金已广泛应用于许多领域，如电子电器、机械设备、医疗器材、照相器材和汽车零部件等。

目前全球 PC 已向高功能化、专用化方向发展，而 PC 的合金化是 PC 高功能化的主要途径。PC 可与多种聚合物进行共混改性，而最重要的是与 PO、ABS 和 PBT 的共混。PC/ABS 合金的综合性能优异，是 PC 合金的主要品种。PC/ABS 合金既具有 PC 的耐热性、力学强度和尺寸稳定性，又能降低 PC 的熔体黏度，改善加工性能，降低对厚壁和低温的敏感性，提高韧性，降低材料成本。PS 的熔体黏度小，加工性能好，将少量的 PS 与 PC 共混可明显改善 PC 的加工流动性，从而提高 PC 的成型性，也可减小 PC 的双折射率；PS 的存在还可以起到刚性有机填料的作用，提高 PC 的硬度；PS 的加入还可降低成本。因此可以说 PC/PS 合金是一种高性能而又经济的高分子材料。由于 PC、PS 为不相容体系，需要加入增容剂来提高两相的相容性，解决两者不相容的问题，这是制备 PC/PS 合金的关键技术。在 PC 中加入 PE 可改善 PC 的厚壁冲击韧性；将 PC 与 PP 共混制得的 PC/PP 合金的冲击强度高于 PC 的冲击强度。将 PC 与 PBT 或 PET 共混可以互相取长补短，既能改善 PC 的耐应力开裂性和耐溶剂性，降低 PC 的成本，又可提高 PBT 或 PET 的耐热性和韧性，因而具有优良的综合性能。PC/PBT 合金和 PC/PET 合金已成为工程塑料中一类重要的品种，具有较高的工业应用价值，广泛应用于电子电气部件、机械、汽车部件等领域。在聚碳酸酯中加入 PA 可以改善 PC 的耐油性、耐化学药品性、耐应力开裂性及加工性能，降低 PC 的成本，并能保持 PC 较高的耐冲击性和耐热性。但 PC 与 PA 的溶解度参数相差较大，两者为热力学不相容体系，若直接共混会有明显的分层现象，并产生气泡，难以得到具有实用价值的稳定的合金。通过加入增容剂和改性剂，可改善和控制 PC/PA 合金的相容性，获得高性能的 PC/PA 合金。苯乙烯、丙烯腈和 MAH 的三元共聚物（SAN/MAH）就是 PC/PA 合金的良好增容剂，

PC/PA 体系未加入此种增容剂时会出现相分离行为,加入该增容剂后则出现"海岛"结构,并且在熔点以上退火,微区尺寸不变,说明其具有抑制相畴变大和稳定形态的作用。用环氧树脂作为 PC/PA 合金的增容剂,当增容剂的质量分数为 0.5% 时,两相界面变得模糊不清,合金的性能得到改善。PC/POM 合金具有优良的力学性能、耐溶剂性和显著的耐应力开裂性,它的耐热性较高,热变形温度可达到 145℃。

13.5
废旧有机玻璃的回收与利用

13.5.1 有机玻璃特性

甲基丙烯酸甲酯的聚合物(PMMA)是透明高分子材料中很重要的一种,俗称有机玻璃[18]。有机玻璃是高透明无定型的热塑性塑料,在塑料中透光性最佳,透射率高达 92% ~ 93%,可见光透过率达 99%,紫外光 73%。相对密度较小(为 1.19),仅为硅玻璃的 1/2;抗碎裂性能好,为硅玻璃的 7 ~ 18 倍;机械强度和韧性是硅玻璃的 10 倍以上。具有突出的耐候性和耐老化性,在低温(-50 ~ 60℃)和较高温度(100℃)下,冲击强度不变,有良好的电绝缘性能,可耐电弧,与生物有相容性,是医用功能高分子之一。有良好的热塑加工性能,易于加工成型,化学性能稳定,能耐一般化学腐蚀,对低浓度的酸、碱作用较小,其边角废料经热裂解为甲基丙烯酸甲酯单体,可回收再用于聚合。但是有机玻璃耐热性和耐磨损性能较差。

13.5.2 废旧有机玻璃的来源

PMMA 作为一种常见的高分子材料,其玻璃化转变温度在 105℃ 左右,熔点在 160℃ 左右,具有易加工、价格低、透光性和耐腐蚀好等优点。PMMA 具有良好的透光性、化学稳定性、介电性、电绝缘性和抗电弧性,广泛应用于镜片、光盘、光纤、医学、通信、电子等领域;也具有良好的耐化学试剂性、耐溶剂性、耐候性、耐热耐寒性,广泛应用于汽车、建筑、广告等领域,是汽车车灯、液晶显示器导光板、装饰灯具、广告灯箱等不可缺少的材料[16]。由于 PMMA 是较早投入使用的塑料之一,并且其耐磨性欠佳,每年均有大量废弃物产生。如何利用这些废弃物,是解决废旧 PMMA 塑料污染的一个重要问题。

13.5.3 废旧有机玻璃再生利用

随着世界聚甲基丙烯酸甲酯生产能力的增加,其在生产过程中出现的边角料及碎屑以及在使用后的废弃物约占有机玻璃产量的 30%[19]。因而有效地对废旧有机玻璃再生利用,不但清洁了环境，也增加了可观的经济效益。

　　废旧有机玻璃作为废塑料中的重要成员之一，同样可采用机械、裂解、焚烧等方式进行再生利用[20]。但是，由于有机玻璃价格昂贵，采用裂解工艺将废旧有机玻璃转化成甲基丙烯酸甲酯（MMA）是最经济的回收方式，废旧有机玻璃中90%是通过热裂解成MMA单体回收的[21]。

　　但是，用裂解法得到的甲基丙烯酸甲酯和合成法得到的甲基丙烯酸甲酯质量有一定的差别，用户对单体的质量，特别是对用其生产有机玻璃板材的外观要求较高，故通过裂解法得到的产品常常不能满足国内用户和外贸出口的要求，也影响了其应用和销售，因此改善产品外观，提高含量，生产出高质量的裂解单体成为各生产厂研究的热点。近年来，随着有机玻璃原料供应的紧缺，这个问题日益突出，应尽快解决，否则很可能会制约该行业的发展。如果能利用工业上裂解解决废旧有机玻璃制取MMA造成的有机玻璃板颜色发黄的问题，就可以使此种材料得到更好、更广泛的应用。

参考文献

[1] 雷垒. 含PLA的两亲性嵌段共聚物的制备及其自组装性能的研究[D]. 北京：北京化工大学, 2013.

[2] 张通姗, 徐海萍, 徐世豪, 等. 废弃高抗冲聚苯乙烯高值化再利用的研究进展[J]. 材料导报, 2020, 34(S1): 557-562.

[3] 刘昌会, 黄文博, 顾彦龙, 等. 废弃聚苯乙烯塑料在环境与能源中的高值化应用进展[J]. 化工学报, 2020, 71(07): 2956-2972.

[4] 夏茜. 反应共混方法制备热塑性弹性体[D]. 长春：长春工业大学, 2012.

[5] 佚名. 中国工程塑料今后的发展方向[J]. 自动化应用, 2003(1): 32-32.

[6] 邱巧锐. PVA/ZnO和PS/CaCO₃两种复合材料的制备和性能[D]. 武汉：湖北工业大学, 2011.

[7] 颜世峰. 纳米CaCO₃表面活化及其对PVC的改性研究[D]. 青岛：青岛科技大学, 2002.

[8] 陈再春. AS/CPE共混体系研究[J]. 塑料工业, 1988(1).

[9] 董智贤, 周彦豪, 邓述东. ABS/HIPS共混材料的改性研究[J]. 工程塑料应用, 2008, 36(2): 16-20.

[10] 殷勤俭, 王克, 李天政, 等. 苯乙烯-丙烯酸酯-丙烯腈三元共聚物的合成及表征[J]. 化学研究与应用, 2003, 15(5): 661-663.

[11] 玄恩锋. 国内外聚碳酸酯的生产及消费分析[J]. 现代化工, 1999, 19(9): 38-40.

[12] 陈春玉, 王少楠, 胡迎. 聚甲基丙烯酸甲酯的合成及应用进展[J]. 广州化工, 2021, 49(09): 1-2.

[13] 金祖铨, 吴念. 聚碳酸酯树脂及应用. 北京：化学工业出版社, 2009.

[14] 方晨鹏, 陈日新, 杨辉. 高强耐热阻燃PC/ABS塑料合金研究[J]. 材料科学与工程学报, 2004, 22(6): 875-877.

[15] 欧阳小东, 吴汾. 新型增容剂在PC/ABS合金中的应用[J]. 工程塑料应用, 2003, 31(1): 9-12.

[16] 田立斌, 刘敏江. PC/ABS合金研究进展[J]. 工程塑料应用, 2002, 30(1): 52-54.

[17] 孙清, 张玲, 安多, 等. PC/ABS合金及其阻燃性能[J]. 塑料工业, 2000, 28(6): 45-46.

[18] 殷志远, 雷胜彩. 有机玻璃工业现状及展望[J]. 中国塑料, 1998(2): 5-10.

[19] 泽田秀雄. 聚合反应热力学[M]. 北京：科学出版社, 1985.

[20] Al-Salem S M, Lettieri P, Baeyens J. Recycling and recovery routes of plastic solid waste（PSW）: A review[J]. Waste Management, 2009, 29（10）: 2625-2643.

[21] 杜丽利, 金滟, 郑同利. SEBS在PP共混物中的研究进展[J]. 合成树脂及塑料, 2002, 19（5）: 60-64.

第 **14** 章

微塑料污染现状及控制措施

14.1
微塑料概述

14.1.1　微塑料的来源

塑料是以从各种化石燃料（煤、石油、天然气等）中提取的单体通过加聚或缩聚聚合而成的高分子化合物。当塑料进入环境系统中后通过风化、光解、侵蚀、辐射、生物降解等各种物理化学生物作用分解为较小的塑料碎片，这类较小的塑料碎片就是对环境影响较大的微塑料。微塑料在环境中不易降解，对环境系统危害较大，已成为各国重点研究对象[1]。

（1）土壤中的微塑料来源

土壤环境中微塑料主要来源于以下几个方面。

① 农业生产过程中大量使用的农业地膜，由于没有行之有效的回收方法，基本都残留在土壤中，通过土壤微生物及辐射光解等作用形成微塑料而对土壤造成严重危害。

② 污水处理厂污泥的农田施用，污水处理厂对微塑料有一定的去除作用，但效果较差。目前绝大多数的污水处理厂不能有效地去除废水中的微塑料，导致污泥中含有大量的微塑料，施用到农田后造成土壤微塑料污染。

③ 大气环境中微塑料的沉降。除本身密度较大的微塑料自然沉降到土壤外［如聚氯乙烯（PVC）、聚苯乙烯（PS）等］，其他密度较小的微塑料颗粒［如聚丙烯（PP）、聚乙烯（PE）等在空气中与其他物质发生化学反应，使其密度增大从而沉积在地面，造成陆地微塑料污染］，其他的还包括塑料垃圾的随意丢弃以及公路扬尘中的微塑料等。

（2）水环境中的微塑料来源

水环境中微塑料主要来源于以下几个方面[2]。

① 含有微塑料废水的直接排放：如污水处理厂处理后废水的排放，由于目前大多数污水处理厂并不具备过滤微塑料的能力，导致处理后废水仍含有大量的微塑料。

② 个人日护品及合成纤维织物洗涤过程中产生的微塑料，通过各种水道管网排入江河以及海洋环境中。

③ 极端恶劣天气（如暴风雨）将空气中含有的微塑料携带至水体环境，此外地表径流也是陆地环境系统中微塑料转移到水体环境的重要途径。

④ 水上作业是水体环境中微塑料的直接来源之一，海洋石油开采、渔业捕捞、海洋旅游业等都产生大量的微塑料垃圾，且没有有效的回收。据统计，每年仅渔业捕捞就有超过640万吨塑料渔具被丢弃在水环境中。

（3）大气环境中的微塑料来源

大气环境中微塑料的来源主要是工业生产过程中产生的各种粉尘。此外，室内空气中含有的纤维织物等微塑料可能是大气环境系统中微塑料的重要来源，Dirs等[3,4]在法国巴黎的空气中发现合成纤维、天然纤维以及各种聚合物为这一猜想提供了证明。同时，周倩等[5]在中国烟台市大气沉降样品中也得到了纤维、碎片、薄膜、发泡4种类型的微塑料。

14.1.2 微塑料的分类

对于微塑料的分类，目前学术界还没有一个确切一致的共识，按其进入环境的方式大概分为原生微塑料和次生微塑料两种。

（1）原生微塑料

原生微塑料是指产生于工业、日常生活、制造业等方面，存在于日常生活中的化妆品或者清洁用品，如牙膏和去角质膏中使用的摩擦剂"微珠"、纺织品和纤维服装、陆地运输过程以及塑料制品加工等。这些微塑料通过废水处理厂被排放到河流等自然水体中。

（2）次生微塑料

次生微塑料则指由大的塑料经过物理、化学和生物过程造成破碎或降解而形成的微塑料微粒，如超细纤维、塑料碎末等[6]。

14.1.3 微塑料的化学组成

微塑料种类繁多，化学组成亦不相同，主要的微塑料有 PE、PVC、PS、PP、PC、聚对苯二甲酸乙二醇酯（PET）、PMMA、PA、ABS 等，这些皆由碳碳双键和碳氢键聚合其他单体物质组成。微塑料聚合物具有独特的长链分子结构，由重复的化学结构单元组成，当重复单元的数量组成 n 不同时其表现出不同的理化性质，当 n 足够大时，微塑料就会获得特殊的力学性质，从而成为我们日常生活中所用到的产品。目前常见的微塑料有 PP、PE 和 PVC，分别占全球塑料产量的24%、21%和19%[7]。

14.1.4 微塑料的危害

微塑料会产生危害的原因主要有:

① 微塑料是人工合成的高分子聚合物,不是自然界本来存在的,本身极难降解,被摄入生物体内也难以降解和排出体外,危害生物体的健康;

② 在生产塑料的过程中,为了提高塑料的相关性能,需要添加其他的添加剂,例如邻苯二甲酸酯类、氯化石蜡、氨基巴豆酸酯类等物质,当微塑料进入水体中,这些添加剂会逐渐释放出来造成危害;

③ 由于微塑料的表面吸附能力强,其材料和表面结构是影响其表面结合的重要因素,当微塑料进入水体环境中,会吸附其他的有害物质,如酚类、硝基苯类、氯苯类、酯以及其他重金属等,这些有害物质的聚集,导致联合毒性产生[8]。

塑料在降解过程中会释放添加剂,例如邻苯二甲酸二辛酯等,这些塑料添加剂通过许多途径会释放到环境中,如工业和市政污水、大气沉降、径流和河流运输等,并带来较大的环境问题,因为它们有可能延长塑料的降解时间[9]。

微塑料在水中还可与持久性有机污染物(POPs)聚合在一起,形成污染球,进一步增大其危害毒性,例如双酚A、六氯丁二烯、重金属、多氯联苯(CPCBs)、六氯苯(HCB)等多环芳烃、八嗅联苯醚等[10]。POPs会使生物体的免疫系统受到危害,长期暴露在POPs中的生物,它们巨噬细胞的活性有明显降低,抵抗病毒的能力因此下降。研究发现生活在POPs水平较高海域的海豚,它们的T细胞的增殖能力降低,导致免疫系统出现问题;海豹误食了被POPs污染的鱼,它们的甲状腺激素和维生素A的水平会降低,导致它们更容易感染细菌。对北太平洋中以浮游生物为食的鱼类解剖研究发现,鱼类胃中有35%的微塑料[11]。

近年来的研究发现,大尺寸的塑料被摄入体后较容易随着粪便排出,但过大的塑料也会对消化道及其他器官造成物理伤害。随着尺寸的减小,微塑料在体内不易被排出,堆积在消化道内,对器官造成危害,例如微米级的微塑料可以进入周边组织;纳米级的微塑料排出最为缓慢,它可以穿过细胞膜,进入循环组织,造成细胞分子层面的危害。

14.1.5 国内外微塑料污染现状

微塑料污染在全球表现出"广泛而集中"特点。微塑料的特征决定了它易受到水流、洋流和风力等作用进行迁移,而且在大气、水体和土壤中都有发现,在两极、冰川甚至深海都发现了微塑料的存在,而不同水域之间微塑料丰度又相差甚远。在靠近人类聚居区的水域及洋流环流区(如珠江三角洲),以及封闭、半封闭海域,如地中海、加勒比海等地区微塑料污染较严重。而这些污染区域中的微塑料大多集中在表层水体以及海洋沉积物中,显示了微塑料污染"汇"的特征。研究表明,在饮用水、自来水、海水、肉类等食品和佐料等中都发现了微塑料,甚至还有研究人员在南极和北极的冰川上、马里亚纳海沟和荒无人烟的海岛上也都发现了微塑料，微塑料污染问题愈演愈烈，而人类的发现之旅才刚刚开始。

14.2
微塑料的采集及分离

14.2.1　水体中微塑料的采集方法

水体中微塑料样品的采集工作目前还没有统一的规范和标准，科研人员需要根据采样装置、采样量和采样的位置选择合适的采集方式。通常采用的采样方法有过滤式样品采集、拖网式样品采集。

（1）过滤式样品采集法

过滤式样品采集法是研究者对大面积水域选择布设采样点，在每个采样点进行静置的定点采样，一般会选择过滤式样品采集方式。此方法的优点是对现场采样硬件要求较低，但是采集的样品体积较少，一般不超过20L。

（2）拖网式样品采集法

拖网采集可收集网所在范围内的所有样品，大孔径拖网可以漏掉很多悬浮物，网孔不宜堵塞，但是容易丢失一些小粒径的微塑料样品；小孔径拖网不易丢失小粒径的微塑料样品，但容易聚集较多非微塑料的悬浮物而导致拖网堵塞。因此，需要根据实际情况选择恰当的拖网采集微塑料样品。

14.2.2　土壤中微塑料的采集方法

土壤微塑料的采集要先对土壤样品进行采集，一般的方法有对角线法、梅花法、棋盘法等。

采集后的土壤样品要进一步分离出其中的微塑料。其分离方法和水体沉积物类似，一般通过浮选分离或者基于特定溶液的密度分离法，也有一些学者利用气浮分离法，通过向悬浊液中通入气体来达到分离的目的。这些方法适用范围太窄，仅能对一些普通的易分离的样品有较好的效果，而且分离过程烦琐，对微塑料的回收率不高且不稳定，分离后样品需要进一步通过其他方法进行再次鉴定以达到对微塑料采集的准确定性。微塑料的高效便捷收集目前仍是一个难题，还有很多方面等待探索。

14.2.3　大气中微塑料的采集方法

由于空气环境复杂多变，关于大气中微塑料的研究相对较少，大气中微塑料的采集方法也多为探索性研究。周倩等[5]设计的大气被动采样器由三部分组成，总体高约1m，顶端是一个直径约11cm的收集柱，主要用来收集大气中沉降的物质，通过中间的承接管将收集的物质传输到底部的终端收集瓶中，对大气沉降物质具有较好的采集效果，但采集后的物质仍要继续分离筛选微塑料。Dris等[3, 4]用一个采样表面为0.325m²的不锈钢漏斗收集大气总沉降物，在漏斗底部是一个20L的玻璃瓶用来收集漏斗里的水，玻璃瓶被放置在一个不透明的盒子中。在采样期间，根据玻璃瓶中累积的雨量，以不同频率收集样本。对采集的样本进一步分离。大气环境中微塑料的收集目前并没有高效的方法，大气环境微塑料的研究还需要进一步加强。

14.2.4　生物体中微塑料的采集方法

微塑料生物样品采集种类主要有浮游生物、底栖生物及鱼虾类。浮游生物的采样可分为两种方法：一种是直接采用垂直拖网，例如先用Bongo网拦截，再选择合适的淋洗液（常用10%福尔马林溶液）冲洗拖网获得样品；另一种方法是用洁净容器采集一定体积水样，再提取水样中的生物体进行后续分析。底栖生物可以通过拖网采集。大型生物类如鱼类通常利用渔网直接采集或从当地市场进行购买，也有部分研究者从当地渔民或垂钓爱好者处购买。

14.2.5　微塑料的分离方法

不同环境介质中微塑料的分离步骤基本类似，均包括采样、预处理、浮选、过滤和消解。水体中的微塑料常使用拖网采集，土壤和沉积物中微塑料采用金属器皿收集，大气微塑料样品多用气泵抽取或沉降收集，水生生物中的微塑料样品多使用浮游生物网采集。采集到的样品需先去除大的碎屑，或用筛网初筛预处理。之后的密度浮选是分离微塑料的关键，建议选择饱和NaCl溶液浮选低密度微塑料，饱和NaBr、ZnCl₂或NaI溶液则更适合高密度微塑料，也有研究使用钨酸钠或与上述溶液混合，以实现分离效率和成本的优化。浮选后的上清液需要使用滤膜进一步筛分，常用醋酸纤维素膜、硝酸纤维素膜、尼龙滤膜、聚四氟乙烯膜和玻璃膜，其孔径在0.45~20μm之间，需根据样品类型和微塑料目标尺寸来加以选择。对于相对复杂的样品（特别是活性污泥样品），需要在浮选前后添加消解程序，常使用30% H₂O₂溶液，其对不同类型微塑料影响甚微，也有使用NaOH和KOH溶液来消解食品和生物样品。有使用脂肪酶或蛋白酶去除脂类和蛋白质等有机物，但试剂价格昂贵。这些不同的分离处理方法各有利弊，需根据样品特性和检测微塑料的目标和特征在实际中优化组合来实现效率最大化。

14.3
环境中微塑料的赋存情况

14.3.1　水体中微塑料的赋存情况

近年来，由于塑料的大规模使用，海洋中的微塑料也随之快速增长。1974 年，大西洋海域中的微塑料丰度仅为 $6.06 \times 10^{-5} \sim 8.32 \times 10^{-3}$ 个/m³，而到 2017 年，路易斯安那海岸的海洋中微塑料丰度已达到 $5.0 \sim 18.4$ 个/m³。当前，关于海洋中微塑料赋存情况的研究已经涵盖太平洋、北冰洋、大西洋及印度洋等主要海域，其部分研究总结见表 14-1。

表14-1　海洋中微塑料的研究

海域	塑料尺寸/mm	微塑料丰度/（个/m³）
中国北黄海	<0.5	545±282
长江入海口	0.5～5	4137.3±2461.5（入海口） 0.167±0.138（海水）
南非东南海岸线	0.08～5	（257.9±53.36）～（3308±1449）
大西洋	<1	$6.06\times10^{-5} \sim 8.32\times10^{-3}$
太平洋东北部	<0.25	2.46±2.43
北极中央盆地	1～2	0.7

14.3.2　沉积物及沙滩中微塑料的赋存情况

大多数微塑料的密度与水近似或小于水，因此，一般情况下微塑料会漂浮在水面上或悬浮在水中，也有一些密度较大的微塑料容易沉入沉积物中或滞留在沙滩上。当前关于微塑料的研究有 95% 以上是关于海洋水域中的微塑料，因此关于沉积物中微塑料的研究也多集中在海洋沉积物中。

据统计，在地中海东北部的海域沉积物中，直径<5 mm 的微塑料赋存丰度为 （18.6±17.9）× 10^3 个/m³；在大西洋北海海域南部，直径为 0.011～0.5mm 的微塑料丰度为 2.8～1188.8 个/kg。在波罗的海东南部区域，直径为 0.1～0.335mm 的微塑料丰度为 （34±10） 个/kg。而关于沙滩中微塑料的研究，在中国的珠海、北海、香港及澳门海岸线的沙滩中，微塑料的赋存丰度为 （97.5±157.4） 个/m²。在韩国海岸线的沙滩中，直径为 1～5 mm 的微塑料颗粒赋存丰度为 0～2088 个/m²，在中国香港的西部沙滩中，微塑料的赋存丰度为 0.58～2116 个/kg。在斯洛文尼亚海滩中，直径<5mm 的微塑料赋存丰度为 （0.5±10.5） 个/kg。当以"个/kg"作为单位时，可见沉积物中微塑料的赋存丰度比沙滩中要多，这可能是由沉积物长时间作为海洋

下沉物质的汇总聚集地导致的。

14.3.3　生物体中微塑料的赋存情况

由于微塑料尺寸小、密度小，易混杂于漂浮在水里的食物中而被滤食动物或鸟类误食，从而富集在低等生物体内，通过食物链的转移，最终到达高等动物甚至人类的体内。人们已经在大量的生物样品中发现了微塑料，包括贝类、东方牡蛎、鱼类以及大型蚤。

14.4
微塑料的污染过程及环境效应

14.4.1　微塑料对污染物的吸附与释放机制

微塑料自身的疏水特性可使其吸附（或富集）环境中疏水性有机污染物，在大量的环境微塑料样品中已检测出多氯联苯（PCBs）、多环芳烃（PAHs）和有机氯农药等污染物。在某些情况下，PCBs 在微塑料上的浓度甚至可达到其在水中浓度的 $10^5 \sim 10^6$ 倍。疏水性有机化学物质在塑料聚合物上的吸附常符合双模态聚合物吸附模型，包括吸附和分配两种机制。吸附取决于聚合物与化学物质之间的亲和力，而两者之间的静电和疏水等作用力是微塑料和污染物之间相互作用的主要机制，除此之外二者相互作用还包括氢键、表面络合作用等。

微塑料与环境污染物的相互作用受到自然环境中塑料自身性质（如颗粒大小、比表面积、晶体结构等）和有机污染物理化性质（如疏水性、解离状态以及空间构型等）的影响。一般情况下，二者间相互作用随微塑料粒径减小、比表面积增加、污染物疏水性增加而增强。另外，玻璃态聚合物（如聚苯乙烯、聚氯乙烯等）通常具有较高程度的分子交联和密度，其吸附性能不及空间结构松散的橡胶态聚合物（如低密度聚乙烯），但是由于分子内部扩散的吸附机制，较容易出现解吸迟滞现象。除从环境中吸附有机污染物外，微塑料还能够向环境中释放小分子单体或添加剂，如阻燃剂、塑化剂和着色剂等。

14.4.2　微塑料与污染物的相互作用及效应

环境中微塑料能被多种营养级的生物摄入，其上所吸附的污染物也被携带进入生物体内。尽管微塑料自身对生物体的危害相对有限，但是所携带污染物在生物体内如被释放则可对生物体产生毒性。微塑料颗粒上所携带的污染物也可以沿着食物链在各种营养级上传递。微塑料对污染物的"载体"效应受微塑料性质及污染物种类的影响。微塑料对有机污染物生物富集的影响取决于生物体对微塑料负载的有机污染物的吸收效率以及生物体对有机污染物的代谢过程。Diepens 和 Koelmans[12]利用 MICROWEB 模型对微塑料影响下疏水性有机污染物的生物富集进行了理论计算，结果发现由于吸附态的有机污染物生物可利用性有限，微塑料的存在会抑制有机污染物的生物富集和食物链传递，然而对于容易代谢的污染物如某些PAHs物质而言，这种生物可利用性降低的同时降低了污染物在系统中的降解和代谢，增加其环境持久性，长远来看反而增加PAHs的生物累积及食物链放大。

14.4.3　微塑料的风化与降解过程

微塑料在环境中长期积累必然会出现风化和降解。风化降解不仅造成了微塑料表面的形貌变化，当这些塑料碎片暴露于阳光下，微塑料表面可能会形成大量的持久性自由基和活性氧。光照、温度、湿度等均会影响微塑料的风化。长期物理、化学和生物作用下，潮滩微塑料表面出现微孔裂纹，且含氧官能团增加。长期风化作用使微塑料表面逐渐老化裂解成粒径更小的微塑料甚至是纳米塑料，增强其环境迁移性。

微生物在降解中扮演着重要的角色，其中聚乙烯（PE）降解菌受到广泛的关注。微生物产生的胞外酶（氧化还原酶）会加速PE的降解。从韩国仁川垃圾填埋场分离出的芽孢杆菌和类芽孢杆菌的混合菌群加速了PE的降解。蚯蚓和蜡螟幼虫肠道内也存在降解PE的微生物。其他类型的微塑料也可被微生物降解，且不同微生物的降解效率不同。*Cephalosporium species* sp.和*Mucor species* sp.菌株孵化PS微塑料8d后，FTIR红外谱图和SEM图均显示PS发生了降解；同时，微塑料表面出现了裂纹甚至是孔隙。此外，氮、磷肥料的施用可以提升土壤肥力并改变土壤微生物的活力，从而促进土壤中微塑料的降解。

14.4.4　微塑料的环境生态效应

疏水有机物的亲脂性使微塑料不易在水中分解，同时使得其在水、土壤和沉积物中对有机物和悬浮微粒有着极强的吸引力，再加上其极大的比表面积以及表面生物淤积，使得微塑料能吸附在水、土壤和沉积物中的有机污染物。除了吸附有机化学物质之外，微塑料自身还能释放出有毒的化学物质。塑料制品中往往添加了各种添加剂来达到耐蚀、耐用的特性，如用以提高耐热性的多嗅联苯醚、抗氧化的壬基酚、耐生物降解的三氯生（二氯苯氧氯酚）等。微塑料在生物、非生物作用下降解时会滤出添加剂，对生态环境造成威胁。

特定的微生物能以微塑料作为基质繁殖，所以，微塑料可能作为特定微生物在河流湖泊中传播扩散的媒介。研究发现污水处理系统中的微塑料能够选择特定的微生物附着于其上，以微塑料、悬浮物和水流分别作为基质，比较其上微生物群落的组成，结果显示微塑料上的微生物群落组成种类较少，多样性及均匀性均较差。微塑料倾向于选择特定微生物繁殖的潜在机制有：a.微塑料坚硬的表面能为微生物的繁殖提供场所；b.微塑料由含碳物质组成，能为微生物提供碳源，同时其吸附的各种有机污染物也能为微生物的繁殖生存提供碳源；c.微生物能依附于微塑料上的多糖生物膜或微生物。微塑料上附着的微生物群落可能与某些致病菌有关，有研究者发现弯曲杆菌能依附在微塑料上，而弯曲杆菌属中含有某些致病菌[13]。微塑料携带致病菌的能力对生物及人类的健康造成了一定的威胁。不过，目前还不能确定微塑料是否能在自然环境中，在水流、光、热的作用下长时间携带微生物。关于微塑料携带致病菌还需要进一步研究。

微塑料的迁移去向之一为被生物摄取，而少有研究关注微塑料被摄取后在生物体内会造成什么影响。携带有毒污染物或某些致病菌的微塑料进入生物体内，无疑会对生物的生命健康造成威胁，然而这并不意味着摄取完全"干净"的微塑料就不会对生物造成影响。环境中的塑料纤维直径可小到1μm，这种塑料纤维被浮游生物摄取后容易在其体内打结或结块，影响进食与排泄。微塑料被一些小型动物和稍大型动物吸收后，可能堵塞肠道并造成伪饱食现象。

14.5
微塑料污染防治及控制措施

14.5.1　源头控制措施

减少非必要塑料制品的使用，或采用可降解塑料是目前较能得到国际认同的方案。2018年4月，英国首相表示将推动英国禁止所有一次性塑料产品。2018年7月，美国西雅图规定全面禁止餐饮从业者提供不可降解的塑料吸管及塑料刀叉，鼓励改用可重复使用的餐具或可堆肥塑料制品。同年，美国加利福尼亚州通过法案，禁止该州餐厅主动向顾客提供一次性塑料吸管。我国在2020年1月发布的《关于进一步加强塑料污染治理的意见》规定，2020年年底全国餐饮行业禁止使用不可降解的一次性塑料吸管。日本也在推动用可降解塑料来代替现有的塑料吸管。相应的研究表明可以用可降解塑料代替PE用于农业系统[14]，此方案在美国取得较好的效果[15]。在2020年第二十二届中国科协年会上，我国科研人员的可食性生物降解海藻产品保鲜膜发明授权专利引起了广大关注，这种保鲜膜以褐藻胶为原料，此研究为解决白色污染提供了更多可能。此外，还可采用塑料制品回收利用减少塑料流入自然环境，回收方法包括将其物理热熔以后重新制备塑料制品、热分解为石油类物质或者水解为单体物质等[16]。

目前，许多国家逐渐开始禁止微塑料在部分产品中的使用，其中最多的是其在冲洗类化妆品、个人护理品等日用化工产品中的使用。表14-2统计了不同国家或组织对化妆品、日用护理品、洗涤剂等日用化工产品及涂料中微塑料的使用制定的法规和政策。

表14-2　化工产品中微塑料相关的法规和政策

国家/组织	所涉产品	法规和政策
联合国	个人护理品、化妆品	2015年，联合国环境规划署倡议在个人护理品和化妆品中逐步淘汰并禁止使用微塑料

国家/组织	所涉产品	法规和政策
美国	个人护理品、化妆品	2014年6月，美国伊利诺伊州率先立法禁止出售含有塑料微珠的化妆品； 2015年3月，新泽西州通过法案，禁止使用塑料微珠； 2015年12月，奥巴马总统签署法令：禁止在美国销售和运输含塑料微珠的产品
加拿大	化妆品	2015年8月开始逐步淘汰塑料微珠； 2017年6月立法全面禁止使用
澳大利亚	化妆品、清洁产品	澳大利亚政府承诺，如果在2018年7月前塑料微珠没有在化妆品和清洁产品中被自发淘汰将会立法禁止使用
奥地利、比利时、卢森堡、荷兰和瑞典	个人护理品	2015年1月，荷兰、奥地利、卢森堡、比利时和瑞典发表联合声明禁止使用微塑料
欧盟	化妆品、洗涤剂	2015年10月，欧盟建议在2020年前在所有化妆品中禁止使用微塑料； 2017年6月，欧盟修订了针对洗涤用品的生态标签的标准，其中包含禁止在洗衣用洗涤用品中使用微塑料
英国	个人护理品	在2017年年底前，英国政府禁止在化妆品中使用塑料微珠
丹麦	化妆品	2016年，丹麦发起打击丹麦境内塑料微珠的活动，其中包含向欧盟请愿禁止在个人护理品中使用微塑料
法国	冲洗类产品	2016年10月，法国提出于2018年以前在冲洗类产品中禁止使用塑料微珠
瑞典	冲洗类产品	2017年7月，瑞典发布法规草案禁止在冲洗类产品中使用塑料微珠
比利时	化妆品、牙膏、清洁和保养产品、黏合剂和胶黏剂	2017年10月，向欧盟委员会通告全面禁止使用微塑料
意大利	冲洗类化妆品、洗涤剂	2018年6月，意大利提出在2020年1月前逐步淘汰在冲洗类化妆品和洗涤剂中使用微塑料
新西兰	冲洗类产品	2017年8月，新西兰发布法规禁止销售和制造含有塑料微珠的冲洗类产品
韩国	化妆品	韩国从2017年7月1日开始禁止在化妆品中使用塑料微珠
中国	日化用品	2019年10月，中国发布规定：含塑料微珠的日化用品，到2020年12月31日禁止生产，到2022年12月31日禁止销售

　　除化妆品及相关个人护理品，少数国家禁止洗涤产品中使用微塑料，只有个别国家禁止黏合剂和胶黏剂产品中使用微塑料，没有国家对微塑料在衣物、普通复混肥料、涂料等产品中的使用进行限制，这与微塑料在这些产品中发挥的重要作用有关。考虑微塑料的处理难度和目前科技及工艺的限制，也没有涉及堆肥、有机肥原材料及成品中微塑料的限制政策。但微塑料在这些产品中的赋存情况也应受到重视，针对微塑料在这些产品中的使用情况、检测方法及应对策略的研究不容忽视。

　　总而言之，解决方案可以概括为两类：一是原材料层面，即针对不同产品中使用微塑料物质的情况，可采用禁用、寻找替代原料、优化配方减少微塑料的添加比例等方法；二是产品层面，即使用替代产品、优化产品使用结构，进而推动产业结构的改变。

14.5.2 微塑料污染修复措施

虽然政府通过各种方法从源头减少微塑料进入环境，但环境中已经有大量的微塑料，它们造成的环境污染及生态破坏逐渐凸显，寻求有效的治理方法是唯一可行的方案[17]。

针对不同环境和污染程度，可以采用不同的修复方式以便获得理想的处理结果，不同环境中微塑料的修复方案见表14-3。

表14-3 不同环境中微塑料的修复方案

环境	处理方案	选择方案的原因或依据
海洋或河流沉积物	密度分离、沉淀气浮方法将微塑料从沉积物中分离	估计90%以上的微塑料存在于海洋的沉积物中
淡水湖泊、河流沉积物	参照海洋沉积物	参照海洋沉积物
饮用水或污水处理厂	针对性膜反应器、电芬顿法去除水中大多数微塑料	设计优化水处理方法
陆地土壤、淡水及海水	生物处理或光催化方法修复环境中散布的微塑料	微塑料分布广泛不易富集，常规水处理方式成本太高

其中，利用生物降解，特别是将有降解塑料能力的微生物投放到污染场地中进行原位修复，是较有前景的微塑料污染修复方式。

14.6 微塑料的处理技术

14.6.1 传统处理技术

传统的处理塑料污染的方法包括回收利用、消化、热解、焚烧、卫生填埋等，但都由于处理效率低、运行成本高、易产生二次污染等缺点而不再适用于微塑料污染的处理。

14.6.2 生物酶解法

生物降解是利用动植物和微生物的摄取代谢等过程将微塑料分解转化成水和二氧化碳等无毒无害的产物，其机理主要有好氧、厌氧以及兼性处理。降解之前一般需要添加强酸进行预处理以打破聚合物的化学键，通过微生物酶解作用将其降解为短的单链体（如二聚体和单体）从而可以穿过细胞膜作为能源供微生物利用，达到体系平衡。微塑料的生物降解主要是细菌、真菌等微生物的酶解作用，目前发现的能够降解微塑料的酶主要有漆酶（PE）、解聚酶（聚酯类微塑料）。

14.6.3　光催化氧化法

光催化氧化法作为一种高级氧化技术，其利用氧气、过氧化氢等催化剂在光辐射作用下对难降解污染物进行处理，由于其较好的处理能力，一直以来是各领域研究的重点，在微塑料降解方面光催化氧化技术也表现出了不错的处理能力。光催化氧化是一种光介导的氧化还原过程，当半导体介质被能量高于其自身的光辐射时，半导体发生电子跃迁，从而产生激发态的分子对，与周围的水分反应生成超氧化物和羟基自由基等高活性物质，从而能有效氧化包括微塑料聚合物在内的有机物质。

参考文献

[1] 朱莹，曹淼，罗景阳，等. 微塑料的环境影响行为及其在我国的分布状况[J]. 环境科学研究，2021（2019-9）：1437-1447.

[2] 陈彪，汪羚，李达，等. 水环境中的微塑料及其生态效应[J]. 生态毒理学报，2019，14（1）：11.

[3] Dris R，Gasperi J，Saad M，et al. Synthetic fibers in atmospheric fallout：A source of microplastics in the environment?[J]. Marine Pollution Bulletin，2016，104（1-2）：290-293.

[4] Dris R，Gasperi J，Mirande C，et al. A first overview of textile fibers，including microplastics，in indoor and outdoor environments[J]. Environmental Pollution，2017，221：453-458.

[5] 周倩，田崇国，骆永明. 城市大气环境中发现多种微塑料及其沉降通量差异[J]. 科学通报，2017，62（33）：3902-3909.

[6] 王彤，胡献刚，周启星. 环境中微塑料的迁移分布、生物效应及分析方法的研究进展[J]. 科学通报，2018，63（4）：385-395.

[7] Andrady A L. Microplastics in the marine environment[J]. Marine Pollution Bulletin，2011，62（8）：1596-1605.

[8] Blarer P，Burkhardt-Holm P . Microplastics affect assimilation efficiency in the freshwater amphipod Gammarus fossarum[J]. Environmental Science & Pollution Research，2016，23（23）：1-11.

[9] Vianello A，Jensen R L，Li L，et al. Simulating human exposure to indoor airborne microplastics using a Breathing Thermal Manikin[J]. Scientific Reports，2019，9（1）：86-70.

[10] Lahive E，Walton A，Horton A A，et al. Microplastic particles reduce reproduction in the terrestrial worm Enchytraeus crypticus in a soil exposure[J]. Environmental Pollution，2019，255（2）：113-174.

[11] Ju H，Zhu D，Qiao M . Effects of polyethylene microplastics on the gut microbial community，reproduction and avoidance behaviors of the soil springtail，*Folsomia candida*[J]. Environmental Pollution，2019，247：890-897.

[12] Diepens N J，Koelmans A A. Accumulation of plastic debris and associated contaminants in aquatic food webs[J]. Environ Sci Technol，2018，52：8510-8520.

[13] Lu X M，Lu P Z. Characterization of bacterial communitiesin sediments receiving various wastewater effluents withhigh-throughput sequencing analysis[J]. Microbial Ecology，2014，67（3）：612-623.

[14] Cirujeda A，Aibar J，Á Anzalone，et al. Biodegradable mulch instead of polyethylene for weed control of processing tomato production[J]. Agronomy for Sustainable Development，2012，32（4）：889-897.

[ ] Dentzman K, Goldberger J R. Plastic scraps: biodegradable mulch films and the aesthetics of 'good farming' in US specialty crop production[J]. Agriculture and Human Values, 2020, 37: 83-96.

[16] AliReza, Rahimi, Jeannette, et al. Chemical recycling of waste plastics for new materials production[J]. Nature Reviews Chemistry, 2017, 1: 0046.

[17] Miao F, Liu Y, Gao M, et al. Degradation of polyvinyl chloride microplastics via an electro-Fenton-like system with a TiO_2/graphite cathode[J]. Journal of Hazardous Materials, 2020, 399: 123023.